Hochschultext

48,-

Wolfgang Hein

Einführung in die

Struktur- und Darstellungstheorie der klassischen Gruppen

Springer-Verlag Berlin Heidelberg New York
London Paris Tokyo Hong Kong

Wolfgang Hein
Fachbereich 6, Mathematik
Universität Gesamthochschule Siegen
Postfach 10 12 40
5900 Siegen

Umschlagmotiv. Am Beispiel der einfach-zusammenhängenden Gruppe SL(2,$\mathbb{C}$), ihrer kompakten einfach-zusammenhängenden reellen Form SU(2) und der zugehörigen Lie-Algebren veranschaulicht das (kommutative) Diagramm das Konzept der Lieschen Methode in der Darstellungstheorie der klassischen Gruppen. Die Bijektivität der Abbildungen (*r* bezeichnet jeweils die Restriktionsabbildung) ist die Grundlage des Weylschen Unitärtricks zum Beweis der vollständigen Reduzibilität der Gruppe SL(2,$\mathbb{C}$) und ihrer Lie-Algebra. – Für Einzelheiten vgl. man IV §1.

Mathematics Subject Classification (1980):
29 G 20, 20 G 05, 22 E 45, 22 E 46, 22 E 60

Mit 4 Abbildungen

ISBN 3-540-50617-9 Springer-Verlag Berlin Heidelberg New York
ISBN 0-387-50617-9 Springer-Verlag New York Berlin Heidelberg

CIP-Titelaufnahme der Deutschen Bibliothek
Hein, Wolfgang:
Einführung in die Struktur- und Darstellungstheorie der klassischen Gruppen /
Wolfgang Hein.
Berlin; Heidelberg; New York; London; Paris; Tokyo; Hong Kong: Springer, 1990
(Hochschultext)
ISBN 3-540-50617-9 (Berlin ...)
ISBN 0-387-50617-9 (New York ...)

Druck- und Bindearbeiten: Weihert-Druck GmbH, Darmstadt
2144/3140-543210 – Gedruckt auf säurefreiem Papier

Vorwort

Der vorliegende Text ist aus Vorlesungen und Seminaren für Studenten der Mathematik und Physik vom 4. Semester an hervorgegangen. Ziel dieser Lehrveranstaltungen war, aufbauend auf den Grundvorlesungen über Analysis und lineare Algebra, eine gründliche Kenntnis der klassischen Gruppen zu vermitteln, also der allgemeinen und der speziellen, der orthogonalen und der unitären sowie der symplektischen Gruppen.

Diese Gruppen nehmen sowohl innerhalb als auch außerhalb der Mathematik, insbesondere in physikalischen Anwendungen, eine wichtige Stellung ein. In der Ausbildung der Studenten wie auch in der Literatur ist es aber heute weithin üblich – von beiläufigen Betrachtungen in der linearen Algebra abgesehen –, die klassichen Gruppen als Beispiele am Rande einer allgemeinen Theorie Liescher Gruppen zu behandeln, was sicher dazu beigetragen hat, daß Mathmatik- wie Physikstudenten häufig nur rudimentäre Kenntnisse dieses wichtigen Gegenstandes aus Theorie und Praxis – und nicht zuletzt aus der Geschichte – der Mathematik sowie der damit verbundenen Methoden erlangen. Dieses Buch möchte helfen, hier eine Lücke zu schließen und zu einem soliden Fundament für ein Studium der allgemeinen Theorie Liescher Gruppen und ihrer vielfältigen Anwendungen beitragen.

Dazu werden die Gruppen und ihre Darstellungen sowohl aus algebraischer Sicht, nämlich – von den allgemeinen und speziellen Gruppen abgesehen – als Isometriegruppen bilinearer und Hermitescher Räume (Kapitel I und III), wie auch aus „infinitesimaler" (Liescher) Sicht behandelt, und zwar als abgeschlossene Untergruppen von $GL(n, \mathbb{K})$, $\mathbb{K} = \mathbb{R}$, $\mathbb{C}$, $\mathbb{H}$, die hier „lineare Gruppen" genannt werden (Kapitel II und IV). Die Beschränkung auf lineare Gruppen hat im übrigen den Vorzug, daß man ganz auf den zeitraubenden Apparat der differenzierbaren Mannigfaltigkeiten verzichten kann und nur die aus den ersten Semestern bekannten Methoden der Differentialrechnung im $\mathbb{R}^m$ benötigt.

In Kapitel I und II wird die Struktur der klassischen bzw. linearen Gruppen behandelt. Bei der Fülle des Stoffes ist die Auswahl naturgemäß subjektiv; als Leitfaden dienten solche Begriffe und Aussagen, die in den o.g. weiterführenden Gebieten eine wichtige Rolle spielen. (Für Einzelheiten vgl. man das ausführliche Inhaltsverzeichnis und die Einleitungen zu den einzelnen Kapiteln.)

Kapitel III und IV sind der Darstellungstheorie gewidmet. In III, § 1 werden zunächst die notwendigen Grundlagen der allgemeinen Darstellungstheorie

von Gruppen bereitgestellt; spezielle Vorkenntnisse werden dabei nicht vorausgesetzt. Überdies werden die Hilfsmittel, die in III, § 2 für die Brauer-Weylsche
Theorie der Zerlegung von Tensorpotenzen benötigt werden, hergeleitet. Hierzu
gehören insbesondere die Darstellungen der assoziativen Algebra $\mathrm{End}_G(V)$, das
Schursche (Doppel-) Kommutatorlemma und die Beschreibung der Darstellungen der symmetrischen Gruppen durch Idempotente der Gruppenalgebra mit
Hilfe von Young-Tableaux.

Das letzte Kapitel beginnt mit einer ausführlichen Diskussion des Zusammenspiels der Darstellungstheorie linearer Gruppen und der ihrer Lie-Algebren.
Im übrigen verfolgt es das Ziel der Charakterisierung der irreduziblen Darstellungen der einfachen komplexen Lie-Algebren, und damit auch derjenigen der
komplexen wie der reellen klassischen Gruppen, durch höchste Gewichte. Durch
die Ergebnisse aus III, § 2 erhalten wir zu allen ganzen Gewichten (die Spin-
Gruppen und ihre Darstellungen werden nicht behandelt) „konkrete" Modelle
der zugehörigen irreduziblen Darstellungen. Die vollständige Reduzibilität der
klassischen Gruppen (außer $\mathrm{GL}(n, \mathbb{K})$) und ihrer Lie-Algebren ergibt sich auf
Grund der Vorbereitungen in natürlicher Weise mit Hilfe des Weylschen Unitär-
Tricks.

Allen, die mich bei der Abfassung oder Herstellung des Manuskriptes un-
terstützt haben, gilt mein aufrichtiger Dank, namentlich Herrn U. Hirzebruch
und Frau K. Schütz, aber auch den Studentinnen und Studenten, ohne deren interessierte Mitarbeit in Vorlesungen und Seminaren der vorliegende Text
sicher nicht zustande gekommen wäre.

Siegen, im September 1989   *Wolfgang Hein*

Lesehinweise. Wie oben bemerkt, sind die Kapitel I und III (bis auf den Begriff des
Zusammenhangs) rein algebraischer Natur; insbesondere kann Kapitel III unabhängig
von Kapitel II gelesen werden. Leser, die vorwiegend an der Lieschen Theorie interessiert sind, können unmittelbar mit Kapitel II beginnen; dagegen hängt der Stoff von
Kapitel IV sehr von dem der Kapitel II und III ab.

Ein Zitat wie II, § 3.4 ist in offensichtlicher Weise zu verstehen; bei Zitaten, die
sich auf das jeweilige Kapitel beziehen, wird die Kapitelnummer weggelassen, entsprechend bei Paragraphen und Abschnitten. Sätze sind innerhalb der Paragraphen,
Lemmata, Formeln u.a. innerhalb der Abschnitte durchnummeriert.

Übungsaufgaben zur Vertiefung (selten zur Ergänzung) des Stoffes findet man
am Ende eines jeden Paragraphen. Am Schluß des Buches befindet sich ein Namen-
verzeichnis mit Angabe des Geburts- und ggf. des Todesjahres der im Text genannten
Personen sowie ein Verzeichnis ausgewählter Symbole.

Inhaltsverzeichnis

Kapitel I. Die klassischen Gruppen

Den Hauptteil dieses Kapitels bilden die Paragraphen 2, 4 und 5, in denen grundlegende Aussagen zur *algebraischen Struktur* der klassischen Gruppen hergeleitet werden, also der allgemeinen und der speziellen linearen Gruppen (§ 2), der orthogonalen und unitären Gruppen (§ 4) und der symplektischen Gruppen (§ 5). Der einzige topologische Begriff, der hier auftritt, ist der des Zusammenhangs, da sich die diesbezüglichen Aussagen leicht mit Hilfe der angegebenen Erzeugendensysteme gewinnen lassen (wird in II, § 2.7 weitergeführt). Ausführlich werden verschiedene Gruppen „niedriger Dimension" behandelt – auch solche, die von indefiniten Formen herkommen wie z.B. Lorentz- und Poincaré-Gruppe.

Am Schluß der o.g. Paragraphen findet man Abschnitte über „quaternionale" Gruppen; diese lassen sich (bis auf Isomorphie) zwar als Durchschnitte früher behandelter Gruppen erhalten, der Gebrauch von Quaternionen führt aber (neben dem prinzipiellen Interesse und vielfältigen Anwendungen in anderen Gebieten) zur Vereinfachung und Vereinheitlichung der Beschreibung und Klassifikation der „reellen einfachen" Gruppen.

Die grundlegenden Begriffe und Aussagen der allgemeinen Gruppentheorie, die im folgenden ständig benutzt werden, sind in § 1 in knapper Form (jedoch größtenteils mit Beweisen) zusammengestellt, ebenso viele Beispiele, die zur Illustration der abstrakten Begriffe, aber auch zur Vorbereitung späterer Abschnitte dienen.

Um den geometrischen Hintergrund der klassischen Gruppen zu verstehen, werden die symmetrischen Bilinearformen und Hermiteschen Formen, die ja die Geometrie der entsprechenden Räume definieren, von Grund auf behandelt (§ 3), und zwar bis zur Reduktion auf Diagonalgestalt (Hauptachsentransformation). Die schiefsymmetrischen (und anti-Hermiteschen) Formen werden unmittelbar in Zusammenhang mit den symplektischen Gruppen in § 5 studiert.

§1 Grundlagen der allgemeinen Gruppentheorie

1. Grundbegriffe

Eine nichtleere Menge G zusammen mit einer *inneren Verknüpfung* $G \times G \to G$, $(a, b) \mapsto ab$ heißt *Gruppe*, wenn

1. $(ab)c = a(bc)$ für alle $a, b, c \in G$;
2. es gibt ein $e \in G$, so daß
   a) $ae = ea = a$ für alle $a \in G$,
   b) zu jedem $a \in G$ gibt es ein $a^{-1} \in G$ mit $aa^{-1} = a^{-1}a = e$.

Ein Element $e \in G$ mit der Eigenschaft a) heißt *neutrales Element* von G; erfüllen a, a^{-1} die Gleichung in b), so heißt a^{-1} *Inverses* von a. Die Aussage 1. wird *Assoziativgesetz* genannt.

Folgerungen. 1) In einer Gruppe gibt es genau ein neutrales Element (auch „Einselement" genannt); denn für neutrale Elemente e, e' gilt $e = ee' = e'$.

2) Jedes Element einer Gruppe hat genau ein Inverses: Sind a', a'' Inverse von a, so gilt $a' = a'e = a'(aa'') = (a'a)a'' = ea'' = a''$.

3) Jede Gleichung $xa = b$ und $ax = b$ hat genau eine Lösung, und zwar $x = ba^{-1}$ bzw. $x = a^{-1}b$.

4) Es gilt $\left(a^{-1}\right)^{-1} = a$ und $(ab)^{-1} = b^{-1}a^{-1}$ für alle Elemente a, b einer Gruppe.

5) Definiert man Potenzen eines Gruppenelementes a induktiv durch $a^0 := e$, $a^n := a^{n-1}a$ und setzt man $a^{-n} := \left(a^{-1}\right)^n$ für natürliche Zahlen n, so folgt $a^r a^s = a^{r+s}$ für alle ganzen Zahlen r, s; für „vertauschbare" Gruppenelemente a, b, also $ab = ba$, gilt überdies $(ab)^r = a^r b^r$ für jede ganze Zahl r.

Sind in einer Gruppe G je zwei Elemente vertauschbar:

$$ab = ba \qquad \text{für alle} \quad a, b \in G \,,$$

so heißt G *kommutative* oder *Abelsche Gruppe*.

In Abelschen Gruppen schreibt man häufig $a + b$ statt ab und nennt (in Anlehnung an den Sprachgebrauch beim Rechnen mit Zahlen) das neutrale Element „Nullelement" und bezeichnet es mit 0; das Inverse eines Elementes a wird dann mit $-a$ bezeichnet und „Negatives" von a genannt.

Ist H eine nicht-leere Teilmenge von G mit den Eigenschaften

$$(1) \qquad\qquad ab \in H \quad \text{und} \quad a^{-1} \in H$$

für alle $a, b \in H$, so ist H bez. der Einschränkung der Verknüpfung von $G \times G$ auf $H \times H$ selbst eine Gruppe. Offenbar ist (1) äquivalent zu

$$(1') \qquad\qquad ab^{-1} \in H \quad \text{für alle} \quad a, b \in H \,.$$

Eine nichtleere Teilmenge H einer Gruppe G mit der Eigenschaft (1) (oder (1')) heißt *Untergruppe* von G; Bezeichnung: $H < G$.

Eine Abbildung $\varphi : G \to G'$ von einer Gruppe G in eine Gruppe G' heißt (Gruppen)-*Homomorphismus*, wenn

$$\varphi(ab) = \varphi(a)\varphi(b) \qquad \text{für } a, b \in G \, .$$

(Die Verknüpfungen in G und G' werden in gleicher Weise bezeichnet, ebenso die Inversen und die Einselemente (letztere jeweils mit e).) Für jeden Homomorphismus $\varphi : G \to G'$ gilt

$$(2) \qquad \varphi(e) = e \, , \quad \varphi\left(a^{-1}\right) = \varphi(a)^{-1} \qquad \text{für } a \in G \, :$$

$\varphi(e) = \varphi(ee) = \varphi(e)\varphi(e)$, also $\varphi(e) = e$ nach 3); ferner $\varphi(a)\varphi\left(a^{-1}\right) = \varphi\left(aa^{-1}\right) = \varphi(e) = e$, also $\varphi(a)^{-1} = \varphi\left(a^{-1}\right)$ nach 2).

Es ist unmittelbar klar, daß mit $\varphi : G \to G'$, $\varphi' : G' \to G''$ auch $\varphi' \circ \varphi : G \to G''$ ein Gruppenhomomorphismus ist.

Da die Komposition von (Mengen)-Abbildungen assoziativ ist, folgt insbesondere, daß die Menge $\mathrm{Hom}(G, G)$ aller Gruppenhomomorphismen von G in sich ein Monoid ist, d.h. eine nicht-leere Menge mit einer assoziativen Verknüpfung. $\mathrm{Hom}(G, G)$ hat ein neutrales Element, denn die „Identität" $id_G : a \mapsto a(a \in G)$ ist in $\mathrm{Hom}(G, G)$.

Bijektive Homomorphismen heißen *Isomorphismen*. Gibt es einen Isomorphismus von G in G', so schreibt man $G \cong G'$ und nennt G, G' isomorph. Isomorphismen einer Gruppe in sich heißen *Automorphismen*. Die Identität auf G ist ein Automorphismus von G, die Komposition von Isomorphismen $G \to G'$ und $G' \to G''$ ist ein Isomorphismus von G in G'', die Umkehrabbildung eines Isomorphismus von G in G' ist ein Isomorphismus von G' in G. Es folgt

Satz 1. *Die Menge* $\mathrm{Aut}(G)$ *aller Automorphismen von* G *ist eine Gruppe bez. der Komposition von Abbildungen.*   □

$\mathrm{Aut}(G)$ heißt *Automorphismengruppe* von G; Automorphismengruppen und spezielle Untergruppen spielen im Verlauf des Buches eine zentrale Rolle.

Unter dem *Kern* eines Homomorphismus $\varphi : G \to G'$ versteht man die Menge

$$\mathrm{Kern}(\varphi) := \{a \in G; \varphi(a) = e\} \, .$$

Offensichtlich ist $\mathrm{Kern}(\varphi)$ eine Untergruppe von G; darüber hinaus gilt, wenn $N = \mathrm{Kern}(\varphi)$,

$$(3) \qquad aNa^{-1} \subset N \, (a \in G)$$

(wo die linke Seite zur Abkürzung für $\left\{aba^{-1}; b \in N\right\}$ steht). Eine Untergruppe N einer Gruppe G mit der Eigenschaft (3) heißt *Normalteiler* (oder normale Untergruppe) von G. Bezeichnung: $N \triangleleft G$. Es gilt

Lemma. *Für jeden Gruppenhomomorphismus* $\varphi : G \to G'$ *ist* $\mathrm{Kern}(\varphi)$ *ein Normalteiler von* G. *Es ist* φ *genau dann injektiv, wenn* $\mathrm{Kern}(\varphi) = \{e\}$.   □

Die Bedeutung von Normalteilern besteht in folgender Konstruktion: Es sei zunächst N eine Untergruppe der Gruppe G. Als *Linksnebenklassen* von N bezeichnet man die Teilmengen

$$aN := \{ab; b \in N\} \ , \quad a \in G$$

(vgl. auch 4.1). Für $a, b \in G$ setzen wir

(∗) $$(aN)(bN) := abN$$

und zeigen, daß dies eine sinnvolle Definition ist, wenn N ein Normalteiler ist, d.h.

$$aN = a'N \ , \quad bN = b'N \Rightarrow abN = a'b'N$$

für $a, b, a', b' \in G$.

Zunächst überzeugt man sich davon, daß (3) äquivalent ist zu

(3′) $$aN = Na \quad \text{für} \quad a \in G \ .$$

Hieraus folgt $abN = ab'N = aNb' = a'Nb' = a'b'N$.

Der Beweis des nächsten Satzes ist nun eine leichte Übung im Umgang mit den vorangehenden Begriffen und Aussagen.

Satz 2. *Für jeden Normalteiler N einer Gruppe G ist die Menge*

$$G/N = \{aN; a \in G\}$$

der Linksnebenklassen von N eine Gruppe bez. (∗); die Abbildung

$$p : G \to G/N \ , \quad a \mapsto aN$$

ist ein surjektiver Gruppen-Homomorphismus („kanonische Projektion") mit dem Kern N.   □

Die Gruppe G/N heißt *Faktorgruppe von G nach N*. Das Einselement dieser Gruppe ist die Nebenklasse $eN = N$ und es gilt $(aN)^{-1} = a^{-1}N$.

Aus dem Satz folgt insbesondere, daß jeder Normalteiler der Kern eines geeigneten Homomorphismus ist.

Der folgende Satz ist von grundlegender Bedeutung und wird, besonders in der abgeschwächten Form des Corollars, häufig benutzt.

Satz 3. *Es sei $f : G \to G'$ ein Homomorphismus, $N \triangleleft G$, $N' \triangleleft G'$ und $f(N) \subset N'$. Dann gibt es einen eindeutig bestimmten Homomorphismus $\overline{f} := G/N \to G'/N'$, so daß das folgende Diagramm kommutiert, d.h. $\overline{f} \circ p = p' \circ f$:*

$$
\begin{array}{ccc}
G & \xrightarrow{\ f\ } & G' \\
p \downarrow & & \downarrow p' \\
G/N & \xrightarrow{\ \overline{f}\ } & G'/N'
\end{array}
$$

Ist f surjektiv, so auch $\overline{f}$; gilt $\overset{-1}{f}(N') = N$, so ist $\overline{f}$ injektiv.

Corollar. *Für jeden Homomorphismus $f : G \to G'$ ist*

$$\overline{f} : G/\mathrm{Kern}(f) \to f(G) , \qquad a \cdot \mathrm{Kern}(f) \mapsto f(a)$$

ein Isomorphismus; insbesondere gilt

$$G/\mathrm{Kern}(f) \cong f(G) .$$

Beweis. Wenn es eine solche Abbildung $\overline{f}$ gibt, so muß, damit das Diagramm kommutiert, notwendig

$$\overline{f}(aN) = f(a)N' \qquad (a \in G)$$

gelten. Wir wählen also diese Gleichung als Definition und zeigen, daß das sinnvoll ist: Aus $aN = bN$ folgt $a^{-1}b \in N$ (und umgekehrt); wegen $f(N) \subset N'$ folgt $f(a)^{-1}f(b) = f(a^{-1}b) \in f(N) \subset N'$, also $f(a)N' = f(b)N'$. Offenbar ist $\overline{f}$ ein Homomorphismus und surjektiv, falls f surjektiv ist. Es sei nun $\overset{-1}{f}(N') = N$ und $N' = \overline{f}(aN) = f(a)N'$ (also $aN \in \mathrm{Kern}(\overline{f})$); es folgt dann $f(a) \in N'$ und hieraus $aN = N$, also die Injektivität von $\overline{f}$. □

2. Beispiele und Ergänzungen

1) Jedem bekannte Abelsche Gruppen sind – jeweils mit der Addition – die rationalen Zahlen $\mathbb{Q}$, die rellen Zahlen $\mathbb{R}$ und die komplexen Zahlen $\mathbb{C}$. Dabei handelt es sich jeweils um die additive Gruppe eines Körpers. Ein beliebiger Körper K, also insbesondere $\mathbb{Q}$, $\mathbb{R}$ und $\mathbb{C}$, ist bez. der Multiplikation keine Gruppe (da das neutrale Element 0 der Addition kein Inverses bez. der Multiplikation besitzt), jedoch $K^{\times} := K \setminus \{0\}$. Wir setzen stets voraus, daß die multiplikative Gruppe eines Körpers Abelsch ist; ein Beispiel für einen „nichtkommutativen Körper" werden wir in § 2.10 kennenlernen, nämlich die Quaternionen $\mathbb{H}$. Die ganzen Zahlen $\mathbb{Z}$ bilden mit der Addition eine Abelsche Gruppe; dagegen ist die Menge $\mathbb{N}$ der natürlichen Zahlen weder mit der Addition noch mit der Multiplikation eine Gruppe. (Die hier eingeführten Bezeichnungen $\mathbb{N}$, $\mathbb{Z}$, $\mathbb{Q}$, $\mathbb{R}$ und $\mathbb{C}$ werden im folgenden stets beibehalten.)

2) *Zyklische Gruppen.* Eine Teilmenge M einer Gruppe G heißt *Erzeugendensystem* von G, und G heißt von M erzeugt, wenn jedes Element von G Produkt von Elementen aus $M \cup M^{-1}$ ist, $M^{-1} := \{a^{-1}; a \in M\}$. G heißt *zyklische* Gruppe, wenn G von einem Element erzeugt wird; in diesem Fall gilt $G = \{a^r; r \in \mathbb{Z}\}$ bzw. $G = \{ra; r \in \mathbb{Z}\}$, letzteres bei additiver Schreibweise. Ein Beispiel ist $\mathbb{Z}$ mit der Addition: jede ganze Zahl hat die Gestalt $r1$ mit $r \in \mathbb{Z}$, also ist 1 ein Erzeugendes. Allgemein gilt

Satz 4. *G ist genau dann eine zyklische Gruppe, wenn es einen surjektiven Homomorphismus* $\varphi : \mathbb{Z} \to G$ *gibt.*

Beweis. Wird G von a erzeugt, so hat $\varphi : r \mapsto a^r$ die gewünschte Eigenschaft. Ist umgekehrt φ wie im Satz gegeben, so gibt es zu jedem $b \in G$ ein $r \in \mathbb{Z}$ mit $\varphi(r) = b$; mit $\varphi(r) = \varphi(1 + \ldots + 1) = \varphi(1)^r$ folgt, daß G von $a := \varphi(1)$ erzeugt wird, also zyklisch ist.   □

Wir geben (bis auf Isomorphie) alle zyklischen Gruppen an: Es sei φ wie in Satz 4, $H := \mathrm{Kern}(\varphi)$. Nach dem Corollar zu Satz 3 gilt $G \cong \mathbb{Z}/H$. Wir unterscheiden zwei Fälle: 1. $H = \{0\}$. Dann gilt $G \cong \mathbb{Z}$. 2. Wir zeigen: Zu jeder Untergruppe $\{0\} \neq H \subset \mathbb{Z}$ gibt es ein $a \in \mathbb{Z}$, so daß $H = a\mathbb{Z}$. Dazu sei a die kleinste positive Zahl in H (beachte: mit b ist stets auch $-b$ in H). Es gilt dann $a\mathbb{Z} \subset H$. Zum Beweis von $H \subset a\mathbb{Z}$ wählen wir $b \in H$ und dividieren durch a, also $b = qa + r$ mit $q, r \in \mathbb{Z}$ und $0 \leq r < a$. Aus $b, a \in H$ folgt $r \in H$, wegen der Minimalität von a also $r = 0$, und hieraus $b = qa \in a\mathbb{Z}$. Damit ist bewiesen:

Satz 5. *Jede zyklische Gruppe ist entweder isomorph zu $\mathbb{Z}$ oder isomorph zu $\mathbb{Z}_a := \mathbb{Z}/a\mathbb{Z}$ mit einer eindeutig bestimmten positiven ganzen Zahl a.*   □

3) *Kommutatorgruppe.* In einer Gruppe G heißt

$$[a, b] := aba^{-1}b^{-1}$$

für $a, b \in G$ der *Kommutator* von a mit b. Die von der Menge $\{[a, b]; a, b \in G\}$ erzeugte Untergruppe von G heißt *Kommutatorgruppe* von G; sie wird mit $[G, G]$ bezeichnet.

Satz 6. a) *Die Kommutatorgruppe $[G, G]$ einer Gruppe G ist Normalteiler von G; die „Faktorkommutatorgruppe" $G/[G, G]$ ist eine Abelsche Gruppe.*

b) *Ist N ein Normalteiler von G mit der Eigenschaft, daß G/N Abelsch ist, so gilt $[G, G] \subset N$; m.a.W. $[G, G]$ ist der „kleinste" Normalteiler mit Abelscher Faktorgruppe.*

Beweis. a) Für jeden Gruppenhomomorphismus $f : G \to H$ gilt offenbar

$$f([a, b]) = [f(a), f(b)]$$

für alle $a, b \in G$. Wählt man für f den *inneren Automorphismus* $f_c \in \mathrm{Aut}(G)$, $c \in G$, der definiert ist durch $f_c(a) := cac^{-1} (a \in G)$, so erhält man

$$c[a, b]c^{-1} = \left[cac^{-1}, cbc^{-1}\right] .$$

Folglich ist $K := [G, G]$ Normalteiler in G. In der Faktorgruppe G/K gilt $(aK)(bK) = (bK)(aK)$ genau dann, wenn $abK = baK$, also $\left(a^{-1}b^{-1}ab\right)K = K$, und dies ist nach Definition von K für alle $a, b \in G$ erfüllt.

b) Aus $N \subset G$, $(aN)(bN) = (bN)(aN)$ für alle $a, b \in G$ folgt wie oben $\left(a^{-1}b^{-1}ab\right) N = N$, also $a^{-1}b^{-1}ab \in N$ für alle $a, b \in G$, mithin $K \subset N$. □

4) *Exponentialabbildung.* Die reelle Exponentialfunktion ist eine bijektive Abbildung von $\mathbb{R}$ auf die Menge $\mathbb{R}_+^{\times}$ der positiven reellen Zahlen ($\neq 0$). Die Funktionalgleichung $\exp(s + t) = (\exp s)(\exp t)$ besagt, daß es sich um einen Gruppenhomomorphismus handelt. Interessanter für die Gruppentheorie ist die komplexe Exponentialfunktion; für einen Beweis des folgenden Satzes, von dem wir häufig Gebrauch machen werden, vgl. man z.B. [Ebbinghaus et al.], § 5.2.

Satz 7. *Die Abbildung* $\exp : \mathbb{C} \to \mathbb{C}^{\times}$, $z \mapsto \exp(z) = \sum_{k=0}^{\infty} \frac{1}{k!} z^k$ *ist ein surjektiver Homomorphismus von der additiven Gruppe der komplexen Zahlen auf die multiplikative Gruppe der von Null verschiedenen komplexen Zahlen. Es gilt* $\mathrm{Kern}(\exp) = 2\pi i \mathbb{Z}$. *Die (additive) Gruppe* $i\mathbb{R}$ *wird von* $\exp$ *auf die „Kreisgruppe"* $S^1 := \{z \in \mathbb{C}; |z| = 1\}$ *abgebildet.* □

5) *Symmetrische Gruppen.* Besonders wichtige Beispiele von Gruppen sind die symmetrischen Gruppen $S(M)$ aller bijektiven Abbildungen (Permutationen) einer nicht-leeren Menge M auf sich mit der Komposition von Abbildungen als Verknüpfung. Wir betrachten hier den Fall, daß M endlich ist. Ist n die Anzahl der Elemente von M, so können wir ohne Beschränkung der Allgemeinheit $M = \{1, \ldots, n\}$ annehmen (denn eine bijektive Mengenabbildung $\varphi : M \to N$ liefert den Gruppen-Isomorphismus $S(M) \to S(N)$, $\pi \mapsto \varphi \circ \pi \circ \varphi^{-1}$); man schreibt dann S_n statt $S(M)$. Es sei nun $n \geq 2$. Ein einfacher Induktionsbeweis zeigt, daß die Ordnung (= Anzahl der Elemente) von S_n gleich $n!$ ist. Die einfachsten Permutationen (außer id) sind die *Transpositionen* $\langle i, j \rangle$, die i und j vertauschen ($i \neq j$) und alle übrigen Elemente von $\{1, \ldots, n\}$ unverändert lassen. Offenbar gilt $\langle i, j \rangle^2 = \langle i, j \rangle \circ \langle i, j \rangle = id$.

Satz 8. *Jede Permutation läßt sich als Produkt von Transpositionen schreiben; m.a.W.:* S_n *wird von den Transpositionen erzeugt.*

Das ist klar für $\pi = id$ wegen $\langle i, j \rangle^2 = id$ ($i \neq j$) beliebig. Sei also $\pi \neq id$ und $i_0 = i_0(\pi) := \min \{j; \pi(j) \neq j\}$. Für $\sigma_1 := \langle i_0, \pi(i_0) \rangle \circ \pi$ gilt $i_0(\sigma_1) > i_0(\pi)$; so fortfahrend erhält man Transpositionen τ_i, so daß $\tau_m \circ \ldots \circ \tau_1 \circ \pi = id$, also $\pi = \tau_1 \circ \ldots \circ \tau_m$. □

Für $\pi \in S_n$ definieren wir das *Signum* von π durch

$$\epsilon(\pi) := \prod_{1 \leq i < j \leq n} \frac{\pi(i) - \pi(j)}{i - j} .$$

Eine direkte Rechnung ergibt den wichtigen

Satz 9. *Die Abbildung $\pi \mapsto \epsilon(\pi)$ ist ein Homomorphismus von der Gruppe S_n auf die Gruppe $\{1, -1\}$ (als Untergruppe von $\mathbb{Q}^\times$). Für jede Transposition τ gilt $\epsilon(\tau) = -1$.*   □

Corollar. *Für jedes $\pi \in S_n$ ist die Anzahl der Transpositionen, deren Produkt gleich π ist, stets gerade oder stets ungerade.*

Zum Beweis seien τ_i und τ_i' Transpositionen mit $\pi = \tau_1 \circ \ldots \circ \tau_l = \tau_1' \circ \ldots \circ \tau_m'$. Es gilt $\epsilon(\pi) = (-1)^l = (-1)^m$, d.h. $l - m$ ist durch 2 teilbar, woraus die Behauptung folgt.   □

Da ϵ ein Homomorphismus ist, ist

$$A_n := \mathrm{Kern}(\epsilon)$$

ein Normalteiler von S_n, die sogenannte *alternierende Gruppe*; sie besteht nach obigem Corollar aus den *geraden* Permutationen, d.h. aus allen $\pi \in S_n$ mit $\epsilon(\pi) = 1$.

Es gibt genau zwei Nebenklassen, nämlich A_n selbst und τA_n, wo τ eine beliebige *ungerade* Permutation ist, d.h. $\epsilon(\tau) = -1$ (z.B. eine Transposition). Es folgt

$$S_n = A_n \,\dot\cup\, \tau A_n$$

und die Faktorgruppe S_n/A_n ist nach dem Corollar zu Satz 3 isomorph zur (multiplikativen) Gruppe $\{1, -1\}$.

Weitere Eigenschaften von S_n werden wir wegen der zentralen Rolle, die diese Gruppen in Kapitel III spielen, in Abschnitt 4 behandeln.

6) *Direkte Produkte.* Es sei G eine Gruppe und N, K seien Normalteiler in G mit $N \cap K = \{e\}$. Für alle $a \in N$ und $b \in K$ ist der Kommutator $[a, b] = aba^{-1}b^{-1}$ sowohl in N als auch in K enthalten, was man an den Klammerungen $a(ba^{-1}b^{-1})$ und $(aba^{-1})b^{-1}$ erkennt. Es gilt also $ab = ba$ für alle $a \in N$ und $b \in K$; insbesondere bildet die Menge $\{ab; a \in N, b \in K\}$ eine Untergruppe von G.

Definition. Eine Gruppe G heißt (inneres) *direktes Produkt* von N und K, wenn a) $N, K \lhd G$, b) $N \cap K = \{e\}$, c) $G = \{ab; a \in N, b \in K\}$.

Folgerungen. 1) Für alle $a \in N$ und $b \in K$ gilt $ab = ba$.

2) Jedes $g \in G$ läßt sich eindeutig darstellen als Produkt $g = ab$ mit $a \in N$, $b \in K$.

Die Eigenschaft 1) haben wir bereits verifiziert. Die Behauptung 2) folgt sofort aus der eindeutigen Darstellbarkeit von e: aus $ab = e$ mit $a \in N$, $b \in K$, also $a = b^{-1}$, folgt $a \in N \cap K$, d.h. $a = e$ und folglich $b = e$.

Zu beliebigen Gruppen G, G' konstruiert man ein (äußeres) *direktes Produkt* wie folgt: Auf der Menge der Paare $G \times G' = \{(a, b'); a \in G, b' \in G'\}$ wird eine Verknüpfung definiert durch

$$(a, b')(c, d') := (ac, b'd') \ .$$

Eine einfache Rechnung zeigt, daß $G \times G'$ dadurch zu einer Gruppe wird. Ferner erkennt man mühelos, daß $G \times G'$ (inneres) direktes Produkt von $\{(a, e); a \in G\}$ und $\{(e, a'); a' \in G'\}$ ist im Sinne der obigen Definition.

3. Operationen von Gruppen auf Mengen

Es sei G eine Gruppe und M eine nicht-leere Menge. Eine Abbildung

$$G \times M \to M \ , \qquad (a, x) \mapsto ax$$

heißt *Operation von G auf M*, wenn

$$ex = x \qquad (x \in M) \ ,$$

$$a(bx) = (ab)x \qquad (a, b \in G; x \in M) \ .$$

In diesem Fall heißt M eine *G-Menge*. Aus der linearen Algebra ist das folgende Beispiel bekannt: Ist V ein Vektorraum über dem Körper K und $K^\times = K \setminus \{0\}$ die multiplikative Gruppe von K, so ist durch die Skalarmultiplikation

$$K^\times \times V \to V \ , \qquad (\alpha, x) \mapsto \alpha x$$

eine Operation der Gruppe $K^\times$ auf der Menge V gegeben. Ersetzt man $K^\times$ durch die additive Gruppe K, so erhält man dagegen keine Operation wegen $0x = 0$ für $x \in V (\dim V \geq 1)$.

Eine Operation von G auf M induziert einen Gruppen-Homomorphismus

$$\rho : G \to S(M) \ , \quad \rho(a)(x) := ax \ .$$

Umgekehrt liefert jeder Gruppen-Homomorphismus $\rho : G \to S(M)$ eine Operation von G auf M vermöge $ax := \rho(a)(x)$.

Die Begriffe „Operation von G auf M" und „Homomorphismus von G in $S(M)$" sind also gleichbedeutend und wir werden im folgenden von beiden Notationen Gebrauch machen.

Eine Operation von G auf M heißt *treu*, wenn der zugehörige Homomorphismus $G \to S(M)$ injektiv ist. In diesem Fall ist also G isomorph zu einer Permutationsgruppe, d.h. zu einer Untergruppe einer symmetrischen Gruppe.

In der Tat besitzt jede Gruppe eine treue Operation, nämlich die Multiplikation in G; genauer:

$$(1) \qquad\qquad G \times G \to G \ , \qquad (a, b) \mapsto ab$$

ist eine treue Operation von G. Man erhält also das überraschende Ergebnis: *Jede Gruppe ist isomorph zu einer Permutationsgruppe* (d.h. zu einer Untergruppe einer symmetrischen Gruppe).

G operiere auf M. Eine nicht-leere Teilmenge N von M heißt $(G\text{-})invariant$, wenn $ax \in N$ für alle $a \in G$ und $x \in N$, kurz: $GN \subset N$. Ist $N \subset M$ G-invariant, so induziert die Operation $\rho : G \times M \to M$ von G auf M eine Operation $\rho_N : G \times N \to N$ von G auf N.

Für jedes $x \in M$ ist

$$G x := \{ax; a \in G\}$$

eine invariante Teilmenge von M; Gx heißt *Bahn* oder *Orbit* von x (in M). Durch

$$x \sim y :\Leftrightarrow Gx = Gy \Leftrightarrow \exists a \in G : ax = y$$

wird auf M eine Äquivalenzrelation definiert; insbesondere sind je zwei Bahnen gleich oder disjunkt, und die Vereinigung aller Bahnen ist gleich M.

Ein weiterer wichtiger Begriff ist der der *Isotropiegruppe* von $x \in M$,

$$G_x := \{a \in G; ax = x\} \ .$$

Eine einfache Rechnung zeigt, daß G_x eine Untergruppe von G ist, und daß

$$aG_x a^{-1} = G_{ax} \qquad (a \in G \ , \quad x \in M) \ .$$

(G_x ist also i.a. kein Normalteiler von G!)

Der nächste Satz zeigt einen engen Zusammenhang zwischen G_x und Gx auf; zu seiner Formulierung bemerken wir zunächst, daß für jede Untergruppe H einer Gruppe G eine treue Operation von G auf der Menge (!) G/H gegeben ist durch

$$(2) \qquad G \times G/H \to G/H \ , \qquad (a, bH) \mapsto abH \quad (a, b \in G) \ .$$

Satz 10. *G operiere auf M. Dann ist für jedes $x \in M$ die Abbildung*

$$\varphi : G/G_x \to Gx \ , \qquad aG_x \mapsto ax$$

ein G-Isomorphismus, d.h. φ ist bijektiv und $\varphi(a \cdot bG_x) = a \cdot \varphi(bG_x)$.

Beweis. Die Abbildung ist wohldefiniert und injektiv wegen

$$aG_x = bG_x \Leftrightarrow a^{-1}b \in G_x \Leftrightarrow a^{-1}bx = x \Leftrightarrow ax = bx \ .$$

Die Surjektivität gilt nach Definition.   □

Eine Operation, bei der es nur eine Bahn gibt, heißt *transitiv*; M heißt dann *homogen*. Beispiele sind die Operationen (2) von G auf G/H, insbesondere (wähle $H = \{e\}$) die Operation (1) von G auf sich. Wegen der o.g. Beziehung $aG_x a^{-1} = G_{ax}$ sind alle Isotropiegruppen einer transitiven Operation isomorph, und zwar bez. $G_x \to G_{ax}$, $b \mapsto aba^{-1}$.

Aus dem vorstehenden Satz ergeben sich nun sofort folgende Konsequenzen:

Corollar 1. *Operiert G transitiv auf M, so ist M isomorph (im Sinne des Satzes) zu G/G_x (mit der Operation (2)).* $\square$

Man erhält also (bis auf Isomorphie) sämtliche homogenen (!) G-Mengen in der Gestalt G/H mit der Operation (2), wenn H alle Untergruppen von G durchläuft. Insbesondere sind alle homogenen G-Mengen endlich, wenn G endlich ist.

Corollar 2. *G operiere auf M.*
a) $|Gx| = [G : G_x] := |G/G_x|$;
b) *Ist R ein Vertretersystem der Bahnen (also $M = \cup_{x \in R} Gx$) und gilt $|R| \leq \infty$, so folgt $|M| = \sum_{x \in R} [G : G_x]$.* $\square$

4. Beispiele und Ergänzungen

1) *Nebenklassen.* Es sei H eine Untergruppe der Gruppe G. Wie im vorigen Abschnitt für den Fall $H = G$ erläutert, operiert H auf G vermöge

$$\rho_L : H \times G \to G , \quad (h, a) \mapsto ha .$$

Dagegen ist $(h, a) \mapsto ah$ keine Operation von H auf G, jedoch

$$\rho_R : H \times G \to G , \quad (h, a) \mapsto ah^{-1} .$$

Die Bahnen von ρ_L heißen Rechtsnebenklassen von H, die Bahnen von ρ_R sind die Linksnebenklassen. Die Isotropiegruppen bestehen jeweils nur aus dem Einselement; man sagt in diesem Falle, die Operation sei *effektiv*. Insbesondere haben alle Nebenklassen gleiche Mächtigkeit, nämlich die von H (Corollar 2 a) in 3.) und sind paarweise disjunkt. Es folgt

Satz 11. *Ist H eine Untergruppe der endlichen Gruppe G, so ist die Ordnung von H ein Teiler der Ordnung von G, genauer $|G| = |H| \cdot [G : H]$.* $\square$

2) *Konjugationsklassen.* Eine weitere Operation einer Gruppe G auf sich ist die „Operation durch Konjugation" (vgl. hierzu auch IV, § 1.2):

$$G \times G \to G , \quad (a, b) \mapsto aba^{-1} .$$

Für jedes $a \in G$ ist $\rho(a) : b \mapsto aba^{-1}$ ein Automorphismus von G, also

$$\mathrm{Int}(G) := \rho(G)$$

eine Untergruppe von $\mathrm{Aut}(G)$. Die Elemente von $\mathrm{Int}(G)$ heißen *innere Automorphismen* von G.

ρ ist ein surjektiver Homomorphismus von G auf $\mathrm{Int}(G)$; es gilt

$$\mathrm{Kern}(\rho) = Z(G) := \{a \in G \,; ab = ba \text{ für alle } b \in G\} .$$

$Z(G)$ heißt *Zentrum* von G; nach dem Lemma in 1. ist $Z(G)$ ein Normalteiler von G und es gilt (vgl. Corollar zu Satz 3)

$$G/Z(G) \cong \mathrm{Int}(G) \ .$$

Zwei Elemente $a, b \in G$ heißen *konjugiert*, wenn sie zu der gleichen Bahn gehören, d.h. wenn es ein $c \in G$ gibt, so daß

$$a = cbc^{-1} \ .$$

„Konjugation" ist also eine Äquivalenzrelation auf G, die „Klassen konjugierter Elemente" sind die Bahnen der Operation durch Konjugation.

Die vorstehende Situation kann man dadurch verallgemeinern, daß man G statt auf den Elementen auf den Untergruppen von G durch Konjugation operieren läßt, also

$$G \times M \to M \ , \qquad (a, H) \mapsto aHa^{-1}$$

wenn M die Menge der Untergruppen von G bezeichnet. (Diese Definition ist sinnvoll, weil $aHa^{-1} \in M$ für alle $H \in M$.) Zwei Untergruppen H, K liegen genau dann in der gleichen Bahn, wenn sie konjugiert sind, d.h. wenn es ein $a \in G$ gibt, so daß

$$H = aKa^{-1} \ .$$

H ist genau dann Normalteiler von G, wenn die Bahn von H nur aus H besteht, d.h. wenn die Isotropiegruppe von H gleich G ist. Im allgemeinen gilt

$$G_H = N_G(H) := \left\{ a \in G \, \big| \, aHa^{-1} = H \right\} \ .$$

$N_G(H)$ heißt *Normalisator* von H (in G); dies ist die größte Untergruppe von G, in der H Normalteiler ist.

Als Anwendung von 2) und für die Zwecke der Darstellungstheorie der S_n in Kapitel III bestimmen wir die

3) *Konjugationsklassen in S_n.* Unter einem r-Zykel in S_n versteht man im Fall $r = 1$ das Einselement von S_n und im Fall $r > 1$ die Permutation $\pi = \langle i_1, \ldots, i_r \rangle$, die für $1 \le i_\nu \ne i_\mu \le n (\nu \ne \mu)$ definiert ist durch

$$\pi(i_1) = i_2, \ldots, \pi(i_{r-1}) = i_r \ , \qquad \pi(i_r) = i_1 \quad \text{und}$$

$$\pi(j) = j \qquad \text{für } j \ne i_1, \ldots, i_r \ .$$

Die 2-Zyklen sind also genau die Transpositionen. Zwei Zyklen $\langle i_1, \ldots, i_r \rangle$ und $\langle j_1, \ldots, j_s \rangle$ sind genau dann gleich, wenn $r = s$ und $j_1, \ldots, j_r$ eine zyklische Vertauschung der Ziffern $i_1, \ldots, i_r$ ist. Zum Beispiel gilt $\langle 1, 2, 3 \rangle = \langle 2, 3, 1 \rangle = \langle 3, 1, 2 \rangle$, aber $\langle 1, 2, 3 \rangle \ne \langle 2, 1, 3 \rangle$. r heißt *Länge* des Zykels $\langle i_1, \ldots, i_r \rangle$.

Lemma. *Zwei Zyklen sind genau dann konjugiert, wenn sie die gleiche Länge haben.*

Beweis. Sei $\pi = \langle i_1, \ldots, i_r \rangle$, $\sigma \in S_n$. Man verifiziert, daß $\sigma \circ \pi \circ \sigma^{-1} = \langle \sigma(i_1), \ldots, \sigma(i_r) \rangle$, also ebenfalls ein r-Zykel ist. Definiert man umgekehrt zu $\pi' = \langle j_1, \ldots, j_r \rangle$ die Permutation σ durch $\sigma(i_\nu) = j_\nu$, $1 \leq \nu \leq r$, und $\sigma(i)$ beliebig für $i \neq i_1, \ldots, i_r$, so gilt $\pi' = \sigma \circ \pi \circ \sigma^{-1}$. $\square$

Zwei Zyklen heißen *disjunkt*, wenn sie keine Ziffer gemeinsam haben. Disjunkte Zyklen sind offenbar vertauschbar.

Satz 12. *Jede Permutation läßt sich (bis auf die Reihenfolge) eindeutig als Produkt von disjunkten Zyklen schreiben.*

Beweis. Ist $\pi = \pi_1 \circ \ldots \circ \pi_k$ ein Produkt von Zyklen π_i und bezeichnet $M_i \subset M := \{1, \ldots, n\}$ die Menge der Ziffern von π_i, so sind $M_1, \ldots, M_k$ sämtliche Bahnen der von π erzeugten Untergruppe $\langle \pi \rangle$ von S_n bez. der Operation $(\pi^r, i) \mapsto \pi^r(i)$ $(r \in \mathbb{Z}, i \in M)$; ferner hat für ein beliebiges $i \in M_j$ der Zykel π_j die Gestalt

$$(*) \qquad \langle i, \pi_j(i), \pi_j^2(i), \ldots, \pi_j^{n_j}(i) \rangle \qquad \text{mit } n_j = |M_j| \ ,$$

$1 \leq j \leq k$. Damit ist die Eindeutigkeit bewiesen. Für den Existenzbeweis wählt man aus jeder Bahn von $\langle \pi \rangle$ einen Vertreter i, bildet die Zyklen $(*)$ und verifiziert, daß sie disjunkt sind und ihr Produkt mit π übereinstimmt. $\square$

Ein k-Tupel $(n_1, \ldots, n_k)$ natürlicher Zahlen heißt *Partition* von n, falls $\langle n_1 \geq \ldots \geq n_k$ und $n_1 + \ldots + n_k = n$. Einer Permutation $\pi = \pi_1 \circ \ldots \circ \pi_k$, wobei π_i paarweise disjunkte Zyklen der Länge n_i sind, $n_i \geq n_{i+1}, n_1 + \ldots + n_k = n$, ordnen wir die Partition $p_\pi = (n_1, \ldots, n_k)$ von n zu. Nach dem vorstehenden Satz ist dies eine wohldefinierte und surjektive Abbildung von S_n in die Menge aller Partitionen von n. Mit Hilfe des Lemmas erhält man

Satz 13. $\pi, \sigma \in S_n$ *sind dann und nur dann konjugiert, wenn* $p_\pi = p_\sigma$. $\square$

Corollar. *Die Anzahl der Konjugationsklassen in S_n ist gleich der Anzahl der Partitionen von n.* $\square$

Beispiel. Die Konjugationsklassen in S_3 sind

$$\{id\} \ , \quad \{\langle 1,2 \rangle, \langle 1,3 \rangle, \langle 2,3 \rangle\} \ , \quad \{\langle 1,2,3 \rangle, \langle 1,3,2 \rangle\} \ ;$$

die Partitionen von 3 sind $(1,1,1), (2,1)$ und (3).

4) *Semidirektes Produkt.* Es sei G eine Gruppe und $N, H \subset G$ mit
   (a) $N \triangleleft G, H < G$,
   (b) $N \cap H = \{e\}$.
Für $a, b \in N$ und $x, y \in H$ gilt dann

$$(ax)(by) = \left(\left[x \, b x^{-1} \right] \right) (x, y) = \left[a \rho(x)(b) \right] (xy) \ ,$$

wenn

$$\rho : H \to \text{Aut}(N) \,, \quad \rho(x)(b) = xbx^{-1}$$

die Operation von H auf N durch Konjugation bedeutet (N ist Normalteiler!). Man erkennt, daß die Menge

$$U := \{ax; a \in N, x \in H\}$$

eine Untergruppe von G ist, und daß die Struktur dieser Gruppe eindeutig bestimmt ist durch 1. die Struktur von N, 2. die Struktur von H und 3. die Operation von H auf N (durch Automorphismen von N). Die Darstellung ax der Elemente von $U(a \in N, x \in H)$ ist eindeutig: Es gilt: $ax = e \Rightarrow a = x^{-1} \in N \cap H$, $x = a^{-1} \in N \cap H$, also $a = x = e$, und hieraus folgt sofort die Eindeutigkeit.

Definition. Sind (a) und (b) erfüllt, so heißt die Untergruppe U von G (inneres) *semidirektes Produkt* von N mit H, Bez.: $U = N \rtimes H$.

Es seien nun umgekehrt (beliebige) Gruppen N und H gegeben, ferner

$$\rho : H \to \text{Aut}(N)$$

ein Homomorphismus (Operation von H auf N durch Automorphismen von N). Für $(a, x), (b, y) \in N \times H$ sei

$$(a, x)(b, y) := (a\rho(x)(b), xy) \,.$$

Eine direkte Rechnung zeigt, daß $N \times H$ mit diesem Produkt eine Gruppe ist, die mit $N \underset{\rho}{\rtimes} H$ bezeichnet wird und (äußeres) semidirektes Produkt von N mit H bez. ρ genannt wird. Das Einselement dieser Gruppe ist offensichtlich (e, e), ferner gilt

$$(a, x)^{-1} = \left(\rho\left(x^{-1}\right)\left(a^{-1}\right), x^{-1} \right) \,.$$

Mit einem semidirekten Produkt $G = N \underset{\rho}{\rtimes} H$ ist die folgende *Sequenz* von Gruppen-Homomorphismen gegeben (1 steht für die Gruppe mit genau einem Element)

$$1 \longrightarrow N \overset{i}{\longrightarrow} G \underset{q}{\overset{p}{\rightleftarrows}} H \longrightarrow 1$$

$$i(a) = (a, e) \,, \quad p(a, x) = x \,, \quad q(x) = (e, x) \,.$$

Diese Sequenz ist *exakt*, d.h.
(1) i ist injektiv,
(2) p ist surjektiv,
(3) Kern(p) = Bild(i);
sie ist überdies eine *zerfallende* Sequenz, d.h.
(4) es gibt einen Homomorphismus $q : H \to G$ mit $p \circ q = id_H$.

Zerfallende exakte Sequenzen sind nichts anderes als eine von verschiedenen Möglichkeiten semidirekte Produkte zu beschreiben; wir beweisen dazu:
Ist

$$1 \longrightarrow N \xrightarrow{i} G \underset{q}{\overset{p}{\rightleftarrows}} H \longrightarrow 1$$

eine zerfallende exakte Sequenz, so gilt

$$G \cong N \underset{\rho}{\rtimes} H \quad \text{mit} \quad \rho(x)(a) := q(x)i(a)q(x)^{-1} \ .$$

Zum Beweis definieren wir

$$f : N \underset{\rho}{\rtimes} H \to G \ , \quad f(a,x) := i(a)q(x)$$

und zeigen, daß f ein Isomorphismus ist.

a) Homomorphie: $f\left((a,x)(b,y)\right) = f\left(a\rho(x)(b), xy\right) = i\left(aq(x)i(b)q(x)^{-1}\right)$
$q(xy) = (i(a)q(x))(i(b)q(y)) = f(a,x)f(b,y)$.

b) Injektivität: $i(a)q(x) = e \Rightarrow p \circ i(a)p \circ q(x) = e \Rightarrow x = e \Rightarrow a = e$.

c) Surjektivität: Für $g \in G$ sei $g' := g \cdot [q \circ p(g^{-1})]$. Es gilt $p(g') = p(g) \cdot [p \circ q \circ p(g^{-1})] = e$, also $g' \in \text{Kern}(p) = \text{Im}(i)$. Es gibt demnach ein $a' \in N$, so daß $g' = i(a')$, und hieraus folgt $q = [q(q \circ p(g^{-1}))] \cdot [q \circ p(g)] = (a)q(x) = f(a,x)$ mit $x := p(g)$.

Wir werden im Verlauf des Buches eine Fülle von Beispielen semidirekter Produkte kennenlernen, die übrigens viel häufiger auftreten als direkte Produkte (von denen sie eine Verallgemeinerung darstellen); wir geben deshalb hier nur das folgende Beispiel (vgl. 2. 5)) eines (inneren) semidirekten Produktes: Es gilt

$$S_n = A_n \rtimes \{1, \tau\}$$

für jede Transposition τ von S_n. Die zugehörige zerfallende exakte Sequenz ist

$$1 \longrightarrow A_n \hookrightarrow S_n \underset{q}{\overset{\epsilon}{\rightleftarrows}} \{\pm 1\} \longrightarrow 1 \ ,$$

wo $q(-1)$ eine beliebige Transposition ist. (Beachte: $\{1, \tau\} \cong \{\pm 1\}$.)

Aufgaben

1. Für $a, b \in \mathbb{R}$ sei $f_{a,b} : \mathbb{R} \to \mathbb{R}$ definiert durch $x \mapsto ax + b$. Man zeige:
   a) $G = \left\{ f_{a,b}; a \in \mathbb{R}^\times, b \in \mathbb{R} \right\}$ ist eine Untergruppe von $S(\mathbb{R})$;
   b) $N = \left\{ f_{1,b}; b \in \mathbb{R} \right\}$ ist ein zu $\mathbb{R}$ isomorpher Normalteiler von G;
   c) $U = \left\{ f_{a,0}; a \in \mathbb{R}^\times \right\}$ ist eine zu $\mathbb{R}^\times$ isomorphe Untergruppe von G.
   Man bestimme die Faktorgruppe G/N.

2. $H = \left\{ \begin{pmatrix} a & b \\ 0 & 1 \end{pmatrix}; a \in \mathbb{R}^\times, b \in \mathbb{R} \right\}$ ist eine Untergruppe der Gruppe $\text{GL}(2, \mathbb{R})$ (mit Matrizenmultiplikation als Verknüpfung) aller invertierbaren 2×2-Matrizen mit Komponenten in $\mathbb{R}$. Man gebe einen Isomorphismus von der in Aufgabe 1 definierten Gruppe G auf H an.

3. Es sei $\mathbb{F}_2$ der Körper mit 2 Elementen (s. Aufgabe 6). Man bestimme alle Elemente von $G = \text{GL}(2, \mathbb{F}_2)$ und gebe einen Isomorphismus von G auf S_3 an.

4. Die „n-ten Einheitswurzeln" $\exp\left(\frac{2\pi i k}{n}\right)$, $k = 0, \ldots, n-1$, $n \in \mathbb{N}$, bilden eine zyklische Untergruppe von $\mathbb{C}^\times$ der Ordnung n; sie bilden die Eckpunkte eines dem Einheitskreis einbeschriebenen regelmäßigen n-Ecks (Zeichnung!)

5. Es sei p eine Primzahl. Die Automorphismengruppe Aut$(\mathbb{Z}/p\mathbb{Z})$ der zyklischen Gruppe $\mathbb{Z}/p\mathbb{Z}$ ist eine zyklische Gruppe der Ordnung $p-1$ (mit der Komposition von Abbildungen als Verknüpfung).

6. Es sei $n \in \mathbb{N}$. Die Zahlen $0, 1, \ldots, n-1$ bilden ein Vertretersystem der Nebenklassen von $n\mathbb{Z}$ in $\mathbb{Z}$. Für $m_1, m_2 \in \{0, \ldots, n-1\}$ gilt $m_1\mathbb{Z} + m_2\mathbb{Z} = m_3\mathbb{Z}$, wenn m_3 der bei Division $m_1 + m_2 = q_n + m_3$ von $m_1 + m_2$ durch n verbleibende (eindeutig bestimmte) Rest in $\{0, \ldots, n-1\}$ ist.
    Definiiert man in $\mathbb{Z}/n\mathbb{Z}$ analog zur Addition eine Multiplikation durch $m_1\mathbb{Z} \cdot m_2\mathbb{Z} := m_1 m_2 \mathbb{Z}$, so wird $\mathbb{Z}/n\mathbb{Z}$ zu einem *kommutativen Ring* (d.h. die Multiplikation ist kommutativ und es gilt das Distributivgesetz $a(b+c) = ab + ac$ für alle $a, b, c \in \mathbb{Z}/n\mathbb{Z}$) mit Einselement $1\mathbb{Z} = \mathbb{Z}$ (bez. der Multiplikation). Man zeige, daß $\mathbb{Z}/n\mathbb{Z}$ genau dann ein Körper ist, wenn n eine Primzahl ist.

7. Die Menge $\{id, \langle 1, 2\rangle\langle 3, 4\rangle, \langle 1, 3\rangle\langle 2, 4\rangle, \langle 1, 4\rangle\langle 2, 3\rangle\}$ bildet eine zum direkten Produkt $\mathbb{Z}/2\mathbb{Z} \times \mathbb{Z}/2\mathbb{Z}$ isomorphe Abelsche Untergruppe von S_4, die sogenannte *Kleinsche Vierergruppe*.

8. Für $n \geq 3$ operiert A_n (mit der gewöhnlichen Operation) transitiv auf $\{1, \ldots, n\}$.

9. Die von $X = \begin{pmatrix} 0 & 1 \\ -1 & 0 \end{pmatrix}$ und $Y = \begin{pmatrix} 0 & i \\ i & 0 \end{pmatrix}$ erzeugte Untergruppe $\mathbb{H}_8$ von GL$(2, \mathbb{C})$ hat die Ordnung 8; ihre Elemente sind $X, X^2, X^3, X^4 = E, Y, YX, YX^2, YX^3$. Es gilt $X^2 = Y^2$, $X^4 = Y^4 = E$, $YXY^{-1} = X^3 = X^{-1}$. $\mathbb{H}_8$ ist semidirektes Produkt von $N := \{X, \ldots, X^4\}$ und $U := \{Y, Y^2\}$. (Diese Gruppe wird *Quaternionengruppe* genannt; vgl. § 2.10.)

§ 2 Die allgemeine und die spezielle lineare Gruppe

1. Die Algebra Mat(n, K)

Eine *Algebra* über dem Körper K ist ein K-Vektorraum $\mathcal{A}$ zusammen mit einer bilinearen Abbildung $\mathcal{A} \times \mathcal{A} \to \mathcal{A}$, die meistens mit $(x, y) \mapsto xy$ bezeichnet und *Produkt* von x mit y genannt wird. Bilinearität bedeutet in dieser Schreibweise

$$(\alpha x)y = (xy) = x(\alpha y) \,,$$

$$(x + y)z = xz + yz \,, \quad x(y + z) = xy + xz \,.$$

Unter diesen Begriff fallen so unterschiedliche Strukturen wie *assoziative Algebren*, die durch die zusätzliche Forderung

$$x(yz) = (xy)z \qquad (x, y, z \in \mathcal{A})$$

charakterisiert sind, als auch *Lie-Algebren*, die im nächsten Kapitel eingeführt werden. Weitere Beispiele für nicht-assoziative Algebren sind *Jordan-Algebren*, die definiert sind durch die Identitäten

$$xy = yx \ , \quad x^2(xy) = x(x^2y) \ .$$

Diese sind beispielsweise erfüllt für die Algebren $\mathcal{A} = \mathrm{Mat}(n, K)$ mit

$$\mathcal{A} \times \mathcal{A} \to \mathcal{A} \ , \quad (x, y) \mapsto xy + yx \ .$$

Jordan-Algebren werden im folgenden nicht behandelt, es sei jedoch darauf hingewiesen, daß diese, ursprünglich zur Beschreibung physikalischer Phänomene von dem Physiker P. Jordan eingeführten Algebren überraschende Anwendungen sowohl in der Theorie der Lie-Gruppen als auch in anderen Teilen der Mathematik gefunden haben.

In diesem Kapitel beschäftigen wir uns ausschließlich mit assoziativen Algebren. Solche Algebren haben nicht notwendig ein Einselement, also ein Element e mit der Eigenschaft $ex = xe = x$ für alle x. Wie bei Gruppen sieht man, daß es höchstens ein solches Element gibt: sind e, e' Einselemente, so folgt $e' = ee' = e$. Das Standard-Beispiel einer assoziativen Algebra ist der K-Vektorraum $\mathrm{Mat}(n, K)$ der $n \times n$-Matrizen (ξ_{ij}), $\xi_{ij} \in K$ bei komponentenweiser Skalarmultiplikation $\alpha\,(\xi_{ij}) = (\alpha\xi_{ij})$ und Addition $(\xi_{ij}) + (\eta_{ij}) = (\xi_{ij} + \eta_{ij})$ und der Matrizenmultiplikation

$$(\xi_{ij})(\eta_{ij}) = \left(\sum_{\nu=1}^{n} \xi_{i\nu}\eta_{\nu j} \right) \ .$$

Das Einselement ist die Einheitsmatrix $E = (\delta_{ij})$, wobei hier und im folgenden

$$\delta_{ij} = \begin{cases} 1 & \text{für} \ \ i = j \\ 0 & \text{für} \ \ i \neq j \ . \end{cases}$$

Diejenigen $n \times n$-Matrizen $E_{ij}\,(1 \leq i, j \leq n)$, die im Schnittpunkt der i-ten Zeile und j-ten Spalte eine 1, sonst überall eine 0 haben, bilden eine Basis von $\mathrm{Mat}(n, K)$; es folgt $\dim \mathrm{Mat}(n, K) = n^2$. Es gilt die Rechenregel

$$E_{ij}E_{kl} = \delta_{jk}E_{il}$$

und hierdurch ist die Multiplikation in $\mathrm{Mat}(n, K)$ eindeutig festgelegt.

Ist V ein n-dimensionaler K-Vektorraum und $\mathcal{B} = \{b_1, \ldots, b_n\}$ eine Basis von V, so wird bekanntlich durch

$$(*) \qquad (\xi_{ij}) \mapsto f \ , \quad f(b_j) := \sum_{i=1}^{n} \xi_{ij}b_i$$

ein Algebren-Isomorphismus von $\mathrm{Mat}(n, K)$ auf die Algebra $\mathrm{End}_K V$ aller K-linearen Abbildungen von V in sich definiert, deren Umkehrabbildung jedem $f \in \mathrm{End}_K V$ die durch $f(b_j) = \sum_{i=1}^{n} \xi_{ij}b_i$ eindeutig bestimmte Koeffizientenmatrix $\mathrm{Mat}(f, \mathcal{B}) = (\xi_{ij})$ zuordnet.

Es sei $\mathcal{A}$ eine Algebra mit Einselement e. Ein Element $a \in \mathcal{A}$ heißt *Einheit* oder invertierbar, wenn es ein $x \in \mathcal{A}$ gibt mit $ax = xa = e$. Wie bei Gruppen sieht man, daß es zu a höchstens ein solches x gibt; genauer: aus $xa = ay = e$ folgt $y = ey = (xa)y = x(ay) = xe = x$. Man bezeichnet x mit a^{-1} und nennt es das Inverse von a; es gelten die Rechenregeln wie in § 1.1, Folgerung 4) und 5). Daraus erhalten wir

Satz 1. *Die Einheiten einer Algebra $\mathcal{A}$ (mit Einselement) bilden eine Gruppe bez. der in $\mathcal{A}$ gegebenen Multiplikation.*   □

Die im Satz genannte Gruppe heißt *Einheitengruppe* von $\mathcal{A}$; sie wird mit $\mathcal{A}^{\times}$ bezeichnet. Eine besondere Bezeichnung ist für die Einheitengruppe von $\mathrm{Mat}(n, K)$ üblich, die wir im folgenden Abschnitt behandeln.

2. Die Gruppen GL(n, K) und SL(n, K)

Es sei K ein beliebiger Körper. Die Einheitengruppe von $\mathrm{Mat}(n, K)$ wird mit $\mathrm{GL}(n, K)$ bezeichnet und heißt *allgemeine lineare Gruppe* („General Linear Group"); es gilt also

$$\mathrm{GL}(n, K) = \{A \in \mathrm{Mat}(n, K); A \text{ invertierbar}\} \ .$$

Die Einschränkung der Abbildung (∗) auf $\mathrm{GL}(n, K)$ ist ein Gruppen-Isomorphismus von $\mathrm{GL}(n, K)$ auf die Einheitengruppe von $\mathrm{End}_K V$; diese wird mit $\mathrm{GL}(V)$ bezeichnet. Obgleich im folgenden hauptsächlich von $\mathrm{GL}(n, K)$ statt von $\mathrm{GL}(V)$ die Rede sein wird, sollte der Leser diese Gruppen (und Untergruppen davon) nicht als „statische Objekte" auffassen, sondern sie als „Gruppen von linearen Transformationen" vor Augen haben, was auch bei rein algebraischen Untersuchungen häufig vorteilhaft ist.

Aus der linearen Algebra ist die Beschreibung der Invertierbarkeit von Matrizen durch die Determinante bekannt: Es gilt

$$\mathrm{GL}(n, K) = \{A \in \mathrm{Mat}(n, K); \det A \neq 0\} \ .$$

Wir wollen wegen der grundlegenden Bedeutung dieses Sachverhaltes einen Beweis angeben, dessen Hilfsmittel auch im folgenden häufig benutzt werden: Die Inklusion „⊂" folgt sofort aus der Multiplikativität der Determinante:

$$\det XY = \det X \det Y \qquad \text{für } X, Y \in \mathrm{Mat}(n, K)$$

(und $\det E = 1$). Zum Beweis von „⊃" erinnern wir an folgende Beschreibung der Inversen einer Matrix: Sind $x_1, \ldots x_n$ die Spaltenvektoren der Matrix X und bezeichnet e_j den j-ten kanonischen Basisvektor des Spaltenraums K^n; ist ferner

$$\widetilde{X} = \left(\widetilde{\xi}_{ij}\right) \quad \text{mit} \ \ \widetilde{\xi}_{ij} := \det\left(x_1, \ldots, x_{i-1}, e_j, x_{i+1}, \ldots, x_n\right) \ ,$$

so gilt

$$\widetilde{X} X = X \widetilde{X} = (\det X) E \ .$$

Es folgt, daß X invertierbar ist, falls $\det X \neq 0$, womit die Behauptung bewiesen ist. – Darüber hinaus haben wir die Gleichung

$$X^{-1} = (\det X)^{-1}\, \widetilde{X}\ ,$$

die zwar zur praktischen Berechnung von X^{-1} wegen des großen Rechenaufwands kaum von Nutzen ist, die aber u.a. die folgende Konsequenz hat, die wir für spätere Zwecke hervorheben:

Lemma. *Die Komponenten von X^{-1} sind rationale Funktionen in den Komponenten von X.*   □

Der Kern des Homomorphismus $GL(n, K) \to K$, $A \mapsto \det A$ ist ein Normalteiler von $GL(n, K)$ (§ 1.1, Lemma); er heißt *spezielle lineare Gruppe* und wird mit $SL(n, K)$ bezeichnet. Es gilt also

$$SL(n, K) = \{A \in \mathrm{Mat}(n, K); \det A = 1\}\ .$$

Wir haben die Sequenz (vgl. § 1.4, 4))

$$(*) \qquad 1 \longrightarrow SL(n, K) \hookrightarrow GL(n, K) \underset{q}{\overset{\det}{\rightleftarrows}} K^{\times} \longrightarrow 1\ ,$$

mit $q(\alpha) = [1, \ldots, 1, \alpha]$.

(Hier und im folgenden bezeichnet $[\alpha_1, \ldots, \alpha_n]$ stets die Diagonalmatrix mit den Diagonalelementen $\alpha_1, \ldots, \alpha_n$.)

Satz 2. $(*)$ *ist eine exakte zerfallende Sequenz; insbesondere ist $SL(n, K)$ ein Normalteiler mit $GL(n, K)/SL(n, K) \cong K^{\times}$, und zu jedem $A \in GL(n, K)$ gibt es eindeutig bestimmte $B \in SL(n, K)$, $\alpha \in K^{\times}$, so daß $A = B \cdot [1, \ldots, 1, \alpha]$.* □

3. Die gewöhnliche Operation von $GL(n, K)$

$GL(n, K)$ operiert in natürlicher Weise auf dem Spaltenraum K^n durch Matrizenmultiplikation:

$$GL(n, K) \times K^n \to K^n\ , \qquad (A, x) \mapsto Ax\ ,$$

ebenso jede Untergruppe von $GL(n, K)$. Zur Unterscheidung von anderen Operationen nennen wir diese die *gewöhnliche Operation*.

Die Bahn des Nullvektors besteht offenbar nur aus dem Nullvektor selbst. Wir zeigen, daß es außer dieser nur eine weitere Bahn, also $K^n \setminus \{0\}$ gibt.

Satz 3. *Die Gruppen $GL(n, K)$, $n \geq 1$ und $SL(n, K)$, $n \geq 2$ operieren transitiv auf $K^n \setminus \{0\}$.*

Beweis. Es genügt offenbar, zu jedem $0 \neq x \in K^n$ ein $A \in SL(n, K)$ zu finden mit $Ae_1 = x$. Dazu ergänzen wir x durch $x_2, \ldots, x_n$ zu einer Basis von K^n und setzen $A' = (x, x_2, \ldots, x_n)$, $A = \left[1, \ldots, 1, (\det A')^{-1}\right] \cdot A'$.   □

Die gewöhnliche Operation von $\mathrm{GL}(n,K)$ auf K^n weist gegenüber den in §1.3 behandelten Operationen einige Besonderheiten auf: Die Menge, auf der die Gruppe operiert, ist hier ein Vektorraum, und die zu der Operation gehörigen bijektiven Abbildungen sind linear. Solche Operationen nennt man dementsprechend lineare Operationen oder lineare Darstellungen. Von Kap. III an werden wir solche linearen Gruppenoperationen systematisch untersuchen. Eine für diesen Problemkreis typische Frage, nämlich die nach *invarianten Teilräumen*, können wir aber anhand des vorstehenden Satzes sofort beantworten:

Corollar. *Die gewöhnliche Operation von* $\mathrm{GL}(n,K)$ *und* $\mathrm{SL}(n,K)$ *ist irreduzibel, d.h. es gibt außer* $\{0\}$ *und* K^n *keine invarianten Teilräume von* K^n. $\qquad\square$

4. Jordan-Chevalley-Zerlegung in $\mathrm{GL}(n,K)$

Wir betrachten die Operation von $\mathrm{GL}(n,\mathbb{C})$ auf $\mathrm{Mat}(n,\mathbb{C})$ durch Konjugation (vgl. §1.4, 2)):

$$\mathrm{GL}(n,\mathbb{C}) \times \mathrm{Mat}(n,\mathbb{C}) \to \mathrm{Mat}(n,\mathbb{C}), \qquad (A,X) \mapsto AXA^{-1}.$$

Ein Vertretersystem der Bahnen (Ähnlichkeitsklassen) liefert der Satz über die *Jordansche Normalform*, den wir hier, ebenso wie Satz 5, ohne Beweis bereitstellen (vgl. [Koecher], Kap. 8).

Für $\lambda \in \mathbb{C}$ und $m \in \mathbb{N}$ setzen wir

$$N_m(\lambda) := \begin{pmatrix} \lambda & 1 & & \\ & \ddots & \ddots & 0 \\ 0 & & \lambda & 1 \\ & & & \lambda \end{pmatrix} = \lambda E_m + N_m(0) \in \mathrm{Mat}(n,\mathbb{C}).$$

Im folgenden bezeichnet $[X_1, \ldots, X_k]$ die Diagonal-Block-Matrix mit den (quadratischen) Matrizen X_i auf der Diagonale und sonst nur Nullen.

Satz 4 (Jordansche Normalform). *Jede Ähnlichkeitsklasse in* $\mathrm{Mat}(n,\mathbb{C})$ *enthält eine Matrix der Gestalt*

$$[N_{n_1}(\lambda_1), \ldots, N_{n_k}(\lambda_k)]$$

mit (nicht notwendig verschiedenen) $\lambda_i \in \mathbb{C}$ *und* $n_i \in \mathbb{N}$, $n_1 + \ldots + n_k = n$. *Zwei solche Matrizen sind dann und nur dann ähnlich, wenn sie bis auf die Reihenfolge ihrer Diagonal-Blocks übereinstimmen.* $\qquad\square$

Eine Matrix heißt *diagonalisierbar*, wenn sie ähnlich zu einer Diagonalmatrix ist. Eine Matrix N heißt *nilpotent*, wenn es ein $l \in \mathbb{N}$ gibt, so daß $N^l = 0$; dies ist genau dann der Fall, wenn 0 der einzige Eigenwert von N ist.

Satz 5 (Additive Jordan-Chevalley-Zerlegung). *Zu jedem $X \in \mathrm{Mat}(n, \mathbb{C})$ gibt es $D, N \in \mathrm{Mat}(n, \mathbb{C})$, so daß*

(a) $X = D + N$,

(b) $DN = ND$,

(c) *D ist diagonalisierbar,*

(d) *N ist nilpotent.*

D und N sind durch (a) *bis* (d) *eindeutig bestimmt. Überdies sind D und N Polynome in X, insbesondere ist jede Matrix, die mit X vertauschbar ist, auch mit D und N vertauschbar.*

Bemerkung 1. Als unmittelbare Folgerung aus Satz 4 erhält man eine interessante Parametrisierung der Ähnlichkeitsklassen nilpotenter Matrizen in $\mathrm{Mat}(n, \mathbb{C})$ durch die Partitionen von n, d.h. durch Zerlegungen $n = n_1 + \ldots + n_k$ mit $n_1 \geq \ldots \geq n_k$ (vgl. § 1.4, 3)): Die Abbildung

$$(n_1, \ldots, n_k) \mapsto [N_{n_1}(0), \ldots, N_{n_k}(0)]$$

ist eine Bijektion von der Menge der Partitionen von n auf die Menge der Konjugationsklassen nilpotenter Matrizen in $\mathrm{Mat}(n, \mathbb{C})$.

Diese Aussage gilt sogar für einen beliebigen Körper K anstelle von $\mathbb{C}$; dagegen gelten Satz 4 und Satz 5 i.a. nur für algebraisch-abgeschlossene Körper, insbesondere nicht für $\mathbb{R}$. (Zum Begriff der halbeinfachen Matrix vgl. Aufgabe 7.)

Für die Gruppentheorie interessanter als die additive Jordan-Chevalley-Zerlegung ist ihre „multiplikative" Version, die man leicht aus der ersteren erhält:

Es sei $A \in \mathrm{GL}(n, \mathbb{C})$, $A = D + N$ die (additive) Jordan-Chevalley-Zerlegung von A. Da die Eigenwerte von A mit den Eigenwerten von D übereinstimmen und die Determinante von A gleich dem Produkt der Eigenwerte ist, gilt $0 \neq \det A = \det D$. Folglich ist D invertierbar und wir erhalten

$$(*) \qquad\qquad A = DU \quad \text{mit } U := E + D^{-1}N .$$

Da D und N vertausbar sind, ist mit N auch $D^{-1}N$ nilpotent.

Definition. $X \in \mathrm{Mat}(n, \mathbb{C})$ heißt *unipotent*, wenn $X - E$ nilpotent ist.

Die additive Jordan-Chevalley-Zerlegung einer unipotenten Matrix X ist demnach $X = E + (X - E)$; genauer: E ist der diagonalisierbare, $X - E$ der nilpotente Teil von X. Da eine Matrix genau dann nilpotent ist, wenn ihre Eigenwerte sämtlich Null sind, folgt, daß $X \in \mathrm{Mat}(n\mathbb{C})$ genau dann unipotent ist, wenn alle Eigenwerte von X gleich 1 sind.

Satz 6 (Multiplikative Jordan-Chevalley-Zerlegung). *Zu jedem $A \in \mathrm{GL}(n, \mathbb{C})$ gibt es $D, U \in \mathrm{GL}(n, \mathbb{C})$, so daß*

(a) $A = DU$,

(b) $DU = UD$,

(c) *D ist diagonalisierbar,*

(d) *U ist unipotent.*

D und U sind durch (a) *bis* (d) *eindeutig bestimmt. Überdies sind D und U Polynome in A; insbesondere ist jede Matrix, die mit A vertauschbar ist, auch mit D und U vertauschbar.*

Die Existenz einer solchen Zerlegung haben wir soeben erkannt. Für D, U wie im Satz gilt

$$A = D + D(U - E)$$

und D ist der diagonalisierbare, $D(U - E)$ der nilpotente Teil von A. Ein Vergleich mit (∗) ergibt zusammen mit der Eindeutigkeit der additiven Zerlegung die Eindeutigkeitsaussage des Satzes. Die letzte Aussage folgt aus (∗) und der entsprechenden Aussage in Satz 5.   □

Bemerkung 2. Es sei B_n die Menge der oberen Dreiecksmatrizen in $\mathrm{GL}(n, \mathbb{C})$, U_n die Menge der unipotenten Matrizen in B_n (die Diagonalelemente sind also = 1) und T_n die Menge der Diagonalmatrizen in $\mathrm{GL}(n, \mathbb{C})$. Man überzeugt sich leicht davon, daß dies Untergruppen von $\mathrm{GL}(n, \mathbb{C})$ sind; darüber hinaus haben wir die zerfallende exakte Sequenz

(∗) $$1 \to U_n \to B_n \underset{q}{\overset{p}{\rightleftarrows}} T_n \to 1 \,,$$

wobei p einer oberen Dreiecksmatrix die Diagonalmatrix mit derselben Diagonale zuordnet. (Für die Einzelheiten, die die vorstehende Aussage für die Gruppen bedeutet, schlage der Leser, der mit der Sprache der exakten Sequenzen nicht so vertraut ist, nochmals in § 1.3, 4) nach, da wir auch weiterhin davon Gebrauch machen werden.)

5. Erzeugung von SL(n, K) durch Elementarmatrizen

Wir erinnern kurz an einige bekannte Sachverhalte über elementare Zeilen- und Spaltenumformungen von Matrizen.

Als *Elementarmatrizen* werden bezeichnet:

(1) $F_{ij}(\alpha) := E + \alpha E_{ij}$ für $\alpha \in K$ und $1 \le i \ne j \le n$;

(2) $F_i(\alpha) := E + (\alpha - 1)E_{ii}$ für $\alpha \in K^\times$ und $1 \le i \le n$.

Es ist also

$$
F_{ij}(\alpha) = \begin{pmatrix} 1 & & & & & & \\ & \ddots & & & & & \\ & & 1 & \cdots & \alpha & & \\ & & & \ddots & \vdots & & \\ & & & & 1 & & \\ & & & & & \ddots & \\ & & & & & & 1 \end{pmatrix} \begin{matrix} \\ \\ i \\ \\ j \\ \\ \end{matrix} \qquad
F_i(\alpha) = \begin{pmatrix} 1 & & & & & \\ & \ddots & & & & \\ & & 1 & & & \\ & & & \alpha & & \\ & & & & 1 & \\ & & & & & \ddots \\ & & & & & & 1 \end{pmatrix} \begin{matrix} \\ \\ \\ i \\ \\ \\ \end{matrix}
$$

wo außer an den angegebenen Stellen überall Nullen zu setzen sind. Es gilt $F_{ij}(\alpha)$, $F_i(\alpha) \in GL(n, K)$ und

$$F_{ij}(\alpha)^{-1} = F_{ij}(-\alpha) \qquad (\alpha \in K) \,,$$

$$F_i(\alpha)^{-1} = F_i(\alpha^{-1}) \qquad (\alpha \in K^\times) \,.$$

Multiplikation einer Matrix X von links (rechts) mit $F_i(\alpha)$ bedeutet Multiplikation der i-ten Zeile (Spalte) mit α, Multiplikation der Matrix X von links (rechts) mit $F_{ij}(\alpha)$ bedeutet Addition des α-fachen der j-ten Zeile (i-ten Spalte) zur i-ten Zeile (j-ten Spalte). Man spricht von „elementaren Zeilen- bzw. Spaltenumformungen" (deshalb der Name Elementarmatrix).

Jede Matrix $A \in GL(n, K)$ kann durch elementare Zeilenumformungen in die Einheitsmatrix übergeführt werden; m.a.W.: A^{-1}, also auch A, ist Produkt von Elementarmatrizen. Da umgekehrt alle Elementarmatrizen in $GL(n, K)$ enthalten sind, gilt

Satz 7. $GL(n, K)$ *wird von den Elementarmatrizen erzeugt.* $\qquad\square$

Durch eine geringfügige Verfeinerung des vorstehenden Argumentes ergibt sich der folgende Satz, aus dem mit Satz 2 erneut Satz 7 folgt.

Satz 8. $SL(n, K)$ *wird von den Elementarmatrizen vom Typ (1) erzeugt.*

Beweis. Offensichtlich sind die im Satz genannten Matrizen in $SL(n, K)$ enthalten. – Es sei nun $A = (\alpha_{ij}) \in SL(n, K)$. Falls $\alpha_{21} = 0$, gibt es ein $i \neq 2$, so daß $\alpha_{i1} \neq 0$. Addition der i-ten Zeile zur zweiten ergibt eine Matrix (α_{ij}) mit $\alpha_{21} \neq 0$. Wir können also im weiteren $\alpha_{21} \neq 0$ annehmen. Addition des $(1 - \alpha_{11})\alpha_{21}^{-1}$-fachen der zweiten Zeile zur ersten ergibt eine Matrix (α_{ij}) mit $\alpha_{11} = 1$. Durch Addition des $(-\alpha_{11})$-fachen der ersten Zeile zur i-ten, $i > 1$, erhalten wir schließlich eine Matrix der Gestalt

$$\begin{pmatrix} 1 & | & * & \cdots & * \\ \hline 0 & | & & & \\ \vdots & | & & B & \\ 0 & | & & & \end{pmatrix}$$

mit $B \in SL(n - 1, K)$. So fortfahrend ergibt sich durch Multiplikation von A mit Elementarmatrizen vom Typ (1) von links eine obere Dreiecksmatrix, deren sämtliche Diagonalelemente gleich 1 sind. Hieraus entsteht aber in offensichtlicher Weise durch elementare Zeilenumformungen vom Typ (1) die Einheitsmatrix, womit der Satz bewiesen ist. $\qquad\square$

Satz 8 besagt insbesondere, daß $\mathrm{SL}(2, K)$ von den Matrizen

$$\begin{pmatrix} 1 & \alpha \\ 0 & 1 \end{pmatrix} \quad \text{und} \quad \begin{pmatrix} 1 & 0 \\ \beta & 1 \end{pmatrix} \quad \text{mit} \quad \alpha, \beta \in K$$

erzeugt wird.

Die zu den Elementarmatrizen gehörigen linearen Abbildungen von $V = K^n$ in sich kann man geometrisch wie folgt beschreiben: Es sei $f : V \to V$ eine lineare Abbildung, die eine Hyperebene H (d.h. einen Teilraum von V mit $\dim H = \dim V - 1$) punktweise festläßt. Gibt es eine zu H komplementäre Gerade Kx, die von f in sich abgebildet wird, so heißt f *Dilatation*, sonst *Transvektion*. Für $1 \leq j \leq n$, $\alpha \in K^\times$ wird die Hyperebene $H = \langle e_1, \ldots, e_{j-1}, e_{j+1}, \ldots, e_n \rangle$ sowohl von $F_j(\alpha)$ als auch von $F_{ij}(\alpha)$, $i \neq j$ punktweise festgelassen, und $F_j(\alpha)$ bildet die Gerade $\langle e_j \rangle$ in sich ab. Die zu $F_j(\alpha)$ gehörige lineare Abbildung ist also eine Dilatation. Da $F_{ij}(\alpha)$ nicht diagonalisierbar ist, ist die zugehörige Abbildung eine Transvektion.

6. Kommutatorgruppe von GL(n, K) und SL(n, K)

Nach §1.2, 2) ist der Kommutator von zwei Elementen a, b einer Gruppe G definiert durch $[a, b] = aba^{-1}b^{-1}$, und die Kommutatorgruppe von G ist die von sämtlichen Kommutatoren erzeugte Untergruppe von G.

Satz 9. *Die Kommutatorgruppen von* $\mathrm{GL}(n, K)$ *und* $\mathrm{SL}(n, K)$ *stimmen mit* $\mathrm{SL}(n, K)$ *überein:*

$$\mathrm{SL}(n, K) = [\mathrm{GL}(n, K), \mathrm{GL}(n, K)] = [\mathrm{SL}(n, K), \mathrm{SL}(n, K)] \ ,$$

vorausgesetzt, daß K *im Fall* $n = 2$ *mehr als drei Elemente besitzt.*

Beweis. Offenbar gilt in den zu beweisenden Gleichungen des Satzes jeweils die Inklusion $\supset$. Es genügt demnach, die Inklusion

$$(*) \qquad\qquad \mathrm{SL}(n, K) \subset [\mathrm{SL}(n, K), \mathrm{SL}(n, K)]$$

zu verifizieren. Dazu zeigen wir, daß jede Elementarmatrix $F_{ij}(\alpha)$ mit $i \neq j$ in der rechten Seite von $(*)$ enthalten ist; aus Satz 8 folgt dann die Behauptung. Es sei zunächst $n \geq 3$. Zu $i \neq j$ wählen wir $k \neq i, j$. Eine leichte Rechnung zeigt

$$F_{ij}(\alpha) = F_{ik}(\alpha)F_{kj}(1)F_{ik}(-\alpha)F_{kj}(-1) = [F_{ik}(\alpha), F_{kj}(1)]$$

für alle $\alpha \in K$. – Im Fall $n = 2$ bestätigt man zunächst

$$\left[\begin{pmatrix} \beta & 0 \\ 0 & \beta^{-1} \end{pmatrix}, \begin{pmatrix} 1 & \gamma \\ 0 & 1 \end{pmatrix} \right] = \begin{pmatrix} 1 & \gamma(\beta^2 - 1) \\ 0 & 1 \end{pmatrix}$$

für alle $\beta \in K^\times, \gamma \in K$. Da K nach Voraussetzung mehr als drei Elemente besitzt, gibt es $\beta \in K$ mit $\beta^2 \neq 0, 1$. Zu einem solchen β und beliebig vorgegebenem $\alpha \in K$ wählt man $\gamma := (\beta^2 - 1)^{-1}$ und erhält $F_{12}(\alpha) \in$

$[\mathrm{SL}(2, K), \mathrm{SL}(2, K)]$. Analog zeigt man, daß $F_{21}(\alpha)$ ein Kommutator in $\mathrm{SL}(2, K)$ ist.   □

Ist $G = \mathrm{GL}(n, K)$ oder $\mathrm{SL}(n, K)$, K und n wie oben, und N ein Normalteiler von G, so daß G/N Abelsch ist, so folgt aus § 1.2, Satz 6 und dem vorstehenden Satz, daß $\mathrm{SL}(n, K)$ in N enthalten ist. Genauere Informationen über die Normalteiler in $\mathrm{GL}(n, K)$ und $\mathrm{SL}(n, K)$ erhalten wir in 8.

7. Zentrum von $\mathrm{GL}(n, K)$ und $\mathrm{SL}(n, K)$, projektive Gruppen

Das Zentrum einer Gruppe oder Algebra wird durch Vorsetzen des Buchstabens Z bezeichnet, also

$$Z(G) = \{a \in G; ab = ba \text{ für alle } b \in G\} \ .$$

Zur Bestimmung des Zentrums von $\mathrm{GL}(n, K)$ und $\mathrm{SL}(n, K)$ bedarf es nur etwas Matrizenrechnung; wir beginnen, weil das auch für sich von Interesse ist, mit dem

Lemma. *Das Zentrum von* $\mathrm{Mat}(n, K)$ *besteht genau aus den „Skalar-Matrizen",* *d.h.*

$$Z(\mathrm{Mat}(n, K)) = \{\alpha E; \alpha \in K\} \ .$$

Beweis. Sei $X = \sum \xi_{ij} E_{ij}$ im Zentrum enthalten. Dann gilt $X E_{lm} = E_{lm} X$ für alle l und m, also $\sum_i \xi_{il} E_{im} = \sum_j \xi_{mj} E_{lj}$. Durch Koeffizientenvergleich folgt hieraus $\xi_{il} = 0$ für $i \neq l$ und $\xi_{ll} = \xi_{mm}$, also $X = \xi_{ll} E$. Umgekehrt ist klar, daß αE für jedes $\alpha \in K$ im Zentrum ist.   □

Wir zeigen weiter, daß für $G = \mathrm{GL}(nK)$ und $\mathrm{SL}(n, K)$

(∗) $$Z(G) = Z(\mathrm{Mat}(n, K)) \cap G \ ;$$

daraus folgt dann unmittelbar

Satz 10.
$$Z(\mathrm{GL}(n, K)) = \{\alpha E; \alpha \in K^\times\} \ ,$$
$$Z(\mathrm{SL}(n, K)) = \{\alpha E; \alpha \in K, \alpha^n = 1\} \ .$$

Zum Beweis von (∗) sei $A \in G$ mit allen Elementen von G vertauschbar. Dann ist (wir können $n \geq 2$ annehmen) A insbesondere mit $E + E_{ij}$ für $i \neq j$ vertauschbar, also auch mit $E_{ij} = (E + E_{ij}) - E$, $i \neq j$, und folglich mit $E_{ii} = E_{ij} E_{ji}$, $i \neq j$, insgesamt also mit allen Elementen einer Basis von $\mathrm{Mat}(n, K)$. Damit ist $\subset$ bewiesen. Die andere Inklusion ist trivial.   □

Corollar. *Das Zentrum von* $\mathrm{SL}(n, K)$ *ist eine zyklische Untergruppe mit höchstens* n *Elementen. Es gilt*

$$Z\left(\mathrm{SL}(n,\mathbb{C})\right) = \left\{\exp\left(\frac{2\pi i k}{n}\right) E; k = 1,\ldots,n\right\},$$

$$Z\left(\mathrm{SL}(2n,\mathbb{R})\right) = \{\pm E\},$$

$$Z\left(\mathrm{SL}(2n+1,\mathbb{R})\right) = \{E\}. \qquad \square$$

Da das Zentrum einer Gruppe Normalteiler ist, können wir die folgenden Faktorgruppen bilden

$$\mathrm{PGL}(n,K) := \mathrm{GL}(n,K)/Z\left(\mathrm{GL}(n,K)\right),$$

$$\mathrm{PSL}(n,K) := \mathrm{SL}(n,K)/Z\left(\mathrm{SL}(n,K)\right);$$

sie heißen *allgemeine* bzw. *spezielle projektive Gruppe*. Sie übernehmen für die projektive Geometrie die Rolle, die $\mathrm{GL}(n,K)$ bzw. $\mathrm{SL}(n,K)$ in der affinen Geometrie spielen. Wir wollen dies für $\mathrm{PGL}(n,K)$ kurz erläutern:

Die Menge $P^{n-1}(K)$ der 1-dimensionalen Teilräume von K^n, also

$$P^{n-1}(K) := \{Kx; x \in K^n, x \neq 0\},$$

heißt *projektiver Raum* der Dimension $n-1$ über K. Die Elemente von $P^{n-1}(K)$ heißen die *Punkte* des projektiven Raumes.

Man kann $P^{n-1}(K)$ auch beschreiben als Menge der Äquivalenzklassen $[(x_1,\ldots,x_n)]$ in $K^n \setminus \{0\}$ bez. der Äquivalenzrelation

$$(x_1,\ldots,x_n) \sim (y_1,\ldots,y_n) \Leftrightarrow \exists \alpha \in K^\times : x_i = \alpha y_i \qquad (1 \leq i \leq n).$$

Eine Teilmenge Γ von $P^{n-1}(K)$ heißt d-dimensionaler Teilraum von $P^{n-1}(K)$, wenn es einen $d+1$-dimensionalen Teilraum U von K^n gibt, so daß

$$\Gamma = \Gamma(U) = \{Kx; x \in U, x \neq 0\}.$$

Die Punkte von $P^{n-1}(K)$ sind demnach genau die 0-dimensionalen Teilräume, und die „Geraden", d.h. die Teilräume der Dimension 1 entsprechen genau den Ebenen von K^n durch 0, also den linearen Teilräumen $Kx \oplus Kz$ von K^n.

Am Rande sei bemerkt, daß je zwei verschiedene (!) Punkte Kx, Ky auf einer eindeutig bestimmten Geraden, der Verbindungsgeraden von Kx, Ky liegen, nämlich $\Gamma(Kx \oplus Ky)$. Die projektive Ebene $P^2(K)$ hat überdies die Eigenschaft, daß – im Gegensatz zu allem, was man von der Euklidischen Geometrie gewohnt ist – je zwei verschiedene (!) Geraden einen (eindeutig bestimmten) Schnittpunkt haben, nämlich die Schnittgerade der entsprechenden Ebenen in K^3.

Drei Punkte p_1, p_2, p_3 von $P^{n-1}(K)$ heißen *kollinear*, wenn es eine Gerade g in $P^{n-1}(K)$ gibt, so daß $p_i \in g$ für $i = 1,2,3$.

Eine bijektive Abbildung $\kappa : P^{n-1}(K) \to P^{n-1}(K)$ heißt *Kollineation*, wenn für jedes Tripel von Punkten p_1, p_2, p_3 gilt

$$p_1, p_2, p_3 \text{ kollinear} \quad \Leftrightarrow \quad \kappa(p_1), \kappa(p_2), \kappa(p_3) \text{ kollinear}.$$

Man erkennt mühelos, daß die Kollineationen eine Untergruppe der Gruppe aller bijektiven Abbildungen von $P^{n-1}(K)$ in sich bilden, die sogenannte *Kollineationsgruppe* von $P^{n-1}(K)$; wir bezeichnen sie hier mit $\mathrm{Koll}(n-1,K)$.

Diejenigen Kollineationen, die uns hier interessieren, sind die folgenden (es kommt vor, daß man so schon alle Kollineationen erhält; wir gehen darauf nicht näher ein):

Für $A \in \mathrm{GL}(n,K)$ sei

$$\kappa_A : P^{n-1}(K) \to P^{n-1}(K) , \quad \kappa_A(Kx) := K(Ax) ,$$

$x \in K^n \setminus \{0\}$. Man bestätigt leicht

$$\kappa_A \in \mathrm{Koll}(n-1,K) \quad \text{für alle} \quad A \in \mathrm{GL}(n,K) ,$$

$$\kappa_{AB} = \kappa_A \circ \kappa_B$$

$$\kappa_A = id \Leftrightarrow \exists \alpha \in K^\times : A = \alpha E .$$

Wir nennen die Kollineationen κ_A *lineare Kollineationen.* Aus den vorstehenden Aussagen folgt

Satz 11. *Die Abbildung*

$$\kappa : \mathrm{GL}(n,K) \to \mathrm{Koll}(n-1,K) , \quad A \mapsto \kappa_A$$

ist ein surjektiver Homomorphismus von $\mathrm{GL}(n,K)$ *auf die Gruppe der linearen Kollineationen; es gilt* $\mathrm{Kern}(\kappa) = Z(\mathrm{GL}(n,K))$, *also*

$$\mathrm{Koll}(n-1,K) \cong \mathrm{GL}(n,K)/Z(\mathrm{GL}(n,K)) = \mathrm{PGL}(n,K) . \qquad \square$$

Bemerkung. Aus Satz 3 folgt unmittelbar, daß $\mathrm{PGL}(n,K)$ transitiv auf $P^{n-1}(K)$ operiert vermöge

$$(\overline{A}, Kx) \mapsto \kappa_A(Kx) = K(Ax) ,$$

wobei $\overline{A} \in \mathrm{PGL}(n,K)$ die Nebenklasse von $A \in \mathrm{GL}(n,K)$ bedeutet und $x \in K^n \setminus \{0\}$.

Eine andere „Realisierung" der Gruppen $\mathrm{PGL}(2,\mathbb{C})$ und $\mathrm{PSL}(2,\mathbb{R})$ ist aus der Funktionentheorie bekannt: Die Gruppe der biholomorphen Abbildungen der kompaktifizierten Zahlenebene $\widehat{\mathbb{C}}$ in sich ist isomorph zur Gruppe der gebrochen-linearen Transformationen

$$z \mapsto \tau_A(z) := \frac{\alpha z + \beta}{\gamma z + \delta} , \quad A = \begin{pmatrix} \alpha & \beta \\ \gamma & \delta \end{pmatrix} \in \mathrm{GL}(2,\mathbb{C}) .$$

Bezeichnen wir diese Gruppe mit $\mathrm{Aut}(\widehat{\mathbb{C}})$, so erhalten wir den Gruppenhomomorphismus

$$\mathrm{GL}(2,\mathbb{C}) \to \mathrm{Aut}(\widehat{\mathbb{C}}) , \quad A \mapsto \tau_A ;$$

sein Kern stimmt mit dem Zentrum von $\mathrm{GL}(2,\mathbb{C})$ überein, folglich gilt

$$PGL(2, \mathbb{C}) \cong \mathrm{Aut}(\widehat{\mathbb{C}}) \; .$$

Dabei entspricht der Untergruppe $PSL(2, \mathbb{R})$ von $PGL(2, \mathbb{C})$ die Untergruppe derjenigen biholomorphen Abbildungen von $\widehat{\mathbb{C}}$ in $\widehat{\mathbb{C}}$, die die obere Halbebene $\{z \in \mathbb{C}; \mathrm{Im}\, z > 0\}$ in sich abbilden. Für die hieraus resultierenden Zusammenhänge mit Nichteuklidischer Geometrie vgl. man z.B. [Rees].

8. Normalteiler in $SL(2, K)$

Es gilt der folgende Satz, von dem wir nur den Fall $n = 2$ beweisen unter der zusätzlichen Voraussetzung, daß K mehr als 5 Elemente besitzt. Beweise für den allgemeinen Fall findet man z.B. in [Artin] und [Suzuki].

Satz 12. *Jeder echte Normalteiler von* $SL(n, K)$ *ist im Zentrum von* $SL(n, K)$ *enthalten – vorausgesetzt, daß* K *im Fall* $n = 2$ *mehr als drei Elemente besitzt.*

Zum Beweis (unter den eingangs genannten Voraussetzungen) bemerken wir zunächst, daß für jeden Normalteiler N einer Gruppe G gilt:

$$[A, B] = A\left(BA^{-1}B^{-1}\right) \in N \qquad \text{für alle} \;\; A \in N \;\; \text{und} \;\; B \in G \; .$$

Es sei nun N ein Normalteiler von $G = SL(2, K)$ mit $N \not\subset Z(G) = \{\pm E\}$. Zu zeigen ist $N = G$. Falls es ein $\beta \in K$ gibt mit $\beta \neq 0, \pm 1$ und $\begin{pmatrix} 1/\beta & 0 \\ 0 & \beta \end{pmatrix} \in$ N, so folgt $\left[\begin{pmatrix} 1/\beta & 0 \\ 0 & \beta \end{pmatrix}, \begin{pmatrix} 1 & 0 \\ \mu & 1 \end{pmatrix} \right] = F_{21}\left(\mu\left(\beta^2 - 1\right)\right) \in N$. Ist dies nicht der Fall, dann gibt es $\begin{pmatrix} \alpha & \beta \\ \gamma & \delta \end{pmatrix} \in N$ mit $\gamma \neq 0$ oder $\beta \neq 0$. Nach eventueller Konjugation mit $\begin{pmatrix} 0 & 1 \\ -1 & 0 \end{pmatrix}$ kann $\gamma \neq 0$ angenommen werden, ferner $\alpha = 0$ nach Konjugation mit $F_{12}\left(-\alpha/\gamma\right)$ und schließlich $\beta = 1$ nach Konjugation mit einer Diagonalmatrix aus G. Man verifiziert

$$\left[\left[\begin{pmatrix} 0 & 1 \\ \gamma & \delta \end{pmatrix}, \begin{pmatrix} \beta & 0 \\ 0 & \beta^{-1} \end{pmatrix} \right], \begin{pmatrix} 1 & 0 \\ \mu & 1 \end{pmatrix} \right] = F_{21}\left(\mu\left(\beta^4 - 1\right)\right) \in N \; .$$

Da K mehr als fünf Elemente enthält, gibt es ein $\beta \in K$ mit $\beta^4 \neq 1$ und folglich ist $F_{21}(\alpha) \in N$ für alle $\alpha \in K$. Durch Konjugation mit $\begin{pmatrix} 0 & 1 \\ -1 & 0 \end{pmatrix}$ erhält man hieraus $F_{12}(\alpha) \in N$ für alle $\alpha \in K$. Da G von den Matrizen $F_{12}(\alpha)$, $F_{21}(\beta)$, $\alpha, \beta \in K$ erzeugt wird (Satz 8), ist die Behauptung bewiesen. $\qquad \square$

Corollar. *Unter den Voraussetzungen des Satzes gilt:* $PSL(n, K)$ *ist eine einfache Gruppe.*

Dabei heißt eine Gruppe G *einfach*, wenn sie nicht nur aus dem neutralen Element e besteht und $\{e\}$, G die einzigen Normalteiler von G sind. Zum Beweis des Corollars betrachtet man die kanonische Projektion $p : SL(n, K) \rightarrow$

$\mathrm{PSL}(n, K)$. Das Urbild eines Normalteilers N von $\mathrm{PSL}(n, K)$ unter p enthält den Kern von p, also das Zentrum von $\mathrm{SL}(n, K)$ und ist nach dem Satz entweder gleich dem Zentrum oder gleich $\mathrm{SL}(n, K)$. Folglich besteht N nur aus dem neutralen Element oder stimmt mit $\mathrm{PSL}(n, K)$ überein. □

Der folgende Satz, den man ohne großen Aufwand aus Satz 12 erhält, gibt einen vollständigen Überblick über die Normalteiler von $\mathrm{GL}(n, K)$ (bis auf die Untergruppen von K); wir gehen hier nicht weiter darauf ein, für Einzelheiten vgl. loc. cit.

Satz 13. *Jeder Normalteiler von $\mathrm{GL}(n, K)$, K und n wie in Satz 12, enthält entweder $\mathrm{SL}(n, K)$ oder ist im Zentrum von $\mathrm{GL}(n, K)$ enthalten. Umgekehrt ist jede Untergruppe von $\mathrm{GL}(n, K)$, die $\mathrm{SL}(n, K)$ enthält oder im Zentrum von $\mathrm{GL}(n, K)$ enthalten ist, Normalteiler von $\mathrm{GL}(n, K)$.* □

9. Zusammenhang

Es sei $\mathbb{K} = \mathbb{R}$ oder $\mathbb{C}$ und $\mathcal{M}$ eine nicht-leere Teilmenge von $\mathrm{Mat}(n, \mathbb{K})$. Ein *Weg* in $\mathcal{M}$ ist eine stetige Abbildung

$$\gamma : [0, 1] \to \mathcal{M} \, ,$$

$[0, 1] = \{t \in \mathbb{R}; 0 \leq t \leq 1\}$. Man nennt $\gamma(0)$ den *Anfangspunkt*, $\gamma(1)$ den *Endpunkt* von γ. Sind $X, Y \in \mathcal{M}$, so heißt X mit Y in $\mathcal{M}$ verbindbar, wenn es einen Weg γ in $\mathcal{M}$ gibt mit Anfangspunkt X und Endpunkt Y; γ heißt dann Weg in $\mathcal{M}$ von X nach Y.

Für $X, Y \in \mathcal{M}$ sei

$$X \sim Y :\Leftrightarrow X \text{ ist mit } Y \text{ in } \mathcal{M} \text{ verbindbar} \, .$$

Lemma 1. *„$\sim$" ist eine Äquivalenzrelation auf $\mathcal{M}$.*

Beweis. a) Für jedes $X \in \mathcal{M}$ ist $\gamma(t) := X$ ($t \in [0, 1]$) ein Weg in $\mathcal{M}$, der X mit sich selbst verbindet.

b) Zu einem Weg γ in $\mathcal{M}$ von X nach Y definiert man den „inversen Weg" durch

$$\gamma'(t) = \gamma(1 - t) \qquad (t \in [0, 1]) \, ,$$

und dies ist offenbar ein Weg in $\mathcal{M}$ von Y nach X.

c) Wird X mit Y und Y mit Z durch die Wege γ bzw. δ in $\mathcal{M}$ verbunden, so ist der „zusammengesetzte Weg" definiert durch

$$\gamma\delta(t) := \begin{cases} \gamma(2t) & \text{für } t \in \left[0, \frac{1}{2}\right] \\ \delta(2t - 1) & \text{für } t \in \left[\frac{1}{2}, 1\right] \end{cases} ,$$

und dies ist ein Weg in $\mathcal{M}$, der X mit Z verbindet. □

Definition. Die Äquivalenzklassen der oben definierten Relation heißen (Weg)-*Zusammenhangskomponenten* von $\mathcal{M}$. $\mathcal{M}$ heißt (Weg-)*zusammenhängend*, wenn es nur eine Zusammenhangskomponente gibt.

Wie stets bei Äquivalenzrelationen ist $\mathcal{M}$ die Vereinigung ihrer Zusammenhangskomponenten, und je zwei Komponenten sind entweder disjunkt oder gleich. Die Komponente von $X \in \mathcal{M}$ ist die Menge aller $Y \in \mathcal{M}$, die mit X (in $\mathcal{M}$) verbindbar sind. Demnach ist $\mathcal{M}$ genau dann zusammenhängend, wenn es ein $X \in \mathcal{M}$ gibt, das mit jedem Element von $\mathcal{M}$ verbindbar ist.

Beispiele. 1) $\mathrm{Mat}(n, \mathbb{K})$ ist zusammenhängend, denn 0 ist mit jedem $X \in \mathrm{Mat}(n, \mathbb{K})$ durch die Gerade $t \mapsto tX (t \in [0,1])$ verbindbar.

2) Für $n = 1$ bedeutet 1), daß $\mathbb{R}$ und $\mathbb{C}$ zusammenhängend sind; ebenso sieht man, daß jedes Intervall von $\mathbb{R}$ (beschränkt oder nicht) zusammenhängend ist, z.B. $\mathbb{R}_+^\times$ und $\mathbb{R}_-^\times$. Dagegen ist $\mathbb{R}^\times$ nicht zusammenhängend, denn zu jeder stetigen Abbildung $\gamma : [0,1] \to \mathbb{R}^\times$ mit $\gamma(0) < 0$, $\gamma(1) > 0$ gibt es nach dem Zwischenwertsatz ein $t \in [0,1]$ mit $\gamma(t) = 0$; m.a.W. es gibt keinen Weg in $\mathbb{R}^\times(!)$ von -1 nach 1. Die Zusammenhangskomponenten von $\mathbb{R}^\times$ sind $\mathbb{R}_+^\times$ und $\mathbb{R}_-^\times$. Im Gegensatz hierzu gilt

3) $\mathbb{C}^\times$ ist zusammenhängend: Ist $z \in \mathbb{C}$ $z = re^{i\varphi}$, $r > 0$ die Darstellung von z durch Polarkoordinaten, so erhalten wir einen Weg in $\mathbb{C}$ von 1 nach z durch

$$\gamma(t) = (1 + t(r - 1))e^{it\varphi} \qquad (t \in [0,1]) \, .$$

Die in 2) und 3) geschilderten Verhältnisse lassen sich wie folgt verallgemeinern:

Satz 14. SL$(n, \mathbb{R})$, SL$(n, \mathbb{C})$ *und* GL$(n, \mathbb{C})$ *sind zusammenhängend.* GL$(n, \mathbb{R})$ *ist nicht zusammenhängend, die Zusammenhangskomponenten sind*

$$\mathrm{GL}^+(n, \mathbb{R}) := \{A \in \mathrm{GL}(n, \mathbb{R}); \det A > 0\} \quad \text{und}$$
$$\mathrm{GL}^-(n, \mathbb{R}) := \{A \in \mathrm{GL}(n, \mathbb{R}); \det A < 0\} \, .$$

$\mathrm{GL}^+(n, \mathbb{R})$ ist die *Einskomponente* von $\mathrm{GL}(n, \mathbb{R})$, d.h. diejenige Zusammenhangskomponente, die das Einselement enthält. Offenbar ist $\mathrm{GL}^+(n, \mathbb{R})$ Normalteiler in $\mathrm{GL}(n, \mathbb{R})$ (vgl. hierzu den folgenden Satz 15 sowie § 4.1 Satz 2 und II § 7).

Der wohl einfachste (fast triviale) Beweis dieses Satzes ergibt sich mit Hilfe der in 5. angegebenen Erzeugungssysteme von SL$(n, \mathbb{K})$ bzw. GL$(n, \mathbb{K})$. Dazu zunächst eine Feststellung, die leicht einzusehen und oft von Nutzen ist:

Lemma 2. *Ist G eine Untergruppe von* GL$(n, \mathbb{K})$, $A_i, B_i \in G (i = 1, 2)$ *und γ ein Weg in G von A_1 nach B_1, δ ein Weg in G von A_2 nach B_2, dann ist $t \mapsto \gamma(t)\delta(t)$ ein Weg in G von $A_1 A_2$ nach $B_1 B_2$. Ist γ ein Weg in G von A nach B, so ist $t \mapsto \gamma(t)^{-1}$ ein Weg in G von A^{-1} nach B^{-1}.*

Die Stetigkeit von $t \mapsto \gamma(t)\delta(t)$ folgt daraus, daß die Komponentenfunktionen der Produktmatrix Polynome, also stetige Funktionen in den Komponenten der Faktoren sind. Für das Inverse haben wir den entsprechenden Sachverhalt in 1. Lemma festgestellt.

Beweis des Satzes. $\mathrm{SL}(n, \mathbb{K})$ wird nach Satz 8 durch die Elementarmatrizen $F_{ij}(\alpha)$, $1 \le i \ne j \le n$, $\alpha \in \mathbb{K}$ erzeugt. Es genügt nach dem Lemma, jede dieser Matrizen durch einen Weg in $\mathrm{SL}(n, \mathbb{K})$ mit $E = F_{ij}(0)$ zu verbinden. Ein solcher Weg ist offenbar $t \mapsto F_{ij}((1-t)\alpha)$, $t \in [0,1]$. Für $\mathrm{GL}(n, \mathbb{K})$ hat man nach Satz 2 außer den $F_{ij}(\alpha)$ noch die Erzeugenden $F_n(\alpha) = [1, \dots, 1, \alpha]$ zu berücksichtigen. Da diese eine zu $\mathbb{K}^\times$ isomorphe Gruppe bilden folgt der Zusammenhang für $\mathrm{GL}(n, \mathbb{C})$. Zum Beweis, daß $\mathrm{GL}(n, \mathbb{R})$ nicht zusammenhängend ist, nehmen wir an, es gibt einen Weg γ in $\mathrm{GL}(n, \mathbb{R})$ mit Anfangspunkt in $\mathrm{GL}^+(n, \mathbb{R})$ und Endpunkt in $\mathrm{GL}^-(n, \mathbb{R})$. Dann ist $\det \circ \gamma$ ein Weg in $\mathbb{R}^\times$ mit Anfangspunkt in $\mathbb{R}^\times_+$ und Endpunkt in $\mathbb{R}^\times_-$, was nicht möglich ist (Beispiel 2). □

Zum Schluß dieses Abschnitts ein Satz, der oft benutzt wird:

Satz 15. *Es sei G eine Untergruppe von $\mathrm{GL}(n, \mathbb{K})$, G° die Einskomponente.*
  (a) *G° ist Normalteiler von G,*
  (b) *die Zusammenhangskomponenten von G sind die Nebenklassen von G°.*

Beweis. (a) Es seien $A, B \in G^\circ$ und γ, δ Wege von A bzw. B nach E. Dann ist $t \mapsto \gamma(t)\delta(t)^{-1}$ ein Weg von AB^{-1} nach E; also gilt $AB^{-1} \in G^\circ$ und folglich ist G° eine Untergruppe von G. Ferner ist für jedes $C \in G$ die Abbildung $t \mapsto C\gamma(t)C^{-1}$ ein Weg von CAC^{-1} nach E, woraus $CAC^{-1} \in G^\circ$ folgt, also ist G° Normalteiler von G.

(b) Mit G° sind auch alle Nebenklassen von G° zusammenhängend. Es sei nun $A \in CG^\circ$, $A = CB$ mit $B \in G^\circ$. Falls es einen Weg γ von A nach E gibt, dann gibt es einen Weg von B nach C^{-1}, nämlich $t \mapsto C^{-1}\gamma(t)$; wegen $B \in G^\circ$ folgt $C^{-1} \in G^\circ$, also $CG^\circ = G^\circ$. Folglich sind Elemente verschiedener Nebenklassen nicht verbindbar. □

10. Quaternionen, die Gruppen $\mathrm{GL}(n, \mathbb{H})$ und $\mathrm{SL}(n, \mathbb{H})$

Wir konstruieren die Algebra $\mathbb{H}$ der *Quaternionen* nach dem „Cayley-Dickson-Prozeß", der die bekannte Konstruktion von $\mathbb{C}$ aus $\mathbb{R}$ verallgemeinert.

Satz 16. a) *Der reelle (!) Vektorraum $\mathbb{H} = \mathbb{C}^2$ ist bez. der Verknüpfung*

$$(u, v)(y, z) := (uy - v\bar{z}, uz + v\bar{y})$$

eine assoziative, nicht-kommutative Algebra mit Einselement $(1, 0)$.

b) *Die Abbildung*

$$(u, v) \mapsto \overline{(u, v)} := (\overline{u}, -v)$$

ist eine Involution auf $\mathbb{H}$, *d.h.*

$$\overline{pq} = \overline{q}\,\overline{p}, \quad \overline{\overline{q}} = q \quad \text{für } p, q \in \mathbb{H} .$$

Setzt man $|q| := |u|^2 + |v|^2$ *für* $q = (u, v)$, *so gilt*

$$q \cdot \overline{q} = |q|^2 ;$$

insbesondere ist jedes $q \in \mathbb{H}^{\times} := \mathbb{H} \setminus \{0\}$ *invertierbar mit Inversem*

$$q^{-1} = |q|^{-2}\overline{q} .$$

c) *Die Abbildung*

$$l : (u, v) \mapsto \begin{pmatrix} u & -v \\ \overline{v} & \overline{u} \end{pmatrix} \quad (u, v \in \mathbb{C})$$

ist ein injektiver $\mathbb{R}$-*Algebren-Homomorphismus von* $\mathbb{H}$ *in* $\mathrm{Mat}(2, \mathbb{C})$.

Beweis. Daß $\mathbb{H}$ eine assoziative $\mathbb{R}$-Algebra ist, folgt unmittelbar aus c). Daß l ein Isomorphismus der rellen Vektorräume ist, erkennt man sofort an der Definition. Zum Beweis der Homomorphie-Eigenschaft berechnet man das Produkt

$$\begin{pmatrix} u & -v \\ \overline{v} & \overline{u} \end{pmatrix} \begin{pmatrix} y & -z \\ \overline{z} & \overline{y} \end{pmatrix} = \begin{pmatrix} uy - v\overline{z} & -uz - v\overline{y} \\ \overline{v}y + \overline{u}\,\overline{z} & \overline{uy - v\overline{z}} \end{pmatrix} .$$

Da $l(1, 0)$ die Einheitsmatrix ist, ist $(1, 0)$ das Einselement. $\mathbb{H}$ ist nicht kommutativ: z.B. ist $(i, 0)(0, 1) = -(0, 1)(i, 0)$. Die Aussagen in b) beweist man durch direktes Nachrechnen. $\square$

Die Abbildung $\mathbb{C} \to \mathbb{H}$, $z \mapsto (z, 0)$ ist ein injektiver $\mathbb{R}$-Algebren-Homomorphismus; wir identifizieren deshalb $(z, 0)$ mit z und erhalten so $\mathbb{C}$ als Teilalgebra von $\mathbb{H}$. Setzt man noch $j := (0, 1)$, so läßt sich jedes Element von $\mathbb{H}$ eindeutig schreiben in der Form

$$q = u + vj \quad \text{mit } u, v \in \mathbb{C} .$$

Weiter sei $u = a + bi$, $v = c + di$ mit $a, b, c, d \in \mathbb{R}$. Wir erhalten dann q in der Form

$$q = a + bi + cj + dk \quad \text{mit } k := ij$$

und eindeutig bestimmten $a, b, c, d \in \mathbb{R}$. Die Quaternionen $1, i, j, k$ bilden also eine $\mathbb{R}$-Basis von $\mathbb{H}$. Häufig wird $\mathbb{R}^4$ mit $\mathbb{H}$ (als $\mathbb{R}$-Vektorraum) identifiziert vermöge $e_1 \mapsto 1$, $e_2 \mapsto i$, $e_3 \mapsto j$, $e_4 \mapsto k$.

Die Multiplikation in einer Algebra ist (wegen der Bilinearität des Produktes) vollständig bestimmt durch die Produkte der Elemente einer Basis. Für i, j, k gelten die Rechenregeln

$$ij = k \ , \quad jk = i \ , \quad ki = j$$

(man beachte als Merkregel die zyklische Vertauschung); ferner

$$ij = -ji \ , \quad jk = -kj \ , \quad ki = -ik$$

$$i^2 = -1 \ , \quad j^2 = -1 \ , \quad k^2 = -1 \ ;$$

1 ist das Einselement von $\mathbb{H}$.

Die Involution $^-$ und der Betrag $|-|$ haben in der Basis $1, i, j, k$ die Gestalt

$$\overline{q} = a - bi - cj - dk \ , \quad |q| = \sqrt{a^2 + b^2 + c^2 + d^2}$$

für $q = a + bi + cj + dk$. Man nennt $\mathrm{Re}(q) := a$, $\mathrm{Im}(q) := ib + jc + kd$ den Real- bzw. Imaginärteil von q und setzt $\mathrm{Im}(\mathbb{H}) := \{q \in \mathbb{H}; \mathrm{Re}(q) = 0\} = \{q \in \mathbb{H}; \overline{q} = -q\}$.

Schließlich notieren wir noch für spätere Anwendungen, daß das gewöhnliche Skalarprodukt $\langle -, - \rangle$ von $\mathbb{R}^4$ mit Hilfe der Quaternionenmultiplikation ausgedrückt werden kann in der Form

$$\langle p, q \rangle = \frac{1}{2} \left(p\overline{q} + q\overline{p} \right) \ , \quad p, q \in \mathbb{H} \ .$$

Das Bild von $\mathbb{H}$ unter dem Homomorphismus l läßt sich innerhalb von $\mathrm{Mat}(2, \mathbb{C})$ mit Hilfe der Matrix $J := \begin{pmatrix} 0 & -1 \\ 1 & 0 \end{pmatrix}$ folgendermaßen beschreiben:

$$\mathrm{Bild}\,(l) = \left\{ x \in \mathrm{Mat}(2, \mathbb{C}); \overline{X} J = J X \right\} \ .$$

l kann in offensichtlicher Weise auf quaternionale Matrizen erweitert werden:

Lemma 1. *Die Abbildung*

$$l_n : \mathrm{Mat}(n, \mathbb{H}) \to \mathrm{Mat}(2n, \mathbb{C}) \ , \quad (q_{ij}) \mapsto (l(q_{ij}))$$

ist ein injektiver $\mathbb{R}$-Algebren-Homomorphismus. Mit $J_n := [J, \ldots, J]$ (n-mal) gilt

$$\mathrm{Bild}\,(l_n) = \left\{ X \in \mathrm{Mat}(2n, \mathbb{C}); \overline{X} J_n = J_n X \right\} \ . \qquad \square$$

Wie im Fall eines kommutativen Körpers (anstelle von $\mathbb{H}$) definieren wir

$$\mathrm{GL}(n, \mathbb{H}) := \{A \in \mathrm{Mat}(n, \mathbb{H}); A \ \text{invertierbar}\} \ .$$

Das vorstehende Lemma gibt uns die Möglichkeit, $\mathrm{GL}(n, \mathbb{H})$ (bis auf Isomorphie) als Untergruppe von $\mathrm{GL}(2n, \mathbb{C})$ zu „realisieren":

Satz 17. *Die Abbildung*

$$\mathrm{GL}(n, \mathbb{H}) \to \left\{ A \in \mathrm{GL}(2n, \mathbb{C}); \overline{A}^{-1} J_n A = J_n \right\} \ , \quad A \mapsto l_n(A)$$

ist ein Gruppen-Isomorphismus. $\qquad \square$

Wie Satz 2 (mit einer geringfügigen, offensichtlichen Änderung) beweist man

Satz 18. *Zu jedem $A \in \mathrm{GL}(n, \mathbb{H})$ gibt es ein Produkt B von Elementarmatrizen $F_{ij}(p)$, $p \in \mathbb{H}$, $i \neq j$, und ein $q \in \mathbb{H}^{\times} := \mathbb{H} \setminus \{0\}$, so daß $A = B \cdot F_n(q)$.*   □

Die übliche Charakterisierung invertierbarer Matrizen durch die Determinante entfällt hier, da der gewöhnliche Determinantenbegriff ganz wesentlich die Kommutativität des Grundkörpers voraussetzt. Würde man etwa wie gewohnt für $a, b, c, d \in \mathbb{H}$ definieren $\det \begin{pmatrix} a & b \\ c & d \end{pmatrix} = ad - bc$, so erhielte man beispielsweise $\det \begin{pmatrix} i & j \\ i & j \end{pmatrix} = ij - ji = 2ij \neq 0$, obgleich diese Matrix wegen $\begin{pmatrix} i & j \\ i & j \end{pmatrix} \begin{pmatrix} j & j \\ i & i \end{pmatrix} = \begin{pmatrix} 0 & 0 \\ 0 & 0 \end{pmatrix}$ nicht invertierbar ist. (Für eine Verallgemeinerung des Determinantenbegriffs auf nicht-kommutative Grundkörper vergleiche man [Dieudonné] oder [Artin].) Einen Ersatz bietet die Einbettung l_n von $\mathrm{Mat}(n, \mathbb{H})$ in $\mathrm{Mat}(2n, \mathbb{C})$ an, der für unsere Zwecke genügt: Wir setzen

$$\det_{\mathbb{C}} : \mathrm{Mat}(n, \mathbb{H}) \to \mathbb{C}, \quad \det_{\mathbb{C}}(X) := \det l_n(X).$$

Eine kurze Überlegung ergibt

Satz 19.
$$\mathrm{GL}(n, \mathbb{H}) = \{X \in \mathrm{Mat}(n, \mathbb{H}); \det_{\mathbb{C}}(X) \neq 0\}.$$ □

Die „$\mathbb{C}$-Determinante" nimmt im Gegensatz zu det keineswegs beliebige komplexe Werte an. Vielmehr gilt das

Lemma 2. $\det_{\mathbb{C}}$ *ist eine surjektive Abbildung von* $\mathrm{Mat}(n, \mathbb{H})$ *auf* $\mathbb{R}_+ = \{\alpha \in \mathbb{R}; \alpha \geq 0\}$. *Für alle* $X, Y \in \mathrm{Mat}(n, \mathbb{H})$ *gilt*

$$\det_{\mathbb{C}}(X \cdot Y) = (\det_{\mathbb{C}} X)(\det_{\mathbb{C}} Y)$$

Insbesondere ist $\det_{\mathbb{C}}$ *ein surjektiver Gruppenhomomorphismus von* $\mathrm{GL}(n, \mathbb{H})$ *auf* $\mathbb{R}_+^{\times} = \{\alpha \in \mathbb{R}; \alpha > 0\}$.

Beweis. Die Produktformel ist klar, weil sie für det gilt und l_n ein Homomorphismus ist. Nach Satz 18 hat jedes $A \in \mathrm{GL}(n, \mathbb{H})$ die Gestalt $BF_n(q)$ mit $q \in \mathbb{H}^{\times}$ und $\det_{\mathbb{C}} B = 1$, also

$$(*) \qquad \det_{\mathbb{C}} A = \det_{\mathbb{C}} F_n(q) = \det \left(\begin{array}{c|cc} E_{2n-2} & \multicolumn{2}{c}{0} \\ \hline 0 & u & -v \\ & \overline{v} & \overline{u} \end{array} \right) = |q|^2,$$

wenn $q = u + vj(u, v \in \mathbb{C})$. Da $|q|^2$ für geeignetes $q \in \mathbb{H}^\times$ jede positive reelle Zahl annimmt, ist gezeigt, daß

$$\det{}_\mathbb{C} : \mathrm{GL}(n, \mathbb{H}) \to \mathbb{R}_+^\times$$

ein surjektiver Homomorphismus ist. Weil schließlich $\det_\mathbb{C} X = 0$ für alle $X \in \mathrm{Mat}(n, \mathbb{H}) \setminus \mathrm{GL}(n, \mathbb{H})$ nach Satz 19, ist das Lemma bewiesen. $\square$

Aufgrund des vorstehenden Lemmas können wir jetzt $\mathrm{SL}(n, \mathbb{H})$ in der gewohnten Weise definieren durch

$$\mathrm{SL}(n, \mathbb{H}) := \{A \in \mathrm{GL}(n, \mathbb{H}); \det{}_\mathbb{C} A = 1\} \ .$$

Ein Vergleich mit Lemma 1 ergibt

Satz 20. *Die Abbildung*

$$\mathrm{SL}(n, \mathbb{H}) \mapsto \left\{A \in \mathrm{SL}(2n, \mathbb{C}); \overline{A}^{-1} J_n A = J_n\right\} \ , \qquad A \mapsto l_n(A)$$

ist ein Gruppen-Isomorphismus. $\square$

Aus dem vorstehenden Lemma und dem Homomorphiesatz für Gruppen (§ 1.1, Corollar zu Satz 3) folgt

Satz 21. $\mathrm{SL}(n, \mathbb{H})$ *ist Normalteiler in* $\mathrm{GL}(n, \mathbb{H})$, *die Faktorgruppe ist isomorph zu* $\mathbb{R}_+^\times$. $\square$

Eine unmittelbare Konsequenz aus Satz 18 ist

Satz 22. *Zu jedem* $A \in \mathrm{SL}(n, \mathbb{H})$ *gibt es ein Produkt* B *von Elementarmatrizen* $F_{ij}(p)$ *mit* $p \in \mathbb{H}$, $i \neq j$, *und* $q \in \mathbb{H}$, $|q| = 1$, *so daß* $A = B \cdot F_n(q)$. $\square$

Analog zu Satz 8 in § 2.6 kann man den folgenden Satz beweisen, der auch gelegentlich als Definition für $\mathrm{SL}(n, \mathbb{H})$ gewählt wird:

Satz 23. $\mathrm{SL}(n, \mathbb{H})$ *ist die Kommutatorgruppe von* $\mathrm{GL}(n, \mathbb{H})$:

$$\mathrm{SL}(n, \mathbb{H}) = [\mathrm{GL}(n, \mathbb{H}), \mathrm{GL}(n, \mathbb{H})] \ .$$ $\square$

Abschließend stellen wir fest:

Satz 24. $\mathrm{GL}(n, \mathbb{H})$ *und* $\mathrm{SL}(n, \mathbb{H})$ *sind zusammenhängend.*

Der Beweis kann aufgrund von Satz 18 und Satz 22 wie der von Satz 14 geführt werden; es ist dabei nur zu beachten, daß sowohl $\mathbb{R}^4 \setminus \{0\}$ und damit $\mathbb{H}^\times$, als auch die 3-Sphäre S^3 und damit $\{q \in \mathbb{H}; |q| = 1\}$ zusammenhängend sind. $\square$

Aufgaben

1. Für $X \in \mathrm{Mat}(2, K)$ und $J = \begin{pmatrix} 0 & -1 \\ 1 & 0 \end{pmatrix}$ gilt $X^t J X = (\det X) J$.

2. Für $X \in \mathrm{Mat}(2, K)$, $\det X \neq 0$ gilt $X^{-1} = \frac{1}{\det X} \left((\mathrm{Spur}\, X) E - X \right)$.

3. Die „Jordan-Matrizen" $\lambda E + N$, $\lambda \in K \setminus \{0\}$, $N \in \mathrm{Mat}(n, K)$ nilpotent bilden eine Untergruppe von $\mathrm{GL}(n, K)$.

4. $\begin{pmatrix} 3 & 0 & -4 \\ -12 & 7 & 24 \\ 5 & -2 & -9 \end{pmatrix}$ und $\begin{pmatrix} 1 & 1 & 0 \\ 0 & 1 & 0 \\ 0 & 0 & -1 \end{pmatrix}$
   sind ähnlich (konjugiert) in $\mathrm{Mat}(3, \mathbb{Q})$.

5. Für $X \in \mathrm{Mat}(n, K)$, $\mathrm{char}\, K \neq 2$, gilt $X^2 = E$ genau dann, wenn X ähnlich ist zu einer Diagonalmatrix $[\alpha_1, \ldots, \alpha_n]$ mit $\alpha_i = \pm 1$.

6. Es sei $A \in \mathrm{GL}(n, \mathbb{C})$, D der diagonalisierbare, N der nilpotente Teil von A. Man zeige: Ist A reell, so sind auch D und N reell.

7. $X \in \mathrm{Mat}(n, K)$ heißt „halbeinfach", wenn es einen Erweiterungskörper $\overline{K} \supset K$ von K gibt, so daß X in $\mathrm{Mat}(n, \overline{K})$ diagonalisierbar ist. Man formuliere und beweise den Satz von der Jordan-Chevalley-Zerlegung in $\mathrm{Mat}(n, \mathbb{R})$ (statt $\mathrm{Mat}(n, \mathbb{C})$) mit Hilfe des Begriffs der halbeinfachen (statt diagonalisierbaren) Matrix.

8. Es sei g die „affine Gerade" $\begin{pmatrix} 0 \\ 1 \end{pmatrix} + \mathbb{R} \begin{pmatrix} 1 \\ 0 \end{pmatrix}$ in $\mathbb{R}^2$. Man zeige: $G := \{ A \in \mathrm{GL}(2, \mathbb{R}); A g \subset g \}$ ist ein zu einer Untergruppe von $\mathrm{GL}(2, \mathbb{R})$ isomorphes semidirektes Produkt von $\mathbb{R}$ mit $\mathbb{R}^\times$. Wie sieht die zugehörige Operation von $\mathbb{R}^\times$ auf $\mathbb{R}$ aus?

9. Die Kommutatorgruppe $[\mathrm{PGL}(n, K), \mathrm{PGL}(n, K)]$ stimmt mit $\mathrm{PSL}(n, K)$ überein.

10. Die Teilmenge $\{\pm 1, \pm i, \pm j, \pm k\}$ von $\mathbb{H}$ ist mit der Quaternionen-Multiplikation eine Gruppe, die isomorph ist zu der in Aufgabe 9 zu §1 definierten Quaternionengruppe $\mathbb{H}_8$.

11. Bezeichnet $u \times v$ das Vektorprodukt und $\langle - - \rangle$ das gewöhnliche Skalarprodukt in $\mathbb{R}^3$, so gilt (wenn $\mathbb{R}^3$ mit $\mathrm{Im}\,\mathbb{H}$ identifiziert wird, vermöge $(a, b, c) \mapsto ai + bj + ck$)

$$u \times v = uv + \langle u, v \rangle 1$$

   für alle $u, v \in \mathrm{Im}\,\mathbb{H}$.

12. Man zeige, daß direkte Produkte zusammenhängender Gruppen zusammenhängend sind. Gilt das auch für semidirekte Produkte?

§ 3 Symmetrische Bilinearformen und Hermitesche Formen

Um Wiederholungen mit geringfügigen Änderungen zu vermeiden, behandeln wir die symmetrischen und die Hermiteschen Formen simultan; auf Besonderheiten des einen oder anderen Begriffs wird an den entsprechenden Stellen hingewiesen.

Es sei $\mathbb{K} = \mathbb{R}$ oder $\mathbb{C}$, ferner $\alpha \mapsto \alpha^*$ die Identität auf $\mathbb{K}$ oder (im Fall $\mathbb{K} = \mathbb{C}$) die Konjugation, also $\alpha^* = \overline{\alpha}(\alpha \in \mathbb{C})$. (Es sei hier erwähnt, daß die Identität der einzige Körperautomorphismus von $\mathbb{R}$ ist, und daß die Konjugation der einzige Körperautomorphismus $\neq id$ von $\mathbb{C}$ ist, der $\mathbb{R}$ in sich abbildet; vgl. [Ebbinghaus et al.] § 3.3.2.) Wir haben also für $(\mathbb{K},^*)$ die drei Fälle

$$(\mathbb{R}, id) , \quad (\mathbb{C}, id) \quad \text{und} \quad (\mathbb{C},^-) .$$

In jedem Fall ist * ein involutorischer Körperautomorphismus, d.h. $(\alpha^*)^* = \alpha$, $(\alpha+\beta)^* = \alpha^*+\beta^*$, $(\alpha\beta)^* = \alpha^*\beta^*$ für alle $\alpha, \beta \in \mathbb{K}$. (Für (anti-)Hermitesche Formen auf $\mathbb{H}^n$ vgl. § 4.16 und § 5.8.)

1. Hermitesche Formen und Matrizen

Eine *Hermitesche Form*, genauer: eine *-Hermitesche Form auf dem $\mathbb{K}$-Vektorraum V ist eine Abbildung $h : V \times V \to \mathbb{K}$ mit

(HF 1)
$$\begin{cases} h(x,y+z) = h(x,y) + h(x,z) , \\ h(x,\alpha y) = \alpha h(x,y) ; \end{cases}$$

(HF 2)
$$h(x,y) = h(y,x)^*$$

für alle $x, y, z \in V$ und $\alpha \in \mathbb{K}$. Das Paar (V, h) heißt dann *Hermitescher Raum* über $(\mathbb{K},^*)$. Im Fall $^* = id$ heißt h *symmetrische Bilinearform*.

Mit (HF 2) folgt aus (HF 1) offenbar

(HF1′)
$$\begin{cases} h(x+y,z) = h(x,z) + h(y,z) , \\ h(\alpha x,y) = \alpha^* h(y,x) \end{cases}$$

für alle $x, y, z \in V$ und $\alpha \in \mathbb{K}$.

Eine *Sesquilinearform* auf dem $\mathbb{C}$-Vektorraum V ist eine Abbildung $h : V \times V \to \mathbb{C}$, für die (HF1) und (HF1′) gilt mit $^* =^-$.

Standardbeispiele. 1) Der Begriff der symmetrischen Bilinearform verallgemeinert das gewöhnliche Skalarprodukt auf $\mathbb{R}^n$, also

$$\langle x,y \rangle = x_1 y_1 + \ldots + x_n y_n ,$$

$x = (x_1, \ldots, x_n), y = (y_1, \ldots, y_n)$. Hierfür gilt zusätzlich $\langle x,x \rangle \geq 0$ und $\langle x,x \rangle = 0 \Leftrightarrow x = 0$ für alle $x \in \mathbb{R}^n$ d.h. $\langle -,- \rangle$ ist positiv-definit; wir gehen hierauf ausführlich in Abschnitt 4 ein.

2) Häufig wird die Bezeichnung „Hermitesche Form" für den Fall $(\mathbb{K},{}^*) = (\mathbb{C},{}^-)$ reserviert. Als Spezialfall hat man das kanonische Skalarprodukt (oder innere Produkt)

$$\langle x, y \rangle = \overline{x}_1 y_1 + \ldots + \overline{x}_n y_n \ ,$$

$x = (x_1, \ldots, x_n)$, $y = (y_1, \ldots, y_n)$. Diese Form ist ebenfalls positiv-definit (beachte: $\langle x, x \rangle \in \mathbb{R}_+$ für alle $x \in V$).

3) Setzt man wie in Beispiel 1) $\langle x, y \rangle = x_1 y_1 + \ldots + x_n y_n$, jedoch für $x, y \in \mathbb{C}^n$, so erhält man offenbar eine symmetrische Bilinearform auf $\mathbb{C}^n$. Allerdings hat es hier keinen Sinn von „positiv" zu reden, weil i.a. $\langle x, x \rangle$ keine reelle Zahl ist. Dennoch führt diese Form zu einer wichtigen Gruppe (nämlich $O(n, \mathbb{C})$), die allerdings in ihrer geometrischen Bedeutung den zu 1) und 2) gehörigen Gruppen nachsteht (s. 5.).

Matrix einer Hermiteschen Form. Für $X = (X_{ij}) \in \mathrm{Mat}(n, \mathbb{K})$ setzen wir (wie schon in § 2.3)

$$X^* := \left(\xi_{ij}^* \right)^t \ .$$

Die folgenden Eigenschaften der Abbildung $X \to X^*$ von $\mathrm{Mat}(n, \mathbb{K})$ in sich folgen unmittelbar aus den entsprechenden Rechenregeln für die Abbildung ${}^* : \mathbb{K} \to \mathbb{K}$ (s.o.) und das Transponieren von Matrizen:

$$(X + Y)^* = X^* + Y^* \ , \quad (\alpha X)^* = \alpha^* X^* \ ,$$

$$(XY)^* = Y^* X^* \quad , \quad (X^*) = X$$

für alle $X, Y \in \mathrm{Mat}(n, \mathbb{K})$ und $\alpha = \mathbb{K}$; ferner

$$E^* = E \ , \quad \left(X^{-1} \right)^* = (X^*)^{-1} \ ,$$

letzteres für $X \in \mathrm{GL}(n, \mathbb{K})$.

Beispiel. 4) Für $X, Y \in \mathrm{Mat}(n, \mathbb{K})$ sei

$$h(X, Y) := \mathrm{Spur}\,(XY^*) \ .$$

Da die Spur eine Linearform auf $\mathrm{Mat}(n, \mathbb{K})$ ist und $\mathrm{Spur}(XY) = \mathrm{Spur}(YX)$ für alle X, Y, folgt aus den obigen Rechenregeln, daß h eine *-Hermitesche Form auf $\mathrm{Mat}(n, \mathbb{K})$ ist (s. auch 5. und II, § 1.0).

Es sei nun h eine *-Hermitesche Form auf V und $\mathcal{B} = \{b_1, \ldots, b_n\}$ eine Basis von V. Man setzt

$$\mathrm{H} = \mathrm{Mat}(h, \mathcal{B}) := \left(h\,(b_i, b_j) \right)_{i,j}$$

und nennt H die *Matrix von h bez. $\mathcal{B}$*. Identifiziert man die Vektoren $x = \sum \xi_i b_i$ und $y = \sum \eta_j b_j$ mit den Spalten $(\xi_1, \ldots, \xi_n)^t$ bzw. $(\eta_1, \ldots, \eta_n)^t$, so gilt

$$h(x, y) = x^* \mathrm{H} y \ .$$

Aus (HF2) folgt $x^*Hy = h(x,y) = h(y,x)^* = (y^*Hx)^* = x^*H^*y$ für alle $x, y \in V$. Ersetzt man x, y durch die Vektoren e_i bzw. e_j der kanonischen Basis von $\mathbb{K}^n$, so folgt

$$H^* = H \; ;$$

Matrizen mit dieser Eigenschaft heißen *-*Hermitesch* (kurz Hermitesch). Wir haben gesehen:

Die Matrix einer Hermiteschen Form bez. einer beliebigen Basis ist Hermitesch.

Ist Umgekehrt eine Hermitesche Matrix $H \in \text{Mat}(n, \mathbb{K})$ gegeben, so ist

$$[H] : \mathbb{K}^n \times \mathbb{K}^n \to \mathbb{K} \; , \qquad (x, y) \mapsto x^*Hy$$

eine Hermitesche Form auf $\mathbb{K}^n$. Definitionsgemäß ist nämlich $[H]$ linear im rechten Argument, d.h. es gilt (HF1); (HF2) folgt aus den obigen Rechenregeln für die Abbildung $X \mapsto X^*$: $[H](x, y)^* = (x^*Hy)^* = y^*H^*x = y^*Hx = [H](y, x)$. Es folgt:

Für jede Hermitesche Matrix $H \in \text{Mat}(n, \mathbb{K})$ ist $[H]$ eine Hermitesche Form auf $\mathbb{K}^n$.

Wie auch bei der Beschreibung linearer Abbildungen durch Matrizen stellt sich die Frage, wie sich die Matrix einer Hermiteschen Form bei

Basiswechsel verhält. Zur Erinnerung: Wird eine lineare Abbildung bez. einer Basis durch die Matrix X beschrieben, so bez. einer anderer Basis durch die Matrix $T^{-1}XT$, wo T die Matrix des Basiswechsels ist. Ein anderes „Transformationsverhalten" haben Hermitesche Formen:

Sind $\mathcal{B} = \{b_1, \ldots, b_n\}$ und $\mathcal{B}' = \{b_1', \ldots, b_n'\}$ Basen von V und ist $T = (\vartheta_{ij})$ die Matrix des Basiswechsels, also

$$b_j' = \sum_{i=1}^n \vartheta_{ij} b_i \qquad (1 \leq j \leq n) \; ,$$

so gilt für jede Hermitesche Form h auf V

$$h\left(b_i', b_j'\right) = \sum_{l,m} \vartheta_{li}^* \vartheta_{mj} h(b_l, b_m) \; , \qquad \text{also}$$

$$\text{Mat}\left(h, \mathcal{B}'\right) = T^*\text{Mat}\left(h, \mathcal{B}\right) T \; .$$

Matrizen $H', H \in \text{Mat}(n, \mathbb{K})$ heißen *-*kongruent* oder kurz kongruent, wenn es ein $T \in \text{GL}(n, \mathbb{K})$ gibt, so daß $H' = T^*HT$.

Wir fassen zusammen: Die Matrix einer *-Hermiteschen Form H geht bei Basiswechsel in eine zu H *-kongruente Matrix über. Einprägsam, wenn auch nicht so präzise sagen wir:

Die Matrix einer Hermiteschen Form ist bis auf Kongruenz eindeutig bestimmt.

2. Isometrien Hermitescher Räume

Sind (V', h') und (V, h) Hermitesche Räume, so heißt eine bijektive lineare Abbildung $\varphi : V' \to V$ *Isometrie*, wenn

$$h'(x, y) = h\left(\varphi(x), \varphi(y)\right)$$

für alle $x, y \in V'$. Man schreibt häufig auch $\varphi : (V', h') \to (V, h)$ und nennt $(V', h'), (V, h)$ *isometrisch*, Bez.: $(V', h') \cong (V, h)$ oder kurz $h' \cong h$, wenn es eine Isometrie der Räume gibt.

Satz 1. *Zwei Hermitesche Räume sind genau dann isometrisch, wenn die Matrizen der zugehörigen Hermiteschen Formen (bez. beliebiger Basen) kongruent sind.*

Beweis. $\varphi : (V', h') \to (V, h)$ sei eine Isometrie, $\mathcal{B}', \mathcal{B}$ seien Basen von V' bzw. V und $T = (\vartheta_{ij})$ sei die durch

$$(*) \qquad\qquad\qquad \varphi\left(b'_i\right) = \sum_\nu \vartheta_{\nu i} b_\nu$$

definierte Matrix. Dann gilt

$$\mathrm{Mat}\,(h', \mathcal{B}') = \left(h'\left(b'_i, b'_j\right)\right) = \left(h\left(\varphi\left(b'_i\right), \varphi\left(b'_j\right)\right)\right)$$
$$= \left(h\left(\sum_\nu \vartheta_{\nu i} b_\nu, \sum_\mu \vartheta_{\mu j} b_\mu\right)\right) = \left(\sum_{\nu, \mu} \vartheta^*_{\nu i} h\left(b_i, b_j\right) \vartheta_{\mu j}\right)$$
$$= T^* \mathrm{Mat}(h, \mathcal{B}) T\ ,$$

also die Kongruenz der Matrizen. Umgekehrt definiert man φ bei gegebener Matrix T durch die Gleichung $(*)$, und die vorstehende Rechnung zeigt, daß φ ein Isometrie ist.   □

Corollar 1. *Die zu Hermiteschen Matrizen* H, H' *gehörigen Hermiteschen Räume* $(\mathbb{K}^n, [H]), \left(\mathbb{K}^{n'}, [H']\right)$ *sind genau dann isometrisch, wenn* H, H' *kongruent sind. (Insbesondere ist dann* $n = n'$.)   □

Corollar 2. *Für jeden Hermiteschen Raum* (V, h) *und jede Basis* $\mathcal{B}$ *von* V *gilt*

$$(V, h) \cong (\mathbb{K}^n, [\mathrm{Mat}\,(h, \mathcal{B})])\ .$$

Die durch $b_i \mapsto e_i (1 \leq i \leq n)$ *definierte lineare Abbildung ist eine Isometrie.* □

Bemerkung. Isometrie ist eine Äquivalenzrelation:
     a) Die Identität ist eine Isometrie;
     b) mit φ ist auch φ^{-1} eine Isometrie;
     c) die Komposition zweier Isometrien ist eine Isometrie.

Die zugehörigen Äquivalenzklassen werden *Isometrieklassen* Hermitescher Räume (oder Formen) genannt; sie sind nach Satz 1 und Corollar 2 vermöge $(V, h) \mapsto \text{Mat}(h, \mathcal{B})$ (bei beliebiger Basis $\mathcal{B}$ von V) bijektiv den Kongruenzklassen Hermitescher Matrizen zugeordnet.

Aus a), b) und c) folgt unmittelbar, daß die Isometrien eines Hermiteschen Raumes eine Gruppe bilden. Wir beginnen mit dem systematischen Studium dieser Gruppen in Abschnitt 5 dieses Paragraphen.

3. Orthogonalität, Normalformen

Es sei (V, h) ein Hermitescher Raum. Vektoren $x, y \in V$ heißen *orthogonal*, Bez.: $x \perp y$, wenn $h(x, y) = 0$; Teilmengen $M, N \subset V$ heißen orthogonal, Bez.: $M \perp N$, wenn $x \perp y$ für alle $x \in M$, $y \in N$. „Orthogonalität" ist eine symmetrische Relation: $x \perp y \Leftrightarrow y \perp x$.

Lemma 1. *Für jede Teilmenge $M \subset V$ ist*

$$M^\perp := \{x \in V; x \perp M\}$$

ein Teilraum von V.

Dies folgt unmittelbar aus (HF1) und (HF2). □

Ein Hermitescher Raum (V, h) (auch h selbst) heißt *nicht-ausgeartet* (oder *regulär*), falls $V^\perp = \{0\}$, d.h. zu jedem $x \in V$, $x \neq 0$, ein $y \in V$ existiert, so daß $h(x, y) \neq 0$ (oder äquivalent hierzu: $h(y, x) \neq 0$).

Es ist klar, daß die Restriktion $h|_{U \times U}$ einer Hermiteschen Form h auf einen Teilraum U von V eine Hermitesche Form auf U ist; wir schreiben kurz h_U.

Satz 2. *Es sei (V, h) ein Hermitescher Raum und U ein Teilraum von V. Ist h_U nicht-ausgeartet, so gilt*

$$V = U \oplus U^\perp$$

Beweis. $U \cap U^\perp = \{0\}$ folgt unmittelbar aus der Voraussetzung, daß h_U nicht-ausgeartet ist. – Es bleibt $V = U + U^\perp$ zu zeigen. Dazu machen wir zunächst den Dualraum $U^* = \text{Hom}(U, \mathbb{K})$ aller Linearformen $\lambda : U \to \mathbb{K}$ zu einem $\mathbb{K}$-Vektorraum mit der üblichen Addition $(\lambda + \mu)(x) = \lambda(x) + \mu(x)$, aber der Skalarmultiplikation $(\alpha\lambda)(x) := \alpha^*\lambda(x)$, $x \in U$; wir bezeichnen ihn mit $\overline{U^*}$. Dann ist

$$\lambda_x : y \mapsto h(y, x) \quad (y \in U)$$

für jedes $x \in V$ ein Element von $\overline{U^*}$, und $z \mapsto h(-, z) = \lambda_z$, $z \in U$, ist eine injektive lineare Abbildung von U in $\overline{U^*}$. Wegen $\dim U = \dim U^*(\dim U < \infty!)$ ist diese Abbildung bijektiv, also gibt es zu jedem $x \in V$ (genau) ein $u \in U$ mit $\lambda_x = h(-, u)$. Es folgt

$$h(y, u) = \lambda_x(y) = h(y, x) \ ,$$

also $h(y, x - u) = 0$ für alle $y \in U$, d.h. $x - u \in U^{\perp}$. Damit ist $x = u + (x - u)$ Summe eines Elementes in U und eines Elements in $U^{\perp}$. Da dies für jedes $x \in V$ gilt, ist der Satz bewiesen.   □

Gibt es einen Teilraum U von V der Dimension 1, auf den die Voraussetzung des Satzes zutrifft, so kann man V sukzessive in eine direkte Summe von paarweise orthogonalen 1-dimensionalen Teilräumen zerlegen und erhält so eine „orthogonale Basis" von V. Wir präzisieren das in dem folgenden Satz, den wir vorbereiten durch

Lemma 2. *Es sei (V, h) ein Hermitescher Raum. Falls $h \not\equiv 0$, gibt es ein $x \in V$, so daß $h(x, x) \neq 0$.*

Beweis. $h \not\equiv 0$ bedeutet, daß es $y, z \in V$ gibt mit $\alpha := h(y, z) \neq 0$. Dann ist $h\left(y, \alpha^{-1} z\right) = \alpha^{-1} h(y, z) = 1$. Aus $h \not\equiv 0$ folgt also die Existenz von u, v mit $h(u, v) = 1$.

Annahme: $h(x, x) = 0$ für alle $x \in V$. Dann gilt (mit u, v wie oben)

$$0 = h(u + v, u + v) - h(u, u) - h(v, v) = h(u, v) + h(v, u)$$
$$= h(u, v) + h(u, v)^* = 1 + 1^* = 2 \ ,$$

also ein Widerspruch.   □

Satz 3. *In jedem Hermiteschen Raum (V, h) gibt es eine Basis $\mathcal{B} = \{b_1, \ldots, b_n\}$, so daß $h(b_i, b_j) = 0$ für $1 \leq i \neq j \leq n$, und somit*

$$\mathrm{Mat}(h, \mathcal{B}) = [\alpha_1, \ldots, \alpha_n] \quad \text{mit} \ \alpha_i \in \mathbb{K} \ .$$

Beweis. Falls $h \equiv 0$, hat jede Basis die genannte Eigenschaft. – Es sei $h \not\equiv 0$. Nach Lemma 2 gibt es ein $x \in V$ mit $h(x, x) \neq 0$. Wir schließen mit Induktion. Für 1-dimensionale Räume ist nichts zu beweisen. Es sei die Behauptung für alle Hermiteschen Räume der Dimension n bewiesen. Ist nun (V, h) ein Hermitescher Raum mit $\dim V = n + 1$, so wählen wir ein $b_1 \in V$ mit $h(b_1, b_1) \neq 0$. Nach Satz 2 gilt $V = Kb_1 \oplus (Kb_1)^{\perp}$. Wegen $\dim (Kb_1)^{\perp} = n$ gibt es nach Induktionsvoraussetzung eine Basis $\{b_2, \ldots, b_{n+1}\}$ von $(Kb_1)^{\perp}$ mit $h(b_i, b_j) = 0$ für $2 \leq i \neq j \leq n+1$. Wegen $h(b_1, b_i) = 0$ für $i = 2, \ldots, n+1$ hat $\mathcal{B} = \{b_1, \ldots, b_{n+1}\}$ die verlangte Eigenschaft.

Nach Definition ist $\mathrm{Mat}(h, \mathcal{B}) = (h(b_i, b_j))$, also eine Diagonalmatrix.   □

Eine Basis mit der im Satz genannten Eigenschaft heißt *Orthogonalbasis.*

Aus dem vorstehenden Satz folgt aufgrund der Corollare 1 und 2 zu Satz 1

Corollar 1. *Jeder Hermitesche Raum über* $(\mathbb{K},{}^*)$ *ist isometrisch zu einem Standardraum* $(\mathbb{K}^n, [D])$ *mit einer Diagonalmatrix* $D \in \text{Mat}(n, \mathbb{K})$. $\quad\square$

Corollar 2. *Jede Hermitesche Matrix ist kongruent zu einer Diagonalmatrix.* $\square$

Wir werden jetzt diese Ergebnisse weiter verschärfen. Dazu sei zunächst $T = [\vartheta_1, \ldots, \vartheta_n] \in \text{GL}(n, \mathbb{K})$. Mit $H = [\alpha_1, \ldots, \alpha_n]$ gilt

$$T^* H T = [\beta_1, \ldots, \beta_n] \,, \quad \beta_i := \vartheta_i^* \alpha_i \vartheta_i \,.$$

In den Fällen $(\mathbb{K},{}^*) = (\mathbb{R}, id)$ oder $(\mathbb{C},{}^-)$ gilt $\alpha_i \in \mathbb{R}$. Wir wählen $\vartheta_i = 0$ falls $\alpha_i = 0$ und $\vartheta_i = \sqrt{|\alpha_i|}^{-1}$ falls $\alpha_i \neq 0$. Es folgt dann $\beta_i = 0$, 1 oder -1. Im Fall $(\mathbb{K},{}^*) = (\mathbb{C}, id)$ gilt $\beta_i = \vartheta_i^2 \alpha_i$. Wir wählen dementsprechend $\vartheta_i = 0$ falls $\alpha_i = 0$ und im Fall $\alpha_i \neq 0$ ein ϑ_i derart, daß $\vartheta_i^2 = \alpha_i^{-1}$. Wir erhalten so $\beta_i = 0$ oder 1. Als nächstes bemerken wir, daß für $\pi \in S_n$ gilt: $[\alpha_{\pi(1)}, \ldots, \alpha_{\pi(n)}] = P^t [\alpha_1, \ldots, \alpha_n] P$ mit $P := (\delta_{i, \pi(j)})_{i,j}$; folglich geht eine Diagonalmatrix bei Permutation ihrer Diagonalelemente in eine kongruente Matrix über. Damit ist bewiesen, daß jede Hermitesche Matrix kongruent ist zu einer Diagonalmatrix der Gestalt

$$D_{p,q} := [\underbrace{1, \ldots, 1}_{p}, \underbrace{-1, \ldots, -1}_{q}, 0, \ldots, 0]$$

mit $q = 0$ im Fall $(\mathbb{K},{}^*) = (\mathbb{C}, id)$. Es ist also eine Richtung bewiesen für den

Normalformensatz für Hermitesche Räume. *In den Fällen* $(\mathbb{K},{}^*) = (\mathbb{R}, id)$ *oder* $(\mathbb{C},{}^-)$ *bilden die Standardräume*

$$(\mathbb{K}^n, [D_{p,q}]) \quad \text{mit } p, q \in \mathbb{N}_0 \,, \quad p + q \leq n$$

ein Vertretersystem der Isometrieklassen *-*Hermitescher Räume der Dimension* n *über* $(\mathbb{K},{}^*)$; *die Standardräume*

$$(\mathbb{C}^n, [D_{p,0}]) \quad \text{mit } p \in \mathbb{N}_0 \,, \quad p \leq n$$

bilden ein Vertretersystem der Isometrieklassen symmetrischer bilinearer Räume über $\mathbb{C}$.

Zum Beweis bleibt zu zeigen
a) $(\mathbb{K}^n, [D_{p,q}]) \cong (\mathbb{K}^n, [D_{p',q'}]) \Rightarrow p = p'$ und $q = q'$;
b) $(\mathbb{C}^n, [D_{p,0}]) \cong (\mathbb{C}^n, [D_{p',0}]) \Rightarrow p = p'$.
(Daß isometrische Räume notwendig die gleiche Dimension haben ist klar.)
Zum Beweis von a) wählen wir eine Hermitesche Form h auf $\mathbb{K}^n$ und Orthogonalbasen $\mathcal{B} = \{b_1, \ldots, b_n\}$, $\mathcal{B}' = \{b'_1, \ldots, b'_n\}$ von $\mathbb{K}^n$, so daß

$$\text{Mat}(h, \mathcal{B}) = D_{p,q} \,, \quad \text{Mat}(h, \mathcal{B}') = D_{p',q'} \,.$$

Sei $U = \mathbb{K}b_1 \oplus \ldots \oplus \mathbb{K}b_p$, $U' = \mathbb{K}b'_{p'+1} \oplus \ldots \oplus \mathbb{K}b'_n$. Für $0 \neq x = \sum \xi_i b_i \in U$ gilt $h(x,x) = \sum \xi_i^* \xi_i h(b_i, b_i) > 0$, für $y = \sum \eta_i b_i \in U'$ gilt $h(y,y) = \sum \eta_i^* \eta_i h(b'_i, b'_i) \leq 0$. Es folgt $U \cap U' = \{0\}$ und hieraus $\dim(U + U') = \dim U + \dim U' = p + n - p'$. Andererseits gilt $\dim(U + U') \leq n$, also $p + n - p' \leq n$, d.h. $p \leq p'$. Aus Symmetriegründen gilt $p' \leq p$, insgesamt also $p = p'$.

Da $r = p + q$ der Rang der Matrix $D_{p,q}$ ist und kongruente Matrizen den gleichen Rang haben, gilt $p + q = p' + q'$, mit $p = q'$ also $q = q'$. Damit ist a) bewiesen. Die Aussage b) folgt einfach aus der Gleichheit der Ränge kongruenter Matrizen. $\qquad\square$

Im folgenden beschäftigen wir uns (fast) ausschließlich mit nicht-ausgearteten Hermiteschen Räumen; wir geben deshalb eine explizite Formulierung des Normalformensatzes für diesen Fall:

Normalformensatz für nicht-ausgeartete Hermitesche Räume. a) $(\mathbb{K}, {}^*) = (\mathbb{R}, id)$ *oder* $(\mathbb{C}, {}^-)$: *Die* $n+1$-*Standard-Räume*

$$(\mathbb{K}^n, [D_{p,q}]) \qquad \text{mit} \quad p + q = n$$

bilden ein Vertretersystem der Isometrieklassen nicht-ausgearteter Hermitescher Räume der Dimension n *über* $(\mathbb{K}, {}^*)$.

b) *Jeder nicht-ausgeartete bilineare Raum der Dimension* n *über* $\mathbb{C}$ *ist isometrisch zu dem Standard-Raum*

$$(\mathbb{C}^n, [E]) \ .$$

Beweis. Daß die Standard-Räume im Fall $p + q < n$ bzw. $p < n$ ausgeartet sind, erkennt man unmittelbar daran, daß $e_n^* D_{p,q} e_i = 0$ für $1 \leq i \leq n$. – Ist andererseits $p + q = n$ und $x = (\xi_1, \ldots, \xi_n)^t \in \mathbb{K}^n$, $x \neq 0$, so wählen wir ein j mit $\xi_j \neq 0$ und erhalten $x^* D_{p,q} e_j = \xi_j e_j^* D_{p,q} e_j \neq 0$; also sind $(\mathbb{K}^n, [D_{p,q}])$ im Fall $p + q = n$ und $(\mathbb{C}^n, [E])$ nicht ausgeartet. $\qquad\square$

Aus der Beziehung $\det(T^*HT) = |\det T|^2 \det H$ folgt $\det H \neq 0 \Leftrightarrow \det(T^*HT) \neq 0$ für alle $T \in GL(n, \mathbb{K})$. Ein Vergleich mit den beiden vorstehenden Sätzen gibt ein Kriterium dafür, ob ein Hermitescher Raum nicht-ausgeartet ist, ohne Bezug auf die jeweilige Normalform zu nehmen:

Satz 4. *Ein Hermitescher Raum* (V, h) *ist genau dann nicht-ausgeartet, wenn* $\det \text{Mat}(h, \mathcal{B}) \neq 0$ *für eine (und damit jede) Basis* $\mathcal{B}$ *von* V. $\qquad\square$

Aufgrund der in 2. beschriebenen Korrespondenz zwischen den Isometrieklassen Hermitescher Räume und den Kongruenzklassen Hermitescher Matrizen ergibt eine bloße Umformulierung des Normalformen-Satzes für Hermitesche Räume den

Normalformensatz für Hermitesche Matrizen. a) *Zu jeder Matrix* $H \in$ $\mathrm{Mat}(n, \mathbb{R})$ *mit* $H^t = H$ *gibt es* $T \in \mathrm{GL}(n, \mathbb{R})$ *und* $p, q \in \mathbb{N}_0$, $p + q \leq n$, *so daß*

$$T^t H T = [\underbrace{1, \ldots, 1}_{p}, \underbrace{-1, \ldots, -1}_{q}, 0, \ldots, 0] \; ;$$

b) *zu jeder Matrix* $H \in \mathrm{Mat}(n, \mathbb{C})$ *mit* $H^t = H$ *gibt es* $T \in \mathrm{GL}(n, \mathbb{C})$ *und* $r \in \mathbb{N}_0$, $r \leq n$, *so daß*

$$T^t H T = [\underbrace{1, \ldots, 1}_{r}, 0, \ldots, 0] \; ;$$

c) *zu jeder Matrix* $H \in \mathrm{Mat}(n, \mathbb{C})$, $\overline{H}^t = H$ *gibt es* T, p, q *wie in* a), *so daß*

$$\overline{T}^t H T = [\underbrace{1, \ldots 1}_{p} \underbrace{-1, \ldots, -1}_{q}, 0, \ldots, 0] \; .$$

In den Fällen a) *und* c) *sind* p *und* q, *im Fall* b) *ist* r *eindeutig durch* H *bestimmt; m.a.W.: Jede Kongruenzklasse enthält genau eine Diagonalmatrix der genannten Art.* □

4. Euklidische und unitäre Räume

Eine Hermitesche Form h auf V heißt *positiv-* bzw. *negativ-definit*, wenn $h(x, x) \in \mathbb{R}_+^{\times}$ bzw. $h(x, x) \in \mathbb{R}_-^{\times}$ für alle $x \in V \setminus \{0\}$; sie heißt *indefinit*, wenn es *isotrope* Vektoren gibt, d.h. $x \in V \setminus \{0\}$ mit $h(x, x) = 0$.

In den folgenden Kapiteln werden wir uns sowohl mit (positiv-) definiten wie auch mit indefiniten Formen und ihren Isometriegruppen beschäftigen, mit letzteren u.a. wegen ihrer Bedeutung in der relativistischen Physik (vgl. § 4.13). In diesem Abschnitt betrachten wir einige Besonderheiten der positiv-definiten Formen, von denen wir an verschiedenen Stellen Gebrauch machen werden.

Ist h eine symmetrische Bilinearform $\neq 0$ auf dem $\mathbb{C}$-Vektorraum V, so gibt es Vektoren $x \in V$ mit der Eigenschaft $h(x, x) \in \mathbb{C} \setminus \mathbb{R}$ (Beweis!). Wir betrachten deshalb in diesem Abschnitt nur die Fälle $(\mathbb{K}, {}^*) = (\mathbb{R}, id)$ und $(\mathbb{K}, {}^*) = (\mathbb{C}, {}^-)$.

Bemerkung. 1) Positiv- und negativ-definite Hermitesche Formen sind nicht-ausgeartet; ihre Restriktionen auf Teilräume $\neq 0$ sind ebenfalls positiv- bzw. negativ-definit.

2) Die Diagonalform $[D_{p,q}]$ ist genau dann positiv-(negativ-)definit, wenn $D_{pq} = E \, (D_{p,q} = -E)$.

3) Ist h positiv-definit, so ist $-h$ negativ-definit und umgekehrt.

4) Ist (V, h) ein positiv-(negativ-, in-)definiter Hermitescher Raum (d.h. daß h eine Hermitesche Form auf V mit der entsprechenden Eigenschaft ist), so ist jeder zu (V, h) isometrische Raum ebenfalls positiv-(negativ-, in-)definit.

Beispiel. Die in 1. angegebene *-Hermitesche Form $h(X,Y) = \text{Spur}(XY^*)$ auf $\text{Mat}(n,\mathbb{K})$ ist für $(\mathbb{K},^*) = (\mathbb{R}, id)$, $(\mathbb{C},^-)$ positiv-definit; es gilt nämlich $h(X,X) = \sum_{i,j} |\xi_{ij}|^2$, wenn $X = (\xi_{ij})$. Man erkennt außerdem sofort, daß die Matrizen E_{ij} eine Orthonormalbasis bilden (s.u.): $h(E_{ij}, E_{kl}) = \delta_{ik}\delta_{ji}$. Bildet man diese Basis (in einer beliebigen Ordnung) auf die kanonische Basis von $\mathbb{K}^{n^2}$ ab, so ist die lineare Fortsetzung eine Isometrie von $(\text{Mat}(n,\mathbb{K}), h)$ auf den Standardraum $\left(\mathbb{K}^{n^2}, [E]\right)$.

Definition. Ein reeller Vektorraum mit einer positiv-definiten symmetrischen Bilinearform heißt *Euklidischer Raum*; ein komplexer Vektorraum mit einer positiv-definiten Hermiteschen Form heißt *unitärer Raum*.

Als unmittelbare Konsequenz aus dem Normalformensatz für nicht-ausge-artete Hermitesche Räume erhalten wir (vgl. auch Bemerkung 4)) den

Normalformensatz für Euklidische und unitäre Räume. *Jeder Euklidische bzw. unitäre Raum der Dimension n ist isometrisch zum Standardraum $(\mathbb{R}^n, \langle-,-\rangle)$ bzw. $(\mathbb{C}^n, \langle-,-\rangle)$ mit*

$$\langle x, y \rangle := x^t y = \xi_1 \eta_1 + \ldots + \xi_n \eta_n \quad \text{bzw.}$$

$$\langle x, y \rangle := \overline{x}^t y = \overline{\xi}_1 \eta_1 + \ldots + \overline{\xi}_n \eta_n \,,$$

$x = (\xi_1, \ldots, \xi_n)$, $y = (\eta_1, \ldots, \eta_n)$. $\square$

Eine Umformulierung dieses Satzes ist die Aussage:

Jeder Euklidische und jeder unitäre Raum besitzt eine Orthogonalbasis, d.h. eine Basis $\mathcal{B} = \{b_1, \ldots, b_n\}$, so daß $h(b_i, b_j) = \delta_{ij} (1 \leq i, j \leq n)$, oder äquivalent hierzu $\text{Mat}(h, \mathcal{B}) = E$.

Wir wollen diese Resultate noch für Matrizen formulieren: Eine Hermite-sche Matrix heißt positiv-definit, wenn die zugehörige Form positiv-definit ist, also

$$x^t H x > 0 \quad \text{bzw.} \quad \overline{x}^t H x > 0 \quad \text{für alle } x \neq 0 \,.$$

Satz 5. *Jede positiv-definite Matrix ist kongruent zur Einheitsmatrix; m.a.W.: es gibt ein $T \in \text{GL}(n, \mathbb{K})$, so daß*

$$H = T^t T \quad \text{bzw.} \quad H = \overline{T}^t T \,.$$ $\square$

Zum Schluß dieses Abschnittes erinnern wir an einige Grundtatsachen der Geometrie Euklidischer und unitärer Räume, auf die wir gelegentlich zurückgreifen werden.

In einem Euklidischen und unitären Raum (V, h) definiert man eine *Längenmessung* („Betrag") durch

$$|x| = \sqrt{h(x,x)} \quad (x \in V) ,$$

und hierdurch eine *Abstandsmessung* („Metrik")

$$d(x,y) = |x - y| .$$

Die grundlegenden Eigenschaften, die hier nicht wiederholt werden sollen, beruhen im wesentlichen auf den folgenden Grundgesetzen:

a)

$$|x| > 0 \quad \text{für} \quad x \neq 0 , \qquad |\alpha x| = |\alpha| \cdot |x| ,$$

$$|x + y| \leq |x| + |y| \quad \text{(„Dreiecksungleichung")} ;$$

b)

$$d(x,y) = 0 \Leftrightarrow x = y , \quad d(x,y) = d(y,x) ,$$

$$d(x,z) \leq d(x,y) + d(y,z)$$

für alle $x, y \in V$ und $\alpha \in \mathbb{K}$.

Häufig benutzt wird die Cauchy-Schwarzsche Ungleichung, also

$$|h(x,y)|^2 \leq h(x,y) \cdot h(y,y) \quad (x, y \in V) ;$$

dabei steht das Gleichheitszeichen dann und nur dann, wenn x, y linear abhängig sind.

Mit Hilfe dieser Ungleichung führt man in Euklidischen Räumen eine *Winkelmessung* ein: Wegen $|h(x,y)|/|x| \cdot |y| \leq 1$ gibt es ein eindeutig bestimmtes $\omega_{x,y} \in [0, \pi]$, so daß

$$\cos \omega_{x,y} = \frac{h(x,y)}{|x| \cdot |y|}$$

$\omega_{x,y}$ heißt *Winkel* zwischen x und y. Es gilt also

$$h(x,y) = |x| \cdot |y| \cdot \cos \omega_{x,y} ,$$

und man verifiziert mühelos:

$$\omega_{x,y} = \omega_{y,x} , \quad \omega_{x,-y} = \pi - \omega_{x,y} ,$$

$$\omega_{\alpha x, \beta y} = \omega_{x,y} \quad \text{für} \quad \alpha, \beta > 0 ,$$

$$\omega_{x,y} \in \{0, \pi\} \Leftrightarrow x, y \quad \text{linear abhängig} ,$$

$$\omega_{x,y} = \frac{\pi}{2} \Leftrightarrow x \perp y .$$

(Eine Fülle weiterer Aussagen zur Geometrie in Euklidischen Räumen findet man in [Koecher].)

5. Isometriegruppen Hermitescher Räume

Wie wir bereits in 2. festgestellt haben, bilden die Isometrien eines Hermiteschen Raumes (V, h) eine Untergruppe der Gruppe $\mathrm{GL}(V)$ aller bijektiven linearen Abbildungen von V in sich; sie heißt *Isometriegruppe* von (V, h) und wird mit $\mathrm{Aut}(V, h)$ bezeichnet (die naheliegende Bezeichnung $\mathrm{Iso}(V, h)$ ist nicht gebräuchlich). Ist speziell h eine symmetrische Bilinearform (V reell oder komplex), so wird $\mathrm{Aut}(V, h)$ die *orthogonale Gruppe* von (V, h) genannt und mit $\mathrm{O}(V, h)$ bezeichnet; im Fall eines Hermiteschen Raumes über $(\mathbb{C}, ^-)$ schreibt man $\mathrm{U}(V, h)$ und nennt dies die *unitäre Gruppe* von (V, h).

Es sei nun (V, h) ein beliebiger Hermitescher Raum über $(\mathbb{K}, *)$, $n = \dim V$, und H die Matrix von h bez. irgendeiner Basis $\mathcal{B}$ von V. Dann liefert der Gruppen-Isomorphismus $\mathrm{GL}(V) \to \mathrm{GL}(n, \mathbb{K})$, $\varphi \mapsto \mathrm{Mat}(\varphi, \mathcal{B})$ durch Restriktion einen Isomorphismus

$$\mathrm{Aut}(V, h) \cong \{A \in \mathrm{GL}(n, \mathbb{K}) \mid A^* H A = H\}$$

(vgl. den Beweis von Satz 1).

Wir zeigen, daß die Isometriegruppe eines Hermiteschen Raumes (V, h) bis auf Isomorphie eindeutig durch die Isometrieklasse von (V, h) bestimmt ist, genauer:

Satz 6. *Ist* $\varphi : (V', h') \to (V, h)$ *eine Isometrie Hermitescher Räume, so ist*

$$\mathrm{Aut}(V', h') \to \mathrm{Aut}(V, h) , \qquad \psi \mapsto \varphi \circ \psi \circ \varphi^{-1}$$

ein Isomorphismus der Isometriegruppen.

Beweis. Bekanntlich ist für jede bijektive Mengenabbildung $\varphi : V' \to V$ die Abbildung $\psi \mapsto \varphi \circ \psi \circ \varphi^{-1}$ ein Gruppen-Isomorphismus von $S(V')$ auf $S(V)$ (vgl. §1.2.5)). Sind V', V Vektorräume und ψ, φ lineare Abbildungen, so ist auch $\varphi \circ \psi \circ \varphi^{-1}$ linear. Es bleibt zu zeigen, daß mit ψ, φ auch $\varphi \circ \psi \circ \varphi^{-1}$ eine Isometrie ist. Das folgt aber unmittelbar durch Einsetzen.   □

Die Umkehrung dieses Satzes gilt nicht, wie der folgende Satz zeigt, durch den die Anzahl der Isomorphieklassen von Isometriegruppen weiter reduziert wird.

Zu einem Hermiteschen Raum (V, h) über $(\mathbb{K}, *)$ und $\alpha \in \mathbb{R}$ definieren wir

$$\alpha h : V \times V \to \mathbb{K} , \qquad (x, y) \mapsto \alpha (h(x, y)) .$$

Es ist klar, daß $(V, \alpha h)$ ebenfalls ein Hermitescher Raum über $(\mathbb{K}, *)$ ist. Überdies gilt für jede bijektive lineare Abbildung φ von V in sich $(\alpha h)(\varphi(x), \varphi(y)) = (\alpha h)(x, y) \Leftrightarrow h(\varphi(x), \varphi(y)) = h(x, y)$ für alle $x, y \in V$ und $\alpha \in \mathbb{R}$, $\alpha \neq 0$. Wir erhalten also

Satz 7. *Für jeden Hermiteschen Raum (V, h) und jedes $\alpha \in \mathbb{R}^{\times}$ gilt*

$$\text{Aut}(V, h) \cong \text{Aut}(V, \alpha h) \ . \qquad \square$$

Nach den letzten beiden Sätzen kann man sich darauf beschränken, die Isometriegruppen der Standarddräume zu untersuchen und – indem man ggf. von $[D_{p,q}]$ zu $-[D_{p,q}] = [-D_{p,q}]$ übergeht – außerdem $p \geq q$ annehmen. Danach ist jede Isometriegruppe eines nicht-ausgearteten Hermiteschen Raumes isomorph zu einer Matrixgruppe der folgenden Liste (auf die Frage nach (lokalen) Isomorphismen werden wir in II, § 3.4 eingehen); wir führen damit gleichzeitig die tradionellen Bezeichnungen ein:

Reelle orthogonale Gruppen

$$\text{O}(p, q) = \{A \in \text{GL}(n, \mathbb{R}); A^t D_{p,q} A = D_{p,q}\}, \, 0 \leq q \leq p \leq n, \, p + q = n$$

$$\text{O}(n) = \{A \in \text{GL}(n, \mathbb{R}); A^t A = E\} = \text{O}(n, 0)$$

Komplexe orthogonale Gruppen

$$\text{O}(n, \mathbb{C}) = \{A \in \text{GL}(n, \mathbb{C}); A^t A = E\}$$

Unitäre Gruppen

$$\text{U}(p, q) = \left\{A \in \text{GL}(n, \mathbb{C}); \overline{A}^t D_{p,q} A = D_{p,q}\right\}, \, p, q \text{ wie zuvor}$$

$$\text{U}(n) = \left\{A \in \text{GL}(n, \mathbb{C}); \overline{A}^t A = E\right\} = \text{U}(n, 0)$$

Aufgaben

1. Man zeige, daß die Hermiteschen Formen auf V über $(\mathbb{K}, {}^*)$ einen $\mathbb{R}$-Vektorraum bilden bez. der Verknüpfungen

$$(\alpha h)(x, y) = \alpha h(x, y) \ ,$$

$$(h + g)(x, y) = h(x, y) + g(x, y) \ ,$$

   und daß die Hermiteschen $n \times n$-Matrizen über $(\mathbb{K}, {}^*)$ einen Teilraum des $\mathbb{R}$-Vektorraums $\text{Mat}(n, \mathbb{K})$ bilden. Man gebe einen Isomorphismus dieser Vektorräume an und bestimme ihre Dimension.

2. In einem Euklidischen Vektorraum sind zwei Vektoren x, y genau orthogonal, wenn $x + y$ und $x - y$ die gleiche Länge haben.

3. Zu $A = \begin{pmatrix} -2 & 3 & 5 \\ 3 & 1 & -1 \\ 5 & -1 & 4 \end{pmatrix}$ finde man ein $T \in \text{Mat}(3, \mathbb{Q})$, so daß $T^t A T$ eine Diagonalmatrix ist.

4. Es sei $A = \begin{pmatrix} 0 & 2 & -1 \\ -2 & 0 & 4 \\ 1 & -4 & 0 \\ -3 & 2 & -1 \end{pmatrix}$, $B = \begin{pmatrix} 0 & 1 & 0 & 0 \\ -1 & 0 & 0 & 0 \\ 0 & 0 & 0 & 1 \\ 0 & 0 & -1 & 0 \end{pmatrix}$. Man gebe an
    $T \in \mathrm{Mat}(4, \mathbb{Q})$ an, so daß $T^t A T = B$.

5. Es sei (V, h) ein Euklidischer Vektorraum, $b_1, \ldots, b_n$ eine Basis von V. Man zeige, daß die wie folgt definierten Vektoren $d_1, \ldots, d_n$ eine Orthonormalbasis von V bilden („Orthonormalisierungsverfahren von E. Schmidt"): Man setzt zunächst

    $$c_1 := b_1 \; , \quad c_{m+1} := b_{m+1} - \sum_{i=1}^{m} \frac{h(b_{m+1}, c_i)}{h(c_i, c_i)} \, c_i \; , \quad m = 1, \ldots, n-1 \; ,$$

    und nomiert

    $$d_i := \frac{c_i}{|c_i|} \; , \quad i = 1, \ldots, n \; .$$

6. Man bestimme nach der Methode aus Aufgabe 5 eine Orthonormalbasis des durch die Vektoren $(1, 2, 1, 2)$, $(0, 1, 1, 1)$, $(2, 1, 0, -1)$ aufgespannten Teilraumes von $\mathbb{R}^4$.

7. Es sei V der $\mathbb{R}$-Vektorraum der 2×2 Hermiteschen Matrizen über $\left(\mathbb{C}, ^{-}\right)$. Man zeige, daß

    $$h(X, Y) := \frac{1}{2} \left(\det(X + Y) - \det X - \det Y \right)$$

    eine nicht-ausgeartete symmetrische Bilinearform auf V ist und bestimme die Matrix von h bez. der Basis

    $$\begin{pmatrix} 1 & 0 \\ 0 & -1 \end{pmatrix}, \quad \begin{pmatrix} 0 & 1 \\ 1 & 0 \end{pmatrix}, \quad \begin{pmatrix} 0 & i \\ -i & 0 \end{pmatrix}, \quad \begin{pmatrix} 1 & 0 \\ 0 & 1 \end{pmatrix}$$

    von V.

8. Es seien g und h symmetrische Bilinearformen auf dem endlich-dimensionalen Vektorraum V, h sei nicht-ausgeartet. Es gibt ein $T \in \mathrm{End}(V)$, so daß $g(x, y) = h(Tx, y)$ für $x, y \in V$; T ist genau dann bijektiv, wenn g nicht-ausgeartet ist.

9. Es sei h eine nicht-ausgeartete Bilinearform auf V ($\dim V < \infty$). Zu jedem $T \in \mathrm{End}(V)$ gibt es ein eindeutig bestimmtes $T^{\#} \in \mathrm{End}(V)$, so daß $h(Tx, y) = h\left(x, T^{\#}y\right)$ für alle $x, y \in V$. Die Abbildung $T \mapsto T^{\#}$ ist ein Antiautomorphismus von $\mathrm{End}(V)$; es gilt $\left(T^{\#}\right)^{\#} = T$, falls h symmetrisch oder schiefsymmetrisch ist.

10. Mit h, V wie in Aufgabe 9 und $x, y \in V$ sei $x \otimes y : V \to V$ definiert durch $z \mapsto h(z, x)y$ ($z \in V$). Man berechne die Spur von $x \otimes y$ und bestimme $(x \otimes y)^{\#}$ (vgl. Aufgabe 9).

11. Es sei $T \in \mathrm{Mat}(n, \mathbb{R})$, $T^t T = E$ und $\mathrm{U} := \{x \in V; Tx = x\}$. Zeige:
    a) $\dim V = \dim \mathrm{U} + \dim(E - T)V$,
    b) $\mathrm{U}^{\perp} = (E - T)V$.

§ 4 Orthogonale und unitäre Gruppen

Wir gehen in diesem Paragraphen genauer auf die algebraische Struktur der Isometriegruppen der nicht-ausgearteten Hermiteschen Räume über $(\mathbb{K},*) = (\mathbb{R}, id)$, $\mathbb{C}, id$ und $(\mathbb{C}^-)$ ein; dabei legen wir die Bezeichnungen von § 3 zugrunde. Wie wir gesehen haben, ist jede dieser Gruppen isomorph zu einer der folgenden:

    a) reelle orthogonale Gruppen $O(p,q) \subset GL(n, \mathbb{R})$,
    b) komplexe orthogonale Gruppen $O(n, \mathbb{C}) \subset GL(n, \mathbb{C})$,
    c) unitäre Gruppen $U(p,q) \subset GL(n, \mathbb{C})$

mit $0 \le q \le p \le n$, $p + q = n$. Zur Abkürzung setzen wir $O(n) = O(n,0)$ und $U(n) = U(n,0)$.

1. Die Gruppen $SO(p,q)$, $SO(n, \mathbb{C})$ und $SU(p,q)$

Es sei G eine Untergruppe von $GL(n, \mathbb{K})$. Schränkt man den Homomorphismus $GL(n, \mathbb{K}) \to \mathbb{K}$, $A \mapsto \det A$ auf G ein, so erhält man einen Homomorphismus von G in $\mathbb{K}$; sein Kern SG ist ein Normalteiler von G und stimmt mit $G \cap SL(n, \mathbb{K})$ überein (vgl. § 2.1). Speziell sind

$$SO(p,q) = \{A \in O(p,q); \det A = 1\} = O(p,q) \cap SL(n, \mathbb{R}) \,,$$

$$SO(n, \mathbb{C}) = \{A \in O(n, \mathbb{C}); \det A = 1\} = O(n, \mathbb{C}) \cap SL(n, \mathbb{C}) \,,$$

$$SU(p,q) = \{A \in U(p,q); \det A = 1\} = U(p,q) \cap SL(n, \mathbb{C})$$

Normalteiler in $O(p,q)$, $O(n, \mathbb{C})$ bzw. $U(p,q)$. Um festzustellen, welche Werte die Determinante auf den letztgenannten Gruppen annimmt, gehen wir aus von den definierenden Gleichungen $A^t D_{p,q} A = D_{p,q} (q = 0$ im Fall $O(n, \mathbb{C}))$ bzw. $\overline{A}^t D_{p,q} A = D_{p,q}$. Mit den bekannten Rechenregeln für die Determinante erhält man

$$\det A = \pm 1 \quad \text{für} \quad A \in O(p,q) \text{ oder } A \in O(n, \mathbb{C}) \,,$$

$$|\det A| = 1 \quad \text{für} \quad A \in U(p,q) \,.$$

Satz 1. *Die folgenden Sequenzen sind exakt und zerfallend:*

$$1 \longrightarrow SO(p,q) \longrightarrow O(p,q) \underset{f}{\overset{\det}{\longleftrightarrow}} \{\pm 1\} \longrightarrow 1 \,,$$

$$1 \longrightarrow SO(n, \mathbb{C}) \longrightarrow O(n, \mathbb{C}) \underset{g}{\overset{\det}{\longleftrightarrow}} \{\pm 1\} \longrightarrow 1 \,,$$

$$1 \longrightarrow SU(p,q) \longrightarrow U(p,q) \underset{h}{\overset{\det}{\longleftrightarrow}} S^1 \longrightarrow 1 \,,$$

wobei f und g definiert sind durch $1 \mapsto E$, $-1 \mapsto [1, \ldots, 1, -1]$ *und h durch* $z \mapsto [1, \ldots, 1, z]$ (S^1 *ist die Kreisgruppe, vgl. § 1.2, 4)).*

Zum Beweis hat man nach dem Vorangehenden nur noch zu bemerken, daß $\det \circ f = id$, $\det \circ g = id$ und $\det \circ h = id$. $\qquad\qquad\qquad\qquad$ □

Für die Folgerungen, die sich aus Satz 1 im einzelnen für die Gruppen ergeben, verweisen wir auf § 1.4, 4), wo wir den Begriff des semidirekten Produktes ausführlich behandelt haben. Insbesondere gilt danach

$$O(p,q)/SO(p,q) \cong \{\pm 1\} \ , \quad O(n,\mathbb{C})/SO(n,\mathbb{C}) \cong \{\pm 1\} \ ,$$

$$U(p,q)/SU(p,q) \cong S^1 \ .$$

$SO(p,q)$ und $SO(n,\mathbb{C})$ haben genau eine weitere Nebenklasse, nämlich

$$O^-(p,q) := F \cdot SO(p,q) = \{A \in O(p,q); \det A = -1\} \quad \text{bzw.}$$

$$O^-(n,\mathbb{C}) := F \cdot SO(n,\mathbb{C}) = \{A \in O(n,\mathbb{C}); \det A = -1\}$$

mit einem beliebigen $F \in O(p,q)$ bzw. $F \in O(n,\mathbb{C})$, $\det F = -1$. Es folgt

$$O(p,q) = SO(p,q) \uplus O^-(p,q) \ , \quad O(n,\mathbb{C}) = SO(n,\mathbb{C}) \uplus O^-(n,\mathbb{C}) \ .$$

Die Gruppen $SO(p,q)$, $SO(n,\mathbb{C})$, $SU(p,q)$ werden *spezielle* (reelle, komplexe) *orthogonale* bzw. *spezielle unitäre Gruppen* genannt.

Für die Elemente von $O(n)$ hat man die folgende geometrische Interpretation: Führt man in $\mathbb{R}^n$ mit Hilfe der Determinante eine Orientierung ein (vgl. [Koecher] Kap. 3, § 4.9), so besteht $SO(n)$ aus den *orientierungserhaltenden*, $O^-(n)$ aus den *orientierungsumkehrenden* orthogonalen Transformationen von $\mathbb{R}^n$.

Für $q > 0$ enthält $SO(p,q)$ noch einen wichtigen Normalteiler von $O(p,q)$, den man am „einfachsten" beschreiben kann als die Zusammenhangskomponente des Einselementes (s.u.); rein algebraisch erhält man ihn wie folgt: Schreibt man $A \in \mathrm{Mat}(n,\mathbb{R})$ als Blockmatrix $A = \begin{pmatrix} S & X \\ Y & T \end{pmatrix}$, so daß $S \in \mathrm{Mat}(p,\mathbb{R})$, $T \in \mathrm{Mat}(q,\mathbb{R})$, so ergibt eine leichte Rechnung

$$\begin{pmatrix} S & X \\ Y & T \end{pmatrix} \in O(p,q) \Longleftrightarrow \begin{cases} S^t S = E + Y^t Y \\ T^t T = E + X^t X \ . \\ S^t X = Y^t T \end{cases}$$

Da $Y^t Y$ positiv-semidefinit ist, gibt es ein $U \in GL(n,\mathbb{R})$, so daß $U^{-1} Y^t Y U = [\lambda_1, \ldots, \lambda_n]$ mit $\lambda_i \geq 0$. Es folgt $U^{-1} S^t S U = [1+\lambda_1, \ldots, 1+\lambda_n]$. Verfährt man ebenso mit X und T, erhält man

$$\det S^t S \geq 1 , \quad \det T^t T \geq 1 ; \quad \text{d.h.} \quad (\det S)^2 \geq 1 , \quad (\det T)^2 \geq 1$$

für alle S, T mit $\begin{pmatrix} S & X \\ Y & T \end{pmatrix} \in O(p,q)$. Insbesondere folgt $\det S \neq 0$, $\det T \neq 0$. Man setzt

$$\mathrm{SO}^+(p,q) := \left\{ \begin{pmatrix} S & X \\ Y & T \end{pmatrix} \in \mathrm{SO}(p,q); \det S > 0, \det T > 0 \right\} .$$

Satz 2. *Für $p,q \geq 1$ ist $\mathrm{SO}^+(p,q)$ die Zusammenhangskomponente des Einselementes in $\mathrm{O}(p,q)$:*

$$\mathrm{SO}^+(p,q) = \mathrm{O}(p,q)^\circ = \mathrm{SO}(p,q)^\circ ;$$

insbesondere ist $\mathrm{SO}^+(p,q)$ Normalteiler in $\mathrm{O}(p,q)$ (und in $\mathrm{SO}(p,q)$).

Einen Beweis findet man in [Cartan]; den Fall $p = 3$, $q = 1$ (d.i. die Lorentzgruppe) werden wir in Abschnitt 13 beweisen.   □

Mit $F_0 = E$, $F_1 = [-1,1,\ldots,1,-1]$, $F_2 = [1,\ldots,1,-1]$, $F_3 = [-1,1,\ldots,1]$ erhält man die folgende Zerlegung von $\mathrm{SO}(p,q)$ bzw. $\mathrm{O}(p,q)$ in Nebenklassen (die gleichzeitig die Zusammenhangskomponenten sind)

$$\mathrm{SO}(p,q) = \bigcup_{i=0}^{1} F_i \cdot \mathrm{SO}^+(p,q) , \quad \mathrm{O}(p,q) = \bigcup_{i=0}^{3} F_i \cdot \mathrm{SO}^+(p,q) .$$

2. Beispiele: Die Gruppen O(2), O(1,1), SO(3) und SU(2)

a) *Die Gruppe* $\mathrm{O}(2)$. Eine Matrix $A = \begin{pmatrix} a & c \\ b & d \end{pmatrix} \in \mathrm{GL}(2,\mathbb{C})$ ist genau dann orthogonal, wenn $A^{-1} = A^t$. Wegen $A^{-1} = (\det A)^{-1} \begin{pmatrix} d & -c \\ -b & a \end{pmatrix} = \pm \begin{pmatrix} d & -c \\ -b & a \end{pmatrix}$ für $A \in \mathrm{O}(2)$ folgt durch Koeffizientenvergleich

$$\mathrm{SO}(2) = \left\{ \begin{pmatrix} a & -b \\ b & a \end{pmatrix} ; a^2 + b^2 = 1 \right\} ,$$

$$\mathrm{O}^-(2) = \left\{ \begin{pmatrix} a & b \\ b & -a \end{pmatrix} ; a^2 + b^2 = 1 \right\} .$$

Da die Abbildungen $a + ib \mapsto \begin{pmatrix} a & -b \\ b & a \end{pmatrix}$ ein Algebrenisomorphismus von $\mathbb{C}$ auf die Teilalgebra $\left\{ \begin{pmatrix} a & -b \\ b & a \end{pmatrix} ; a,b \in \mathbb{R} \right\}$ von $\mathrm{Mat}(2,\mathbb{R})$ ist und $|a + ib| = 1 \Leftrightarrow a^2 + b^2 = 1$, folgt

Satz 3. *Die Abbildung*

$$S^1 \to \mathrm{SO}(2) , \quad a + ib \mapsto \begin{pmatrix} a & -b \\ b & a \end{pmatrix}$$

ist ein Gruppen-Isomorphismus. Insbesondere ist SO(2) *eine Abelsche Gruppe.*

$\square$

Die Abbildung $\mathbb{R} \to S^1$, $t \mapsto \cos t + i \sin t$ (*1-Parameterform der* S^1) ist ein surjektiver Gruppenhomomorphismus (vgl. § 1.2, 4)); mit Satz 3 erhalten wir die folgende

1-Parameterform der SO(2): *Die Abbildung*

$$\mathbb{R} \to \mathrm{SO}(2) , \qquad t \mapsto \begin{pmatrix} \cos t & -\sin t \\ \sin t & \cos t \end{pmatrix}$$

ist ein surjektiver Gruppenhomomorphismus; sein Kern ist $2\pi\mathbb{Z}$, *und die Restriktion auf* $[0, 2\pi[$ *ist bijektiv.*

$\square$

Die Matrix $R(t) := \begin{pmatrix} \cos t & -\sin t \\ \sin t & \cos t \end{pmatrix}$ ist – als lineare Abbildung von $\mathbb{R}^2$ in sich – eine „Links-Drehung um den Winkel t" (vgl. § 3.4): Für $x = (\xi_1, \xi_2)^t \neq (0,0)^t$ und $y = R(t)x = (\eta_1, \eta_2)$ ergibt sich nämlich

$$\frac{\langle x, y \rangle}{|x| \cdot |y|} = |x|^{-2} \left(\xi_1^2 \cos t + \xi_2^2 \cos t \right) = \cos t$$

(beachte $|x| = |y|$); den „Drehsinn" erhält man beispielsweise aus $R\left(\frac{\pi}{2}\right) e_1 = e_2$.

Die Matrizen in $O^-(2)$ haben die Gestalt

$$S_t = \begin{pmatrix} \cos t & -\sin t \\ \sin t & \cos t \end{pmatrix} \begin{pmatrix} 1 & 0 \\ 0 & -1 \end{pmatrix} = \begin{pmatrix} \cos t & \sin t \\ \sin t & -\cos t \end{pmatrix}$$

mit charakteristischem Polynom $(x-1)(x+1)$. Also gibt es einen Eigenvektor v zum Eigenwert 1. Die Gerade $\mathbb{R}v$ bleibt punktweise fest, und es gilt $S_t(y) = -y$ für alle zu $\mathbb{R}v$ orthogonale Vektoren. S_t ist deshalb eine „Spiegelung" an der Geraden $\mathbb{R}v$. (Auf Spiegelungen werden wir in 6. näher eingehen.) An der Darstellung $S_t = R_t \begin{pmatrix} 1 & 0 \\ 0 & -1 \end{pmatrix}$ erkennt man, daß man jede Spiegelung erhält, indem man zuerst an $\mathbb{R}e_1$ spiegelt und anschließend eine Drehung um einen geeigneten Winkel ausführt.

Für spätere Zwecke notieren wir noch

Lemma. *Ist* $A \in O(2)$ *mit allen* $B \in SO(2)$ *vertauschbar, so gilt* $A \in SO(2)$.

Beweis. Wir setzen $A = \begin{pmatrix} \alpha & \beta \\ \gamma & \delta \end{pmatrix}$ und wählen $B = \begin{pmatrix} 0 & 1 \\ -1 & 0 \end{pmatrix}$. Es folgt

$$AB = \begin{pmatrix} -\beta & \alpha \\ -\delta & \gamma \end{pmatrix} , \qquad BA = \begin{pmatrix} \gamma & \delta \\ -\alpha & -\beta \end{pmatrix} ,$$

also $\alpha = \delta$, $\beta = -\gamma$, und hieraus $A = \begin{pmatrix} \alpha & \beta \\ -\beta & \alpha \end{pmatrix} \in SO(2)$. $\qquad\square$

b) *Die Gruppe* O(1,1). Hier handelt es sich um die Isometriegruppe der *hyperbolischen Ebene*, d.h. $\mathbb{R}^2$ zusammen mit der symmetrischen Bilinearform, die durch $\begin{pmatrix} 1 & 0 \\ 0 & -1 \end{pmatrix}$ gegeben ist. $A = \begin{pmatrix} a & c \\ b & d \end{pmatrix}$ ist genau dann in O(1,1), wenn $A^t \cdot \begin{pmatrix} 1 & 0 \\ 0 & -1 \end{pmatrix} \cdot A = \begin{pmatrix} 1 & 0 \\ 0 & -1 \end{pmatrix}$, oder äquivalent hierzu $A^t \cdot \begin{pmatrix} 1 & 0 \\ 0 & -1 \end{pmatrix} = \begin{pmatrix} 1 & 0 \\ 0 & -1 \end{pmatrix} A^{-1}$. Mit $A^{-1} = \pm \begin{pmatrix} d & -c \\ -b & a \end{pmatrix}$ erhält man $\begin{pmatrix} a & -b \\ c & -d \end{pmatrix} = \pm \begin{pmatrix} d & -c \\ b & -a \end{pmatrix}$, und hieraus

$$SO(1,1) = \left\{ \begin{pmatrix} a & b \\ b & a \end{pmatrix}; a^2 - b^2 = 1 \right\},$$

$$O^-(1,1) = \left\{ \begin{pmatrix} a & -b \\ b & -a \end{pmatrix}; a^2 - b^2 = 1 \right\}.$$

Aus $a^2 - b^2 = 1$ folgt $a^2 \geq 1$, also $a \geq 1$ oder $a \leq 1$. Es gilt also

$$SO^+(1,1) = \left\{ \begin{pmatrix} a & b \\ b & a \end{pmatrix}; a^2 - b^2 = 1, a \geq 1 \right\}.$$

Aus $a^2 - b^2 = 1$, $a \geq 1$ folgt, daß es ein eindeutig bestimmtes $t \in \mathbb{R}$ gibt, so daß $a = \cosh t$, $b = \sinh t$. Aufgrund der Additionstheoreme für $\cosh t$ und $\sinh t$ und weil $t \mapsto \sinh t$ eine Bijektion von $\mathbb{R}$ auf sich ist, erhalten wir die

1-Parameter Form der $SO^+(1,1)$. *Die Abbildung*

$$\mathbb{R} \to SO^+(1,1), \qquad t \mapsto \begin{pmatrix} \cosh t & \sinh t \\ \sinh t & \cosh t \end{pmatrix}$$

ist ein Gruppen-Isomorphismus; insbesondere ist $SO^+(1,1)$ *ein kommutativer Normalteiler von* O(1,1). $\qquad\square$

Man erkennt hier unmittelbar, daß $SO^+(1,1)$ die Einskomponente von O(1,1) ist: $A = A(t) := \begin{pmatrix} \cosh t & \sinh t \\ \sinh t & \cosh t \end{pmatrix}$ ist mit E durch den Weg $s \mapsto A((1-s)t)$ verbindbar, und zwei Elemente in verschiedenen Nebenklassen sind nicht verbindbar, denn sonst gäbe es einen stetigen Weg in $\{r \in \mathbb{R}; |r| \geq 1\}$ mit Anfangspunkt ≤ 1 und Endpunkt ≥ 1.

c) *Die Gruppe* SO(3). In gewissem Sinne typische Elemente dieser Gruppe sind die „Drehungen um die e_1-, e_2- und e_3-Achse", d.h.

$$S_1(t) := \begin{pmatrix} 1 & 0 & 0 \\ 0 & \cos t & -\sin t \\ 0 & \sin t & \cos t \end{pmatrix}, \quad S_2(t) := \begin{pmatrix} \cos t & 0 & -\sin t \\ 0 & 1 & 0 \\ \sin t & 0 & \cos t \end{pmatrix},$$

$$S_3(t) := \begin{pmatrix} \cos t & -\sin t & 0 \\ \sin t & \cos t & 0 \\ 0 & 0 & 1 \end{pmatrix} .$$

$S_i(t)$ läßt die Gerade $\mathbb{R}e_i$ punktweise fest und stellt in der zu e_i orthogonalen Ebene $\mathbb{R}e_j \oplus \mathbb{R}e_k$ (i, j, k verschieden) eine Drehung um den Winkel t dar; $\mathbb{R}e_i$ heißt „Drehachse" von $S_i(t)$.

Man kann zeigen, daß es zu jedem $A \in SO(3)$ „Winkel" $\alpha, \beta, \gamma \in \mathbb{R}$ gibt, so daß $A = S_1(\alpha)S_2(\beta)S_3(\gamma)$. Wir beweisen die folgende Verschärfung:

Satz 4. *Zu* $A \in SO(3)$ *gibt es* $\alpha, \beta, \gamma \in \mathbb{R}$ *(„Eulersche Winkel"), so daß*

$$A = S_3(\alpha)S_1(\beta)S_3(\gamma) .$$

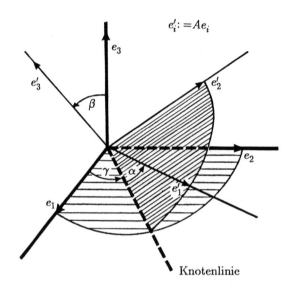

Beweis. Wir setzen $B = (b_{ij}) := S_3(-\alpha)AS_3(-\gamma)$ und bestimme α, β, γ so, daß $B = S_1(\beta)$. Es sei $A = (a_{ij})$.

1. Wegen $b_{33} = a_{33}$ und $|a_{33}| \leq 1$ (wegen $A^t A = E$) gibt es ein $\beta \in [0, \pi]$, so daß $\cos \beta = b_{33}$.

2. Es gilt $b_{13} = a_{13} \cos \alpha + a_{23} \sin \alpha$; deshalb muß (und kann) $\alpha \in [0, 2\pi[$ so gewählt werden, daß $a_{13} \cos \alpha + a_{23} \sin \alpha = 0$.

3. Nun wählen wir $\gamma \in [0, 2\pi[$ so, daß

$$(\cos \alpha, \sin \alpha) \begin{pmatrix} a_{11} & a_{12} \\ a_{21} & a_{22} \end{pmatrix} = (\cos \gamma, \sin \gamma) .$$

Dies ist möglich, weil nach Wahl von α links vom Gleichheitszeichen ein Vektor der Länge 1 steht.

Es folgt jetzt $b_{11} = \cos^2\gamma + \sin^2\gamma = 1$; mit $b_{13} = 0$ folgt aus der Orthogonalität von A weiter $b_{12} = b_{21} = b_{31} = 0$ und hieraus

$$\begin{pmatrix} b_{22} & b_{23} \\ b_{32} & b_{33} \end{pmatrix} = \begin{pmatrix} \cos\beta & -\sin\beta \\ \sin\beta & \cos\beta \end{pmatrix} . \qquad \square$$

Nach Konstruktion von α, β, γ im vorstehenden Beweis gilt der

Zusatz. *Die folgende Abbildung ist bijektiv:*

$$[0, 2\pi[\times[0, \pi] \times [0, 2\pi[\to \mathrm{SO}(3)$$

$$(\alpha, \beta, \gamma) \mapsto S_3(\alpha)S_1(\beta)S_3(\gamma)$$

Corollar. $\mathrm{SO}(3)$ *wird von den Drehungen* $S_1(t)$, $S_3(t)$, $t \in \mathbb{R}$ *erzeugt.* $\qquad \square$

d) *Die Gruppe* $\mathrm{SU}(2)$. Für $A = \begin{pmatrix} z & u \\ v & w \end{pmatrix} \in \mathrm{SU}(2)$ gilt $\overline{A}^t = A^{-1}$, $\det A = 1$,

also $\begin{pmatrix} \bar{z} & \bar{v} \\ \bar{u} & \bar{w} \end{pmatrix} = \begin{pmatrix} w & -u \\ -v & z \end{pmatrix}$. Es folgt

$$\mathrm{SU}(2) = \left\{ \begin{pmatrix} z & -u \\ \bar{u} & \bar{z} \end{pmatrix} ; z, u \in \mathbb{C}, z\bar{z} + u\bar{u} = 1 \right\} .$$

In Analogie zur Isomorphie von $\mathrm{SO}(2)$ mit S^1 (Satz 3) gilt (vgl. § 2.10)

Satz 5. *Der $\mathbb{R}$-Algebren-Homomorphismus* $l : z + uj \mapsto \begin{pmatrix} z & -u \\ \bar{u} & \bar{z} \end{pmatrix}$ *von* $\mathbb{H}$ *in* $\mathrm{Mat}(2, \mathbb{C})$ *induziert durch Restriktion einen Gruppen-Isomorphismus* $S^3 \to$ $\mathrm{SU}(2)$ *mit Umkehrabbildung* $\begin{pmatrix} a + ib & -c - id \\ c - id & a - id \end{pmatrix} \mapsto a + ib + jc + kd$. $\qquad \square$

Hierbei ist die 3-Sphäre $S^3 = \left\{ x \in \mathbb{R}^4; |x| = 1 \right\}$ identifiziert mit den Quaternionen vom Betrag 1. Diese bilden eine Gruppe bez. der Multiplikation in $\mathbb{H}$ (wogegen auf der Menge S^3 a priori keine nicht-triviale Gruppenstruktur erkennbar ist).

Für spätere Zwecke erwähnen wir noch eine oft nützliche „Parametrisierung" von $\mathrm{SU}(2)$:

Wegen $|z| + |u| = 1$ für $A = \begin{pmatrix} z & -u \\ \bar{u} & \bar{z} \end{pmatrix} \in \mathrm{SU}(2)$ gibt es $t_i \in \mathbb{R}$ mit

$$0 \le t_1 \le \frac{1}{2}\pi , \quad 0 \le t_2 \le 2\pi , \quad 0 \le t_3 \le 2\pi ,$$

so daß $z = \cos t_1 \exp(it_2)$ und $u = \sin t_1 \exp(it_3)$; es folgt

$$A = \begin{pmatrix} \cos t_1 \exp(it_2) & -\sin t_1 \exp(it_3) \\ \sin t_1 \exp(-it_3) & \cos t_1 \exp(-it_2) \end{pmatrix} .$$

Setzt man $\alpha := 2t_1$, $\beta := t_2 + t_3$, $\gamma := t_2 - t_3$, so erhält man

$$A = \begin{pmatrix} e^{i\beta/2} & 0 \\ 0 & e^{-1\beta/2} \end{pmatrix} \begin{pmatrix} \cos\alpha/2 & -\sin\alpha/2 \\ \sin\alpha/2 & \cos\alpha/2 \end{pmatrix} \begin{pmatrix} e^{i\gamma/2} & 0 \\ 0 & e^{-i\gamma/2} \end{pmatrix},$$

und hieraus

Satz 6. SU(2) *wird erzeugt von den Matrizen*

$$\begin{pmatrix} \cos\alpha & -\sin\alpha \\ \sin\alpha & \cos\alpha \end{pmatrix}, \quad \begin{pmatrix} e^{i\alpha} & 0 \\ 0 & e^{-i\alpha} \end{pmatrix}, \quad \alpha \in \mathbb{R}.$$ □

Weitere Eigenschaften von SU(2) und SO(3) werden in späteren Abschnitten behandelt.

3. Konjugationsklassen, maximale Tori, Weyl-Gruppen

In diesem Abschnitt sei stets, wenn nichts Gegenteiliges gesagt wird,

$$G = U(n), \quad SU(n) \quad \text{oder} \quad SO(n).$$

Wir bestimmen die Konjugationsklassen von G, indem wir

1. einen „Standordtorus" T in G angeben, der aus jeder Klasse (mindestens) einen Vertreter enthält und

2. konjugierte Elemente in T durch die Bahnen der auf T operierenden „Weyl-Gruppe" beschreiben.

Definition. Das n-fache direkte Produkt

$$T^n := S^1 \times \ldots \times S^1$$

der Kreisgruppe mit sich heißt n-dimensionale *Torusgruppe*. Eine Untergruppe U einer (beliebigen) Gruppe G heißt n-*dimensionaler Torus in* G, wenn U $\cong$ T^n. Ein Torus $T \subset$ G heißt *maximal*, wenn es keinen Torus T' in G gibt mit $T \subsetneq T'$.

T^n ist eine Abelsche Untergruppe von $GL(n, \mathbb{C}) \subset GL(2n, \mathbb{R})$; sie ist zusammenhängend (vgl. Satz 3, Satz 17 und Aufgabe 12 zu § 2) und kompakt (II, § 3.3). Für $n = 2$ hat man die folgende geometrische „Realisierung": Aus der Parametrisierung des Einheitskreises $[0, 2\pi[\to S^1$, $t \mapsto e^{it}$, erhält man die ein-eindeutige Parametrisierung

$$[0, 2\pi[\times [0, 2\pi[\to S^1 \times S^1, \quad (t_1, t_2) \mapsto (e^{it_1}, e^{it_2})$$

von $S^1 \times S^1$; andererseits überzeugt man sich leicht, daß die Abbildung

$$[0, 2\pi[\times [0, 2\pi[\to \mathbb{R}^3$$

$$(t_1, t_2) \mapsto ((b + a\cos t_1)\sin t_2, (b + a\cos t_1)\cos t_2, a\sin t_1)$$

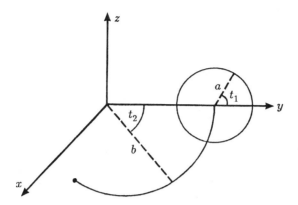

eine ein-eindeutige Parametrisierung der „Torusfläche" ist, die man erhält, wenn der in der (y, z)-Ebene gelegene Kreis vom Radius a (parametrisiert durch den Winkel t_1) so um die z-Achse rotiert, daß sein Mittelpunkt einen Kreis um den Nullpunkt (parametrisiert durch t_2) vom Radius b beschreibt. (Daher der Name „2-dimensionaler Torus" für $S^1 \times S^1$.)

Wir definieren in G einen *Standardtorus* $T(G)$ und zeigen, daß er maximal ist. – Es sei

$$T(U(n)) := \left\{ [\alpha_1, \ldots, \alpha_n]; \alpha_i \in S^1 \right\} ,$$

$$T(SU(n)) := T(U(n)) \cap SU(n) ,$$

$$T(SO(2m)) := \{ [R(t_1), \ldots, R(t_m)] ; t_i \in \mathbb{R} \} ,$$

$$T(SO(2m + 1)) := \{ [R(t_1), \ldots, R(t_m), 1] ; t_i \in \mathbb{R} \} .$$

(Hierbei ist wie üblich $R(t) = \begin{pmatrix} \cos t & -\sin t \\ \sin t & \cos t \end{pmatrix}$ für $t \in \mathbb{R}$.) Aufgrund der Definitionen gilt

$$T(U(n)) \cong T^n , \quad T(SU(n)) \cong T^{n-1} ,$$

$$T(SO(2m)) \cong T(SO(2m + 1)) \cong T^m .$$

(Im Fall $SU(n)$ kann als Isomorphismus die Abbildung $T^{n-1} \to T(SU(n))$, $(\alpha_1, \ldots, \alpha_n) \mapsto \left[\alpha_1, \ldots, \alpha_{n-1}, (\alpha_1, \ldots, \alpha_{n-1})^{-1} \right]$ gewählt werden.)

Satz 7. *Sei* G *eine der Gruppen* $U(n)$, $SU(n)$ *oder* $SO(n)$, $T = T(G)$.

(a) T *ist ein maximaler Torus von* G;

(b) T *ist eine maximale Abelsche Untergruppe von* G;

(c) *es gilt* $T = C(T) := \{ A \in G; AB = BA$ *für* $B \in T \}$ („Zentralisator" von T).

Beweis. (b) folgt unmittelbar aus (c), weil jede Abelsche Untergruppe von G, die T enthält, in $C(T)$ enthalten ist.

(a) folgt aus (b), weil jeder Torus eine Abelsche Gruppe ist. Es bleibt

(c) zu beweisen. Die Inklusion $T \subset C(T)$ ist klar, weil T Abelsch ist. „$\supset$" beweisen wir durch eine direkte Verifikation wie folgt:

$G = U(n)$, $SU(n)$. Wir wählen $D = [\alpha_1, \ldots, \alpha_n] \in T$ mit $\alpha_i \neq \alpha_j$ für $i \neq j$. Vertauschbarkeit von $(\xi_{ij}) \in G$ mit D impliziert $\alpha_i \xi_{ij} = \xi_{ij} \alpha_j$ für alle i, j, also $\xi_{ij} = 0$ für $i \neq j$ und folglich $(\xi_{ij})\,T$.

$G = SO(2m)$. Es sei $A = (A_{ij}) \in C(T)$ mit $A_{ij} \in \mathrm{Mat}(2, \mathbb{R})$. Aus $[R(t_1), \ldots, R(t_m)] \cdot A = A \cdot [R(t_1), \ldots, R(t_m)]$ für alle $t_i \in \mathbb{R}$ folgt $R(t_i)A_{ij} = A_{ij}R(t_j)$ für alle $t_i, t_j \in \mathbb{R}$, $1 \leq i, j \leq m$. Für $i \neq j$ wählen wir $t_i = 0$, $t_j = \pi$ und erhalten $A_{ij} = 0$; folglich gilt $A = [A_{11}, \ldots, A_{mm}]$ mit $A_{ii} \in O(2)$ und $R(t_i)A_{ii} = A_{ii}R(t_i)$ für alle $t_i \in \mathbb{R}$, $1 \leq i \leq m$. Aus dem Lemma in 2. a) folgt $A_{ii} \in SO(2)$, also $A \in T$.

$$G = SO(2m + 1). \text{ Sei } A = \begin{pmatrix} B & x \\ y^t & \alpha \end{pmatrix} \in C(T) \text{ mit } B \in \mathrm{Mat}(2m, \mathbb{R}),$$

$x, y \in \mathbb{R}^{2m}$ und $\alpha \in \mathbb{R}$. Aus $[R, 1] \cdot A = A \cdot [R, 1]$ für alle $R \in T\,(SO(2m))$ folgt $RB = BR$, $Rx = x$ und $Ry = y$ für alle $R \in T\,(SO(2m))$, ferner $x = y = 0$. Nach dem, was wir für $SO(2m)$ erkannt haben, folgt $B \in T\,(SO(2m))$, mit $\det A = 1$ also $\alpha = 1$, insgesamt $A \in T$. $\square$

Satz 8. *Für* G, T *wie in Satz 7 gilt*

(a) $G = \bigcup_{A \in G} ATA^{-1}$, *d.h. jedes Element von* G *ist konjugiert zu einem Element von* T.

(b) *Jeder maximale Torus von* G *ist konjugiert zu* T.

Dies ist nicht viel mehr als eine Umformulierung bekannter „Normalformensätze" der linearen Algebra für unitäre bzw. orthogonale Matrizen, deren Beweise hier nicht wiederholt werden sollen. $\square$

Bemerkung. Da mit T auch ATA^{-1} für jedes $A \in G$ ein maximaler Torus von G ist, ist G nach (a) also Vereinigung maximaler Tori.

Um ein Vertretersystem der Konjugationsklassen von G zu bestimmen, hat man nach Teil (a) des vorstehenden Satzes nur noch die Frage zu beantworten, wann zwei Elemente des Standardtorus (in G) konjugiert sind. Dies wird mit Hilfe der Weyl-Gruppen, die eine zentrale Rolle in der Theorie Liescher Gruppen und Algebren spielen, beantwortet. Wir definieren die *Weyl-Gruppen* zunächst für $U(n)$ und $SU(n)$ durch

$$W(U(n)) := W\,(SU(n)) := S_n\,.$$

Zur Definition von $W\,(SO(n))$ setzen wir $H_m := \{\pm 1\}^m$ (m-faches direktes Produkt der Gruppe $\{\pm 1\}$ mit sich selbst). Die Menge derjenigen Elemente $(\epsilon_1, \ldots, \epsilon_m)$ von H_m, für die $\epsilon_1 \ldots \epsilon_m = 1$ gilt, bilden eine zu H_{m-1} isomorphe

Untergruppe von H_m; wir bezeichnen sie mit H'_m. Die symmetrische Gruppe S_m operiert auf H_m durch

$$\rho : S_m \times H_m \to H_m , \quad \left(\pi^{-1}\right)(\epsilon_1,\ldots,\epsilon_m) := \left(\epsilon_{\pi(1)},\ldots,\epsilon_{\pi(m)}\right) .$$

Offenbar ist H'_m unter ρ invariant; die Restriktion von ρ auf $S_m \times H'_m$ wird mit ρ' bezeichnet. Mit diesen Operationen definieren wir die Weyl-Gruppe von $SO(n)$ durch

$$W\left(SO(2m+1)\right) := H_m \underset{\rho}{\rtimes} S_m , \quad W\left(SO(2m)\right) := H'_m \underset{\rho'}{\rtimes} S_m .$$

Die so definierten (endlichen) Gruppen $W(G)$ operieren in kanonischer Weise auf $T(G)$: Wir erklären $W(G) \times T(G) \to T(G)$

für $G = U(n)$ und $SU(n)$ durch

$$\left(\pi^{-1},[\alpha_1,\ldots,\alpha_n]\right) \mapsto \left[\alpha_{\pi(1)},\ldots,\alpha_{\pi(n)}\right] ,$$

für $G = SO(2m+1)$ durch

$$\left(w,[R(t_1),\ldots,R(t_m),1]\right) \mapsto \left[R\left(t_{\pi(1)}\right)^{\epsilon_1},\ldots,R\left(t_{\pi(m)}\right)^{\epsilon_m},1\right]$$

mit $w = \left((\epsilon_1,\ldots,\epsilon_m),\pi^{-1}\right) \in W(G)$, und ebenso für $G = SO(2m)$ (es ist nur die Matrixkomponente 1 zu streichen).

Man verifiziert mühelos, daß es sich hierbei um Gruppenoperationen handelt. Wir beweisen nun

Satz 9. *$A, B \in T(G)$ sind genau dann in G konjugiert, wenn sie in derselben Bahn von $W(G)$ liegen, d.h. wenn es ein $w \in W(G)$ gibt, so daß $wA = B$.*

I. $G = U(n)$ oder $SU(n)$. $A = [\alpha_1,\ldots,\alpha_n]$, $B = [\beta_1,\ldots,\beta_n] \in T$ seien konjugiert in G, $B = S^{-1}AS$, $\in G$. Dann haben A und B die gleichen Eigenwerte, d.h. es gibt eine Permutation $\pi \in S_n$, so daß $\beta_{\pi(i)} = \alpha_i$, $1 \leq i \leq n$. Bezeichnet M_π die zu π gehörige Permutationsmatrix, also $M_\pi = \left(\delta_{\pi(i),j}\right)$, so besagt $\beta_{\pi(i)} = \alpha_i$

$$B = M_\pi^{-1}AM_\pi .$$

Wegen $M^t = M^{-1} = M_{\pi^{-1}}$ und $M_\pi M_\sigma = M_{\pi\circ\sigma}$ ist $P_n := \{M_\pi; \pi \in S_n\}$ eine Untergruppe von $U(n)$ und die Abbildung $\pi \mapsto M_\pi$ ist ein Isomorphismus von S_n auf P_n. Die Gruppe S_n operiert auf T durch

$$S_n \times T \to T , \quad (\pi,A) \mapsto \pi \cdot A := M_\pi^{-1}AM_\pi = \left[\alpha_{\pi^{-1}(1)},\ldots,\alpha_{\pi^{-1}(n)}\right] .$$

Wir sehen also, daß Matrizen aus T, die in G konjugiert sind, in der gleichen Bahn von S_n liegen. Umgekehrt sind wegen $M_\pi \in U(n)$ zwei Elemente der gleichen Bahn in $U(n)$ konjugiert. Da je zwei in $U(n)$ konjugierte Matrizen schon in $SU(n)$ konjugiert sind (man ersetze U, für welches $B = U^{-1}AU$ und

$\det U = -1$ gilt durch $e^{i\pi}U$). Damit ist der Satz für G = U(n) und G = SU(n) bewiesen.

II. G = SO($2m + 1$). Für $A, B \in T$, $A = [R(t_1), \ldots, R(t_m), 1]$, $B = [R(s_1), \ldots, R(s_m), 1]$ mit $t_i, s_i \in \mathbb{R}$ gelte $B = S^{-1}AS$, $S \in$ G. Die (komplexen) Eigenwerte von A sind $\exp(\pm it_\nu)$, die von B sind $\exp(\pm is_\nu)$, $t_\nu, s_\nu \in [0, 2\pi[$. Da die Eigenwerte von A und $S^{-1}AS$ gleich sind, gilt $s_\nu = \pm t_{\pi(\nu)}$ mit einem geeigneten $\pi \in S_m$. Es folgt $R(s_\nu) = R(t_{\pi(\nu)})$ oder $R(s_\nu) = R(t_{\pi(\nu)})^t$ (beachte: $R(-t) = R(t)^{-1} = R(t)^t$). Wegen $R(t)^t = JR(t)J$ für $J := \begin{pmatrix} 0 & 1 \\ 1 & 0 \end{pmatrix}$ erhalten wir

$$B = U^{-1}AU \quad \text{mit} \quad U := \left(\begin{array}{c|c} \delta_{\pi(i),j}F_i & 0 \\ \hline 0 & 1 \end{array} \right) \quad \text{und} \quad F_i \in \{E, J\} \ .$$

Zur Abkürzung setzen wir

$$\widetilde{M}_\pi := \left(\begin{array}{c|c} \delta_{\pi(i),j}E & 0 \\ \hline 0 & 1 \end{array} \right) \ ,$$

wo E die 2×2-Einheitsmatrix ist. Wir können dann U in der vorstehenden Gleichung schreiben in der Form

$$U = [F_1, \ldots F_m, 1] \cdot \widetilde{M}_\pi \ .$$

Offenbar gelten für $\widetilde{M}_\pi$ die gleichen Rechenregeln wie für M_π; ferner gilt

$$(*) \qquad [F_1, \ldots, F_m, 1] \cdot \widetilde{M}_\pi = \widetilde{M}_\pi [F_{\pi^{-1}(1)}, \ldots, F_{\pi^{-1}(m)}, 1] \ .$$

Man erkennt daran, daß

$$W' := \left\{ [F_1, \ldots, F_m, 1] \cdot \widetilde{M}_\pi; \pi \in S_m, F_i = E, J \right\}$$

eine Untergruppe von O($2m+1$) ist. – Wir haben bis jetzt gesehen, daß je zwei Elemente von T, die bez. SO($2m + 1$) konjugiert sind, auch bez. W' konjugiert sind. Umgekehrt sind je zwei bez. W' konjugierte Elemente trivialerweise in O($2m + 1$) und damit auch in SO($2m + 1$) konjugiert (falls $B = U^{-1}AU$, $U \in$ W' und $\det U = -1$, ersetze U durch $-U$).

Es bleibt zu zeigen, daß W' isomorph zur Weyl-Gruppe W(G) ist.

Es sei $\widetilde{P}_m := \left\{ \widetilde{M}_\pi; \pi \in S_m \right\}$, $N := \{[F_1, \ldots, F_m, 1]; F_i = E, J\}$. Es gilt

$$(**) \qquad\qquad\qquad W' = N \rtimes \widetilde{P}_m \ ,$$

denn N ist wegen $(*)$ Normalteiler von W', $\widetilde{P}_m$ Untergruppe von W' und $N \cap \widetilde{P}_m = \{E\}$. Man überzeugt sich nun leicht, daß die Abbildung

$$\mathrm{W}' \to \mathrm{W}(\mathrm{G}) \,, \quad [F_1, \ldots, F_m, 1] \cdot \widetilde{M}_\pi \mapsto ((\det F_1, \ldots, \det F_m), \pi)$$

ein Isomorphismus ist, der die Operation von W' auf T durch Konjugation „respektiert".

III. $\mathrm{G} = \mathrm{SO}(2m)$. Wie in II sieht man, daß je zwei Elemente $A, B \in T$ genau dann in G konjugiert sind, wenn sie konjugiert sind bez. der Gruppe

$$\mathrm{W}'' := \left\{ [F_1, \ldots, F_m] \cdot \widetilde{M}_\pi; \pi \in S_m, F_i = E, J \right\} \,,$$

wobei jetzt $\widetilde{M}_\pi = \left(\delta_{\pi(i),j} E \right)$ zu setzen ist, E die 2×2-Einheitsmatrix. Wir zeigen, daß man sogar Konjugation mit einem solchen Element von W'' erreichen kann, für welches $\det [F_1, \ldots, F_m] = 1$ gilt (beachte: $\det \widetilde{M}_\pi = 1$).
  Annahme: Für alle $U \in \mathrm{W}''$ mit $B = U^{-1} A U$ gilt $\det U = -1$.
  Mit $B = S^{-1} A S$, $S \in \mathrm{SO}(2m)$, gilt $\left(U S^{-1} \right) A = A \left(U S^{-1} \right)$. Aus dem folgenden Lemma erhalten wir $U S^{-1} \in \mathrm{SO}(2m)$, also $U \in \mathrm{SO}(2m)$, was der Annahme $\det U = -1$ widerspricht.

Lemma. *Für* $A, B \in \mathrm{O}(2m)$ *gelte* $AB = BA$ *und* A *habe keine reellen Eigenwerte (d.h.* $A \in \mathrm{SO}(2m) \setminus \{ \pm E \}$*). Dann gilt* $B \in \mathrm{SO}(2m)$*.*

Beweis. Wegen $AB = BA$ gibt es ein $S \in \mathrm{O}(2m)$, so daß

$$S^{-1} A S = [A_1, \ldots, A_m] \,, \quad S^{-1} B S = [B_1, \ldots, B_m]$$

mit $A_i, B_i \in \mathrm{O}(2)$. Es folgt $A_i B_i = B_i A_i$ und $A_i \in \mathrm{SO}(2) \setminus \{ \pm E \}$. Eine direkte Rechnung zeigt, daß hieraus $B_i \in \mathrm{SO}(2)$ folgt, also $B \in \mathrm{SO}(2m)$.

Damit ist bewiesen, daß Elemente von T genau dann in G konjugiert sind, wenn sie konjugiert sind bez. der Gruppe

$$\mathrm{W}' := \left[[F_1, \ldots, F_m] \widetilde{M}_\pi \in \mathrm{W}''; \det F_1 \ldots \det F_m = 1 \right\} \,.$$

Wie in II sieht man, daß W' zu $\mathrm{W}(\mathrm{G})$ isomorph ist und daß die Operationen von W' und $\mathrm{W}(\mathrm{G})$ (bis auf Isomorphie) übereinstimmen. Damit ist der Satz bewiesen.   □

Nachdem wir die Weyl-Gruppen der orthogonalen und unitären Gruppen direkt „ausgerechnet" haben, geben wir zum Schluß dieses Abschnittes noch eine „abstrakte" Definition, die für beliebige Gruppen sinnvoll ist. Es sei dazu G eine Gruppe und T eine Abelsche Untergruppe von G. Der Normalisator von T in G ist die Untergruppe

$$N_\mathrm{G}(T) = \left\{ A \in \mathrm{G}; A T A^{-1} \subset T \right\} \,.$$

T ist Normalteiler in $N_\mathrm{G}(T)$ (und $N_\mathrm{G}(T)$ ist maximal bez. dieser Eigenschaft); die Faktorgruppe

$$W(G,T) := N_G(T)/T$$

heißt Weyl-Gruppe von (G,T). Sie operiert auf T durch

$$W(G,T) \times T \to T , \qquad (AT, B) \mapsto A^{-1}BA ,$$

$A \in N_G(T)$, $B \in T$. Dies ist deshalb sinnvoll, weil aus $AT = A'T$, d.h. $A'A^{-1} \in T$, wegen der Kommutativität von T offenbar $A^{-1}BA = A'^{-1}BA'$ folgt.

Den Beweis der folgenden Aussage überlassen wir als (nicht-triviale) Übungsaufgabe:

Ist $G = U(n)$, $SU(n)$ oder $SO(n)$ und T ein beliebiger maximaler Torus von G, so ist $W(G,T)$ isomorph zu $W(G)$; insbesondere ist $W(G,T)$ endlich und hängt (bis auf Isomorphie) nicht von T ab.

In der folgenden Tabelle sind die Weyl-Gruppen der unitären und orthogonalen Gruppen sowie der symplektischen Gruppen, die in §5.7 behandelt werden, zusammengestellt; dabei ist die Gruppe $\{\pm 1\}$ durch die zu ihr isomorphe Gruppe $\mathbb{Z}_2$ ersetzt worden. Für die zu den semidirekten Produkten gehörigen Operationen siehe man oben nach.

G	$W(G)$	$|W(G)|$
$U(n), SU(n)$	S_n	$n!$
$SO(2m+1)$	$\mathbb{Z}_2^m \rtimes S_m$	$2^m m!$
$SO(2m)$	$\mathbb{Z}_2^{m-1} \rtimes S_m$	$2^{m-1} m!$
$Sp(2n)$	$\mathbb{Z}_2^n \rtimes S_n$	$2^n n!$

4. Anwendung: Zentrum von $U(n)$, $SU(n)$ und $SO(n)$

Es sei G stets eine der in der Überschrift genannten Gruppen und $T = T(G)$ der Standardtorus von G. (Bezeichnungen wie in 3.) Als unmittelbare Folgerung aus 3. Satz 7 (c) erhalten wir

Lemma. *Das Zentrum $Z(G)$ von G ist in T enthalten.*   □

Bemerkung 1. Aus 3. Satz 7 folgt sofort eine viel stärkere Aussage, von der wir aber keinen Gebrauch machen, daß nämlich das Zentrum mit dem Durchschnitt aller maximalen Tori übereinstimmt.

Satz 10.
$$Z(U(n)) = \{zE; z \in \mathbb{C}, |z| = 1\} \cong S^1 ,$$
$$Z(SU(n)) = \{zE; z \in \mathbb{C}, |z| = 1, z^n = 1\} ,$$
$$Z(SO(2m)) = \{E, -E\} \quad (m \geq 2) ,$$
$$Z(SO(2m+1)) = \{E\} .$$

Diese Aussagen sind unmittelbare Konsequenzen aus dem Lemma von Schur, das wir in III, § 1.5 beweisen werden; wir geben hier einen direkten

Beweis. Die Inklusionen „⊃" sind in allen Fällen klar. Sei $A \in Z(\mathrm{U}(n))$ oder $A \in Z(\mathrm{SU}(n))$. Nach dem Lemma und der Definition von $T = \mathrm{T}(G)$ gibt es $\alpha_i \in \mathbb{C}$, so daß $A = [\alpha_1, \ldots, \alpha_n]$. Für $i \neq j$ ist die Matrix $B := E - E_{ii} - E_{jj} + E_{ij} - E_{ji}$ in $\mathrm{SU}(n)$, also mit A vertauschbar. Ausrechnen der Produkte AB und BA ergibt $\alpha_i = \alpha_j$, also $A = zE$ mit geeignetem $z \in \mathbb{C}$ und hieraus folgt die Behauptung für $G = \mathrm{U}(n), \mathrm{SU}(n)$. Für $G = \mathrm{SO}(2m)$ ersetzt man in der obigen Matrix B mit $1 \leq i \neq j \leq m$ alle Komponenten durch die 2×2-Einheitsmatrix und erhält für $A = [R(t_1), \ldots, R(t_m)]$ durch Ausrechnen von AB und BA sofort

$R(t_i) = R(t_j)$. Aus der Vertauschbarkeit von A mit $\begin{pmatrix} 0 & 0 & 1 & 0 \\ 0 & 1 & 0 & 0 \\ -1 & 0 & 0 & 0 \\ 0 & 0 & 0 & E \end{pmatrix}$ folgt

$\sin t_1 = 0$, also $\cos t = \pm 1$, d.h. $A = \pm E$.

Genauso folgt für $A = [R(t_1), \ldots, R(t_m), 1]$, daß alle 2er-Blocks gleich $\pm E$ sind; aus der Vertauschbarkeit mit B wie oben, $j = n$, folgt die Gleichheit des i-ten und des n-ten Diagonalelementes, d.h. $A = E$. □

Bemerkung 2. Man kann zeigen, daß $\mathrm{SO}(2m+1)$ für $m \geq 1$ eine einfache Gruppe ist; wir beweisen das nur für $m = 1$ (14. Satz 24). Ferner ist $\mathrm{SO}(2m)/\{\pm E\}$ einfach für $m > 2$, dagegen nicht für $m = 2$; letzteres wird in 15. bewiesen. Für die Beweise im allgemeinen Fall vgl. man z.B. [Artin].

5. Normalteiler in SU(2)

Jedes Element von $\mathrm{SU}(2)$ ist konjugiert zu $S(t) := \begin{pmatrix} e^{it} & 0 \\ 0 & e^{-it} \end{pmatrix}$ mit einem geeigneten $t \in [-\pi, \pi]$, und $S(t_1), S(t_2)$ sind genau dann konjugiert, wenn $t_1 = \pm t_2$. Wegen $\mathrm{Spur}\, S(t) = \mathrm{Spur}\, S(-t) = e^{it} + e^{-it} = 2\cos t$ ist

$$[A] \mapsto \mathrm{Spur}\, A$$

eine Bijektion von der Menge der Konjugationsklassen von $\mathrm{SU}(2)$ auf das Intervall $[-2, 2]$. Mit dieser Beobachtung beweisen wir

Satz 11. *Jeder echte Normalteiler von* $\mathrm{SU}(2)$ *ist zentral, d.h. im Zentrum* $\{\pm E\}$ *von* $\mathrm{SU}(2)$ *enthalten.*

Beweis. Es sei $N \triangleleft \mathrm{SU}(2)$, $N \not\subset \{\pm E\}$. Wir beweisen $N = \mathrm{SU}(2)$, indem wir zeigen, daß N aus jeder Konjugationsklasse ein Element enthält. Ist $B \in N$, $B \neq \pm E$, dann gibt es $t =]0, \pi[$, so daß B konjugiert ist zur Diagonalmatrix $S(t) = [e^{it}, e^{-it}]$. Für ein solches t gilt $S(t) \in N$. Damit ist auch jeder Kommutator $[A, S(t)] = (AS(t)A^{-1}) S(t)^{-1}$ in N. Eine direkte Rechnung ergibt für

$$A = \begin{pmatrix} z & -u \\ \bar{u} & \bar{z} \end{pmatrix}, |z| + |u| = 1,$$

$$\frac{1}{2}\mathrm{Spur}\,[A, S(t)] = 1 - (1 - \cos 2t)\,|u|^2 \ .$$

Für alle s mit $0 \le s < t$ gilt dann $\cos s > \cos 2t$, also $1 - \cos s \le 1 - \cos 2t$. Wir wählen $A = \begin{pmatrix} z & -u \\ \bar{u} & \bar{z} \end{pmatrix}$ so, daß $|u|^2 = \frac{1-\cos s}{1-\cos 2t}$; das ist möglich, weil die rechte Seite in $[0,1]$ ist. Für ein solches A gilt $\mathrm{Spur}\,[A, S(t)] = 2\cos s$. Nach der Vorüberlegung ist deshalb $[A, S(t)]$ konjugiert zu $S(s)$. Damit ist bewiesen, daß N mit $S(t)$ auch alle Matrizen $S(s)$ mit $0 \le s < t$ enthält; m.a.W. es gibt ein Intervall $[0, \epsilon]$, so daß $S(t) \in N$ für alle $t \in [0, \epsilon]$. Mit einer allgemeinen Überlegung (für „Einparametergruppen") folgt hieraus $S(t) \in N$ für alle $t \in \mathbb{R}$, also $N = \mathrm{SU}(2)$: Für $t \in \mathbb{R}$ wähle man $n \in \mathbb{Z}$ so, daß $t/n \in [0, \epsilon]$. Es folgt $S(t) = S\left(n\frac{t}{n}\right) = S\left(\frac{t}{n}\right)^n \in N$. □

Corollar. *Die Gruppe* $\mathrm{SU}(2)/\{\pm E\}$ *ist einfach.* (Vgl. auch 14. Satz 24.)

Beweis. Das Urbild eines nichttrivialen Normalteilers in $\mathrm{SU}(2)/\{\pm E\}$ bez. der kanonischen Projektion $p : \mathrm{SU}(2) \to \mathrm{SU}(2)/\{\pm E\}$ enthält $\{\pm E\}$ als echte Teilmenge. Mit Satz 11 folgt hieraus die Behauptung. □

6. Spiegelungen, Transitivität von $O(V, h)$ auf Sphären

Es sei V ein Vektorraum über $\mathbb{K} = \mathbb{R}$ oder $\mathbb{C}$ und h eine nicht-ausgeartete symmetrische Bilinearform auf V.

Lemma 1. *Ist* $V = U \perp W$ *eine orthogonale Zerlegung von* V *in Teilräume* U, W, *so ist*

$$\sigma : V \to V\ , \quad \sigma(u + w) := u - w\,(u \in U, w \in W)$$

eine Isometrie.

Beweis. σ ist offenbar linear und bijektiv; ferner $h(u - w, u - w) = h(u, u) + h(w, w) = h(u + w, u + w)$. □

Ist speziell $W = U^\perp$, so heißt σ *Spiegelung an* U.

Wir interessieren uns im folgenden für Spiegelungen an *nichtausgearteten Hyperebenen*, d.h. an Teilräumen $(\mathbb{K}a)^\perp$ mit $a \in V$ und $h(a, a) \ne 0$. Es gilt dann $V = (\mathbb{K}a)^\perp \oplus \mathbb{K}a$. Die Spiegelung an $(\mathbb{K}a)^\perp$ bezeichnen wir mit σ_a. Es gilt also $\sigma_a\,(y + \alpha a) = y - \alpha a$ für alle $y \in (\mathbb{K}a)^\perp$ und $\alpha \in \mathbb{K}$. Für $x = y + \alpha a$, $y \in (\mathbb{K}a)^\perp$, erhalten wir $\sigma_a(x) = x - 2\alpha a$; ferner gilt $h(a, x) = \alpha h(a, a)$, also

$$(*) \qquad\qquad \sigma_a(x) = x - 2\frac{h(a, x)}{h(a, a)}a \qquad (x \in V)\ .$$

Im folgenden wird die Bezeichnung „Spiegelung" ausschließlich für Isometrien der Form σ_a verwandt (man beachte, daß dabei stets $h(a,a) \neq 0$ vorausgesetzt ist).

Lemma 2. *Es sei $x, y \in V$, $x \neq y$ und $h(x,x) = h(y,y) \neq 0$. Dann gibt es ein $\varphi \in O(V,h)$ mit $\varphi(x) = y$ und a) φ ist eine Spiegelung oder b) φ ist Produkt von zwei Spiegelungen.*

Ist $\mathbb{K} = \mathbb{R}$ und h positiv-definit, so tritt der Fall a) ein.

Beweis. Zunächst verifiziert man $h(x+y, x+y) + h(x-y, x-y) = 4h(x,x) \neq 0$, also gilt einer der beiden Fälle (a) $h(x-y, x-y) \neq 0$, (b) $h(x+y, x+y) \neq 0$. Wir nehmen zunächst an, daß (a) erfüllt ist, was wegen $x \neq y$ sicher dann der Fall ist, wenn h positiv-definit ist. Setzt man $x - y$ für a in (∗) ein, so erkennt man sofort

$$\sigma_{x-y}(x) = y \ .$$

Im Fall (b) berechnet man ebenfalls aus (∗)

$$\sigma_y \circ \sigma_{x+y}(x) = \sigma_y(-y) = y \ . \qquad\qquad \square$$

Wie bei den Gruppen $GL(n, \mathbb{K})$ und $SL(n, \mathbb{K})$ nennen wir

$$O(V,h) \times V \to V \ , \qquad (\varphi, x) \mapsto \varphi(x)$$

die *gewöhnliche Operation* von $O(V,h)$ auf V. Die „Quasi-Sphären"

$$S^{n-1}(r,h) := \{ x \in V; h(x,x) = r \} \ , \qquad r \in \mathbb{R}_+^\times$$

($n = \dim V$) sind offenbar invariant unter dieser Operation, und wie das vorstehende Lemma zeigt, gilt

Satz 12. *Die Gruppe $O(V,h)$ operiert transitiv auf jeder Quasi-Sphäre $S^{n-1}(r,h), r \in \mathbb{R}_+^\times$.* $\qquad\qquad \square$

Ist $V = \mathbb{R}^n$ und $h = [E]$ das kanonische Skalarprodukt, so stimmen die Quasi-Sphären mit den Sphären im Euklidischen Sinn überein. Dagegen ist beispielsweise für $V = \mathbb{R}^n$ und $h = \left[\begin{pmatrix} 1 & 0 \\ 0 & -1 \end{pmatrix} \right]$

$$S^1(1,h) = \left\{ \begin{pmatrix} \xi_1 \\ \xi_2 \end{pmatrix} ; \xi_1^2 - \xi_2^2 = 1 \right\} \ ,$$

und dies ist eine Hyperbel.

Corollar. *Ist (V,h) Euklidisch (also V reell und h positiv-definit), so ist die gewöhnliche Operation von $O(V,h)$ auf V irreduzibel.*

Beweis. Sei $U \neq \{0\}$ ein invarianter Teilraum von V und $x \in U, x \neq 0$. Für alle $y \in V, y \neq 0$ gibt es nach Satz 12 ein $\varphi \in O(V,h)$ derart, daß $\varphi(x) = |x| \cdot |y|^{-1}y$; folglich ist y in U. $\Box$

Eine weitere Anwendung des obigen Lemmas gibt der nächste Abschnitt.

7. Erzeugung von $O(V,h)$ durch Spiegelungen

Wir behalten die Bezeichnungen des vorigen Abschnittes bei; insbesondere ist h eine nicht-ausgeartete symmetrische Bilinarform auf dem reellen oder komplexen Vektorraum V der Dimension n.

Satz 13. *Zu jedem $\varphi \in O(V,h)$ gibt es Spiegelungen $\sigma_1, \ldots, \sigma_m$, $m \leq 2n$, so daß $\varphi = \sigma_1 \circ \ldots \circ \sigma_m$. Ist V reell und h positiv-definit, so kann man $m \leq n$ erhalten.*

Beweis durch Induktion nach n. Für $n = 1$, $V = \mathbb{K}x$ gilt $O(V,h) = \{\pm id\}$, $h(x,x) \neq 0$ und $\sigma_x = -id$, also die Behauptung in diesem Fall. Wir wählen nun zu $\varphi \in O(V,h)$ ein $x \in V$, so daß $h(x,x) \neq 0$. Dann gibt es nach 6., Lemma 2 ein $\psi \in O(V,h)$, so daß $\psi(\varphi x) = x$ und ψ, also auch ψ^{-1}, eine Spiegelung oder Produkt von 2 Spiegelungen ist. Mit $\mathbb{K}x$ ist auch $U := (\mathbb{K}x)^{\perp}$ invariant unter $\psi \circ \varphi$. Es folgt $\psi \cdot \varphi|_U \in O(U, h|_U)$ und nach Induktionsvoraussetzung gibt es Spiegelungen $\sigma'_1, \ldots, \sigma'_m \in O(U, h_U)$, $m \leq 2n - 2$, so daß $\varphi(y) = \psi(\sigma'_1 \circ \ldots \circ \sigma'_m(y))$ für alle $y \in U$. Setzt man σ'_i auf V fort durch $\sigma'_i(x) := x$, so erhält man Spiegelungen $\sigma_i \in O(V,h)$ mit $\varphi = \psi^{-1} \circ \sigma_1 \circ \ldots \circ \sigma_m$, womit die Behauptung bewiesen ist. $\Box$

Corollar. *$O(V,h)$ wird von Spiegelungen erzeugt.* $\Box$

8. Erzeugung von $U(V,h)$ durch Quasi-Spiegelungen

Die Ergebnisse von 6. und 7. lassen sich auf die Isometriegruppe $U(V,h)$ eines nicht-ausgearteten Hermiteschen Raumes über $(\mathbb{C}, ^-)$ übertragen. Die Beweise der folgenden Sätze verlaufen analog zu den entsprechenden in 6. bzw. 7.; wir verzichten deshalb auf Einzelheiten.

Für $a \in V$, $h(a,a) \neq 0$ und $\alpha \in \mathbb{C}$, $|\alpha| = 1$ setzen wir

$$\sigma_{a,\alpha}(x) := x - (\alpha + 1)\frac{h(a,x)}{h(a,a)}a \,, \qquad x \in V \,.$$

$\sigma_{a,\alpha}$ heißt *Quasi-Spiegelung an der Hyperebene* $(\mathbb{C}a)^{\perp}$. Man verifiziert – zweckmäßig mit Hilfe der folgenden Formeln –, daß $\sigma_{a,\alpha}$ eine unitäre Transformation ist, also $\sigma_{a,\alpha} \in U(V,h)$.

$$\sigma_{a,\alpha}(a) = -\alpha a \,, \qquad \sigma_{a,\alpha}(x) = x \qquad \text{für } x \in (\mathbb{C}a)^{\perp} \,,$$

$$\sigma_{a,1} = \sigma_a \quad \text{(vgl. 6.)} , \qquad \sigma_{a,-1} = id$$

für alle $a \in V$, $h(a,a) \neq 0$, $\alpha \in S^1$.

Lemma 2 in 6. gilt unverändert. Zum Beweis hat man, falls $h(x,y) \notin \mathbb{R}$, σ_{x-y} durch $\sigma_{x-y,\alpha}$ zu ersetzen mit $\alpha := (h(x,x) - h(x,y))(h(x,x) - h(y,x))^{-1}$, und σ_{x+y} durch $\sigma_{x+y,\beta}$ mit $\beta := (h(x,x) + h(x,y))(h(x,x) + h(y,x))^{-1}$.

Satz 14. *U(V,h) operiert transitiv auf der Menge $\{x \in V; h(x,x) = r\}$ für jedes $r \in \mathbb{R}_+^\times$.* □

Corollar. *Ist h positiv-definit, so operiert U(V,h) irreduzibel auf V.* □

Satz 15. *Jedes $\varphi \in$ U(V,h) ist Produkt von $m \leq 2n$ Quasi-Spiegelungen $(n = \dim V)$. Ist h positiv-definit, so kann $m \leq n$ gewählt werden.* □

Corollar. *U(V,h) wird von Quasi-Spiegelungen erzeugt.* □

9. Zusammenhang von SO(V,h) und U(V,h)

Wir behandeln zunächst den einfacheren Fall der unitären Gruppen.

Satz 16. *Die unitäre Gruppe eines nicht-ausgearteten Hermiteschen Raumes über $(\mathbb{C},^-)$ ist zusammenhängend.*

Beweis (vgl. auch Aufgabe 7). Da U(V,h) von Quasi-Spiegelungen $\sigma_{a,\alpha}$ erzeugt wird, genügt es nach § 2.9 zu zeigen, daß jedes $\sigma_{a,\alpha}$ mit id durch einen (stetigen) Weg verbindbar ist. Wegen $|\alpha| = 1$ gibt es ein $\lambda \in \mathbb{R}$, so daß $\alpha = e^{i\lambda}$. Für alle $t \in [0,1]$ ist $\alpha(t) := \exp[i(\lambda + t(\pi - \lambda))]$ ein Weg in S^1 von α nach -1 und somit

$$t \mapsto \sigma_{a,\alpha(t)} , \qquad t \in [0,1]$$

ein stetiger Weg in U(V,h) von $\sigma_{a,\alpha}$ nach $\sigma_{a,-1} = id$.

Satz 17. *Die Gruppen SO$(n,\mathbb{K})$ und ihre Nebenklassen O$^-(n,\mathbb{K})$ sind zusammenhängend; die Gruppen O$(n,\mathbb{K})$ sind nicht zusammenhängend.*

Beweis. Es seien $a,b \in V$ linear unabhängig. Dann ist $a + t(b - a) \neq 0$ für $t \in [0,1]$ und $t \mapsto \sigma_{a+t(b-a)}$ ein Weg in O(n) von σ_a und σ_b. Folglich ist $t \mapsto \sigma_{a+t(b-a)} \circ \sigma_b$ ein Weg in SO(n) und $\sigma_a \sigma_b$ nach $\sigma_b^2 = id$. Da jedes Element von SO$(n,\mathbb{K})$ nach 7. Produkt einer geraden Anzahl von Spiegelungen ist, ist damit der Zusammenhang von SO$(n,\mathbb{K})$ bewiesen. (Sind a,b linear abhängig, so gilt $\sigma_a = \sigma_b$.)

Für jedes $F \in$ O$^-(n,\mathbb{K})$ gilt O$^-(n,\mathbb{K}) = F \cdot$ SO$(n,\mathbb{K})$; daraus folgt der Zusammenhang von O$^-(n,\mathbb{K})$ (vgl. § 2.9, Lemma 2).

Wäre $O(n, \mathbb{K})$ zusammenhängend, so gäbe es einen Weg γ in $O(n, \mathbb{K})$, der Elemente A, B mit $\det A = 1$, $\det B = -1$ verbindet; dann wäre $\det \circ \gamma$ eine stetige surjektive Abbildung von $[0, 1]$ nach $\{\pm 1\}$, also ein Widerspruch. $\square$

10. Bewegungsgruppe des $\mathbb{R}^n$, Galilei-Gruppe

Die gewöhnliche Operation von $O(n)$ auf $\mathbb{R}^n$ liefert das semidirekte Produkt

$$B(n) := \mathbb{R}^n \rtimes_{\rho} O(n) \,, \quad \rho(A)(x) = Ax \quad (A \in O(n), x \in \mathbb{R}^n) \,.$$

Als Verknüpfung in $B(n)$ erhält man (vgl. § 1.4, 4))

$$(x, A)(y, B) = (x + Ay, AB) \,.$$

Wir geben eine geometrische Interpretation von $B(n)$ als *Bewegungsgruppe des Euklidischen Raumes* $(\mathbb{R}^n, \langle -, - \rangle)$ mit $\langle x, y \rangle = \sum \xi_i \eta_i$ für $x = (\xi_1, \ldots, \xi_n)$, $y = (\eta_1, \ldots, \eta_n) \in \mathbb{R}^n$. Wie in § 3.4 bezeichnen wir mit $d(x, y)$ den Abstand von x und y, also $d(x, y) = |x - y| = \langle x - y, x - y \rangle^{1/2}$.

Eine Abbildung $f : \mathbb{R}^n \to \mathbb{R}^n$ heißt *Bewegung* von $\mathbb{R}^n$, wenn

$$d(f(x), f(y)) = d(x, y) \quad (x, y \in \mathbb{R}^n) \,.$$

Die Bewegungen von $\mathbb{R}^n$ bilden eine Untergruppe von $GL(n, \mathbb{R})$; sie heißt *Bewegungsgruppe* von $\mathbb{R}^n$ und wird mit $B(\mathbb{R}^n)$ bezeichnet.

Spezielle Bewegungen sind offenbar die Elemente von $O(n)$ (aufgefaßt als Abbildungen von $\mathbb{R}^n$ in sich), ferner die *Translationen*

$$\tau_a : \mathbb{R}^n \to \mathbb{R}^n \,, \quad \tau_a(x) := x + a \quad (x \in \mathbb{R}^n)$$

für $a \in \mathbb{R}^n$.

Lemma. *Es sei f eine Bewegung von $\mathbb{R}^n$ und $F(x) := f(x) - f(0)$. Dann gilt $F \in O(n)$.*

Beweis. Wegen $F(0) = 0$ und $|F(x) - F(y)| = |F(x - y)|$ gilt

$$2\langle F(x), F(y) \rangle = |F(x) - F(y)|^2 - |F(x)|^2 - |F(y)|^2$$
$$= |x - y|^2 - |x|^2 - |y|^2 = 2\langle x, y \rangle \,.$$

Hieraus leitet man ab

$$|F(\alpha x + \beta y) - \alpha F(x) - \beta F(y)|^2 = |(\alpha x + \beta y) - \alpha x - \beta y|^2 = 0 \,,$$

also die Linearität von F; mit $\langle F(x), F(y) \rangle = \langle x, y \rangle$ folgt $F \in O(n)$. $\square$

Satz 18. *Zu jedem $f \in B(\mathbb{R}^n)$ gibt es ein $a \in \mathbb{R}^n$ und ein $A \in O(n)$, so daß $f = \tau_a \circ A$. Dabei sind a und A durch F eindeutig bestimmt.*

Beweis. Zu f bilden wir F wie im Lemma und erhalten $\tau_{f(0)} \circ F(x) = F(x) + f(0) = f(x)$. Damit ist die Existenz bewiesen. Aus $f = \tau_a \circ A$ folgt $f(0) = \tau_a(0) = a$ und $A = \tau_{-a} \circ f$, also die Eindeutigkeit. □

Aus dem vorstehenden Satz folgt unmittelbar der folgende

Satz 19. *Die Abbildung*

$$B(n) = \mathbb{R}^n \underset{\rho}{\rtimes} O(n) \to B(\mathbb{R}^n) , \qquad (x, A) \mapsto \tau_x \circ A$$

ist ein Gruppen-Isomorphismus. □

Für spätere Zwecke „realisieren" wir $\mathbb{R}^n \underset{\rho}{\rtimes} O(n)$ (und damit $B(\mathbb{R}^n)$) als Matrix-Gruppe:

Satz 20. *Die Abbildung*

$$\mathbb{R}^n \underset{\rho}{\rtimes} O(n) \to GL(n+1, \mathbb{R}) , \qquad (x, A) \mapsto \begin{pmatrix} A & x \\ 0 & 1 \end{pmatrix}$$

ist ein injektiver Gruppen-Homomorphismus. □

Zur Beschreibung des Transformationsverhaltens von Inertialsystemen in der Physik hat man außer der räumlichen auch die zeitliche Abhängigkeit zu berücksichtigen. In der Newtonschen Mechanik wird dies geleistet durch die Transformationen der *Galilei-Gruppe*

$$\mathbb{R}^4 \underset{\sigma}{\rtimes} B(3) , \qquad \sigma(x, A) \begin{pmatrix} y \\ t \end{pmatrix} := \begin{pmatrix} Ay + tx \\ t \end{pmatrix}$$

für $A \in SO(3)$, $t \in \mathbb{R}$, $x, y \in \mathbb{R}^3$. (Man überzeugt sich davon, daß σ ein Homomorphismus von $B(3)$ in $\text{Aut}(\mathbb{R}^4, +)$ ist.)

Wie bei $B(n)$ erkennt man, daß die Galilei-Gruppe isomorph ist zur Matrix-Gruppe

$$\left\{ \begin{pmatrix} A & x & y \\ 0 & 1 & t \\ 0 & 0 & 1 \end{pmatrix} ; A \in SO(3), x, y \in \mathbb{R}^3, t \in \mathbb{R} \right\} .$$

Der „Raum-Zeit-Vektor" $\begin{pmatrix} u \\ s \\ 1 \end{pmatrix}$ geht unter einer Transformation dieser Gruppe

über in den Raum-Zeit-Vektor $\begin{pmatrix} Au + sx + y \\ s + t \\ 1 \end{pmatrix}$.

11. Iwasawa-Zerlegung

Als weitere Anwendung der Sätze 12 und 14 über die Transitivität von $O(n)$ bzw. $U(n)$ auf Sphären beweisen wir den Satz über die

Iwasawa-Zerlegung. *Zu jedem $A \in GL(n, \mathbb{R})$ bzw. $A \in GL(n, \mathbb{C})$ gibt es ein $S \in O(n)$ bzw. $U(n)$, eine Diagonalmatrix D mit reellen positiven Diagonalelementen und eine unipotente obere Dreiecksmatrix $U = \begin{pmatrix} 1 & & * \\ & \ddots & \\ 0 & & 1 \end{pmatrix}$, so daß $A = SDU$. Diese Zerlegung ist eindeutig.*

Wir beweisen zunächst eine schwächere Form dieses Satzes, die für viele Zwecke ausreichend ist; man beachte aber, daß dabei die Eindeutigkeit verloren geht.

Lemma. *Zu $A \in GL(n, \mathbb{R})$ bzw. $A \in GL(n, \mathbb{C})$ gibt es eine orthogonale bzw. unitäre Matrix S und eine obere Dreiecksmatrix B mit reellen positiven Diagonalelementen, so daß $A = SB$.*

Beweis des Lemmas. Ist a der erste Spaltenvektor von A und e der erste Spaltenvektor von E, so gibt es nach den eingangs genannten Sätzen ein $S_1 \in O(n)$ bzw. $U(n)$, so daß $S_1 a = |a|e$. Es folgt $S_1 A = \begin{pmatrix} \alpha & b \\ 0 & C \end{pmatrix}$ mit $\alpha = |a|$, $b^t \in \mathbb{K}^n$ und $C \in GL(n, \mathbb{K})$, $\mathbb{K} = \mathbb{R}$ bzw. $\mathbb{C}$. Durch Induktion folgt die Behauptung. $\square$

Zum Beweis der Iwasawa-Zerlegung wählen wir S und B wie im Lemma und setzen $D = [\beta_1, \ldots, \beta_n]$, wenn $\beta_1, \ldots, \beta_n$ die Diagonalelemente von B sind; mit $U := D^{-1}B$ erhalten wir die gewünschte Zerlegung.

Den Eindeutigkeitbeweis überlassen wir als einfache Übungsaufgabe. (Man untersuche zunächst, welche oberen Dreiecksmatrizen orthogonal bzw. unitär sind.) $\square$

12. Polar- und Cartan-Zerlegung

Die beiden Sätze dieses Abschnitts sind einfache Folgerungen aus dem

Quadratwurzel-Satz. *Zu jeder positiv-definiten Matrix A gibt es eine eindeutig bestimmte positiv-definite Matrix P, so daß $A = P^2$.*

Für einen Beweis dieses wichtigen Satzes der Linearen Algebra vgl. man z.B. [Koecher], Kap. 6, § 3.4.

Polar-Zerlegung. *Zu jedem $A \in GL(n, \mathbb{R})$ bzw. $GL(n, \mathbb{C})$ gibt es ein $S \in O(n)$ bzw. $U(n)$ und eine positiv-definite reelle symmetrische bzw. Hermitesche Matrix P, so daß $A = SP$. Diese Zerlegung ist eindeutig.*

Beweis. Es sei zunächst eine Zerlegung wie im Satz behauptet gegeben, also $A = SP$ mit $S^*S = E$ und $P^* = P$ positiv-definit. Dann gilt $A^* = P^*S^* = PS^{-1}$, also $A^*A = P^2$ und $S = AP^{-1}$ Hieraus folgt mit dem Quadratwurzel-Satz schon die Eindeutigkeit. Zum Beweis der Existenz wählt man für P die Quadratwurzel aus A^*A (dies ist eine positiv-definite Matrix) und wählt $S = AP^{-1}$. Wegen $S^*S = P^{-1}A^*AP^{-1} = P^{-1}P^2P^{-1}$ ist S unitär (im reellen Fall orthogonal). Damit ist der Satz bewiesen. □

Bemerkung. Wendet man die Polar-Zerlegung auf A^t an, so findet man Matrizen S, P wie oben, jedoch $A = PS$.

Aus dem vorstehenden erhält man nun leicht die

Cartan-Zerlegung. *Zu jedem* $A \in \mathrm{GL}(n, \mathbb{R})$ *bzw.* $\mathrm{GL}(n, \mathbb{C})$ *gibt es* $S_1, S_2 \in \mathrm{O}(n)$ *bzw.* $\mathrm{U}(n)$ *und eine Diagonalmatrix* D *mit reellen positiven Diagonalelementen, so daß* $A = S_1 D S_2$. *(Diese Zerlegung ist nicht eindeutig!)*

Beweis. Es sei $A = S'_1 P$ die Polar-Zerlegung von A und $P = P'S'_2$ die Polar-Zerlegung von P gemäß obiger Bemerkung. Da P' positiv-definit ist, gibt es $T \in \mathrm{O}(n)$ bzw. $\mathrm{U}(n)$, so daß $T^{-1}P'T =: D = [\lambda_1, \ldots, \lambda_n]$ mit $\lambda_i \in \mathbb{R}^{\times}_+$. Zusammengesetzt ergibt dies $A = S'_1 T D T^{-1} S'_2$. Da $S_1 := S'_1 T$ und $S_2 := T^{-1}S'_2$ in $\mathrm{O}(n)$ bzw. $\mathrm{U}(n)$ sind, ist dies eine Zerlegung von A mit den gewünschten Eigenschaften. □

Analoga der Iwasawa- und Cartan-Zerlegung gibt es in beliebigen Lie-Gruppen wie auch in Lie-Algebren; sie stellen ein wichtiges Hilfsmittel für Strukturuntersuchungen dar. Die Polar-Zerlegung werden wir in II, § 3.3 bei der Bestimmung maximal kompakter Untergruppen anwenden.

13. Lorentz-Gruppe und Minkowski-Raum

Zur Beschreibung der speziellen Relativitätstheorie führte Minkowski zu Beginn dieses Jahrhunderts die durch die symmetrischen Biliniarform

$$h(x, y) = \xi_1 \eta_1 + \xi_2 \eta_2 + \xi_3 \eta_3 - \xi_4 \eta_4 = x^t \begin{pmatrix} 1 & & & 0 \\ & 1 & & \\ & & 1 & \\ 0 & & & -1 \end{pmatrix} y$$

auf dem Vektorraum $\mathbb{R}^4$ definierte Geometrie ein. $(\mathbb{R}^4, h)$ heißt *Minkowski-Raum*.

Eine Vorstellung von dieser Geometrie im „Anschauungsraum" kann man sich dadurch verschaffen, daß man eine Raumkoordinate vernachlässigt, d.h. statt $(\mathbb{R}^4, h)$ den Raum $(\mathbb{R}^3, h')$ betrachtet mit $h'(x, y) = \xi_1 \eta_1 + \xi_2 \eta_2 - \xi_3 \eta_3$. Die *lichtartigen* Vektoren $x \in \mathbb{R}^3$, $h'(x, x) = 0$ bilden den Mantel K eines Doppelkegels, des sogenannten *Lichtkegels*. Durch ihn wird der $\mathbb{R}^3$ zerlegt in

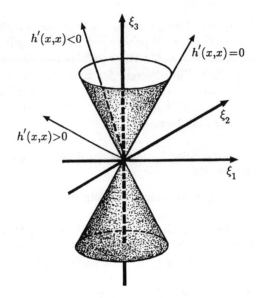

die zwei Zusammenhangskomponenten von $\mathbb{R}^3 \setminus K$, das Innere von K, dessen Vektoren *zeitartig* heißen und durch $h'(x, x) < 0$ charakterisiert sind und die Zusammenhangskomponente des Äußeren, den sogenannten *raumartigen* Vektoren, gegeben durch $h'(x, x) > 0$.

Die Isometriegruppe $O(3, 1)$ des Minkowski-Raumes heißt *Lorentz-Gruppe*. Wir bezeichnen sie in diesem Abschnitt kurz mit G. Aus der Definition folgt unmittelbar:

Jedes $A \in G$ bildet raumartige Vektoren in raumartige, zeitartige in zeitartige und lichtartige in lichtartige Vektoren ab.

Nach 1. Satz 2 ist die *eigentliche Lorentz-Gruppe*

$$SO^+(3, 1) = \left\{ \begin{pmatrix} B & x \\ y^t & a \end{pmatrix} \in SO(3, 1); a \in \mathbb{R}, a \geq 1 \right\}$$

als Zusammenhangskomponente des Einselementes ein Normalteiler in $O(3, 1)$. Spezielle Elemente von $SO^+(3, 1)$ sind die *Lorentz-Drehungen*

$$\widetilde{R} := \begin{pmatrix} R & 0 \\ 0 & 1 \end{pmatrix}, \qquad R \in SO(3)$$

und die *Lorentz-Boosts*

$$B(t) := \begin{pmatrix} 1 & 0 & 0 & 0 \\ 0 & 1 & 0 & 0 \\ 0 & 0 & \cosh t & \sinh t \\ 0 & 0 & \sinh t & \cosh t \end{pmatrix}.$$

Satz 21. *Zu jedem $A \in SO^+(3, 1)$ gibt es $R, S \in SO(3)$ und $t \in \mathbb{R}$, so daß $A = \widetilde{R} \cdot B(t) \cdot \widetilde{S}$.*

Beweis. Wir schreiben $A = \begin{pmatrix} C & x \\ y^t & a \end{pmatrix}$ mit $a \in \mathbb{R}$. Dann ist $A^* H A = H$, wobei

$H = \begin{pmatrix} E & 0 \\ 0 & -1 \end{pmatrix}$ die Matrix von h ist, äquivalent zu

(*) $\qquad B^t B = E + yy^t$, $\quad a^2 = 1 + x^t x$, $\quad B^t x = ay$.

Wir zeigen, daß es R, S, t wie im Satz gibt, so daß

$$\begin{pmatrix} R^{-1} & 0 \\ 0 & 1 \end{pmatrix} \cdot A = B(t) \cdot \begin{pmatrix} S & 0 \\ 0 & 1 \end{pmatrix} .$$

Beide Seiten auf e_4 angewendet ergibt $\begin{pmatrix} R^{-1}x \\ a \end{pmatrix} = (0, 0, \sinh t, \cosh t)^t$. Wir wählen also R und t so, daß

$$\cosh t = a , \quad Rx = (0, 0, \sinh t)^t , \quad R \in SO(3) .$$

Das ist möglich, weil $a \geq 1$ und $|x| = |(0, 0, \sinh t)|$, letzteres weil $x^t x = a^2 - 1 = \cosh^2 t - 1 = \sinh t$. Nach dieser Wahl setzen wir $T := B(-t)\widetilde{R}^{-1}A$ und berechnen Te_4:

$$Te_4 = B(-t) \cdot \begin{pmatrix} R^{-1}x \\ a \end{pmatrix} = B(-t)(0, 0, \sinh t, \cosh t)^t$$

$$= (0, 0, \cosh(-t)\sinh t + \sinh(-t)\cosh t, \sinh(-t)\sinh t + \cosh(-t)\sinh t)^t$$

$$= e_4 .$$

Da T in $O(3, 1)$ ist, folgt hieraus $T = \widetilde{S}$ mit einem geeigneten $S \in SO(3)$. □

Corollar. *Die eigentliche Lorentz-Gruppe* $SO^+(3, 1)$ *wird von den Lorentz-Drehungen und den Lorentz-Boosts erzeugt.* □

Bemerkung. Im Satz kann man $B_3(t) := B(t)$ ersetzen durch

$$B_1(t) := \begin{pmatrix} \cosh t & 0 & 0 & \sinh t \\ 0 & 1 & 0 & 0 \\ 0 & 0 & 1 & 0 \\ \sinh t & 0 & 0 & \cosh t \end{pmatrix} \text{ und durch } B_2(t) := \begin{pmatrix} 1 & 0 & 0 & 0 \\ 0 & \cosh t & 0 & \sinh t \\ 0 & 0 & 1 & 0 \\ 0 & \sinh t & 0 & \cosh t \end{pmatrix}$$

Satz 22. *Die Zusammenhangskomponenten von* $O(3, 1)$ *sind die Nebenklassen von* $SO^+(3.1)$.

Beweis. Nach 1. Satz 2 ist nur zu zeigen, daß $SO^+(3, 1)$ die Einskomponente von $O(3, 1)$ ist.

1) $SO^+(3, 1)$ ist zusammenhängend: Sei dazu $A \in SO^+(3, 1)$ und $A = \widetilde{R} \cdot B(t) \cdot \widetilde{S}$ eine Produktdarstellung wie in Satz 21. Es ist $B(t)$ mit E verbindbar

durch den Weg $[0,1] \to \mathrm{SO}^+(3,1)$, $S \mapsto B((1-s)t)$. Da R und S nach 9. Satz 17 mit E in $\mathrm{SO}(3)$ verbindbar sind, sind $\widetilde{R}$, $\widetilde{S}$ in $\mathrm{SO}^+(3,1)$ mit E verbindbar; insgesamt folgt die Verbindbarkeit von A mit E.

2) Sei $A = (\alpha_{ij}) \notin \mathrm{SO}^+(3,1)$. Dann gilt $\det A = -1$ oder $a_{44} \leq -1$. Im ersten Fall erhielte man mittels $\det$, im zweiten Fall durch Projektion auf a_{44} eine stetige Abbildung f von $[0,1]$ in $\mathbb{R}^\times$ mit $f(0) = 1$ und $f(1) \leq -1$, was nicht möglich ist. $\square$

14. Isomorphie der Lorentz-Gruppe mit $\mathrm{SL}(2,\mathbb{C})/\{E\}$ und $\mathrm{SO}(3)$ mit $\mathrm{SU}(2)/\{E\}$

Es sei $V = \{X \in \mathrm{Mat}(2,\mathbb{C}); X^* = X\}$ der $\mathbb{R}$-Vektorraum der Hermiteschen 2×2-Matrizen, also

$$V = \left\{ \begin{pmatrix} \alpha & z \\ \bar{z} & \beta \end{pmatrix} ; \alpha, \beta \in \mathbb{R}, z \in \mathbb{C} \right\} .$$

Offensichtlich ist

$$\sigma : V \times V \to \mathbb{R} , \quad \sigma(X,Y) = -\frac{1}{2} \left(\det(X+Y) - \det X - \det Y \right)$$

eine symmetrische Bilinearform auf V. Wir definieren

$$\varphi : \mathbb{R}^4 \to V , \quad \begin{pmatrix} a \\ b \\ c \\ d \end{pmatrix} \mapsto \begin{pmatrix} -a+d & b+ic \\ b-ic & a+d \end{pmatrix} .$$

Eine direkte Rechnung ergibt

Lemma. *φ ist eine Isometrie vom Minkowski-Raum auf (V,σ).* $\square$

Danach ist $\mathrm{O}(3,1)$ isomorph zu $\mathrm{O}(V,\sigma)$ ($\S 3.5$ Satz 6) und die eigentliche Lorentz-Gruppe $\mathrm{SO}^+(3,1)$ isomorph zu einer Untergruppe von $\mathrm{O}(V,\sigma)$. Wir untersuchen die Abbildung

$$\rho : \mathrm{SL}(2,\mathbb{C}) \to \mathrm{GL}(V) , \quad \rho(A)(X) := AXA^* ,$$

$A \in \mathrm{SL}(2,\mathbb{C})$, $X \in V$.

Satz 23. *ρ ist ein Homomorphismus mit $\mathrm{Kern}(\rho) = \{\pm E\}$ und $\mathrm{Bild}(\rho) \cong \mathrm{SO}^+(3,1)$. Es folgt*

$$\mathrm{SL}(2,\mathbb{C})/\{\pm E\} \cong \mathrm{SO}^+(3,1)$$

Beweis. Die Homomorphieeigenschaft erkennt man unmittelbar an der Definition. $A \in \mathrm{SL}(2,\mathbb{C})$ ist genau dann im Kern von ρ, wenn $AXA^* = X$ für alle $X \in V$. Für $X = E$ folgt $A^* = A^{-1}$ und hieraus $\mathrm{Kern}(\rho) = \{A \in \mathrm{SL}(2,\mathbb{C});$

$AX = XA$ für $X \in V$}. Ersetzt man X durch $\begin{pmatrix} 1 & 0 \\ 0 & -1 \end{pmatrix}$ und durch $\begin{pmatrix} 0 & 1 \\ 1 & 0 \end{pmatrix}$, so folgt $A = zE$ mit $z \in \mathbb{C}$; mit $\det A = 1$ folgt $z = \pm 1$, also $\mathrm{Kern}(\rho) \subset \{\pm E\}$. Die andere Inklusion ist trivial.

Das Bild L von $\mathrm{SO}^+(3,1)$ in $\mathrm{O}(V, \sigma)$ ist zusammenhängend (Beweis!); da $\mathrm{SL}(2, \mathbb{C})$ nach § 2.9 Satz 14 zusammenhängend und ρ stetig ist, folgt $\mathrm{Bild}(\rho) \subset L$. Zum Beweis der anderen Inklusion berechnet man bez. der Basis

$$\begin{pmatrix} 1 & 0 \\ 0 & -1 \end{pmatrix}, \quad \begin{pmatrix} 0 & 1 \\ 1 & 0 \end{pmatrix}, \quad \begin{pmatrix} 0 & i \\ -i & 0 \end{pmatrix}, \quad \begin{pmatrix} 1 & 0 \\ 0 & 1 \end{pmatrix}$$

von V die Matrizen der ρ-Bilder von

$$R(\alpha) = \begin{pmatrix} \cos \alpha/2 & -\sin \alpha/2 \\ \sin \alpha/2 & \cos \alpha/2 \end{pmatrix}, \quad S(\alpha) = \begin{pmatrix} e^{i\alpha/2} & 0 \\ 0 & e^{-i\alpha/2} \end{pmatrix}$$

$$T(\alpha) = \begin{pmatrix} e^{\alpha/2} & 0 \\ 0 & e^{-\alpha/2} \end{pmatrix}$$

und erhält (in derselben Reihenfolge)

$$\widetilde{R}_3(\alpha) = \begin{pmatrix} \cos \alpha & -\sin \alpha & 0 & 0 \\ \sin \alpha & \cos \alpha & 0 & 0 \\ 0 & 0 & 1 & 0 \\ 0 & 0 & 0 & 1 \end{pmatrix}, \quad \widetilde{R}_1(\alpha) = \begin{pmatrix} 1 & 0 & 0 & 0 \\ 0 & \cos \alpha & -\sin \alpha & 0 \\ 0 & \sin \alpha & \cos \alpha & 0 \\ 0 & 0 & 0 & 1 \end{pmatrix},$$

$$T_1(\alpha) = \begin{pmatrix} \cosh \alpha & 0 & 0 & \sinh \alpha \\ 0 & 1 & 0 & 0 \\ 0 & 0 & 1 & 0 \\ \sinh \alpha & 0 & 0 & \cosh \alpha \end{pmatrix}.$$

Da diese Matrizen $\mathrm{SO}^+(3,1)$ erzeugen (Corollar zu Satz 21), ist der Satz bewiesen. $\qquad \square$

Die Matrizen $R(\alpha)$ und $S(\alpha)$, $\alpha \in \mathbb{R}$, erzeugen nach 2. Satz 6 die Untergruppe $\mathrm{SU}(2)$ von $\mathrm{SL}(2, \mathbb{C})$ und die Matrizen $\widetilde{R}_3(\alpha)$, $\widetilde{R}_1(\alpha)$, $\alpha \in \mathbb{R}$ erzeugen nach 2., Corollar zu Satz 4 die zu $\mathrm{SO}(3)$ isomorphe Untergruppe $\left\{ \begin{pmatrix} A & 0 \\ 0 & 1 \end{pmatrix} ; A \in \mathrm{SO}(3) \right\}$ von $\mathrm{SO}^+(3,1)$. Wir haben also mit dem letzten Teil des vorstehenden Beweises den folgenden Satz bewiesen.

Satz 24. *Die Restriktionen von ρ auf* $\mathrm{SU}(2)$ *(zusammen mit der o.g. Einbettung von* $\mathrm{SO}(3)$ *in* $\mathrm{SO}^+(3,1)$*) ist ein Homomorphismus von* $\mathrm{SU}(2)$ *auf* $\mathrm{SO}(3)$ *mit dem Kern* $\{\pm E\}$. *Es folgt*

$$\mathrm{SU}(2)/\{\pm E\} \cong \mathrm{SO}(3) . \qquad \square$$

Mit dem Corollar zu Satz 11 erhalten wir (vgl. auch die Bemerkung am Schluß des folgenden Abschnitts):

Satz 25. *Die Gruppe* $\mathrm{SO}(3)$ *ist einfach.* $\qquad \square$

15. Beschreibung von O(4) (und O(3)) durch Quaternionen, Nicht-Einfachheit von SO(4)/{E}

Das gewöhnliche Skalarprodukt auf $\mathbb{R}^4$ läßt sich durch Quaternionen beschreiben in der Form

$$(*) \qquad \langle u, v \rangle = \frac{1}{2}(u\overline{v} + v\overline{u}) , \qquad u, v \in \mathbb{H} ,$$

wovon man sich durch eine kurze Rechnung überzeugt. Wir identifizieren O(4) mit der Gruppe $O(\mathbb{H})$ der $\mathbb{R}$-linearen Abbildungen von $\mathbb{H}$ in sich, die die Form (*) invariant lassen. $SO(\mathbb{H})$ bezeichnet die Untergruppe derjenigen Elemente von $O(\mathbb{H})$, die dabei den Elementen von SO(4) entsprechen; entsprechend ist $O^-(\mathbb{H})$ definiert.

Durch Einsetzen in (*) folgt sofort, daß die ($\mathbb{R}$-linearen) Abbildungen

$$f_{u,v} : \mathbb{H} \to \mathbb{H} , \qquad f_{u,v}(w) := uwv$$

und

$$g_{u,v} : \mathbb{H} \to \mathbb{H} , \qquad g_{u,v}(w) := u\overline{w}v$$

für $u, v \in S^3 = \{w \in \mathbb{H}; |w| = 1\}$ zu $O(\mathbb{H})$ gehören.

Satz 26 (Cayley). *Mit den obigen Bezeichnungen gilt*
   a) $SO(\mathbb{H}) = \{f_{u,v}; u, v \in S^3\}$,
   b) $O^-(\mathbb{H}) = \{g_{u,v}; u, v \in S^3\}$.

Beweis. Die rechts stehenden Mengen sind wie schon erwähnt in $O(\mathbb{H})$ enthalten. Ihr Durchschnitt ist leer: Aus $u_1 z v_1 = u_2 \overline{z} v_2$ für alle $z \in \mathbb{H}$ folgt (mit $z = e$) $u_2^{-1} u_1 = v_2 v_1^{-1}$, also $\overline{z} = qzq^{-1}$ mit $q = u_2^{-1} u_1$, und hieraus (mit $z = q$) $\overline{q} = q$, also $q \in \mathbb{R}e$, was $\overline{z} = z$ zur Folge hat für jedes $z \in \mathbb{H}$, also ein Widerspruch.

Der Beweis ist vollständig, wenn wir „$\subset$" bei a) und b) gezeigt haben. Nach 6. Lemma 2 ist jedes Element von $SO(\mathbb{H})$ Produkt von 2 oder 4 Spiegelungen $\sigma_{u_i}(z) = z - 2\langle u_1, z \rangle u_i$, $u_i \in S^3$.

Zwischenbemerkung. Für alle $z \in \mathbb{H}$, $u \in S^3$ gilt $uzu = -\overline{z} + 2\langle \overline{z}, u \rangle$.

Beweis. Nach (*) ist $2\langle \overline{z}, u \rangle = \overline{z}\,\overline{u} + uz$; Multiplikation von rechts mit u gibt die Behauptung.

Damit folgt $\sigma_{u_1} \circ \sigma_{u_2}(z) = -\sigma_{u_1}(u_2, \overline{z}u_2) = u_1\,(\overline{u_2 \overline{z} u_2})\,u_1 = u_1\overline{u}_2 z\overline{u}_2 u_1 = uzv$ mit $u := u_1\overline{u}_2$, $v = \overline{u}_2 u_1$. Also haben Produkte von zwei Spiegelungen die Form $f_{u,v}$. Ebenso erhält man für ein Produkt $\sigma_{u_1} \circ \dots \circ \sigma_{u_4}$ die Abbildung $f_{u,v}$ mit $u = u_1\overline{u}_2 u_3\overline{u}_4$, $v = \overline{u}_4 u_3\overline{u}_2 u_1$. Damit ist „$\subset$" für a) bewiesen. Im Fall b) geht man von $f \in O^-(\mathbb{H})$ über zu $f \circ \sigma_e \in SO(\mathbb{H})$ und findet nach dem vorstehenden $u, v \in S^3$ mit $uzv = f(\sigma_e(z)) = f(z - 2\langle e, z \rangle e) = f(-\overline{z})$, woraus die Behauptung folgt. $\qquad \square$

Satz 27. *Die Abbildung*

$$\varphi : S^3 \times S^3 \to \mathrm{SO}(\mathbb{H}) , \qquad (u,v) \mapsto f_{u,v}$$

ist ein surjektiver Gruppen-Homomorphismus mit dem Kern $\{(e,e),(-e,-e)\}$.

Beweis. Eine direkte Rechnung gibt die Homomorphieeigenschaft. Aus $u z \overline{v} = z$ für alle z folgt zunächst $u = v$, und hieraus $uz = zu$ für alle $z \in \mathbb{H}$, d.h. $u = \pm e$. $\quad\square$

Corollar 1.

$$\mathrm{SO}(4) \cong S^3 \times S^3 / \{\pm(e,e)\} . \qquad\qquad \square$$

Mit 2. Satz 5 folgt

Corollar 2.

$$\mathrm{SO}(4) \cong [\mathrm{SU}(2) \times \mathrm{SU}(2)]/\{\pm(E,E)\} . \qquad\qquad \square$$

Da die direkten Faktoren $S^3 \times \{e\}$ und $\{e\} \times S^3$ Normalteiler von $S^3 \times S^3$ sind, sind ihre φ-Bilder N_1, N_2 Normalteiler in $\mathrm{SO}(\mathbb{H})$ mit $N_i \cong S^3/\{\pm E\} \cong \mathrm{SO}(3)$ (14. Satz 24). Man erkennt ferner $N_1 \cdot N_2 = \mathrm{SO}(\mathbb{H})$, $N_1 \cap N_2 = \{\pm E\}$ (!). Insbesondere gilt

Corollar 3. $\mathrm{SO}(4)/\{\pm E\}$ *ist keine einfache Gruppe.*

Bemerkung. Analog zu den obigen Überlegungen erhält man die zu $\mathrm{SO}(3)$ isomorphe Gruppe $\mathrm{SO}(\mathrm{Im}\mathbb{H})$ als Menge der Abbildungen

$$f_u : \mathrm{Im}\mathbb{H} \to \mathrm{Im}\mathbb{H} , \qquad z \mapsto u z \overline{u}$$

mit $u \in S^3$, und durch $u \mapsto f_u$ einen surjektiven Homomorphismus von S^3 auf $\mathrm{SO}(\mathrm{Im}\mathbb{H})$ mit dem Kern$\{\pm E\}$. Hieraus folgt erneut die Isomorphie von $S^3/\{\pm E\}$, also auch von $\mathrm{SU}(2)/\{\pm E\}$ mit $\mathrm{SO}(3)$. Für weitere Einzelheiten vgl. man [Ebbinghaus et al.], Kap. 6, § 3.

16. Hermitesche Formen auf $\mathbb{H}^n$ und die Gruppen $\mathrm{U}(p,q);\mathbb{H}$

Wie bisher bezeichnet $q \mapsto \overline{q}(q \in \mathbb{H})$ die Standardinvolution auf $\mathbb{H}$, also $a + ib + jc + kd \mapsto a - ib - jc - kd$; die Matrix $[E_p, -E_q] \in \mathrm{Mat}(n, \mathbb{H})$, $p + q = n$, bezeichnen wir mit $\widetilde{D}_{p,q}$. Wir erhalten damit die nicht-ausgeartete Hermitesche Form

$$\left[\widetilde{D}_{p,q}\right] : \mathbb{H}^n \times \mathbb{H}^n \to \mathbb{H} , \qquad (x,y) \mapsto \overline{x}^t \widetilde{D}_{p,q} y$$

mit $x, y \in \mathbb{H}^n$.

Satz 28. *Jeder nicht-ausgeartete Hermitesche Raum der Dimension n über* $(\mathbb{H},^-)$ *ist isometrisch zum Standardraum* $\left(\mathbb{H}^n,\left[\widetilde{D}_{p,q}\right]\right)$; *es gilt* $\left(\mathbb{H}^n,\left[\widetilde{D}_{p,q}\right]\right)$
$\cong \left(\mathbb{H}^{n'},\left[\widetilde{D}_{p',q'}\right]\right) \Leftrightarrow n = n'$ *und* $p = p'$ *(und damit* $q = q'$).

Für einen Beweis dieses Satzes verweisen wir auf [Dieudonné], I, § 8. $\quad\square$

Als Isometriegruppe des o.g. Standardraumes erhalten wir in Matrizen-Schreibweise

$$\mathrm{U}(p,q;\mathbb{H}) := \left\{A \in \mathrm{GL}(n,\mathbb{H}); \overline{A}^t D_{p,q} A = D_{p,q}\right\} \ .$$

Für den in § 2.10 definierten Homormorphismus $l_n : \mathrm{Mat}(n,\mathbb{H}) \to \mathrm{Mat}(2n,\mathbb{C})$
gilt $l_n\left(\widetilde{D}_{p,q}\right) = D_{2p,2q}$ (vgl. § 3.3), und aus § 2.10, Satz 17 folgt

$$l_n\left(\mathrm{U}(p,q;\mathbb{H})\right) = \mathrm{U}\left(2p,2q;\mathbb{C}\right) \cap \left\{A \in \mathrm{GL}(2n,\mathbb{C}); \overline{A} = J_n A J_n^{-1}\right\} \ .$$

Setzt man $\overline{A} = J_n A J_n^{-1}$ in die definierende Gleichung von $\mathrm{U}(2p,2q;\mathbb{C})$ ein, so folgt – mit einem Vorgriff auf § 5.6, wo die Gruppe $\mathrm{Sp}(2n,\mathbb{C})$ eingeführt wird –

Satz 29. *Die Abbildung*

$$\mathrm{U}(p,q;\mathbb{H}) \to \mathrm{U}(2p,2q;\mathbb{C}) \cap \mathrm{Sp}(2n,\mathbb{C}) \ , \qquad A \mapsto l_n(A)$$

ist ein Gruppen-Isomorphismus. $\quad\square$

(Wir haben hier, um Mißverständnissen vorzubeugen, $\mathrm{U}(2p,2q;\mathbb{C})$ geschrieben, statt wie bisher $\mathrm{U}(2p,2q)$.) Für $q = 0$ folgt

Corollar.

$$\mathrm{U}(n,\mathbb{H}) \cong \mathrm{U}(2n,\mathbb{C}) \cap \mathrm{Sp}(2n,\mathbb{C}) \ . \qquad\square$$

(Vgl. hierzu § 5.6.) Außer der Standard-Involution gibt es auf $\mathbb{H}$ weitere Involutionen; wir gehen hierauf in § 5.8 im Zusammenhang mit der Gruppe $\mathrm{U}_\alpha(n,\mathbb{H})$ ein.

Aufgaben

1. Die Spalten–(Zeilen–)Vektoren einer orthogonalen $n \times n$-Matrix bilden eine Orthonormalbasis des $\mathbb{R}^n$ (mit dem kanonischen Skalarprodukt).

2. Die orthogonale Gruppe $O(V,h)$ eines Euklidischen Raumes (V,h) operiert transisitv auf der Menge der Orthonormalbasen von V vermöge $f \cdot \{b_1,\ldots,b_n\} := \{f(b_1),\ldots,f(b_n)\}$.

3. Man gebe einen injektiven Gruppenhomomorphismus von $O(m)$ in $O(n)$ an für $m = 1,\ldots,n$.

4. $T \in \mathrm{GL}(n, \mathbb{N}_0)$ ist genau dann orthogonal, wenn T eine Permutationsmatrix ist, d.h. in jeder Zeile und jeder Spalte genau eine 1, sonst nur Nullen stehen (m.a.W.: es gibt ein $\pi \in S_n$, so daß $T = \big(\delta_{i,\pi(j)}\big)$).

5. Für $a \in \mathbb{R}^n \setminus \{0\}$ sei

$$S_a := E - \frac{2}{|a|^2} aa^t \; .$$

Man zeige a) $S_a \in \mathrm{O}(n)$, b) $S_a^2 = E$, c) $S_a = -x$ für $x \in \mathbb{R}a$, d) $S_a x = x$ für $x \in (\mathbb{R}a)^\perp$, e) $S_{Ta} = T S_a T^t$ für $T \in \mathrm{O}(n)$.

6. Für linear unabhängige Vektoren $a, b \in \mathbb{R}^n$ ist die Abbildung $x \mapsto S_a S_b x$ (vgl. Aufgabe 5) von $\mathbb{R}^n$ in sich eine Drehung in $\mathbb{R}a \oplus \mathbb{R}b$ um den Winkel α, wobei

$$\cos \alpha = 2 \frac{\langle a, b \rangle^2}{|a| \cdot |b|} - 1 = \frac{1}{2} \left(\mathrm{Spur} S_a S_b - n + 2 \right) \; .$$

Der Unterraum $\mathbb{R}a \oplus \mathbb{R}b$ bleibt elementweise fest.

7. Man zeige mit Hilfe von 3. Satz 8, daß die Gruppen $\mathrm{SO}(n)$ und $\mathrm{U}(n)$ zusammenhängend sind (vgl. 9. Satz 16 und Satz 17).

8. Man gebe die Polar-Zerlegung von $\begin{pmatrix} s & -t \\ t & s \end{pmatrix}$ $(s, t \in \mathbb{R})$ an und vergleiche mit der Darstellung komplexer Zahlen durch Polarkoordinaten.

9. Man finde die Iwasawa-Zerlegung und eine Cartan-Zerlegung von $\begin{pmatrix} 1 & 2 & -1 \\ 2 & 6 & -3 \\ 1 & 3 & -2 \end{pmatrix}$.

10. (Cayley-Parametrisierung von $\mathrm{SO}(n)$.) Es sei V der Teilraum der schiefsymmetrischen Matrizen von $\mathrm{Mat}(n, \mathbb{R})$.
    a) Für $X \in V$ ist $E - X$ invertierbar und es gilt $(E + X)(E - X)^{-1} = (E - X)^{-1}(E + X) =: \frac{E+X}{E-X}$.
    b) $F : X \mapsto \frac{E+X}{E-X}$ ist eine injektive Abbildung von V in $\mathrm{SO}(n)$ mit dem Bild $H := \{A \in \mathrm{SO}(n); A + E \text{ invertierbar}\}$.
    c) Für $A \in H$ gilt $(A - E)(A + E)^{-1} = (A + E)^{-1}(A - E) \in V$, und diese Matrix wird durch F auf A abgebildet.

11. Man bestimme die Stabilisatorgruppe $\{A \in \mathrm{SO}^+(3,1); Ae_4 = e_4\}$ von e_4 und zeige, daß sie isomorph zu $\mathrm{SO}(3)$ ist.

12. Ein Vektor $x = (x_1, \ldots, x_4)$ des Minkowski-Raumes (V, h) heißt positiv-(negativ)zeitartig, wenn $h(x, x) < 0$ und $x_4 > 0$ $(x_4 < 0)$. Man zeige: Für $A \in \mathrm{SO}(3,1)$ gilt genau dann $A \in \mathrm{SO}^+(3,1)$, wenn A positiv-(negativ-)zeitartige Vektoren in positiv-(negativ-)zeitartige Vektoren abbildet. Man formuliere und beweise eine analoge Aussage für die Nebenklasse $F_1 \mathrm{SO}^+(3,1)$, $F_1 = [-1, 1, \ldots, 1, -1]$.

13. Der Minkowski-Raum ist isometrisch zu dem in Aufgabe 7 zu § 3 definierten bilinearen Raum (V, h). Für $X \in V$ gilt
    a) $X \neq 0$ raumartig $\Leftrightarrow \det X < 0$,
    b) X lichtartig $\Leftrightarrow \det X = 0, X \neq 0$,
    c) X zeitartig $\Leftrightarrow \det X > 0$,
    d) X positiv-zeitartig (vgl. Aufgabe 12) $\Leftrightarrow X$ positiv-definit,
    e) X negativ-zeitartig $\Leftrightarrow X$ negativ-definit.

§5 Symplektische Gruppen

1. Grundbegriffe

Es sei $\mathbb{K} = \mathbb{R}$ oder $\mathbb{C}$ (auf den Fall $\mathbb{K} = \mathbb{H}$ gehen wir in 8. ein); alle Vektorräume seien endlich-dimensional.

Ersetzen wir in § 3.1 bei der Definition Hermitescher Formen die Bedingung (HF2) $h(x, y) = h(y, x)^*$ durch $h(x, y) = -h(y, x)^*$, so heißt h *schief-Hermitesche Form.* Falls $(\mathbb{K}, {}^*) = (\mathbb{C}, {}^-)$, erhält man aus einer schief-Hermiteschen Form durch Multiplikation mit i eine Hermitesche Form. Die Isometriegruppen von h und ih sind offensichtlich gleich. Über $\mathbb{R}$ und $\mathbb{C}$ kann man sich deshalb auf schiefsymmetrische *Bilinear*formen beschränken. Wir notieren der Vollständigkeit halber die

Definition. Eine *schiefsymmetrische Bilinearform* auf dem $\mathbb{K}$-Vektorraum V ist eine Abbildung $s : V \times V \to \mathbb{K}$ mit den Eigenschaften

$$s(x + y, z) = s(x, z) + s(y, z) ,$$

$$s(\alpha x, y) = \alpha s(x, y) ,$$

$$s(x, y) = -s(y, x)$$

für alle $x, y, z \in V$ und $\alpha \in \mathbb{K}$.

Das Paar (V, s) heißt *symplektischer* (oder hyperbolischer) *Raum.* s heißt *nicht-ausgeartet,* wenn es zu jedem $0 \neq x \in V$ ein $y \in V$ gibt, so daß $s(x, y) \neq 0$.

Standardbeispiel. $\mathbb{K}^{2n}$ mit

$$s(x, y) = \sum_{i=1}^{n} (\xi_i \eta_{n+i} - \xi_{n+i} \eta_i) ,$$

$$\text{für} \quad x = (\xi_1, \ldots, \xi_{2n})^t , \quad y = (\eta_1, \ldots, \eta_{2n})^t .$$

Wie in § 3.1 für symmetrische Bilinearformen erläutert, ist jeder schiefsymmetrischen Bilinearform nach Wahl einer Basis $\mathcal{B}$ von V eine Matrix $\mathrm{Mat}(s, \mathcal{B})$ zugeordnet; man erkennt ohne Mühe, daß diese Matrix schiefsymmetrisch ist,

$$\mathrm{Mat}(s, \mathcal{B})^t = -\mathrm{Mat}(s, \mathcal{B}) .$$

Basiswechsel führt zu kongruenten Matrizen:

$$\mathrm{Mat}(s, \mathcal{B}') = T^t \mathrm{Mat}(s, \mathcal{B}) T ,$$

wo $T \in \mathrm{GL}(n, \mathbb{K})$ die Matrix des Basiswechsels ist. s ist ganau dann nicht-ausgeartet, wenn $\det \mathrm{Mat}(s, \mathcal{B}) \neq 0$ für eine (und damit jede) Basis von V.

Umgekehrt gehört zu jeder schiefsymmetrischen $n \times n$-Matrix S eine schiefsymmetrische Bilinearform $[S]$ auf $\mathbb{K}^n$, die durch

$$[S] : (x, y) \mapsto x^t S y \qquad (x, y \in \mathbb{K}^n)$$

definiert ist. Ist $\mathcal{B}$ die kanonische Basis von $\mathbb{K}^n$, so gilt Mat $([S], \mathcal{B}) = S$. Zum obigen Standardbeispiel gehört bez. der kanonischen Basis von $\mathbb{K}^{2n}$ die Matrix $\begin{pmatrix} 0 & E \\ -E & 0 \end{pmatrix}$, wo E die $n \times n$-Einheitsmatrix ist.

Der Begriff der Isometrie ist wie in § 3.2 definiert, und man erhält wie dort

Satz 1. *Jeder symplektische Raum ist isometrisch zu einem* Standardraum $(\mathbb{K}^n, [S])$ *mit einer schiefsymmetrischen Matrix S. Zwei Standardräume* $(\mathbb{K}^n, [S]), (\mathbb{K}^{n'}, [S'])$ *sind dann und nur dann isometrisch, wenn S, S' kongruent sind (insbesondere ist dann $n = n'$).* $\square$

2. Zerlegung in hyperbolische Ebenen, Normalformensatz

Im Gegensatz zu Hermiteschen Formen ist bei einer schiefsymmetrischen Bilinearformen jeder Vektor isotrop:

(1) $s(x, x) = 0$ für alle $x \in V$.

Es sei $s \neq 0$. Dann gibt es $x, y \in V$ mit $s(x, y) = 1$ (wähle x, y mit $s(x, y) \neq 0$ und ersetze x durch $s(x, y)^{-1} x$). Mit (1) folgt unmittelbar, daß jedes solche „hyperbolische Paar" von Vektoren linear unabhängig ist. Bezüglich der Basis $\{x, y\}$ von $H := \mathbb{K}x \oplus \mathbb{K}y$ hat s_H (= Restriktion von s auf $H \times H$) die Matrix

$$J := \begin{pmatrix} 0 & 1 \\ -1 & 0 \end{pmatrix} .$$

(H, s_H) oder (H, J) heißt *hyperbolische Ebene*.

Satz 2. *Ist (V, s) ein symplektischer Raum und U ein Teilraum von V, so daß s_U nicht-ausgeartet ist, so gilt*

$$V = U \oplus U^\perp , \qquad U^\perp = \{x \in V ; s(x, y) = 0 \text{ für alle } y \in U\} .$$

Der Beweis dieses Satzes verläuft analog zum Beweis von Satz 2 in § 3.3 mit einigen Vereinfachungen, die sich aus der Bilinearität von s ergeben. $\square$

Durch „Abspalten" von hyperbolischen Ebenen erhält man aus dem Vorstehenden ohne Mühe den

Normalformensatz für symplektische Räume. *Jeder symplektische Raum (V, s) der Dimension n ist isometrisch zu einem Standardraum $(\mathbb{K}^n, [J_p])$ mit*

$$J_p = [\underbrace{J, \ldots, J}_{p}, 0, \ldots, 0] , \qquad J = \begin{pmatrix} 0 & 1 \\ -1 & 0 \end{pmatrix} , \qquad p \geq 0 .$$

(V, s) *ist genau dann nicht-ausgeartet, wenn* $2p = n$; *insbesondere ist die Dimension eines nicht-ausgearteten symplektischen Raumes stets gerade.*

Beweis. Ist $s = 0$ (was insbesondere im Fall $\dim V = 1$ zutrifft), ist nichts zu beweisen ($p = 0$). Sei die Behauptung zutreffend für alle symplektischen Räume der Dimension $< n$. Für $1 < \dim V = n$ und $s \neq 0$ wählen wir wie oben erläutert eine hyperbolische Ebene $H = \mathbb{K}x \oplus \mathbb{K}y \subset V$, also $s(x, y) = 1$, und erhalten nach Satz 2, das s_H nicht-ausgeartet ist, $V = H \oplus H^\perp$. Wegen $\dim H^\perp < n$ gilt die Behauptung für $H^\perp$, womit der Satz bewiesen ist. $\square$

In anderer Formulierung besagt der Normalformensatz, daß jeder symplektische Raum (V, s) orthogonale Summe hyperbolischer Ebenen und des „Radikals" $V^\perp$ ist: $V = H_1 \perp \ldots \perp H_p \perp V^\perp$; m.a.W.: es gibt eine „symplektische" Basis $x_1, y_1, \ldots, x_p, y_p, z_1, \ldots, z_m$ ($m = \dim V - 2p$), so daß

$$s(x_i, y_j) = \delta_{ij}, \quad s(x_i, x_j) = s(y_i, y_j) = s(x_i, z_k) = s(y_i, z_k) = s(z_k, z_l) = 0$$

($1 \leq i, j \leq p, 1 \leq k, l \leq m$). Es gilt $V^\perp = \{0\} \Leftrightarrow m = 0 \Leftrightarrow s$ ist nicht-ausgeartet.

Zum Studium der Isometriegruppe werden wir meistens eine andere Basis zugrundelegen: Es sei s nicht-ausgeartet. Mit x_i, y_i wie oben setzen wir, wenn $\dim V = 2n$, $b_i := x_i$, $b_{n+i} := y_i$ ($1 \leq i \leq n$). Die Matrix von s bez. dieser Basis ist

$$F := \begin{pmatrix} 0 & E \\ -E & 0 \end{pmatrix} .$$

3. Die symplektische Gruppe $\mathrm{Sp}(2n, \mathbb{K})$

Es sei (V, s) ein nicht-ausgearteter symplektischer Raum der Dimension $2n$ über $\mathbb{K}$. Die Isometriegruppe von (V, s), also

$$\mathrm{Sp}(V, s) := \{A \in \mathrm{GL}(V); s(Ax, Ay) = s(x, y) \text{ für alle } x, y \in V\} ,$$

heißt *symplektische Gruppe von* (V, s). Nach dem Normalformensatz und Satz 1 ist $\mathrm{Sp}(V, s)$ bis auf Isomorphie eindeutig durch die Dimension von V bestimmt, hängt also (bis auf Isomorphie) nicht von s ab. Ist $\mathcal{B} = \{b_1, \ldots, b_{2n}\}$ eine beliebige Basis von V und $S = \mathrm{Mat}(s, \mathcal{B})$, so induziert der Homomorphismus $\mathrm{GL}(V) \to \mathrm{Mat}(2n, \mathbb{K})$, $f \mapsto \mathrm{Mat}(f, \mathcal{B})$ durch Restriktion einen Isomorphismus von $\mathrm{Sp}(V, s)$ auf die Gruppe $\{A \in \mathrm{GL}(2n, \mathbb{K}); A^t S A = S\}$. Nach dem Normalformensatz kann $\mathcal{B}$ so gewählt werden, daß $S = F = \begin{pmatrix} 0 & E \\ -E & 0 \end{pmatrix}$; wir setzen

$$\mathrm{Sp}(2n, \mathbb{K}) := \{A \in \mathrm{GL}(2n, \mathbb{K}); A^t F A = F\}$$

und nennen diese Gruppe die *symplektische Gruppe vom Rang* n. Es gilt also:

Satz 3. *Für jeden nicht-ausgearteten symplektischen Raum* (V, s) *der Dimension* $2n$ *über* $\mathbb{K}$ *ist die Isometriegruppe* $\mathrm{Sp}(V, s)$ *isomorph zu* $\mathrm{Sp}(2n, \mathbb{K})$. □

Eine einfache Rechnung ergibt, daß eine Matrix $\begin{pmatrix} B & X \\ Y & C \end{pmatrix} \in \mathrm{GL}(2n, \mathbb{K})$ mit $B, C, X, Y \in \mathrm{Mat}(n, \mathbb{K})$ genau dann zu $\mathrm{Sp}(2n, \mathbb{K})$ gehört, wenn

$$B^t C - X^t Y = E , \quad C^t B - Y^t X = E ,$$

$$B^t X - X^t B = 0 , \quad Y^t C - C^t Y = 0 .$$

Für $n = 1$ besagen diese Gleichungen nur, daß die Determinante der Matrix gleich 1 ist; es folgt

$$\mathrm{Sp}(2, \mathbb{K}) = \mathrm{SL}(2, \mathbb{K}) .$$

Weiter sieht man sofort, daß die folgenden Matrizen zu $\mathrm{Sp}(2n, \mathbb{K})$ gehören:

$$(*) \quad \begin{cases} \begin{pmatrix} 0 & E \\ -E & 0 \end{pmatrix} , & \begin{pmatrix} B & 0 \\ 0 & (B^t)^{-1} \end{pmatrix} , & B \in \mathrm{GL}(n, \mathbb{K}) ; \\[2ex] \begin{pmatrix} E & X \\ 0 & E \end{pmatrix} , & \begin{pmatrix} E & 0 \\ X & E \end{pmatrix} , & X \in \mathrm{Mat}(n, \mathbb{K}) , \quad X^t = X . \end{cases}$$

Einen Beweis für den folgenden Satz findet man in [Scharlau], Chap. 4, § 7.4:

Satz 4. $\mathrm{Sp}(2n, \mathbb{K})$ *wird von den Matrizen* $(*)$ *erzeugt.* □

Als unmittelbare Folgerung aus diesem Satz erhält man, daß alle Elemente von $\mathrm{Sp}(2n, \mathbb{K})$ die Determinante 1 haben; wir werden das im übernächsten Abschnitt beweisen (Satz 7).

4. Anwendung: Hamiltonsche Gleichungen und ihre Invarianten

Es sei $\mathrm{H} = \mathrm{H}(q_1, \ldots, q_n, p_1, \ldots, p_n)$ die Hamilton-Funktion eines physikalischen Systems in den verallgemeinerten Ortskoordinaten $q_i = q_i(t)$ und den verallgemeinerten Impulskoordinaten $p_i = p_i(t)$. Die Bewegung des Systems wird beschrieben durch die folgenden $2n$ Differentialgleichungen 1. Ordnung, den sogenannten Hamilton-Gleichungen oder kanonischen Gleichungen:

$$\dot{q}_i = \frac{\partial \mathrm{H}}{\partial p_i} , \quad \dot{p}_i = -\frac{\partial \mathrm{H}}{\partial q_i} \quad (1 \le i \le n) .$$

Bei Benutzung des ∇-Operators

$$\nabla_x(\mathrm{H}) := \left(\frac{\partial \mathrm{H}}{\partial q_1}(x), \ldots, \frac{\partial \mathrm{H}}{\partial q_n}(x), \frac{\partial \mathrm{H}}{\partial p_1}(x), \ldots, \frac{\partial \mathrm{H}}{\partial p_n}(n) \right)$$

mit $x = (q_1, \ldots, q_n, p_1, \ldots, p_n)$ und der Matrix $F = \begin{pmatrix} 0 & -E \\ E & 0 \end{pmatrix}$, E die $n \times n$-Einheitsmatrix, erhält man das System

$(*)$ $$\dot{x} = \nabla_x(\mathrm{H}) \cdot F \; .$$

Eine (lineare) Koordinatentransformation $x \mapsto Ax$ $(A \in \mathrm{GL}(2n, \mathbb{R}))$ heißt „kanonische Transformation", wenn sie die Gleichung $(*)$ invariant läßt, d.h. mit x auch $x' = Ax$ eine Lösung von $(*)$ ist. Diese Transformationen bilden eine Gruppe. Aus den Beziehungen

$$\widehat{xA} = \dot{x}A \; , \quad \nabla_x = \nabla_{Ax}A^t$$

folgt durch Einsetzen in $(*)$:

Die Gruppe der kanonischen Transformationen ist die symplektische Gruppe $\mathrm{Sp}(2n, \mathbb{R})$.

5. Erzeugung von $\mathrm{Sp}(V, s)$ durch Transvektionen, die Inklusion $\mathrm{Sp}(2n, \mathbb{K}) \subset \mathrm{SL}(2n, \mathbb{K})$, Zusammenhang

Es sei (V, s) ein nicht-ausgearteter symplektischer Raum der Dimension $2n$ über $\mathbb{K}$. Wie bei den orthogonalen und unitären Gruppen geben wir für $\mathrm{Sp}(V, s)$ ein Erzeugendensystem an und ziehen daraus verschiedene Folgerungen über die Struktur dieser Gruppe.

Für $a \in V$, $a \neq 0$, und $\alpha \in \mathbb{K}$ sei

$$\sigma_{a,\alpha}(x) := x - \alpha s(a, x)a \quad (x \in V) \; .$$

Eine direkte Rechnung zeigt, daß $\sigma_{a,\alpha} \in \mathrm{Sp}(2n, \mathbb{K})$ für alle $a \in V \setminus \{0\}$, $\alpha \in \mathbb{K}$. $\sigma_{a,\alpha}$ heißt (symplektische) *Transvektion*.

Wählt man zu $a_1 = a \neq 0$ ein a_2 mit $s(a_1, a_2) = 1$ und ergänzt durch $a_3, \ldots, a_{2n} \in (\mathbb{K}a_1 \oplus \mathbb{K}a_2)^{\perp}$ zu einer Basis von V, so erhält man als Matrix von $\sigma_{a,\alpha}$

$$\left(\begin{array}{cc|c} 1 & -\alpha & \\ & & 0 \\ 0 & 1 & \\ \hline & 0 & E \end{array} \right) = F_{12}(-\alpha)$$

(vgl. §2.5). Man erkennt insbesondere, daß die Determinante einer Transvektion 1 ist.

Lemma 1. *Zu je zwei Vektoren* $u, v \in V \setminus \{0\}$ *gibt es eine Transvektion oder ein Produkt von zwei Transvektionen, welches* u *in* v *abbildet.*

Beweis. 1) Falls $s(u, v) \neq 0$, gilt $w := u - v \neq 0$; mit $\alpha := s(u, v)^{-1}$ folgt $\sigma_{w,\alpha}(u) = u - \alpha s(u, v)(u - v) = v$.

2) Falls $s(u, v) = 0$, wählen wir ein $x \in V$, so daß $s(u, x) \neq 0 \neq s(v, x)$. Zum Beweis der Existenz bemerkt man zunächst, daß es eine Linearform λ auf V gibt mit $\lambda(u) \neq 0 \neq \lambda(v)$; da s nicht-ausgeartet ist, gibt es ein $x \in V$, so

daß $\lambda = s(-, x)$, also $s(u, x) = \lambda(u) \neq 0 \neq \lambda(v) = s(v, x)$. Nun gibt es nach 1) zu u, x und zu v, x je eine Transvektion, die u in x bzw. x in v abbildet, und deren Produkt bildet u in v ab. □

Eine unmittelbare Konsequenz aus Lemma 1 ist

Satz 5. $\mathrm{Sp}(V, s)$ *operiert transitiv auf* $V \setminus \{0\}$ *und irreduzibel auf* V. □

Lemma 2. *Sind* (u, u'), (v, v') *hyperbolische Paare (also* $s(u, u') = s(v, v') = 1$), *so gibt es ein Produkt* φ *von* ≤ 4 *Transvektionen, so daß* $\varphi(u) = v$ *und* $\varphi(u') = v'$.

Beweis. Nach Lemma 1 gibt es ein Produkt φ' von höchstens 2 Transvektionen mit $\varphi'(u) = v$. Sei $v'' := \varphi'(u')$.

1) Falls $s(v'', v') \neq 0$, erhalten wir wie in Lemma 1 ein α, so daß $\sigma_{w,\alpha}(v'') = v'$ für $w := v'' - v'$; wegen $s(v, w) = s(v, v'') - s(v, v') = s(\varphi'(u), \varphi'(u')) - 1 = s(u, u') - 1 = 0$ gilt $\sigma_{w,\alpha}(v) = v$, insgesamt also $\sigma_{w,\alpha} \circ \varphi'(u) = v$, $\sigma_{w,\alpha} \circ \varphi'(u') = v'$.

2) Sei $s(v'', v) = 0$. Weil $(v, v + v')$ ein hyperbolisches Paar ist mit $s(v, v + v') = 1 \neq 0$, gibt es nach 1) eine Transvektion, die $(v, v + v')$ auf (v, v'') abbildet und eine Transvektion, die $(v, v + v')$ auf (v, v') abbildet. Da das Inverse einer Transvektion ebenfalls eine Transvektion ist: $(\sigma_{a,\alpha})^{-1} = \sigma_{a,-\alpha}$, erhalten wir ein Produkt von 2 Transvektionen, das (v, v'') auf (v, v') abbildet; dies mit φ' zusammengesetzt ergibt ein Produkt von 3 oder 4 Transvektionen, das (u, u') auf (v, v') abbildet. □

Satz 6. *Jedes Element von* $\mathrm{Sp}(V, s)$, $\dim V = 2n$, *ist Produkt von* $m \leq 4n$ *symplektischen Transvektionen.*

Beweis durch Induktion über n. Für $n = 1$ folgt die Behauptung unmittelbar aus dem obigen Lemma, da mit (u, v) auch $(\varphi(u), \varphi(v))$ ein hyperbolisches Paar ist. Sei nun $n > 1$ und die Behauptung bewiesen für symplektische Räume der Dimension $2(n - 1)$. Wir wählen ein hyperbolisches Paar (u, v) und $\psi \in \mathrm{Sp}(V, s)$, so daß $\psi(u) = \varphi(u)$, $\psi(v) = \varphi(v)$ und ψ ein Produkt von höchstens 4 Transvektionen ist. Für $\varphi' := \psi^{-1} \circ \varphi$ gilt dann $\varphi'(u) = u$, $\varphi'(v) = v$ und daher $\varphi'(H) \subset H$, $H := (\mathbb{K}u \oplus \mathbb{K}v)^{\perp}$. Nach Induktionsvoraussetzung ist die Einschränkung von φ' auf H ein Produkt von $k \leq 4n - 4$ Transvektionen σ'_{a_i, α_i} des Raumes (H, s_H). Für die Transvektionen $\sigma_i := \sigma_{a_i, \alpha_i}$ von (V, s) gilt $\sigma_i(u) = u$, $\sigma_i(v) = v$, also $\varphi' = \sigma_i \circ \ldots, \circ \sigma_k$, und somit ist $\varphi = \psi \circ \sigma_1 \circ \ldots \circ \sigma_k$ Produkt von höchstens $4 + 4(n - 1) = 4n$ Transvektionen. □

Die Matrix einer Transvektion hat (s.o.) die Determinante 1, also auch die Matrix eines beliebigen Produktes von Transvektionen (bez. einer beliebigen

Basis von V). Aus dem vorstehenden Satz folgt somit (wie auch aus Satz 4, der hier aber nicht bewiesen wurde).

Satz 7. $\mathrm{Sp}(2n, \mathbb{K}) \subset \mathrm{SL}(2n, \mathbb{K})$. □

Eine weitere Folgerung ist

Satz 8. $\mathrm{Sp}(V, s)$ *ist zusammenhängend.*

Beweis. Es genügt zu zeigen, daß jede Transvektion $\sigma_{a,\alpha}$ mit id verbindbar ist. Dazu wählt man einen Weg γ in $\mathbb{K}$ von α nach 0 und erhält so einen stetigen Weg $t \mapsto \sigma_{a,\gamma(t)}$ von $\sigma_{a,\alpha}$ nach $\sigma_{a,0} = id$. □

Aus Satz 7 erhält man auch ohne große Mühe, daß das Zentrum von $\mathrm{Sp}(V, s)$ gleich $\{\pm id\}$ ist; wir kommen darauf in Abschnitt 7 zurück.

6. Die Gruppe Sp(2n)

Die Gruppe $\mathrm{Sp}(2n, \mathbb{R}) \cap \mathrm{SO}(2n)$ ist isomorph zu $\mathrm{U}(n)$ (Aufgabe 9), also keine „neue" Gruppe. Anders ist es im Komplexen: Wir setzen

$$\mathrm{Sp}(2n) := \mathrm{Sp}(2n, \mathbb{C}) \cap \mathrm{U}(2n)$$

(In der Literatur wird hierfür auch die naheliegende Bezeichnung $\mathrm{SpU}(2n)$ benutzt.) Insbesondere ist also

$$\mathrm{Sp}(2) \cong \mathrm{SU}(2) \ .$$

Allgemein gilt nach §4.16, Corollar zu Satz 29

$$\mathrm{Sp}(2n) \cong \mathrm{U}(n, \mathbb{H}) \ .$$

Aus den definierenden Gleichungen von $\mathrm{Sp}(2n, \mathbb{C})$ und $\mathrm{U}(2n)$ folgt

$$\mathrm{Sp}(2n) = \big\{ A \in \mathrm{U}(2n); \overline{A}F = FA \big\} \ .$$

Stellt man $A \in \mathrm{Sp}(2n)$ als Block-Matrix dar, so ergibt eine Auswertung der Gleichung $\overline{A}F = FA$

$$\mathrm{Sp}(2n) = \left\{ \begin{pmatrix} B & -C \\ \overline{C} & \overline{B} \end{pmatrix}; B, C \in \mathrm{Mat}(n, \mathbb{C}) \right\} \cap \mathrm{U}(2n) \ .$$

Insbesondere folgt hieraus das

Lemma. *Die Abbildung*

$$\mathrm{U}(n) \to \mathrm{Sp}(2n) \ , \qquad B \mapsto \begin{pmatrix} B & 0 \\ 0 & \overline{B} \end{pmatrix}$$

ist ein injektiver Gruppen-Homomorphismus. □

7. Konjugationsklassen, maximaler Torus und Weyl-Gruppe von Sp($2n$)

Das Bild des Standardtorus $\{[z_1, \ldots, z_n]; z_i \in S^1\}$ von U(n) unter der kanonischen Einbettung U(n) → Sp($2n$) (6. Lemma), also

$$T(\mathrm{Sp}(2n)) := \{[z_1, \ldots, z_n, \overline{z}_1, \ldots, \overline{z}_n]; z_i \in S^1\}$$

heißt *Standardtorus von* Sp($2n$);
Es gilt

$$T(\mathrm{Sp}(2n)) \cong S^1 \times \ldots \times S^1 \quad (n\text{-mal}) .$$

Satz 9. $T(\mathrm{Sp}(2n))$ *ist ein maximaler Torus von* Sp($2n$).

Beweis. Wir zeigen (vgl. § 4.3 Satz 7)

$$C(T) = T ,$$

wobei $T = T(\mathrm{Sp}(2n))$ und $C(T) = \{A \in \mathrm{Sp}(2n); AB = BA$ für alle $B \in T\}$ der Zentralisator von T ist. Hieraus folgt wieder unmittelbar, daß T sowohl ein maximaler Torus als auch eine maximal-Abelsche Untergruppe in Sp($2n$) ist. Die Inklusion „⊃" ist klar. Zum Beweis von „⊂" sei $A = \begin{pmatrix} B & -C \\ \overline{C} & \overline{B} \end{pmatrix}$. Mit $[D, \overline{D}] \in T$ gilt $A[D, \overline{D}] = [D, \overline{D}]A$ genau dann, wenn $BD = DB$ und $C\overline{D} = DC$. Wählt man D so, daß die Diagonalelemente verschieden sind, folgt sofort, daß B eine Diagonalmatrix ist. Wählt man $D = iE$, folgt $C = -C$, also $C = 0$ und damit $A = [B, \overline{B}]$. Mit $A \in \mathrm{U}(2n)$ folgt $A \in T$. □

Zur Bestimmung der Konjugationsklassen in Sp($2n$) zeigen wir zunächst

(∗) $$\mathrm{Sp}(2n) = \cup_{A \in \mathrm{Sp}(2n)} A^{-1} T A ;$$

m.a.W.: *Jedes Element von* Sp($2n$) *ist konjugiert zu einem Element von* T. Aus der linearen Algebra weiß man, daß es zu jedem $A \in \mathrm{U}(2n)$ ein $S \in \mathrm{U}(2n)$ gibt, so daß $S^{-1}AS$ diagonal ist. Dabei bilden die Spaltenvektoren von S eine Orthonormalbasis von Eigenvektoren. Nun folgt für $A \in \mathrm{Sp}(2n)$, also $\overline{A}F = FA$, aus $Ax = \lambda x$ offenbar $\overline{A}Fx = FAx = \lambda Fx$, also $A(F\overline{x}) = \overline{\lambda}(F\overline{x})$; folglich gibt es eine Basis von Eigenvektoren $v_1, \ldots, v_n, F\overline{v}_1, \ldots, F\overline{v}_n$, und die Matrix S mit diesen Vektoren als Spalten ist in Sp($2n$) und diagonalisiert A. Ist λ_i der Eigenwert von v_i, so ist $\overline{\lambda}_i$ der Eigenwert von $F\overline{v}_i$; mit $|\lambda_i| = 1$ folgt die Behauptung.

Zur Beantwortung der Frage, wann zwei Elemente von T konjugiert sind, gehen wir wie in § 4.3 vor. Um die Analogie zu wahren, nehmen wir an, daß Sp($2n, \mathbb{K}$) gegeben ist durch J_n anstelle von F (vgl. 2). Der Standardtorus geht unter dem entsprechenden Isomorphismus über in den Torus $\{[z_1, \overline{z}_1, \ldots, z_n, \overline{z}_n]; z_i \in S^1\}$, den wir ebenfalls mit T bezeichnen. Die Beziehung (∗) gilt unverändert. Wir definieren die *Weyl-Gruppe von* Sp($2n$) durch

$$W\left(\mathrm{Sp}(2n)\right) := W\left(\mathrm{SO}(2n+1)\right) = \mathrm{H}_n \rtimes S_n$$

mit $\mathrm{H}_n = \{\pm 1\}^n \cong \mathbb{Z}_2^n$. Diese Gruppe operiert auf T vermöge

$$W\left(\mathrm{Sp}(2n)\right) \times T \to T$$

$$\left(w, [z_1, \overline{z}_1, \ldots, z_n, \overline{z}_n]\right) \mapsto \left[z_{\pi(1)}^{\epsilon_1}, \overline{z}_{\pi(1)}^{\epsilon_1}, \ldots, z_{\pi(n)}^{\epsilon_n}, \overline{z}_{\pi(n)}^{\epsilon_n}\right]$$

für $w = ((\epsilon_1, \ldots, \epsilon_n), \pi) \in W\left(\mathrm{Sp}(2n)\right)$ (beachte: $z^{-1} = \overline{z}$ für $z \in S^{-1}$).

Wie im Fall der Gruppe $\mathrm{SO}(2n+1)$ erkennt man, daß konjugierte Matrizen aus T übereinstimmen bis auf die Reihenfolge der 2-er Blocks $[z_i, \overline{z}_i]$ und ggf. Vertauschung von z_i mit $\overline{z}_i$ (d.h. $z_i \mapsto z_i^{-1}$), also Konjugation mit einer Matrix der Gestalt

$$S = [F_1, \ldots, F_n] \cdot \widetilde{M}_\pi$$

mit $\pi \in S_n$, $F_i \in \left\{ \begin{pmatrix} 1 & 0 \\ 0 & 1 \end{pmatrix}, \begin{pmatrix} 0 & 1 \\ 1 & 0 \end{pmatrix} \right\}$ und $\widetilde{M}_\pi = \left(\delta_{\pi(i),j} \begin{pmatrix} 1 & 0 \\ 0 & 1 \end{pmatrix} \right)$. Sind umgekehrt zwei Matrizen aus T konjugiert bez. einer Matrix S der obigen Gestalt, so sind sie konjugiert in $\mathrm{Sp}(2n)$, weil $S \in \mathrm{Sp}(2n)$. Wie wir in § 4.3 gesehen haben, bilden die Matrizen S des obigen Typs eine Gruppe, und es gibt einen Isomorphismus auf $\mathrm{H}_n \rtimes S_n$, bei dem die Operation auf T durch Konjugation in die oben definierte Operation von $\mathrm{H}_n \rtimes S_n$ auf T übergeht. Damit ist der folgende Satz bewiesen:

Satz 9. *Jedes Element von* $\mathrm{Sp}(2n)$ *ist konjugiert zu einem Element von* T; *zwei Elemente aus* T *sind genau dann konjugiert (in* $\mathrm{Sp}(2n)$*), wenn sie in derselben Bahn von* $W\left(\mathrm{Sp}(2n)\right)$ *liegen.* $\qquad\square$

Man kann auch hier zeigen, daß $W\left(\mathrm{Sp}(2n)\right)$ isomorph zu $N(T)/T$ ist, wobei $N(T)$ der Normalisator von T in $\mathrm{Sp}(2n)$ ist (vgl. § 4.3).

Wir bestimmen noch das Zentrum Z von $\mathrm{Sp}(2n)$. Wegen $Z \subset C(T) = T$, hat jedes Zentrumselement die Gestalt $[D, \overline{D}]$ mit einer Diagonalmatrix $D \in U(n)$. Weil $[B, \overline{B}] \in \mathrm{Sp}(2n)$ für alle $B \in U(n)$, folgt $D \in Z(U(n))$, also $D = zE$ mit $|z| = 1$ (§ 4.4 Satz 10). Aus der Vertauschbarkeit mit $F (\in \mathrm{Sp}(2n)!)$ folgt $z = \overline{z}$, mit $|z| = 1$ also $z = \pm 1$. Umgekehrt ist offenbar jede solche Matrix im Zentrum enthalten. Es folgt

Satz 10. $Z\left(\mathrm{Sp}(2n)\right) = \{\pm E\}$. $\qquad\qquad\qquad\qquad\qquad\qquad\qquad\square$

Bemerkung. 1) Aus Satz 10 folgt $Z\left(\mathrm{Sp}(2n, \mathbb{K})\right) = \{\pm E\}$.

2) Mit Hilfe von Satz 6 kann gezeigt werden, daß $\mathrm{PSp}(2n) := \mathrm{Sp}(2n)/\{\pm E\}$ eine einfache Gruppe ist, d.h. jeder echte Normalteiler von $\mathrm{Sp}(2n)$ ist in $\{\pm E\}$ enthalten.

8. Eine anti-Hermitesche Form auf $\mathbb{H}^n$ und die Gruppe $U_\alpha(n, \mathbb{H})$

Eine anti-Hermitesche Form auf dem Vektorraum V über $(\mathbb{K}, {}^*)$ ist eine Sesquilinearform α mit der Eigenschaft

$$\alpha(x, y)^* = -\alpha(y, x) \quad \text{für } x, y \in V \ .$$

Für $* = id$ bedeutet dies schiefsymmetrisch. Wir wir zu Beginn von Abschnitt 1 bemerkt haben, ist die Isometriegruppe einer anti-Hermitschen Form α über $(\mathbb{C}, {}^-)$ isomorph zur Isometriegruppe der Hermiteschen Form $i\alpha$. „Anti-Hermitesch" ist also nur über $\mathbb{H}$ von Bedeutung. Man kann zeigen ([Dieudonné]), daß jede anti-Hermitesche Form auf $\mathbb{H}^n$ isometrisch ist zur Form mit der Matrix

$$F_\alpha = iE \ .$$

Die zugehörige Gruppe wird mit $U_\alpha(n, \mathbb{H})$ bezeichnet:

$$U_\alpha(n, \mathbb{H}) = \left\{ A \in \mathrm{GL}(n, \mathbb{H}); \overline{A}^t F_\alpha A = F_\alpha \right\} \ .$$

Bemerkung. 1) Analog zum Beweis von § 4.16, Satz 29 kann man zeigen, daß

$$U_\alpha(n, \mathbb{H}) \cong U(n, n) \cap O(2n, \mathbb{C}) \ .$$

2) $U_\alpha(n, \mathbb{H})$ hat wie $O(2n, \mathbb{C})$ zwei Zusammenhangskomponenten, die Einskomponente ist

$$SU_\alpha(n, \mathbb{H}) := U_\alpha(n, \mathbb{H}) \cap \mathrm{SL}(n, \mathbb{H}) \ .$$

3) Für jedes $q \in \mathbb{H}$ mit $\overline{q} = -q$ ist die Abbildung $H_q : a \mapsto q\overline{a}q^{-1}(a \in \mathbb{H})$ eine Involution von $\mathbb{H}$. Das führt zu weiteren Hermiteschen und anti-Hermiteschen Formen auf $\mathbb{H}^n$. Man erhält aber auf diese Weise keine neuen Gruppen, denn eine bez. H_q Hermitesche (anti-Hermitesche) Form geht durch Multiplikation mit q in eine anti-Hermitesche (Hermitesche) Form bez. der kanonischen Involution H_e von $\mathbb{H}$ über.

9. Zusammenstellung der klassischen Gruppen

Wir geben noch eine Übersicht über die Definitionen und einige Eigenschaften der in diesem Kapitel eingeführten Isometrie-Gruppen; sie bilden den Gegenstand unserer weiteren Untersuchungen und werden im folgenden als *die klassischen Gruppen* bezeichnet.

Allgemeine lineare Gruppen

$$\mathrm{GL}(n, \mathbb{K}) = \{A \in \mathrm{Mat}(n, \mathbb{K}); A \text{ invertierbar}\}$$
$$= \{A \in \mathrm{Mat}(n, \mathbb{K}); \det A \neq 0\} \ , \quad \text{falls } \mathbb{K} = \mathbb{R}, \mathbb{C}$$
$$= \{A \in \mathrm{Mat}(n, \mathbb{H}); \det_{\mathbb{C}} A \neq 0\} \ , \quad \text{falls } \mathbb{K} = \mathbb{H}$$

Spezielle lineare Gruppen

$$\begin{aligned}
\mathrm{SL}(n,\mathbb{K}) &= [\mathrm{GL}(n,\mathbb{K}),\mathrm{GL}(n,\mathbb{K})] \quad \text{(Kommutatorgruppe)} \\
&= \{A \in \mathrm{GL}(n,\mathbb{K}); \det A = 1\}\ , \quad \text{falls } \mathbb{K} = \mathbb{R},\mathbb{C} \\
&= \{A \in \mathrm{GL}(n,\mathbb{H}); \det_{\mathbb{C}} A = 1\}\ , \quad \text{falls } \mathbb{K} = \mathbb{H}
\end{aligned}$$

Reell-orthogonale Gruppen

$$\mathrm{O}(p,q) = \{A \in \mathrm{GL}(n,\mathbb{R}); A^t D_{p,q} A = D_{p,q}\}\ , \quad D_{p,q} = \begin{pmatrix} E_p & 0 \\ 0 & E_q \end{pmatrix} (p \geq q)$$

$$\mathrm{O}(n) = \mathrm{O}(n,0) = \{A \in \mathrm{GL}(n,\mathbb{R}); A^t A = E\}$$

$$\mathrm{SO}(p,q) = \mathrm{O}(p,q) \cap \mathrm{SL}(n,\mathbb{R})\ , \quad \mathrm{SO}(n) = \mathrm{SO}(n,0) = \mathrm{O}(n) \cap \mathrm{SL}(n,\mathbb{R})$$

Komplex-orthogonale Gruppen

$$\mathrm{O}(n,\mathbb{C}) = \{A \in \mathrm{GL}(n,\mathbb{C}); A^t A = E\}$$

$$\mathrm{SO}(n,\mathbb{C}) = \mathrm{O}(n,\mathbb{C}) \cap \mathrm{SL}(n,\mathbb{C})$$

Unitäre Gruppen

$$\mathrm{U}(p,q) = \left\{A \in \mathrm{GL}(n,\mathbb{C}); \overline{A}^t D_{p,q} A = D_{p,q}\right\}\ , \quad D_{p,q}\ \text{w.o.}$$

$$\mathrm{U}(n) = \mathrm{U}(n,0) = \left\{A \in \mathrm{GL}(n,\mathbb{C}); \overline{A}^t A = E\right\}$$

$$\mathrm{SU}(p,q) = \mathrm{U}(p,q) \cap \mathrm{SL}(n,\mathbb{C})\ , \quad \mathrm{SU}(n) = \mathrm{SU}(n,0) = \mathrm{U}(n) \cap \mathrm{SL}(n,\mathbb{C})$$

Symplektische Gruppen

$$\mathrm{Sp}(2n,\mathbb{K}) = \{A \in \mathrm{GL}(n,\mathbb{K}); A^t F A = F\} \subset \mathrm{SL}(2n,\mathbb{K})\ , \quad \mathbb{K} = \mathbb{R},\mathbb{C}\ ,$$

$$F = \begin{pmatrix} 0 & E_n \\ -E_n & 0 \end{pmatrix}$$

$$\mathrm{Sp}(2n) = \mathrm{Sp}(2n,\mathbb{C}) \cap \mathrm{U}(2n)$$

Quaternional-unitäre Gruppen

$$\mathrm{U}(p,q;\mathbb{H}) = \left\{A \in \mathrm{GL}(n,\mathbb{H}); \overline{A}^t D_{p,q} A = D_{p,q}\right\} \subset \mathrm{SL}(n,\mathbb{H})\ , \quad D_{p,q}\ \text{w.o.}$$

$$\cong \mathrm{U}(2p,2q) \cap \mathrm{Sp}(2n,\mathbb{C})$$

$$\mathrm{U}(n,\mathbb{H}) = \mathrm{U}(n,0;\mathbb{H}) \cong \mathrm{Sp}(2n)$$

Quaternional-antiunitäre Gruppen

$$U_\alpha(n, \mathbb{H}) = \left\{ A \in \mathrm{GL}(n, \mathbb{H}); \overline{A}^t F_\alpha A = F_\alpha \right\} , \qquad F_\alpha = iE_n \in \mathrm{Mat}(n, \mathbb{H})$$
$$\cong U(n, n) \cap O(2n, \mathbb{C})$$
$$SU_\alpha(n, \mathbb{H}) = U_\alpha(n, \mathbb{H}) \cap \mathrm{SL}(n, \mathbb{H})$$

Aufgaben

1. Für alle $n \in \mathbb{N}$ und alle $X \in \mathrm{Mat}(2n + 1, \mathbb{K})$ mit $X^t = -X$ gilt $\det X = 0$.

2. Für alle $n \in \mathbb{N}$ und alle $X \in \mathrm{Mat}(2n, \mathbb{K})$, $X^t = -X$, ist $\det X$ ein Quadrat.

3. Es sei (V, h) ein nicht-ausgearteter symplektischer Raum über $\mathbb{R}$, $\dim V = 2n$. Für einen isotropen Teilraum W von V (d.h. $W \subset W^\perp$) gilt a) $\dim W \leq n$, b) $\dim W = n \Leftrightarrow W = W^\perp$ (in diesem Fall heißt W *Lagrangescher Teilraum* von V).

4. Es sei (V, h) wie in 3. und W ein Lagrangescher Teilraum von V. Ein Lagrangescher Teilraum W' von V heißt Lagrangesches Komplement von W, wenn $V = W \oplus W'$. Man zeige:
   a) $G_W := \{ f \in \mathrm{Sp}(V, h); fw = w \text{ für alle } w \in W \}$ ist eine Untergruppe von $\mathrm{Sp}(V, h)$.
   b) G_W operiert einfach-transitiv auf der Menge aller Lagrangeschen Komplemente von W, d.h.
      α) mit W' ist auch $f(W')$ für $f \in G_W$ ein Lagrangesches Komplement von W;
      β) sind W', W'' Lagrangesche Komplemente von W, so gibt es genau ein $f \in G_W$, so daß $f(W') = W''$.

5. Man zeige direkt (ohne Matrixdarsellung), daß symplektische Transvektionen, also $\sigma_{a,\alpha} : x \mapsto x - \alpha s(a, x)a$ für $a \in \mathbb{K}^{2n} \setminus \{0\}$, $\alpha \in \mathbb{K}$, unipotent sind (und folglich die Determinante 1 haben).

6. Für jedes $a \in \mathbb{K}^{2n} \setminus \{0\}$ ist die Abbildung $\alpha \mapsto \sigma_{a,\alpha}$ ein injektiver Homomorphismus von der additiven Gruppe $\mathbb{K}$ in die Gruppe $\mathrm{Sp}(2n, \mathbb{K})$.

7. Die Kommutatorgruppe $[\mathrm{Sp}(2n, \mathbb{K}), \mathrm{Sp}(2n, \mathbb{K})]$ von $\mathrm{Sp}(2n, \mathbb{K})$ stimmt mit $\mathrm{Sp}(2n, \mathbb{K})$ überein.

8. $\mathrm{Sp}(2n, \mathbb{K})$ operiert einfach transitiv auf symplektischen Basen von $\mathbb{K}^{2n}$.

9. Man gebe einen Isomorphismus von $\mathrm{Sp}(2n, \mathbb{R}) \cap \mathrm{SO}(2n)$ auf $U(n)$ an. Man finde ein $A \in \mathrm{Sp}(2n, \mathbb{R})$, so daß $Ax = x$ für alle $x \in \mathbb{R}^{2n} \setminus \{0\}$.

10. Mit l_n wie in § 2.10 gilt
$$l_n(\mathrm{Sp}(2n)) = l_n(\mathrm{GL}(n, \mathbb{H})) \cap \mathrm{SU}(2n) .$$

11. Man beweise die Aussagen der Bemerkungen 1) bis 3) am Schluß von Abschnitt 8.

Kapitel II. Abgeschlossene Untergruppen von GL(n, $\mathbb{K}$)

Während bisher ausschließlich algebraische Methoden bei der Untersuchung der klassischen Gruppen genutzt wurden, kommen wir in diesem Kapitel zur „infinitesimalen" oder „Lieschen Theorie" dieser Gruppen. Dabei werden wir uns – wie die erste Bezeichnung zum Ausdruck bringt – die Differentialrechnung zunutze machen, um weitere Strukturmerkmale der klassischen, und allgemeiner der abgeschlossenen Untergruppen von GL(n, $\mathbb{K}$), die wir im folgenden als „lineare Gruppen" bezeichnen, herauszuarbeiten.

Der Schlüssel zur Anwendung solcher Methoden auf die Gruppentheorie ist die Einführung von lokalen Koordinaten, m.a.W. die (lokale) Parametrisierung der Gruppen. Hierfür werden wir ausschließlich die Matrix-Exponentialabbildung heranziehen, deren grundlegende Eigenschaften in § 1 hergeleitet werden. Der dabei auftretende Parameterraum $\mathcal{L}$G einer linearen Gruppe G ist im wesentlichen ein Objekt der linearen Algebra, wodurch deren Methoden in den Dienst der Gruppentheorie gestellt werden. Man erkennt hier bereits, wie verschiedene Gebiete der Mathematik in die Theorie der linearen Gruppen einfließen, was – neben den vielfältigen Anwendungen – zur kontinuierlichen Attraktivität der Lieschen Theorie seit ihrer Entstehung vor über 100 Jahren beigetragen hat.

In § 2 wird die Lie-Algebra $\mathcal{L}$G einer linearen Gruppe eingeführt, und es werden verschiedene Aspekte des Zusammenspiels dieser so verschiedenen Objekte behandelt. (Die Beschreibung der inneren Struktur von Lie-Algebren erfolgt in Kapitel IV.) Es stellt sich heraus, daß $\mathcal{L}$G für eine abgeschlossene Untergruppe G von GL(n, $\mathbb{K}$) ein Teilraum des reellen Vektorraums Mat(n, $\mathbb{K}$) ist mit der zusätzlichen Eigenschaft, daß mit je zwei Elementen X, Y stets auch der „Kommutator" $[X, Y] = XY - YX$ in $\mathcal{L}$G enthalten ist; H. Weyl hat dafür 1934 den Namen „Lie-Algebra" eingeführt. Daneben ist die Bezeichnung „infinitesimale Transformation" für die Elemente von $\mathcal{L}$G, die auf S. Lie zurückgeht, bis heute erhalten geblieben; sie wird dadurch verständlich, daß man $\mathcal{L}$G als Tangentialraum an die „Gruppenmannigfaltigkeit" im neutralen Element E realisieren kann (vgl. § 2.8), oder auch – so hat Lie selbst das gesehen – als Vektorraum von Differentialoperatoren oder Vektorfeldern.

Lies Entdeckung, daß dieser Vektorraum abgeschlossen ist unter Kommutatorbildung, war ein Meilenstein in der Entwicklung seiner Theorie der „kontinuierlichen Gruppen" – wenn nicht die Geburtsstunde. Lie schreibt im Januar 1874 an A. Mayer: „... Es wird Sie interessieren ..., daß ich schöne

Interpretationen der Symbole ... $A_i A_k - A_k A_i$ ... gefunden habe. Hiermit gewinnt, wenn ich nicht irre, der sogenannte Operationskalkül einen unerwarteten begrifflichen Inhalt. Bemerkenswert ist, daß meine Untersuchungen über Gruppen ..., wie auch meine älteren Arbeiten sozusagen fertig liegen, um eben die neue Theorie der Transformationsgruppen zu begründen." ([Lie] Bd. 5, S. 586).

Seine Hauptergebnisse über die Beziehungen zwischen Gruppen und ihren Lie-Algebren hat Lie in drei „Fundamentalsätzen" zusammengefaßt ([Lie, Engel] Bd. 3 Kap. 25). Sie behandeln außer den oben angesprochenen Zusammenhängen zwischen den Kommutatoren in $\mathcal{L}G$ und dem Produkt in G die Frage nach der Existenz einer Gruppe mit vorgegebener Lie-Algebra, ferner Beziehungen zwischen lokaler Isomorphie („Gleichzusammensetzung") von Gruppen und Isomorphie ihrer Lie-Algebren. (Für eine „moderne" Formulierung der Fundamentalsätze vgl. man [Tits 1] III § 4.2.)

Dem zuletzt genannten Themenkreis ist § 3 gewidmet, vor allem der Injektivität der durch Differentiation erklärten Abbildung $\text{Hom}_{\mathbb{R}}(G, H) \to \text{Hom}_{\mathbb{R}}(\mathcal{L}G, \mathcal{L}H)$, $f \mapsto \mathcal{L}f$ (G zusammenhängend) und deren Bijektivität im Fall, daß G einfach zusammenhängend ist. Hierdurch wird die Möglichkeit geschaffen, Begriffe und Aussagen über Gruppen in solche über Lie-Algebren zu übertragen und umgekehrt, was den eigentlichen Kern der Lieschen Methode ausmacht. Wir werden dies namentlich für die Darstellungstheorie nutzbar machen (IV § 1).

§ 1 Die Matrix-Exponentialabbildung

0. Mat(n, IK) als metrischer Raum

Wie in Kapitel I bezeichnet IK stets den Körper $\mathbb{R}$ der reellen Zahlen, den Körper $\mathbb{C}$ der komplexen Zahlen oder den Schiefkörper $\mathbb{H}$ der Quaternionen.

Mat(n, $\mathbb{R}$) ist als reeller Vektorraum der Dimension n^2 isomorph zum Vektorraum $\mathbb{R}^{n^2}$ der Zeilenvektoren mit n^2 reellen Komponenten. Einen Isomorphismus erhält man, indem man die Zeilen einer $n \times n$-Matrix nebeneinander schreibt:

$$X = (\xi_{ij}) \mapsto (\xi_{11}, \xi_{12}, \ldots, \xi_{21}, \xi_{22}, \ldots, \xi_{nn}) \ ,$$

$X \in \text{Mat}(n, \mathbb{R})$. Gehen wir von $\mathbb{R}$ zu IK $= \mathbb{C}$ oder $\mathbb{H}$ über und ersetzen die $\xi_{ij} \in$ IK auf der rechten Seite durch ihre reellen Komponenten bez. der kanonischen $\mathbb{R}$-Basis $\{1, i\}$ bzw. $\{1, i, j, k\}$ von IK, so erhalten wir einen $\mathbb{R}$-Vektorraum-Isomorphismus

$$F : \text{Mat}(n, \text{IK}) \to \mathbb{R}^m \quad \text{mit} \quad m := \begin{cases} n^2 \, , & \text{falls} \ \ \text{IK} = \mathbb{R} \\ 2n^2 \, , & \text{falls} \ \ \text{IK} = \mathbb{C} \\ 4n^2 \, , & \text{falls} \ \ \text{IK} = \mathbb{H} \end{cases} .$$

(m hat im folgenden immer diese Bedeutung.)

Wir übertragen das kanonische Skalarprodukt von $\mathbb{R}^m$ auf $\mathrm{Mat}(n, \mathbb{K})$ mit Hilfe von F; dabei benutzen wir, daß das kanonische Skalarprodukt auf $\mathbb{K}$ (als $\mathbb{R}$-Vektorraum) geschrieben werden kann in der Form $\langle \xi, \eta \rangle = \frac{1}{2}\left(\xi\overline{\eta} + \eta\overline{\xi}\right)$ (für $\mathbb{K} = \mathbb{H}$ s. I, § 2.10): Für $X = (\xi_{ij})$, $Y = (\eta_{ij}) \in \mathrm{Mat}(n, \mathbb{K}))$ gilt, wenn $\xi_{ij}^{(k)}$ die k-te reelle Komponente von ξ_{ij} bezeichnet,

$$\langle F(X), F(Y) \rangle = \sum_{i,j}\sum_{k}\xi_{ij}^{(k)}\eta_{ij}^{(k)} = \sum_{i,j}\langle \xi_{ij}, \eta_{ij}\rangle = \frac{1}{2}\sum_{i,j}\xi_{ij}\overline{\eta}_{ij} + \frac{1}{2}\sum_{i,j}\eta_{ij}\overline{\xi}_{ij}$$

$$= \frac{1}{2}\mathrm{Spur}(XY^*) + \frac{1}{2}\mathrm{Spur}(YX^*) = \frac{1}{2}\mathrm{Spur}(XY^*) + \frac{1}{2}\overline{\mathrm{Spur}(XY^*)}$$

$$= Re(\mathrm{Spur}(XY^*)) .$$

Damit ist bewiesen:

$$\langle X, Y \rangle := Re(\mathrm{Spur}(XY^*)) , \qquad X, Y \in \mathrm{Mat}(n, \mathbb{K}) ,$$

ist eine positiv-definite symmetrische Bilinearform auf $\mathrm{Mat}(n, \mathbb{K})$; F ist eine Isometrie der Euklidischen Räume $(\mathrm{Mat}(n, \mathbb{K}), \langle -, - \rangle)$ und $(\mathbb{R}^m, \langle -, - \rangle)$. Wir können nun die Begriffe und Aussagen des Abschnitts I, § 3.4 heranziehen und insbesondere die bekannten Rechenregeln für den Betrag

$$\|X\| = (\langle X, Y \rangle)^{1/2} = (\mathrm{Spur}(XX^*))^{1/2}$$

und die Metrik

$$d(X, Y) = \|X - Y\|$$

verwenden. Darüber hinaus hat der Betrag die wichtige Eigenschaft

(1) $$\|XY\| \leq \|X\|\|Y\| \qquad \text{für alle } X, Y \in \mathrm{Mat}(n, \mathbb{K}) ,$$

die wir mit Hilfe der Dreiecksgleichung und der Cauchy-Schwarzschen Ungleichung wie folgt beweisen: Für $X = (\xi_{ij})$, $Y = (\eta_{ij}) \in \mathrm{Mat}(n, \mathbb{K})$ gilt

$$\|XY\|^2 = \left|\sum_{\substack{i,j \\ \nu,\mu}}\xi_{\nu i}\eta_{i\mu}\overline{\eta}_{j\mu}\overline{\xi}_{\nu j}\right| = \left|\sum_{i,j}\left(\sum_{\nu}\xi_{\nu i}\overline{\xi}_{\nu j}\right)\left(\sum_{\mu}\eta_{i\mu}\overline{\eta}_{j\mu}\right)\right|$$

$$\leq \sum_{i,j}|\langle \xi_i, \xi_j\rangle| \cdot |\langle \eta^i, \eta^j\rangle| ,$$

wobei ξ_i den i-ten Spaltenvektor von X und η^i den i-ten Zeilenvektor von Y bezeichnet. Weiter gilt

$$\|X\|^2\|Y\|^2 = \left(\sum_{i,\nu}\xi_{\nu i}\overline{\xi}_{\nu i}\right)\left(\sum_{j,\mu}\eta_{j,\mu}\overline{\eta}_{j\mu}\right) = \sum_{i,j}|\xi_i|^2|\eta^j|^2 .$$

Zusammen ergibt sich

$$\|X\|^2\|Y^2\| - \|XY\|^2 \geq \sum_{i<j} \left[\left(|\xi_i| \cdot |\eta^j| \right)^2 - 2 |\langle \xi_i, \xi_j \rangle| \cdot |\langle \eta^i, \eta^j \rangle| + \left(|\xi_j| \cdot |\eta^i| \right)^2 \right]$$

$$\geq \sum_{i,j} \left[|\xi_i| \cdot |\eta^j| - |\xi_j| \cdot |\eta^i| \right]^2 \geq 0 , \qquad \text{w.z.b.w.}$$

Für $\epsilon \in \mathbb{R}_+^\times$ und $X \in \text{Mat}(n, \mathbb{K})$ setzt man

$$B_\epsilon(X) = \{ Y \in \text{Mat}(n, \mathbb{K}); \|Y - X\| < \epsilon \} ,$$

und nennt eine Teilmenge M von $\text{Mat}(n, \mathbb{K})$ *offen*, wenn für jedes $X \in M$ ein $\epsilon \in \mathbb{R}_+^\times$ existiert, so daß $B_\epsilon(X) \subset M$; sie heißt *abgeschlossen*, wenn ihr Komplement (in $\text{Mat}(n, \mathbb{K})$) offen ist.

Aus (1) folgt $B_\epsilon(AY) \subset A \cdot B_{\epsilon'}(Y)$ mit $\epsilon' = \epsilon \|A^{-1}\|$ für alle $A \in GL(n, \mathbb{K})$, $X \in \text{Mat}(n, \mathbb{K})$, und hieraus

(2) $M \subset \text{Mat}(n, \mathbb{K})$ offen $\Rightarrow A \cdot M$ offen für alle $A \in GL(n, \mathbb{K})$.

Eine Abbildung $f : \text{Mat}(n, \mathbb{K}) \to \text{Mat}(n', \mathbb{K}')$ heißt *stetig*, wenn die Urbilder sämtlicher offener Mengen offen sind. Dies ist genau dann der Fall, wenn alle $p_{ij} \circ f$ stetig sind, wobei p_{ij} definiert ist durch $(\eta_{ij}) \mapsto \eta_{ij}$. Zum Beispiel sind $\det$, l_n und $\det_{\mathbb{C}}$ stetig (vgl. I, § 2.10), weil die Komponenten des Bildes einer Matrix X Polynome in den Komponenten von X sind. Es folgt:

(3) $GL(n, \mathbb{K})$ ist offen in $\text{Mat}(n, \mathbb{K})$

(als Urbild der offenen Menge $\mathbb{K}^\times$ unter der stetigen Abbildung det bzw. $\det_{\mathbb{C}}$).

Im folgenden sind wir seltener an dem metrischen Raum $\text{Mat}(n, \mathbb{K})$ interessiert, als vielmehr an dem „Teilraum" $GL(n, \mathbb{K})$. Dabei heißt eine Teilmenge eines metrischen Raumes *Teilraum*, wenn sie mit der Topologie (metrischen Struktur) versehen wird, die sich durch Restriktion der in $\text{Mat}(n, \mathbb{K})$ gegebenen Metrik ergibt. Ist G in diesem Sinne ein Teilraum von $\text{Mat}(n, \mathbb{K})$, so ist die Topologie von G charakterisiert durch

(4)
$M \subset G$ ist genau dann offen (abgeschlossen), wenn es eine offene (abgeschlossene) Teilmenge M' von $\text{Mat}(n, \mathbb{K})$ gibt, so daß $M = G \cap M'$.

Die so definierte Topologie auf M heißt *Relativtopologie* von M in G. Aus (2) ergibt sich unmittelbar die häufig benutzte Aussage

(5)
Für jede Untergruppe G von $GL(n, \mathbb{K})$ ist die Abbildung
$L_A : G \to G, \ B \mapsto AB$ für jedes $A \in G$ ein Homöomorphismus.

Dabei heißt eine Abbildung von topologischen Räumen *Homöomorphismus*, wenn sie stetig und bijektiv ist mit stetiger Umkehrabbildung.

Um zu beweisen, daß eine Teilmenge von $GL(n, \mathbb{K})$ abgeschlossen ist in $GL(n, \mathbb{K})$ (was nicht notwendig die Abgeschlossenheit in $\text{Mat}(n, \mathbb{K})$ impliziert), machen wir an einer wichtigen Stelle (vgl. §2.5) von einem Folgenkriterium Gebrauch, dessen Beweis als Übungsaufgabe empfohlen wird:

(6) $M \subset \mathrm{GL}(n, \mathbb{K})$ ist genau dann abgeschlossen in $\mathrm{GL}(n, \mathbb{K})$, wenn für jede konvergente Folge (X_n) in $\mathrm{Mat}(n, \mathbb{K})$ mit $X_n \in M$ für alle $n \in \mathbb{N}$ und $\lim X_n \in \mathrm{GL}(n, \mathbb{K})$ gilt : $\lim X_n \in M$.

Wir weisen noch auf einen Konvergenzsatz für Folgen in $\mathrm{Mat}(n, \mathbb{K})$ hin, der in $\mathbb{R}^m (m > 1)$ kein Analogon hat, in $\mathrm{Mat}(n, \mathbb{K})$ aber häufig benutzt wird; man beweist ihn wie den entsprechenden Satz in $\mathbb{R}$ mit Hilfe der Ungleichung (1):

(7)   Sind (X_n) und (Y_n) konvergente Folgen in $\mathrm{Mat}(n, \mathbb{K})$, die gegen X bzw. Y konvergieren, so konvergiert die Folge $(X_n Y_n)$ gegen XY .

Von besonderer Wichtigkeit – insbesondere in der Darstellungstheorie – ist der Begriff der *kompakten Gruppe*. Wir erinnern daran, daß ein topologischer Raum K kompakt genannt wird, wenn jede „offene Überdeckung" $(U_i)_{i \in I}$ von K (d.h. U_i offen in K für alle $i \in I$ und $\cup_{i \in I} U_i = K$) eine „endliche Teilüberdeckung" besitzt (d.h. eine endliche Teilmenge J von I, so daß $\cup_{j \in J} U_j = K$). Eine Teilmenge eines topologischen Raumes heißt kompakt, wenn sie als Teilraum kompakt ist. Wir können uns stets auf die folgende Charakterisierung kompakter Mengen „zurückziehen"; einen Beweis findet man in [Schubert], I, §7.5 Satz 5.

(8)   Eine Teilmenge von $\mathrm{Mat}(n, \mathbb{K})$ ist genau dann kompakt, wenn sie beschränkt und abgeschlossen (in $\mathrm{Mat}(n, \mathbb{K})$!) ist.

1. Konvergenz und lokale Umkehrbarkeit der Exponentialabbildung

Die Aussagen dieses Kapitels beruhen alle auf den grundlegenden Eigenschaften der Matrix-Exponentialabbildung. Zu ihrer Definition beweisen wir

Satz 1. *Die Reihe $\sum_{k=0}^{\infty} \frac{1}{k!} X^k$ ist für jedes $X \in \mathrm{Mat}(n, \mathbb{K})$ absolut konvergent.*

Beweis. Es sei $\|X\|$ wie in Abschnitt 0. Wegen $\|X^k\| \leq \|X\|^k$ für alle $X \in \mathrm{Mat}(n, \mathbb{K})$ und alle $k \in \mathbb{N}$ ist die Reihenentwicklung von $\exp \|X\|$ eine konvergente Majorante von $\sum_{k=0}^{\infty} \frac{1}{k!} X^k$.   □

Definition. Die Abbildung

$$X \mapsto \exp X := \sum_{k=0}^{\infty} \frac{1}{k!} X^k \qquad (X \in \mathrm{Mat}(n, \mathbb{K}))$$

heißt (Matrix-)*Exponentialabbildung*.

Beispiele. 1) Ist X nilpotent, $X^{m+1} = 0$, so ist $\exp X$ ein Polynom in X,

$$\exp X = E + X + \frac{1}{2}X^2 + \ldots + \frac{1}{m!}X^m = E + N$$

mit N nilpotent; folglich ist $\exp X$ für nilpotentes X unipotent.

2) Für $X_t = \begin{pmatrix} 0 & t \\ 0 & 0 \end{pmatrix}$ $(t \in \mathbb{R})$ gilt $\exp X_t = \begin{pmatrix} 1 & t \\ 0 & 1 \end{pmatrix}$. Durch Komposition

mit dem Homomorphismus $t \mapsto \begin{pmatrix} 0 & t \\ 0 & 0 \end{pmatrix}$ von $\mathbb{R}$ in $\mathrm{Mat}(2, \mathbb{R})$ erhalten wir den

Homomorphismus $t \mapsto \exp X_t$ von $\mathbb{R}$ in $\mathrm{SL}(2, \mathbb{R})$.

3) Es sei $X_t = \begin{pmatrix} 0 & -t \\ t & 0 \end{pmatrix}$, $t \in \mathbb{R}$. Es gilt $X_t^2 = -t^2 E$, also $X_t^{2n} =$

$(-1)^n t^{2n} E$ und $X_t^{2n+1} = (-1)^n t^{2n} X_t$ und folglich

$$\exp X_t = \sum_{n=0}^{\infty} \frac{(-1)^n}{(2n)!} t^{2n} E + \sum_{n=0}^{\infty} \frac{(-1)^{n-1}}{(2n+1)!} t^{2n+1} X_1$$

$$= (\cos t)E + (\sin t)\begin{pmatrix} 0 & -1 \\ 1 & 0 \end{pmatrix} = \begin{pmatrix} \cos t & -\sin t \\ \sin t & \cos t \end{pmatrix} .$$

Die Abbildung $t \mapsto \exp X_t$ für $t \in \mathbb{R}$ ist also nichts anderes als der in I, § 4.2 beschriebene Homomorphismus (1-Parameter-Form) der Gruppe $\mathrm{SO}(2)$. Die hier angewandte Methode der Berechnung von $\exp X$ mit Hilfe des charakteristischen Polynoms von X ist auch in anderen Fällen oft nützlich (vgl. Aufgabe 4).

Satz 2. (a) *Die Exponentialabbildung ist stetig differenzierbar;*

(b) *es gibt eine offene Umgebung der Nullmatrix, die diffeomorph auf eine offene Umgebung der Einheitsmatrix abgebildet wird.*

Beweis. (a) Wir geben einen direkten Beweis mit Hilfe des Weierstraß'schen Konvergenzkriteriums (anstelle des Argumentes, daß alle Komponentenfunktionen analytisch sind) und erhalten dabei eine Reihenentwicklung für die Ableitung. – Für die Abbildungen $f_k : \mathrm{Mat}(n, \mathbb{K}) \to \mathrm{Mat}(n, \mathbb{K})$, $X \mapsto X^k$ beweist man durch Induktion:

$$f_k(P + X) = P^k + \sum_{l=0}^{k-1} P^l X P^{k-l-1} + R(P, X)$$

für alle $P, X \in \mathrm{Mat}(n, \mathbb{K})$; dabei ist entweder $R(P, X) = 0$ (für $k = 1$) oder enthält X in mindestens zweiter Potenz. Es gilt also $\lim_{X \to 0} \frac{1}{\|X\|} R(P, X) = 0$, woraus die Differenzierbarkeit in P folgt mit der Ableitung

$$Df_k(P)(X) = \sum_{l=0}^{k-1} P^l X P^{k-l-1} .$$

Sei nun M eine kompakte Teilmenge von $\mathrm{Mat}(n, \mathbb{K})$, $c := \sup\{\|X\|; X \in M\}$,

$$\|Df_k(P)\|_M := \sup\{\|Df_k(P)(X)\|; X \in M\}$$

(Supremumsnorm). Aus $\|Df_k(P)(X)\| \leq \sum_{l=0}^{k-1} \|P\|^l c \|P\|^{k-l-1} = kc\|P\|^{k-1}$ für alle $X \in M$ folgt

$$\frac{1}{(k+1)!}\|Df_{k+1}(P)\|_M \leq c\frac{1}{k!}\|P\|^k \ .$$

Die Reihenentwicklung von $ce^{\|P\|}$ ist also eine konvergente Majorante der Reihe $\sum_{k=0}^{\infty}\frac{1}{(k+1)!}\|Df_{k+1}(P)\|_M$. Nach dem Konvergenzkriterium von Weierstraß ist daher $\sum_{k=0}^{\infty}\frac{1}{(k+1)!}\sum_{l=0}^{k}P^l X P^{k-l}$ gleichmäßig konvergent auf M. Es folgt, daß exp stetig differenzierbar in P ist mit

$$(*) \qquad D\exp(P)(X) = \sum_{k=0}^{\infty}\frac{1}{(k+1)!}\sum_{l=0}^{k}P^l X P^{k-l} \ .$$

Zum Beweis von (b) haben wir aufgrund des Satzes über die Umkehrabbildung nur noch zu zeigen, daß $D\exp(0)$ bijektiv ist. Aus $(*)$ liest man das aber unmittelbar ab; genauer gilt

$$D\exp(0) = \mathrm{Id}_{\mathrm{Mat}(n,\mathbb{K})} \ . \qquad\qquad \square$$

Bemerkung. 1) Analog zum Beweis von Satz 1 kann man zeigen, daß die *Logarithmusreihe*

$$\log X = \sum_{k=1}^{\infty}\frac{1}{k}(-1)^{k-1}(X-E)^k$$

für $\|X-E\| < 1$ absolut konvergiert, und wie oben beweist man die Stetigkeit. Ferner gilt

$$\exp\log X = X \quad \text{für} \quad \|X-E\| < 1 \quad \text{und}$$

$$\log\exp X = X \quad \text{für} \quad \|\exp X - E\| < 1 \ .$$

Führt man dies aus, hat man einen weiteren Beweis für die lokale Umkehrbarkeit von exp (und log).

2) Satz 2 hat u.a. die folgende wichtige Konsequenz: Da $L_A : B \mapsto AB$ ein Diffeomorphismus der Gruppe $G = \mathrm{GL}(n, \mathbb{K})$ in sich ist, gibt es zu jedem $A \in G$ eine offene Umgebung U von 0 in $\mathrm{Mat}(n, \mathbb{K})$ und eine offene Umgebung V von A in G, so daß U durch $h_A := L_A \circ \exp$ diffeomorph auf V abgebildet wird. Beachtet man noch, daß der „Kartenwechsel" $(h_B)^{-1} \circ h_A$ für $A, B \in G$ in seinem Definitionsbereich (sofern er nicht leer ist) diffeomorph ist, so bedeutet dies, daß $\mathrm{GL}(n, \mathbb{K})$ eine *reelle differenzierbare Mannigfaltigkeit der Dimension* $m = n^2$, $2n^2$ bzw. $4n^2$ ist.

2. Rechenregeln

Für $X, Y \in \mathrm{Mat}(n, \mathbb{K})$ gilt

    a) $XY = YX \Rightarrow \exp(X + Y) = \exp X \exp Y$;

    b) $\exp X \in \mathrm{GL}(n, \mathbb{K})$ und $(\exp X)^{-1} = \exp(-X)$;

    c) $A^{-1}(\exp X)A = \exp\left(A^{-1}XA\right)$ für $A \in \mathrm{GL}(n, \mathbb{K})$;

    d) $\det \exp X = \exp(\mathrm{Spur}X)$, falls $\mathbb{K} = \mathbb{R}$ oder $\mathbb{C}$,

       $\det_{\mathbb{C}} \exp X = \exp(2Re\,\mathrm{Spur}X)$, falls $\mathbb{K} = \mathbb{H}$.

Beweis. a) Für vertauschbare Matrizen X, Y gilt die binomische Formel $(X + Y)^k = \sum_{l=0}^{k} \binom{k}{l} X^l Y^{k-l}$. Wegen der absoluten Konvergenz von $\exp$ können wir den Reihenmultiplikationssatz anwenden:

$$
\exp(X + Y) = \sum_{k=0}^{\infty} \frac{1}{k!}(X + Y)^k = \sum_{k=0}^{\infty} \frac{1}{k!} \sum_{l=0}^{k} \binom{k}{l} X^l Y^{k-l}
$$

$$
= \sum_{k=0}^{\infty} \sum_{l=0}^{k} \frac{1}{l!} \frac{1}{(k-1)!} X^l Y^{k-l}
$$

$$
= \left(\sum_{l=0}^{\infty} \frac{1}{l!} X^l\right)\left(\sum_{k=0}^{\infty} \frac{1}{k!} Y^k\right) = \exp X \exp Y \ .
$$

    b) Aus a) folgt $E = \exp(X - X) = \exp(X)\exp(-X) = \exp(-X)\exp(X)$, und hieraus die Behauptung.

    c) Folgt aus dem Grenzwertsatz $\lim Z_n = Z \Rightarrow \lim\left(A^{-1}Z_nA\right) = A^{-1}ZA$, angewandt auf die Folge der Partialsummen der Exponentialreihe.

    d) Es gibt nach I, § 2.4 Satz 4 (Jordansche Normalform) zu X eine Matrix $A \in \mathrm{GL}(n, \mathbb{C})$, so daß $A^{-1}XA$ eine obere Dreiecksmatrix ist. Sind $\alpha_1, \ldots, \alpha_n$ die Diagonalelemente (also die Eigenwerte von X in $\mathbb{C}$), so ist offenbar $\exp\left(A^{-1}XA\right)$ ebenfalls eine obere Dreiecksmatrix mit den Diagonalelementen $\exp \alpha_1, \ldots, \exp \alpha_n$. Mit c) folgt $\det \exp X = \det\left(A^{-1}(\exp X)A\right) = \det \exp\left(A^{-1}XA\right) = \exp \alpha_1 \ldots \exp \alpha_n = \exp(\alpha_1 + \ldots + \alpha_n) = \exp(\mathrm{Spur}A^{-1}XA) = \exp(\mathrm{Spur}X)$. Im Fall $\mathbb{K} = \mathbb{H}$ ergibt sich wegen der Stetigkeit von l_n (vgl. I, § 2.10) $\det_{\mathbb{C}} \exp X = \det \circ l_n \circ \exp X = \det \exp l_n(X) = \exp(\mathrm{Spur}l_n(X)) = \exp(2Re\,\mathrm{Spur}X)$. $\qquad\square$

3. Einparametergruppen

Die Gleichung $\exp(X + Y) = \exp X \exp Y$ gilt nach 2. a) insbesondere dann, wenn X und Y proportional sind, also auf einer Geraden $\mathbb{K}Z$, $Z \neq 0$, liegen. Die Gleichung besagt dann, daß $\exp$ ein Homomorphismus von der additiven Gruppe des 1-dimensionalen Vektorraums $\mathbb{K}Z$, und damit auch von $(\mathbb{R}, +)$, in $\mathrm{GL}(n, \mathbb{K})$ ist.

Definition. Ein stetig differenzierbarer Homomorphismus von der additiven Gruppe $\mathbb{R}$ in eine Untergruppe G von $GL(n, \mathbb{K})$ heißt *Einparametergruppe in G.*

Beispiele haben wir bereits in Abschnitt 1 kennengelernt, nämlich

$$t \mapsto \exp t \begin{pmatrix} 0 & 1 \\ 0 & 0 \end{pmatrix} = \begin{pmatrix} 1 & t \\ 0 & 1 \end{pmatrix} \quad \text{und} \quad t \mapsto \exp t \begin{pmatrix} 0 & -1 \\ 1 & 0 \end{pmatrix} = \begin{pmatrix} \cos t & -\sin t \\ \sin t & \cos t \end{pmatrix},$$

von denen das erste eine Einparametergruppe in $SL(2, \mathbb{R})$, das zweite eine Einparametergruppe in $SO(2)$ ist.

Der folgende Satz gibt einen vollständigen Überblick über sämtliche Einparametergruppen in $GL(n, \mathbb{K})$.

Satz 3. (a) *Für jedes* $X \in \mathrm{Mat}(n, \mathbb{K})$ *ist*

$$\gamma_X : \mathbb{R} \to GL(n, \mathbb{K}), \quad \gamma_X(t) := \exp(tX)$$

eine Einparametergruppe in $GL(n, \mathbb{K})$. γ_X *ist beliebig oft differenzierbar mit*

$$\gamma_X^{(k)}(t) = \gamma_X(t) X^k = X^k \gamma_X(t), \quad k \in \mathbb{N}, \quad t \in \mathbb{R}.$$

(b) *Für jede Einparametergruppe* γ *in* $GL(n, \mathbb{K})$ *gilt*

$$\gamma = \gamma_X \quad \text{mit} \quad X := \dot{\gamma}(0).$$

Beweis. (a) Nach 2. b) gilt $\gamma_X(\mathbb{R}) \subset GL(n, \mathbb{K})$. Da sX und tX stets vertauschbar sind, gilt nach 2. a) $\gamma_X(s+t) = \exp(sX + tX) = \exp(sX) \exp(tX) = \gamma_X(s)\gamma_X(t)$. Den Rest beweisen wir durch vollständige Induktion: Die Differenzierbarkeit und die Gleichung $\dot{\gamma}_X(t) = \gamma_X(t)X = X\gamma_X(t)$ folgt mit der Kettenregel aus Satz 2 (a) und (*) in 1; man sieht es aber auch unmittelbar dem Differentialquotienten an. Ist die Behauptung für k bewiesen, so sieht man, daß die k-te Ableitung $t \mapsto \gamma_X^{(k)}(t) = \gamma_X(t)X^k$ nochmals differenzierbar ist mit der angegebenen Ableitung.

(b) Sei $\delta(t) := \gamma(t)\gamma_X(t)^{-1} = \gamma(t)\exp(-tX)$ (vgl. 2. b)). Es folgt $\dot{\delta}(t) = \dot{\gamma}(t)\exp(-tX) - \gamma(t)X\exp(-tX)$. Aus der Homomorphieeigenschaft von γ folgt $\dot{\gamma}(t) = \gamma(t)\dot{\gamma}(0) = \gamma(t)X$, und wir erhalten $\dot{\delta}(t) = 0$ für alle $t \in \mathbb{R}$. Folglich ist δ konstant; mit $\delta(0) = E$ erhalten wir $E = \gamma(t)\exp(-tX) = \gamma(t)\gamma_X(t)^{-1}$. $\square$

Corollar. *Die Zuordnung* $X \mapsto \gamma_X$ *ist eine Bijektion von* $\mathrm{Mat}(n, \mathbb{K})$ *auf die Menge der Einparametergruppen in* $GL(n, \mathbb{K})$. $\square$

Bemerkung. Bei der Definition der Einparametergruppe kann man als Definitionsbereich statt $\mathbb{R}$ ein (beliebig kleines) offenes Intervall I mit $0 \in I$ wählen; denn zu $t \in \mathbb{R}$ gibt es ein $n \in \mathbb{N}$, so daß $\frac{t}{n} \in I$, also $\gamma(t) = \gamma\left(n\frac{t}{n}\right) = \gamma\left(\frac{t}{n}\right)^n \in G$.

Die Homomorphieeigenschaft wird dann ersetzt durch die Forderung: Für alle $s, t \in I$ mit $s+t \in I$ gilt $\gamma(s+t) = \gamma(s)\gamma(t)$. Man vergleiche hierzu die Definition des „lokalen Homomorphismus" in § 3.4.

Das zentrale Thema in § 2 wird die Frage sein, für welche $X \in \mathrm{Mat}(n, \mathbb{K})$ $\exp tX$ in einer gegebenen Untergruppe von $GL(n, \mathbb{K})$ liegt für alle $t \in \mathbb{R}$ (oder alle t in einer offenen Umgebung von 0 in $\mathbb{R}$).

4. Die Gleichung $\exp X \exp Y = \exp h(X, Y)$

Die in 1. bewiesene lokale Umkehrbarkeit der Exponentialabbildung läßt erwarten, daß man eine offene Umgebung U von 0 in $\mathrm{Mat}(n, \mathbb{K})$ und eine Abbildung $h : U \times U \to \mathrm{Mat}(n, \mathbb{K})$ so finden kann, daß $\exp X \exp Y = \exp h(X, Y)$ gilt für alle $X, Y \in U$. Dies ist in der Tat möglich, und die sogenannte Campbell-Hausdorff-Formel gibt eine Darstellung für eine solche Abbildung „in Kommutatoren von X und Y" (s.u.). Wir beweisen eine wesentlich schwächere Aussage, die aber für unsere Zwecke völlig ausreicht.

Satz 4. *Zu $X, Y \in \mathrm{Mat}(n, \mathbb{K})$ gibt es ein $\epsilon > 0$, und zu $|t| < \epsilon$ ein $R(t) \in$ $\mathrm{Mat}(n, \mathbb{K})$, so daß* (mit $[X,Y] = XY - YX$)

$$\exp(tX)\exp(tY) = \exp(tX + tY + \frac{1}{2}t^2[X, Y] + R(t)) \,,$$

$$R(0) = 0 \,, \quad \lim_{t \to 0} \frac{1}{t^2} R(t) = 0 \,.$$

Beweis. Zu $X, Y \in \mathrm{Mat}(n, \mathbb{K})$ definieren wir die Abbildung

$$\gamma : \mathbb{R} \to \mathrm{Mat}(n, \mathbb{K}) \,, \quad \gamma(t) := \exp(tX)\exp(tY) \,.$$

γ ist beliebig oft differenzierbar, und es gilt

(a) $$\dot{\gamma}(0) = X + Y \,, \quad \ddot{\gamma}(0) = X^2 + 2XY + Y^2 \,.$$

Wir wählen gemäß 1., Satz 2 eine offene Umgebung von 0, die durch exp diffeomorph auf eine offene Umgebung U von E in $GL(n, \mathbb{K})$ abgebildet wird. Da γ stetig ist, ist $\overline{\gamma}^1(U)$ offen; wegen $\gamma(0) = E$ gibt es daher ein $\epsilon > 0$ derart, daß $\gamma\,(]-\epsilon, \epsilon[) \subset U$. Zu jedem t mit $|t| < \epsilon$ gibt es ein eindeutig bestimmtes $\eta(t) \in \mathrm{Mat}(n, \mathbb{K})$, so daß

(b) $$\gamma(t) = \exp \eta(t) \,, \qquad |t| < \epsilon \,.$$

Die so definierte Abbildung

$$\eta :\,]-\epsilon, \epsilon[\, \to \mathrm{Mat}(n, \mathbb{K})$$

ist beliebig oft differenzierbar, und es gilt $\eta(0) = 0$. Wir wenden den Satz von Taylor an und erhalten zu $|t| < \epsilon$ ein $R(t)$ mit den im Satz genannten Eigenschaften und

(c) $$\eta(t) = \dot{\eta}(0)t + \frac{1}{2}\ddot{\eta}(0)t^2 + R(t) , \qquad |t| < \epsilon$$

(beachte: $\eta(0) = 0$). Aus (b) folgt durch zweimaliges Differenzieren

(d) $$\dot{\eta}(0) = \dot{\gamma}(0) , \quad \ddot{\eta}(0) = \ddot{\gamma}(0) - \dot{\eta}(0)^2 ,$$

zusammen mit (a) also

$$\dot{\eta}(0) = X + Y , \quad \ddot{\eta}(0) = X^2 + 2XY + Y^2 - (X + Y)^2 = [X, Y] .$$

Einsetzen in (c) ergibt mit (b) die Behauptung.   □

Man kann den Satz auch durch mehrfache Anwendung des Reihenmultiplikationssatzes mit anschließendem Koeffizientenvergleich beweisen; die Durchführung wird als Übung empfohlen.

Im Prinzip können mit der im Beweis des Satzes angewandten Methode (oder wie oben angedeutet) weitere Terme in der Taylorentwicklung von η bestimmt werden, was aber schon beim Koeffizienten von t^3 einige Mühe macht. Mit verhältnismäßig geringem Aufwand, verglichen mit dem Beweis der allgemeinen Campbell-Hausdorff-Formel, kann man folgendes beweisen (vgl. [Sagle, Walde], 5.3):

Für alle $X, Y \in \mathrm{Mat}(n, \mathbb{K})$ und hinreichend kleines $t \in \mathbb{R}$ gilt

$$\exp(tX)\exp(tY) = \exp\left(\sum_{k=1}^{\infty} \frac{t^k}{k!} h_k(X, Y)\right) ,$$

wobei $h_k(X, Y)$ eine Linearkombination (mit rationalen Koeffizienten) von „k-fachen Kommutatoren"

$$[Z_1, [Z_2, \ldots, [Z_{k-1}, Z_k] \ldots]]$$

ist mit $Z_i = X$ oder $Z_i = Y$ für $i = 1, \ldots, k$. Es gilt z.B.

$$h_1(X, Y) = X + Y , \quad h_2(X, Y) = [X, Y] ,$$

$$h_3(X, Y) = \frac{1}{12}([X, [X, Y]] + [Y, [Y, X]]) .$$

Für einen Beweis der Campbell-Hausdorff-Formel siehe man z.B. bei [Serre 2], Part II, 5. § 4 nach.

Aufgaben

1. Man zeige a) $D\exp(P)(E) = \exp P$ für alle $P \in \mathrm{Mat}(n, \mathbb{K})$;
   b) $D\exp(E)(X) = eX$ für alle $X \in \mathrm{Mat}(n, \mathbb{K})$ ($e = \exp 1$);

c) exp ist im Punkt 0 zweimal differenzierbar mit $D^2 \exp(0)(X, Y) = XY + YX$ für alle $X, Y \in \mathrm{Mat}(n, \mathbb{K})$.

2. a) $\exp t E_{ij} = E + t E_{ij}$ $(1 \le i \ne j \le n)$,
    $\exp t E_{ii} = E + \left(e^t - 1\right) E_{ii}$ $(1 \le i \le n)$.
    b) Mit Hilfe von a) zeige man, daß sich jedes Element von GL(n, $\mathbb{C}$) schreiben läßt in der Gestalt $(\exp X_1) \ldots (\exp X_k)$ mit $X_i \in \mathrm{Mat}(n, \mathbb{C})$, $k \in \mathbb{N}$.

3. Für $X \in \mathrm{Mat}(n, \mathbb{K})$ wird $adX : \mathrm{Mat}(n, \mathbb{K}) \to \mathrm{Mat}(n, \mathbb{K})$ definiert durch $(adX)(Y) = [X, Y] = XY - YX$. Man zeige:
    a) $(adX)^k(Y) = \sum_{l=0}^{k}(-1)^l \binom{k}{l} X^{k-l} Y X^l$ $(k \in \mathbb{N})$;
    b) $[\exp(adX)](Y) = (\exp X) Y (\exp X)^{-1}$.

4. Man zeige: Zu jedem $X \in \mathrm{Mat}(3, \mathbb{R})$, $X^t = -X$, gibt es ein $a \in \mathbb{R}_-$, so daß

    $$X^{2k} = a^{k-1} X^2 \,, \quad X^{2k+1} = a^k X \quad (k \in \mathbb{N})\,.$$

    (Hinweis: Man berechne das charakteristische Polynom von X.) Mit Hilfe dieser Formeln berechne man $\exp(tX)$, $t \in \mathbb{R}$.

5. a) Man zeige, daß die Matrizen $\begin{pmatrix} E & x \\ 0 & 1 \end{pmatrix}$, $x \in \mathbb{R}^n$, eine zu $(\mathbb{R}^n, +)$ isomorphe Untergruppe von GL($n + 1$), $\mathbb{R}$) bilden.
    b) Man bestimme sämtliche Einparametergruppen in $(\mathbb{R}^n, +)$.

6. Für $A \in \mathrm{Mat}(n, \mathbb{R})$ ist $G_A := \mathbb{R} \times \mathbb{R}^n$ mit der Verknüpfung $(a, x)(b, y) = (a + b, \exp(aA)y + x)$ eine Gruppe.
    a) Man schreibe G_A als semidirektes Produkt;
    b) man gebe einen Isomorphismus von G_A auf eine Untergruppe G von GL($n + 1$, $\mathbb{R}$) an;
    c) man bestimme sämtliche Einparametergruppen in G und G_A.

7. Es sei G eine diskrete Untergruppe von GL(n, $\mathbb{K}$), d.h. es gebe eine offene Umgebung U von E in GL(n, $\mathbb{K}$), so daß $G \cap U = \{E\}$. Man zeige, daß jede Einparametergruppe in G konstant gleich E ist.

§2 Lineare Gruppen und ihre Lie-Algebren

1. Definition, Beispiele

Für eine Untergruppe G von GL(n, $\mathbb{K}$) setzen wir

$$\mathcal{L}G := \{X \in \mathrm{Mat}(n, \mathbb{K}); \exp(tX) \in G \text{ für alle } t \in \mathbb{R}\}\,.$$

Unmittelbar klar aufgrund der Definition ist

Satz 1. *Für Untergruppen* G *und* H *von* GL(n, $\mathbb{K}$) *gilt*

$$\mathcal{L}(G \cap H) = \mathcal{L}G \cap \mathcal{L}H\,,$$

$$G \subset H \Rightarrow \mathcal{L}G \subset \mathcal{L}H\,. \qquad \square$$

Beispiele. 1) Für $G = \mathbb{R}^{\times}(= \mathrm{GL}(1, \mathbb{R}))$ gilt offenbar $\mathcal{L}G = \mathbb{R}$. Da $\exp t = e^t \in \mathbb{R}_+^{\times}$ für alle $t \in \mathbb{R}$, gilt auch $\mathcal{L}\mathbb{R}_+^{\times} = \mathbb{R}$. Man erkennt hier bereits die wichtige Tatsache, daß aus $\mathcal{L}G = \mathcal{L}H$ nicht $G = H$ folgt.

2) Es sei G die Gruppe der Diagonalmatrizen in $\mathrm{GL}(n, \mathbb{K})$. Für $X \in \mathcal{L}G$ gilt $\exp(tX) = [\alpha_1(t), \ldots, \alpha_n(t)]$ mit geeigneten differenzierbaren Funktionen $\alpha_i : \mathbb{R} \to \mathbb{K}$ ($\mathbb{K}$ wie üblich als reeller Vektorraum). Wir erhalten $X = \frac{d}{dt} \exp(tX)|_{t=0} = [\dot{\alpha}_1(0), \ldots, \dot{\alpha}_n(0)]$; folglich ist X selbst eine Diagonalmatrix in $\mathrm{Mat}(n, \mathbb{K})$ (!). Umgekehrt gilt für jede solche Matrix X offenbar $\exp(\mathbb{R}X) \subset G$. Folglich besteht $\mathcal{L}G$ genau aus den Diagonalmatrizen in $\mathrm{Mat}(n, \mathbb{K})$. – Der hier angewandte Prozeß des Differenzierens zur Bestimmung von $\mathcal{L}G$ ist sowohl in prinzipieller wie auch in praktischer Hinsicht von grundlegender Bedeutung.

3) Es sei G die (zu $\mathbb{R}$ isomorphe) Gruppe der Matrizen $\begin{pmatrix} 1 & a \\ 0 & 1 \end{pmatrix}$ mit $a \in \mathbb{R}$. Für $X \in \mathcal{L}G$ gilt $\exp(tX) = \begin{pmatrix} 1 & \alpha(t) \\ 0 & 1 \end{pmatrix}$ mit einer geeigneten differenzierbaren Funktion $\alpha : \mathbb{R} \to \mathbb{R}$. Die Ableitung an der Stelle 0 gibt $X = \begin{pmatrix} 0 & \dot{\alpha}(0) \\ 0 & 0 \end{pmatrix}$. Umgekehrt ist $\exp\left(t\begin{pmatrix} 0 & a \\ 0 & 0 \end{pmatrix}\right)$ in G für alle $t, a \in \mathbb{R}$. Es folgt $\mathcal{L}G = \left\{ \begin{pmatrix} 0 & a \\ 0 & 0 \end{pmatrix} ; a \in \mathbb{R} \right\}$.

4) Für $v \in \mathbb{K}^n$ sei $G_v := \{A \in \mathrm{GL}(n, \mathbb{K}); Av = v\}$. Man verifiziert mühelos, daß G_v eine Untergruppe von $\mathrm{GL}(n, \mathbb{K})$ ist. Differenziert man beide Seiten der Gleichung $\exp(tX)v = v$ nach t, so erhält man $X \exp(tX)v = v$, für $t = 0$ also $Xv = 0$. Umgekehrt hat $Xv = 0$ offenbar $\exp(tX)v = v$ zur Folge für jedes t, und wir erhalten $\mathcal{L}G_v = \{X \in \mathrm{Mat}(n, \mathbb{K}); Xv = 0\}$. (Als einfache Übung bestimme man G_{e_1} und berechne $\mathcal{L}G_{e_1}$ analog zu 3).)

5) Es sei $G = \mathrm{SL}(n, \mathbb{R})$. Wegen $\det \exp(tX) = \exp \mathrm{Spur}(tX)$ (§ 1, 2. d)) gilt $\exp(tX) \in G$ genau dann, wenn $\mathrm{Spur}(tX) = 0$. Wegen $\mathrm{Spur}(tX) = t\mathrm{Spur}(X)$ folgt $\mathcal{L}G = \{X \in \mathrm{Mat}(n, \mathbb{R}); \mathrm{Spur} X = 0\}$.

An diesen Beispielen erkennt man, daß jeweils $\mathcal{L}G$ ein reeller Vektorraum ist und überdies die merkwürdige Eigenschaft hat, mit je zwei Elementen X, Y auch den Kommutator $[X, Y] = XY - YX$ zu enthalten. (In 1)–4) enthält $\mathcal{L}G$ mit X, Y sogar XY, was aber in 5) nicht zutrifft.) Wir axiomatisieren jetzt diesen Sachverhalt und werden in § 3 sehen, daß die algebraische Struktur, die dadurch definiert ist, die Struktur der linearen Gruppen (Abschnitt 4.) „weitgehend" bestimmt.

Definition. Ein Vektorraum $\mathcal{L}$ über einem (beliebigen) Körper K zusammen mit einer bilinearen Abbildung $(X, Y) \mapsto [X, Y]$ (kurz: eine K-Algebra, vgl. I, § 2.1) heißt *Lie-Algebra* über K, wenn für alle $X, Y \in \mathcal{L}$
  (a) $[X, Y] = -[Y, X]$ („Antikommutativität"),
  (b) $[X, [Y, Z]] + [Y, [Z, X]] + [Z, [X, Y]] = 0$ („Jacobi-Identität").
Ein Teilraum $\mathcal{L}'$ einer Lie-Algebra $\mathcal{L}$ heißt *Teilalgebra* von $\mathcal{L}$, wenn $[X, Y] \in \mathcal{L}'$ für alle $X, Y \in \mathcal{L}'$.

Eine Lie-Algebra $\mathcal{L}$ heißt *Abelsch*, wenn $[X, Y] = 0$ für alle $X, Y \in \mathcal{L}$.

Beispiele. 6) Ist V ein K-Vektorraum und setzt man $[v, w] := 0$ für alle $v, w \in V$, so wird V dadurch zu einer Abelschen Lie-Algebra.

7) Für einen K-Vektorraum V ist $\mathrm{End}_K V$ mit dem Kommutator $[f, g] = f \circ g - g \circ f$ eine Lie-Algebra über K, ebenso $\mathrm{Mat}(n, \mathbb{K})$ mit $[X, Y] = XY - YX$; sie werden mit $(\mathrm{End}_K V)^-$ bzw. $\mathrm{Mat}(n, \mathbb{K})^-$ oder auch mit $gl(V)$ bzw. $gl(n, \mathbb{K})$ bezeichnet. Im Fall $K = \mathbb{C}$ oder $\mathbb{H}$ sind dies selbstverständlich auch Lie-Algebren über $\mathbb{R}$, und als solche werden sie meistens behandelt.

8) Es sei $sl(n, \mathbb{K}) := \{X \in \mathrm{Mat}(n, \mathbb{K}); \mathrm{Spur} X = 0\}$. Da die Spur eine Linearform ist, ist dies ein K-Vektorraum; mit $\mathrm{Spur} XY = \mathrm{Spur} YX$ für alle X, Y folgt, daß $sl(n, \mathbb{K})$ eine Teilalgebra von $gl(n, \mathbb{K})$ ist (also selbst eine Lie-Algebra mit dem Kommutator-Produkt).

9) Es sei V ein Vektorraum über $\mathbb{K} = \mathbb{R}$, $\mathbb{C}$ oder $\mathbb{H}$ und h eine Sesquilinearform auf V bez. *id* oder $^-$. Eine kurze Rechnung zeigt, daß $\{X \in \mathrm{End}_{\mathbb{K}}(V); h(Xv, w) + h(v, Xw) = 0$ für alle $v, w \in V\}$ eine Teilalgebra der reellen (!) Lie-Algebra $gl(n, \mathbb{K})$ ist; sie wird mit $o(V, h)$, $u(V, h)$ bzw. $sp(V, h)$ bezeichnet, je nachdem ob h eine symmetrische Bilinearform, eine Hermitesche Form (bez. $^-$) oder eine schiefsymmetrische Bilinearform ist. Ist H die Matrix von h (bez. einer beliebigen Basis von V), so ist die Gleichung $h(Xv, w) + h(v, Xw) = 0$ äquivalent zu $X^* H + HX = 0$.

Weitere Beispiele findet man in den Übungsaufgaben.

2. Die Lie-Algebren der klassischen Gruppen

Wir bestimmen in diesem Abschnitt $\mathcal{L}G$ für die klassischen Gruppen und werden sehen, daß es sich hierbei gerade um die in den Beispielen 7 und 9 des vorigen Abschnitts behandelten Lie-Algebren handelt; der Nachweis, daß $\mathcal{L}G$ eine Lie-Algebra ist, ist in diesen Fällen also trivial – im Gegensatz zu allgemeiner definierten Gruppen, wie wir sie z.B. im nächsten Paragraphen behandeln werden. Neben GL(n, $\mathbb{K}$) und SL(n, $\mathbb{K}$) behandeln wir simultan die Isometriegruppen

$$\mathrm{Aut}(V, h) = \{A \in \mathrm{GL}(V); h(Av, Aw) = h(v, w),\ v, w \in V\}\ ,$$

wobei (V, h) ein Hermitescher oder anti-Hermitescher Raum über $(\mathbb{K}, ^*)$ ist.

Satz 2. *Für* G = GL(n, $\mathbb{K}$), SL(n, $\mathbb{K}$) *und* Aut(V, h) *ist* $\mathcal{L}G$ *eine Lie-Algebra über* $\mathbb{R}$, *genauer: eine Teilalgebra der reellen Lie-Algebra* Mat(n, $\mathbb{K}$)$^-$; *es gilt*

    (a) $\mathcal{L}\mathrm{GL}(n, \mathbb{K}) = gl(n, \mathbb{K}) = \mathrm{Mat}(n, \mathbb{K})^-$ (vgl. 1. Beispiel 7),

    (b) $\mathcal{L}\mathrm{SL}(n, \mathbb{K}) = sl(n, \mathbb{K})$

$$= \{X \in \mathrm{Mat}(n, \mathbb{K}); \mathrm{Spur} X = 0\} \quad \text{für } \mathbb{K} = \mathbb{R}, \mathbb{C}$$

$$= \{X \in \mathrm{Mat}(n, \mathbb{H}) Re\, \mathrm{Spur} X = 0\} \quad \text{für } \mathbb{K} = \mathbb{H}$$

(c) $\mathcal{L}\mathrm{Aut}(V, h) = \{X \in \mathrm{End}_{\mathbb{K}} V; h(Xv, w) + h(v, Xw) = 0$
$$\text{für alle } v, w \in V\} .$$

Beweis. Daß es sich jeweils um $\mathbb{R}$-Lie-Algebren handelt, haben wir in 1. Beispiel 7)–9) bemerkt.

(a) Die Inklusion $\subset$ gilt nach Definition von $\mathcal{L}G$; die andere Inklusion haben wir in § 1.2 b) bewiesen.

(b) Wir benutzen die Gleichung $\det \exp X = \exp \mathrm{Spur} X$ (§ 1.2 d)). Danach ist $\supset$ unmittelbar klar. Zum Beweis von $\subset$ sei $X \in \mathrm{Mat}(n, \mathbb{K})$ und $\det \exp(tX) = 1$ für alle $t \in \mathbb{R}$. Wir differenzieren beide Seiten der Gleichung $\exp(\mathrm{Spur}\, tX) = 1$ nach t und erhalten $\mathrm{Spur} X \exp(\mathrm{Spur}\, tX) = 0$, für $t = 0$ also $\mathrm{Spur} X = 0$. Der Fall $\mathbb{K} = \mathbb{H}$ ergibt sich analog aus der Formel d) in § 1.2.

(c) Wir stellen die Elemente von $\mathrm{Aut}(V, h)$ durch Matrizen dar, also

$$\mathrm{Aut}(V, h) = \{A \in \mathrm{GL}(n, \mathbb{K}); A^* H A = H\} ,$$

wenn H die Matrix von h bez. einer beliebigen Basis von V ist. Zu zeigen ist dann

(2) $$\mathcal{L}\mathrm{Aut}(V, h) = \{X \in \mathrm{Mat}(n, \mathbb{K}); X^* H + H X = 0\} .$$

Wir stellen zunächst fest, daß wegen der Stetigkeit von $X \mapsto X^*$

(3) $$(\exp tX)^* = \exp(tX^*)$$

gilt für alle $X \in \mathrm{Mat}(n, \mathbb{K})$. Differentiation der Abbildung

$$\gamma(t) := (\exp tX^*) H \exp tX , \qquad t \in \mathbb{R}$$

ergibt

$$\dot{\gamma}(t) = (\exp tX^*)(X^* H + H X)(\exp tX) ,$$

$$\dot{\gamma}(0) = X^* H + H X .$$

Falls nun X in $\mathcal{L}G$ liegt, gilt $\gamma(t) = H$ für alle $t \in \mathbb{R}$, also $\dot{\gamma}(t) = 0$ für alle $t \in \mathbb{R}$, insbesondere $0 = \dot{\gamma}(0) = X^* H + H X$. Umgekehrt hat $X^* H + H X = 0$ zur Folge, daß $\dot{\gamma}(t) = 0$ für alle $t \in \mathbb{R}$, also γ konstant ist; mit $\gamma(0) = H$ folgt $\gamma(t) = H$ für alle $t \in \mathbb{R}$, womit (c) bewiesen ist. $\qquad \square$

Wir beschreiben $\mathcal{L}\mathrm{Aut}(V, h)$ für (V, h) in Normalform (vgl. I, § 3.3). Dazu haben wir für H die Matrizen

$$D_{pq} = \begin{pmatrix} E_p & 0 \\ 0 & -E_q \end{pmatrix} , \qquad 0 \leq q < p , \quad \text{und} \quad J_n = \begin{pmatrix} 0 & -E_n \\ E_n & 0 \end{pmatrix}$$

zu berücksichtigen und für * die Involutionen $X \mapsto X^t$ und $X \mapsto \overline{X}^t$. Zur Auswertung der Gleichung $X^* H + H X = 0$ schreiben wir X entsprechend der Gestalt von D_{pq} bzw. J_n in Blockform und erhalten

$$\begin{pmatrix} R^* & T^* \\ Y^* & Z^* \end{pmatrix} \begin{pmatrix} E_p & 0 \\ 0 & -E_q \end{pmatrix} + \begin{pmatrix} E_p & 0 \\ 0 & -E_q \end{pmatrix} \begin{pmatrix} R & Y \\ T & Z \end{pmatrix} = \begin{pmatrix} R^* + R & T^* + Y \\ Y^* + T & Z^* + Z \end{pmatrix},$$

$$\begin{pmatrix} R^t & T^t \\ Y^t & Z^t \end{pmatrix} \begin{pmatrix} 0 & -E_m \\ E_m & 0 \end{pmatrix} + \begin{pmatrix} 0 & -E_m \\ E_m & 0 \end{pmatrix} \begin{pmatrix} R & Y \\ T & Z \end{pmatrix} = \begin{pmatrix} T^t - T & -R^t - Z \\ Z^t + R & -Y^t + Y \end{pmatrix}.$$

Hieraus erhält man die folgenden Beschreibungen der *orthogonalen, unitären und symplektischen Lie-Algebren* (für $\mathrm{U}_\alpha(n,\mathbb{H})$) vgl. I, §5.8):

G	$\mathcal{L}G$	$\dim_{\mathbb{R}} \mathcal{L}G$
$\mathrm{O}(p,q)$ $\mathrm{SO}(p,q)$	$\left\{ \begin{pmatrix} R & T \\ T^t & Z \end{pmatrix} ; R^t = -R, Z^t = -Z \right\}$	$\frac{1}{2}(n-1)$
$\mathrm{O}(n,\mathbb{C})$ $\mathrm{SO}(n.\mathbb{C})$	$\left\{ X \in \mathrm{Mat}(n,\mathbb{C}); X^t = -X \right\}$	$n(n-1)$
$\mathrm{U}(p,q;\mathbb{K})$	$\left\{ \begin{pmatrix} R & T \\ \overline{T}^t & Z \end{pmatrix} ; \overline{R}^t = -R, \overline{Z}^t = -Z \right\}$	n^2 für $\mathbb{K} = \mathbb{C}$ $n(2n+1)$ für $\mathbb{K} = \mathbb{H}$
$\mathrm{SU}(p,q;\mathbb{C})$ $\mathrm{SU}(p,q;\mathbb{H})$	$\{ X \in \mathcal{L}\mathrm{U}(p,q;\mathbb{C}); \mathrm{Spur}\, X = 0 \}$ $\{ X \in \mathcal{L}\mathrm{U}(p,q;\mathbb{H}); \mathrm{Re}\,(\mathrm{Spur}\, X) = 0 \}$	$n^2 - 1$ $n(2n+1) - 1$
$\mathrm{Sp}(2n,\mathbb{K})$	$\left\{ \begin{pmatrix} R & T \\ Z & -R^t \end{pmatrix} ; T^t = T, Z^t = Z \right\}$	$n(2n+1)$ für $\mathbb{K} = \mathbb{R}$ $2n(2n+1)$ für $\mathbb{K} = \mathbb{C}$
$\mathrm{Sp}(2n) \cong \mathrm{U}(n,\mathbb{H})$	$\left\{ \begin{pmatrix} R & -T \\ \overline{T} & -\overline{R} \end{pmatrix} ; \overline{R}^t = -R, T^t = T \right\}$	$n(2n+1)$
$\mathrm{U}_\alpha(n,\mathbb{H})$ $\mathrm{SU}_\alpha(n,\mathbb{H})$	$\left\{ \begin{pmatrix} R & T \\ -T^t & Z \end{pmatrix} ; \begin{array}{l} \overline{R} = R, R^t = -R \\ \overline{Z} = Z, \\ \overline{T} = -T, Z^t = -Z \end{array} \right\}$	$2n^2 - n$

Bei $\mathrm{O}(p,q)$ ist $R \in \mathrm{Mat}(p,\mathbb{R})$, $Z \in \mathrm{Mat}(q,\mathbb{R})$, $T \in \mathrm{Mat}(p,q;\mathbb{R})$, $p+q = n$, entsprechend bei $\mathrm{U}(p,q;\mathbb{K})$ mit $\mathbb{K}$ statt $\mathbb{R}$. Bei $\mathrm{Sp}(2n,\mathbb{K})$ sind alle Blocks in $\mathrm{Mat}(n,\mathbb{K})$, bei $\mathrm{Sp}(2n)$ und $\mathrm{U}_\alpha(n,\mathbb{H})$ in $\mathrm{Mat}(n,\mathbb{C})$.

3. Die Abbildung $\exp_\mathbf{G} : \mathcal{L}\mathbf{G} \to \mathbf{G}$ für einige klassische Gruppen

Nach Definition von $\mathcal{L}G$ gilt $\exp X \in G$ für alle $X \in \mathcal{L}G$. Die Restriktion

$$\exp_\mathbf{G} : \mathcal{L}\mathbf{G} \to \mathbf{G}$$

heißt *Exponentialabbildung der Gruppe* G. In § 1.1, Satz 2 (b) haben wir gesehen, daß exp eine offene Umgebung U von 0 diffeomorph auf eine offene Umgebung V von E in Mat$(n, \mathbb{K})$ abbildet. Wegen $V \subset$ GL$(n, \mathbb{K})$ (§ 1.2 b)) ist V eine offene Umgebung von E in GL$(n, \mathbb{K})$ (vgl. § 1.0). Der entsprechende Sachverhalt kann für die klassischen Gruppen – im Gegensatz zu allgemeineren Fällen, s. 6. – vergleichsweise leicht bewiesen werden, was im folgenden für einige wichtige Fälle ausgeführt wird; dabei ist die zu Grunde liegende Topologie von G bzw. $\mathcal{L}$G stets die Relativtopologie in Mat$(n, \mathbb{K})$.

Lemma. *Es gibt eine offene Umgebung U von 0 in Mat$(n, \mathbb{C})$, die durch $X \to$ exp X diffeomorph auf eine offene Umgebung von E in GL$(n, \mathbb{C})$ abgebildet wird und folgende Eigenschaften hat: $|\mathrm{Spur} X| < 2\pi$, $-X \in U$, $X^t \in U$, $\overline{X} \in U$ für alle $X \in U$.*

Beweis. Wir beginnen mit offenen Umgebungen U_1, V_1 von 0 in Mat$(n, \mathbb{C})$ bzw. E in GL$(n, \mathbb{C})$, die durch exp diffeomorph aufeinander abgebildet werden (§ 1.1 Satz 2 (b)). Die Menge $U_2 := \{X \in$ Mat$(n, \mathbb{C}); |\mathrm{Spur} X| < 2\pi\}$ ist als Urbild einer offenen Teilmenge von $\mathbb{R}$ unter einer stetigen Abbildung offen. Für eine Teilmenge M von Mat$(n, \mathbb{C})$ sei $-M := \{-X; X \in M\}$, entsprechend M^t und $\overline{M}$. Mit $U_3 := U_1 \cap U_2$ ist auch $U := U_3 \cap -U_3 \cap U_3^t \cap \overline{U_3}$ eine offene Umgebung von 0 und hat überdies die gewünschten Eigenschaften. □

$\mathcal{L}$G $\cap\, U$ (U wie in Lemma) ist eine offene Umgebung von 0 in $\mathcal{L}$G, ferner $(\exp U) \cap$ G eine offene Umgebung von E in G. Offenbar gilt $\exp(\mathcal{L}G \cap U) \subset (\exp U) \cap$ G. Wir zeigen: $\exp(\mathcal{L}G \cap U) \supset (\exp U) \cap$ G, wenn G eine der folgenden Gruppen ist:

$$(*) \qquad \mathrm{SL}(n, \mathbb{C}), \quad \mathrm{O}(n, \mathbb{C}), \quad \mathrm{SO}(n, \mathbb{C}), \quad \mathrm{U}(n), \quad \mathrm{SU}(n).$$

Es sei also $A = \exp X \in$ G mit $X \in U$. Für G $=$ SL$(n, \mathbb{C})$ gilt $\det \exp X = 1$, also $\exp \mathrm{Spur} X = 1$ und folglich $\mathrm{Spur} X = 2k\pi i$, $k \in \mathbb{Z}$; mit $|\mathrm{Spur} X| < 2\pi$ folgt $\mathrm{Spur} X = 0$, also $X \in \mathcal{L}$G.

Für G $=$ O$(n, \mathbb{C})$ und $X \in U$ gilt $(\exp X)^t (\exp X) = E$, also $\exp X^t = \exp(-X)$; mit $X^t, -X \in U$ folgt $X^t = -X$ aus der Injektivität von exp auf U, also $X \in \mathcal{L}$G.

Für G $=$ SO$(n, \mathbb{C})$ folgt aus dem vorstehenden sofort die Behauptung. Für G $=$ U(n), SU(n) schließt man (mit $\overline{U}^t \subset U$) wie zuvor. – Wir haben damit den folgenden, für die obigen Gruppen fundamentalen Satz bewiesen (für eine Verallgemeinerung vgl. Abschnitt 6):

Satz 3. *Für jede der in $(*)$ genannten Gruppen gibt es eine offene Umgebung von 0 in $\mathcal{L}$G, die durch $\exp_G$ diffeomorph auf eine offene Umgebung von E in G abgebildet wird.* □

4. Lineare Gruppen

Wie in 3. betrachten wir GL(n, $\mathbb{K}$) mit der Relativtopologie von Mat(n, $\mathbb{K}$). Eine Untergruppe von GL(n, $\mathbb{K}$), die in dieser Topologie abgeschlossen ist, heißt *abgechlossene Untergruppe von* GL(n, $\mathbb{K}$).

Man beachte, daß eine abgeschlossene Untergruppe von GL(n, $\mathbb{K}$) nicht abgeschlossen zu sein braucht in der Topologie von Mat(n, $\mathbb{K}$); z.B. ist GL(n, $\mathbb{K}$) eine abgeschlossene Untergruppe von sich selbst, aber nicht abgeschlossen als Teilmenge von Mat(n, $\mathbb{K}$)!

Wie wir in §0 bemerkt haben, können wir die Abgeschlossenheit einer Untergruppe G von GL(n, $\mathbb{K}$) auch folgendermaßen charakterisieren:

Für jede konvergente Folge (A_n) *mit* $A_n \in$ G *für alle* $n \in \mathbb{N}$ *und* $\lim A_n \in$ GL(n, $\mathbb{K}$) *gilt* $\lim A_n \in$ G.

Satz 4. *Sind* G *und* H *abgeschlossene Untergruppen von* GL(n, $\mathbb{K}$)*, so auch* G ∩ H.

Beweis. Dies folgt unmittelbar aus der Definition wie auch aus dem vorstehenden Folgenkriterium. □

Wenn n und $\mathbb{K}$ nicht explizit angegeben zu werden brauchen, reden wir zur Abkürzung von „linearen Gruppen"; genauer:

Definition. Eine Gruppe G heißt *lineare Gruppe*, wenn es ein $n \in \mathbb{N}$ und $\mathbb{K} \in \{\mathbb{R}, \mathbb{C}, \mathbb{H}\}$ gibt, so daß G (als abstrakte Gruppe) isomorph zu einer abgeschlossenen Untergruppe von GL(n, $\mathbb{K}$) ist.

Mit Hilfe des obigen Folgenkriteriums erkennt man mühelos, daß es sich bei den Beispielen 1 bis 4 in Abschnitt 1 um lineare Gruppen handelt. – Wir beweisen

Satz 5. *Die klassischen Gruppen sind lineare Gruppen.*

Beweis. Nach der Liste der klassischen Gruppen in I, § 5.9 (oder der Tabelle am Schluß von Abschnitt 2) können wir uns wegen Satz 4 außer GL(n, $\mathbb{K}$), wofür nichts zu beweisen ist, auf die Gruppen SL(n, $\mathbb{K}$) und $\{A \in$ GL(n, $\mathbb{K}$); $A^* H A = H\}$ beschränken mit $H \in$ Mat(n, $\mathbb{K}$).

1. Beweis: SL(n, $\mathbb{K}$) ist das Urbild der abgeschlossenen Menge $\{1\}$ unter der stetigen Abbildung det bzw. $\det_\mathbb{C}$ von GL(n, $\mathbb{K}$) in $\mathbb{R}$ bzw. $\mathbb{C}$, also abgeschlossen. Da die Abbildung GL(n, $\mathbb{K}$) → Mat(n, $\mathbb{K}$), $A \mapsto A^* H A$ stetig und $\{H\}$ abgeschlossen ist in Mat(n, $\mathbb{K}$), folgt die Behauptung auch für die übrigen Gruppen.

2. Beweis: Wegen der Stetigkeit von det gilt $\det \lim A_n = \lim \det A_n = 1$ für jede konvergente Folge $A_n \in$ SL(n, $\mathbb{K}$), $\mathbb{K} = \mathbb{R}$ oder $\mathbb{C}$, entsprechend mit $\det_\mathbb{C}$ für $\mathbb{K} = \mathbb{H}$; damit ist die Behauptung für SL(n, $\mathbb{K}$) erneut bewiesen. Für die anderen o.g. Gruppen geht man analog vor unter Berücksichtigung

der Grenzwertregeln $\lim(A_n)^* = (\lim A_n)^*$ und $\lim(A_n B_n) = (\lim A_n)(\lim B_n)$ für konvergente Folgen (A_n) und (B_n): Aus $A_n H A_n = H$ für alle n folgt $H = \lim(A_n H A_n) = (\lim A_n)H(\lim A_n)$.   □

Beispiele nicht-linearer Gruppen geben wir in Abschnitt 7 und IV, § 1.4.

5. Die Lie-Algebren linearer Gruppen

In 1. haben wir $\mathcal{L}G$ für eine beliebige Untergruppe von $\mathrm{GL}(n, \mathbb{K})$ definiert, insbesondere also für lineare Gruppen, und zwar durch

$$\mathcal{L}G = \{X \in \mathrm{Mat}(n, \mathbb{K}); \exp(\mathbb{R}X) \subset G\} \ ,$$

wenn G Untergruppe von $\mathrm{GL}(n, \mathbb{K})$ ist. Zum Nachweis, daß $\mathcal{L}G$ für jede lienare Gruppe G eine Lie-Algebra ist, benötigen wir weitere Eigenschaften der Exponentialabbildung. Wir gehen dazu aus von der Exponentialformel in § 1.4 Satz 4. Danach gibt es zu $X, Y \in \mathrm{Mat}(n, \mathbb{K})$ ein $\epsilon > 0$, so daß für $|t| < \epsilon$

$$(*) \qquad \begin{cases} \exp(tX)\exp(tY) = \exp\left(tX + tY + \dfrac{1}{2}t^2[X,Y] + R(t)\right) \ , \\[2mm] \lim\limits_{t \to 0} \dfrac{1}{t^2}R(t) = 0 \ . \end{cases}$$

Hieraus leiten wir zunächst zwei weitere Exponentialformeln her, die angeben, wie Summe und Kommutator von zwei, genügend nahe bei Null gelegenen Elementen von $\mathcal{L}G$ durch G bestimmt sind:

Satz 6. *Für alle $X, Y \in \mathrm{Mat}(n, \mathbb{K})$ gilt*

$$(a) \quad \exp(X + Y) = \lim_{n \to \infty} \left[\exp\left(\tfrac{1}{n}X\right)\exp\left(\tfrac{1}{n}Y\right)\right]^n \ ,$$

$$(b) \quad \exp([X,Y]) = \lim_{n \to \infty} \left[\exp\left(\tfrac{1}{n}X\right)\exp\left(\tfrac{1}{n}Y\right)\exp\left(\tfrac{1}{n}X\right)^{-1}\exp\left(\tfrac{1}{n}Y\right)^{-1}\right]^{n^2} \ .$$

Beweis. Zu $X, Y \in \mathrm{Mat}(n, \mathbb{K})$ existiert nach dem vorangehenden ein $\epsilon > 0$, so daß $(*)$ erfüllt ist für $|t| < \epsilon$. Wir wählen $n_o \in \mathbb{N}$, so daß $1/n_o < \epsilon$. Für alle $n > n_o$ erhalten wir aus $(*)$, indem wir t durch $1/n$ ersetzen und beide Seiten mit n potenzieren

$$\left[\exp\left(\tfrac{1}{n}X\right)\exp\left(\tfrac{1}{n}Y\right)\right]^n = \exp\left(X + Y + \tfrac{1}{2n}[X,Y] + nR\left(\tfrac{1}{n}\right)\right) \ .$$

Aus $\lim_{t \to 0} \frac{1}{t^2}R(t) = 0$ folgt $\lim_{t \to 0} \frac{1}{t}R(t) = \lim_{t \to 0} t \lim_{t \to 0} \frac{1}{t^2}R(t) = 0$, also $\lim_{n \to \infty}\left(nR\left(\tfrac{1}{n}\right)\right) = 0$. Aus der Stetigkeit von exp folgt nun, daß die rechte Seite der vorstehenden Gleichung mit wachsendem n gegen $\exp(X + Y)$ konvergiert.

Zum Beweis von (b) bestätigt man zunächst durch einen einfachen Induktionsbeweis die folgende Verallgemeinerung von $(*)$:

Zu $X_1, \ldots, X_k \in \mathrm{Mat}(n, \mathbb{K})$, $k \geq 2$, gibt es ein $\epsilon > 0$, so daß für $|t| < \epsilon$ ein $R(t) \in \mathrm{Mat}(n, \mathbb{K})$ existiert mit

$$\begin{cases} \exp(tX_1) \ldots \exp(tX_k) = \exp\left(tX_1 + \ldots + tX_k + \frac{1}{2}t^2 \sum_{l < m} [X_l, X_m] + R(t) \right), \\ \lim_{t \to 0} \frac{1}{t^2} R(t) = 0 . \end{cases}$$

Für $k = 4$ und $X_1 = X$, $X_2 = Y$, $X_3 = -X$, $X_4 = -Y$ folgt

$$\begin{cases} \exp(tX)\exp(tY)\exp(tX)^{-1}\exp(tY)^{-1} = \exp\left(t^2[X, Y] + R(t)\right) , \\ \lim_{t \to 0} \frac{1}{t^2} R(t) = 0 . \end{cases}$$

Man schließt jetzt wie in (a) und erhält so auch (b). $\qquad\qquad\qquad\qquad\qquad$ $\square$

Satz 7. *Für jede lineare Gruppe* G *ist* $\mathcal{L}$G *eine Lie-Algebra über* $\mathbb{R}$.

Beweis. Für jede Untergruppe G von GL(n, $\mathbb{K}$) ist offenbar mit X auch αX, $\alpha \in \mathbb{R}$, in $\mathcal{L}$G enthalten, also $\left[\exp\left(\frac{t}{n}X\right)\exp\left(\frac{t}{n}Y\right)\right]^n \in$ G und $\left[\exp\left(\frac{t}{n}X\right)\right.$ $\left.\exp\left(\frac{t}{n}Y\right)\exp\left(\frac{t}{n}X\right)^{-1}\exp\left(\frac{t}{n}Y\right)^{-1}\right]^{n^2} \in$ G für $n \in \mathbb{N}$, $t \in \mathbb{R}$ und $X, Y \in \mathcal{L}$G. Ist nun G abgeschlossen in GL(n, $\mathbb{K}$), so sind die Grenzwerte $\exp(t(X + Y))$ bzw. $\exp\left(t^2[X, Y]\right)$ dieser Folgen (für $n \to \infty$) in G enthalten, womit der Satz bewiesen ist. $\qquad\qquad\qquad\qquad\qquad\qquad\qquad\qquad\qquad\qquad\qquad$ $\square$

Definition. $\mathcal{L}$G heißt *Lie-Algebra von* G.

Bemerkung. Es sei G eine abgeschlossene Untergruppe von GL(n, $\mathbb{K}$). Wie in § 1, 3. bezeichnen wir für $X \in \mathrm{Mat}(n, \mathbb{K})$ die Einparametergruppe $t \mapsto \exp(tX)$, $t \in \mathbb{R}$, mit γ_X. Aus dem Corollar in § 1, 3. und der Definition von $\mathcal{L}$G folgt, daß die Zuordnung $X \mapsto \gamma_X$ eine Bijektion von $\mathcal{L}$G auf die Menge Γ der Einparametergruppen in G ist. Nach Satz 6 wird diese Abbildung zu einem Isomorphismus von Lie-Algebren, wenn man in Γ die folgenden Verknüpfungen einführt:

Für $\alpha \in \mathbb{R}$ und $\gamma, \delta \in \Gamma$ werden $\alpha\gamma$, $\gamma + \delta$ und $[\gamma, \delta]$ definiert durch

$$(\alpha\gamma)(t) = \alpha\gamma(t) ,$$
$$(\gamma + \delta)(t) = \lim_{n \to \infty} \left[\gamma\left(\tfrac{t}{n}\right) \delta\left(\tfrac{t}{n}\right)\right]^n ,$$
$$[\gamma, \delta](t) = \lim_{n \to \infty} \left[\gamma\left(\tfrac{t}{n}\right) \delta\left(\tfrac{t}{n}\right) \gamma\left(\tfrac{t}{n}\right)^{-1} \delta\left(\tfrac{t}{n}\right)^{-1}\right]^{n^2} .$$

6. Die Exponentialabbildung einer linearen Gruppe

Wie in 3. definieren wir die Exponentialabbildung $\exp_G : \mathcal{L}G \to G$ einer abgeschlossenen Untergruppe G von $GL(n, \mathbb{K})$ durch Restriktion der Exponentialabbildung von $GL(n, \mathbb{K})$: $\exp_G := \exp_{GL(n, \mathbb{K})} |G$. Wir verallgemeinern Satz 2, (b) in § 1.1 und Satz 3 in 3.:

Satz 8. *Ist G eine lineare Gruppe, so gibt es eine offene Umgebung von 0 in $\mathcal{L}G$, die durch $\exp_G$ diffeomorph auf eine offene Umgebung von E in G abgebildet wird.*

Beweis. Es sei also G eine abgeschlossene Untergruppe von $GL(n, \mathbb{K})$. Wir wählen einen (reellen) Teilraum D von $\mathrm{Mat}(n, \mathbb{K})$, so daß

$$\mathrm{Mat}(n, \mathbb{K}) = \mathcal{L}G \oplus D$$

(direkte Vektorraumsumme, also $\mathcal{L}G \cap D = \{0\}$). Die Abbildung

$$\Phi : \mathrm{Mat}(n, \mathbb{K}) \to GL(n, \mathbb{K}) \qquad X \oplus Y \mapsto \exp X \exp Y \quad (X \in \mathcal{L}G, Y \in D)$$

ist differenzierbar, ihre Ableitung im Nullpunkt ist $Id_{\mathrm{Mat}(n, \mathbb{K})}$ (Beweis!). Wie im Beweis von Satz 2 in § 1.1 schließen wir aus dem Satz über die Umkehrfunktion, daß es eine offene Umgebung U' von 0 in $\mathrm{Mat}(n, \mathbb{K})$ und eine offene Umgebung W von E in $GL(n, \mathbb{K})$ gibt, so daß U' durch Φ diffeomorph auf W abgebildet wird. Wir zeigen:

$(*)$ Es gibt eine offene Umgebung U von 0, so daß $U \subset U'$ und
$\Phi(U) \cap G = \exp(U \cap \mathcal{L}G))$.

Damit ist dann der Satz offenbar bewiesen. Zum Beweis von $(*)$ zeigen wir

$(**)$ Es gibt eine offene Umgebung U'' von 0, so daß $U'' \subset U'$ und
$\{Y \in U'' \cap D; \exp Y \in G\} = \{0\}$.

Aus $(**)$ folgt $(*)$, wenn man $U = (U'' \cap \mathcal{L}G) \oplus (U'' \cap D)$ setzt; denn zu $A \in \Phi(U) \cap G$ gibt es ein $X \in U'' \cap \mathcal{L}G$ und ein $Y \in U'' \cap D$ mit $\exp X \exp Y = A \in G$; wegen $\exp X \in G$ folgt $\exp Y \in G$, also $Y = 0$ nach $(**)$, und daher $A = \exp X \in \exp(U'' \cap \mathcal{L}G) = \exp(U \cap \mathcal{L}G)$. Die Inklusion $\supset$ in $(*)$ ist trivialerweise erfüllt.

Beweis von $(**)$. Angenommen, für jede offene Umgebung U'' von 0 gibt es ein $Y \in U'' \cap D$ mit $\exp Y \in G$ und $Y \neq 0$. Dann gibt es eine Folge $Y_k \in U'' \cap D$ mit $\exp Y_k \in G$, $Y_k \neq 0$ für $k \in \mathbb{N}$, $\lim_{k \to \infty} Y_k = 0$. Die Folge $Z_k := Y_k / \|Y_k\|$ ist beschränkt, hat also einen Häufungspunkt Z. Es gilt

$(\#)$ $Z \in D$ und $Z \neq 0$

(denn D ist abgeschlossen und $\|Z_k\| = 1$ für alle k). Folglich gibt es eine Teilfolge Z_{k_i} von Z_k, die gegen Z konvergiert.

Seit $t \in \mathbb{R}$. Wir wählen $n_i \in \mathbb{N}$, so daß $\left| n_i - \frac{t}{\|Y_{k_i}\|} \right| < 1$. Es folgt

$$\|n_i Y_{k_i} - tZ\| = \left\| \left(n_i - \frac{t}{\|Y_{k_i}\|} \right) Y_{k_i} + t(Z_{k_i} - Z) \right\|$$

$$\leq \left| n_i - \frac{t}{\|Y_{k_i}\|} \right| \cdot \|Y_{k_i}\| + |t| \, \|Z_{k_i} - Z\| \ ;$$

da mit Y_k auch Y_{k_i} gegen 0 konvergiert und Z_{k_i} gegen Z, folgt $\lim_{i \to \infty} (n_i Y_{k_i}) = tZ$. Ferner gilt $\exp(n_i Y_{k_i}) = (\exp Y_{k_i})^{n_i} \in G$. Da nun G abgeschlossen und $\exp$ stetig ist, folgt

$$G \ni \lim_{i \to \infty} (\exp Y_{k_i})^{n_i} = \lim_{i \to \infty} \exp(n_i Y_{k_i}) = \exp(tZ) \ .$$

Da dies für alle $t \in \mathbb{R}$ gilt, folgt $Z \in \mathcal{L}G$, im Widerspruch zu (#). Damit ist (∗∗) bewiesen, also auch (∗), und damit der Satz.   □

Identifiziert man $\mathcal{L}G$ und $\mathbb{R}^d$, $d := \dim \mathcal{L}G$, mit Hilfe einer Basis von $\mathcal{L}G$, so erhält man aus dem vorstehenden Satz unmittelbar die folgende Aussage zur (lokalen) Parametrisierung von G („Koordinatisierung 1. Art"):

Satz 9. *Es sei G eine lineare Gruppe und $T_1, \ldots, T_d$ eine ($\mathbb{R}$-)Basis von $\mathcal{L}G$. Dann gibt es eine offene Umgebung von $(0, \ldots, 0)$ in $\mathbb{R}^d$, die durch*

$$(t_1, \ldots, t_d) \mapsto \exp(t_1 T_1 + \ldots + t_d T_d)$$

diffeomorph auf eine offene Umgebung von E in G abgebildet wird.   □

7. Die von $\exp_G(\mathcal{L}G)$ erzeugte Untergruppe von G, Zusammenhang

Das Bild von $\mathcal{L}G$ unter $\exp_G$ ist i.a. keine Untergruppe von G, folglich ist $\exp_G$ i.a. auch nicht surjektiv. Wir demonstrieren das an einem klassischen

Beispiel. Wir zeigen, daß die Matrizen $\begin{pmatrix} -1 & a \\ 0 & -1 \end{pmatrix} \in \mathrm{SL}(2, \mathbb{C})$ mit $a \neq 0$ nicht im Bild von $sl(2, \mathbb{C})$ liegen. Angenommen, es gibt ein $X \in sl(2, \mathbb{C})$ und ein $a \in \mathbb{C}^\times$, so daß $\exp X = A := \begin{pmatrix} -1 & a \\ 0 & -1 \end{pmatrix}$. Wegen $\operatorname{Spur} X = 0$ ist mit c auch $-c$ ein Eigenwert von X (man schreibe das charakteristische Polynom von X hin); die Eigenwerte von A sind dann e^c und e^{-c}, also $e^c = -1$ und folglich $c \neq 0$. Da X also zwei verschiedene Eigenwerte hat, ist X diagonalisierbar, d.h. es gibt ein $T \in \mathrm{GL}(2, \mathbb{C})$, so daß $T^{-1}XT = \begin{pmatrix} c & 0 \\ 0 & -c \end{pmatrix}$. Es folgt $T^{-1}AT =$

$$\exp\left(T^{-1}XT\right) = \begin{pmatrix} -1 & 0 \\ 0 & -1 \end{pmatrix}$$ und hieraus $A = -E$ im Widerspruch zu $a \neq 0$.

Satz 10. $\exp_G$ *ist surjektiv für* $G = U(n)$, $SU(n)$, $SO(n)$ *und* $Sp(2n)$.

Beweis. Nach I, § 4.3 bzw. I, § 5.7 ist jedes Element von G konjugiert zu einem Element im Standardtorus $T(G)$. Wegen $T^{-1}(\exp X)T = \exp(T^{-1}XT)$ genügt es also zu zeigen, daß jedes Element in $T(G)$ Bild eines Elementes von $\mathcal{L}G$ ist. Für $A = [z_1, \ldots, z_n] \in T(U(n))$ gilt $|z_i| = 1$, folglich gibt es $t_i \in \mathbb{R}$, so daß $\exp[it_1, \ldots, it_n] = A$. Für $A \in T(SU(n)) \subset T(U(n))$ wählt man t_i so, daß außerdem $t_1 + \ldots + t_n = 0$. Ebenso erhält man ein Urbild für jedes $A \in T(Sp(2n))$. Im Fall $G = SO(n)$ erinnert man sich, daß $\exp tJ = R(t) = \begin{pmatrix} \cos t & -\sin t \\ \sin t & \cos t \end{pmatrix}$ (vgl. §1.1 Beispiel 3) und erhält $\exp[t_1 J, \ldots, t_m J] = [R(t_1), \ldots, R(t_m)] \in T(SO(2m)), \exp[t_1 J, \ldots, t_m J, 0] = [R(t_1), \ldots, R(t_m), 1] \in T(SO(2m+1))$, also die Behauptung. □

Satz 11. *Für eine lineare Gruppe* G *ist die von* $\exp(\mathcal{L}G)$ *erzeugte Untergruppe*

$$G_0 := \{\exp(X_1) \ldots \exp(X_k); X_1, \ldots, X_k \in \mathcal{L}G, k \in \mathbb{N}\}$$

ein zusammenhängender, offener und abgeschlossener Normalteiler in G *mit* $\mathcal{L}G_0 = \mathcal{L}G$.

Beweis. Zum Beweis des Zusammenhangs braucht nach I, § 2.9 Lemma 2 nur gezeigt zu werden, daß E mit $\exp X$ durch einen Weg in G_0 verbindbar ist für jedes $X \in \mathcal{L}G$. Offenbar leistet $t \mapsto \exp(tX), t \in [0,1]$ das gewünschte.

G_0 ist Normalteiler, denn für alle $A \in G$ gilt $A^{-1}(\exp(X_1) \ldots \exp(X_k))A = (A^{-1}\exp(X_1)A) \ldots (A^{-1}\exp(X_k)A) = \exp(A^{-1}X_1A) \ldots \exp(A^{-1}X_kA)$, und wegen $\exp(t(A^{-1}X_iA)) = A^{-1}\exp(tX_i)A$ ist mit X_i auch $A^{-1}X_iA$ in $\mathcal{L}G$ für alle $A \in G$.

G_0 ist offen in G: Zum Beweis zeigen wir, daß es zu $A \in G_0$ eine in G offene Umgebung von A gibt, die in G_0 enthalten ist. Dazu wählen wir gemäß Satz 8 eine offene Umgebung U von E in G, die in $\exp(\mathcal{L}G)$ und damit in G_0 enthalten ist. Da die Abbildung $L_A : G \to G$, $L_A(B) = AB$ ein Homöomorphismus von G ist (§ 1.0), hat $L_A(U)$ die verlangten Eigenschaften.

G_0 ist abgeschlossen: Wir beweisen allgemeiner:

Jede offene Untergruppe einer linearen Gruppe ist abgeschlossen.

Beweis. Wie oben schließt man mit L_A, daß alle Nebenklassen AH einer offenen Untergruppe H von G offen sind, also auch die Vereinigung der von H verschiedenen. Das Komplement dieser Vereinigung ist folglich abgeschlossen und stimmt mit H überein, w.z.b.w. Die letzte Aussage des Satzes, also $\mathcal{L}G_0 = \mathcal{L}G$, ist unmittelbar klar. □

Satz 12. *Die Zusammenhangskomponenten einer linearen Gruppe stimmen mit den Nebenklassen* AG_0 $A \in G$, *überein; insbesondere ist* $G_0 = G°$ *die Einskomponente von* G *(vgl. I, § 2.9).*

Beweis. Sei H die Einskomponente von G. Da G_0 zusammenhängend ist (s.o.) und E enthält, gilt $G_0 \subset H$. Sei nun $A \in H$ und γ ein Weg in H, der E mit A verbindet. Wir setzen $I := \gamma^{-1}(G_0) = \{t \in [0,1]; \gamma(t) \in G_0\}$. Wegen $\gamma(0) = E$ gilt $0 \in I$, also $I \neq \emptyset$. Wir zeigen: $1 \in I$; daraus folgt $A = \gamma(1) \in G_0$. Es sei $t_0 = \sup I$. Da G_0 abgeschlossen ist nach Satz 11, und γ stetig ist, ist auch I abgeschlossen; es folgt $t_0 \in I$, also $\gamma(t_0) \in G_0$. Nach Satz 11 ist G_0 offen in G, folglich gibt es eine offene Umgebung $U \subset G_0$ von $\gamma(t_0)$. Das Urbild $\gamma^{-1}(U)$ ist eine offene Umgebung von t_0 in $[0,1]$. Wäre t_0 kleiner als 1, so gäbe es ein $\epsilon > 0$ derart, daß $]t_0 - \epsilon, t_0 + \epsilon[\subset \gamma^{-1}(U)$; wegen $\gamma^{-1}(U) \subset I$ folgte $t_0 + \epsilon \in I$, im Widerspruch zur Definition von t_0. Folglich ist $t_0 = 1$ und damit $1 \in I$ bewiesen. Insgesamt haben wir $G_0 = H$, d.h. G_0 ist die Einskomponente von G. – Da A mit B genau dann verbindbar ist, wenn $A^{-1}B$ mit E verbindbar ist (I, § 2.9), stimmen die Zusammenhangskomponenten mit den Nebenklassen der Einskomponente überein.   □

Bemerkung. Sind G und H abgeschlossene Untergruppen von $GL(n, \mathbb{K})$ und gilt $H \subset G$ (in diesem Fall heißt H „abgeschlossene Untergruppe von G"; (vgl. Aufgabe 8), so ist $\mathcal{L}H$ eine Teilalgebra von $\mathcal{L}G$. Es stellt sich die Frage, ob umgekehrt zu jeder Teilalgebra $\mathcal{L}$ der Lie-Algebra einer linearen Gruppe G eine abgeschlossene Untergruppe H von G existiert mit $\mathcal{L}H = \mathcal{L}$. Da für jede Untergruppe H' von G, die $\exp_G(\mathcal{L})$ enthält, offenbar $\mathcal{L} \subset \mathcal{L}H'$ gilt, wird man die „kleinste" Untergruppe von G ins Auge fassen, die $\exp_G(\mathcal{L})$ enthält, d.i. die von der Menge $\exp_G(\mathcal{L})$ erzeugte Untergruppe von G, also (s.o.) die Menge aller Produkte $\exp_G X_1 \ldots \exp_G X_k$ mit $X_i \in \mathcal{L}$, $k \in \mathbb{N}$. *Diese Gruppe ist aber nicht notwendig abgeschlossen in* $GL(n, \mathbb{K})$, wie das folgende Beispiel zeigt:

Es sei

$$G = T^2 = \left\{ \begin{pmatrix} e^{is} & 0 \\ 0 & e^{it} \end{pmatrix}; s, t \in \mathbb{R} \right\}$$

(2-dimensionaler Torus), also $\mathcal{L}G = \left\{ \begin{pmatrix} is & 0 \\ 0 & it \end{pmatrix}; s, t \in \mathbb{R} \right\}$. Sei $\alpha \in \mathbb{R}^\times$ und

$\mathcal{L} = \mathbb{R} \begin{pmatrix} i & 0 \\ 0 & i\alpha \end{pmatrix}$. Offenbar ist $\mathcal{L}$ eine Teilalgebra von $\mathcal{L}G$, und die von $\exp_G(\mathcal{L})$ erzeugte Untergruppe von G ist

$$H = \left\{ \begin{pmatrix} e^{it} & 0 \\ 0 & e^{i\alpha t} \end{pmatrix}; t \in \mathbb{R} \right\} .$$

Es gilt $\mathcal{L}H = \mathcal{L}$. Ist α irrational, so gibt es zu jedem Element von G eine offene Umgebung, die ein Element von H enthält (Beweis!); m.a.W. die abgeschlossene Hülle $\overline{H}$ von H stimmt mit G überein. Da aber $H \neq G$, folgt $H \neq \overline{H}$, also ist H nicht abgeschlossen.

8. $\mathcal{L}$G als Tangentialraum

In diesem Abschnitt gehen wir kurz auf eine mehr geometrische Methode ein, die Lie-Algebra einer Untergruppe von $GL(n, \mathbb{K})$ einzuführen. Neben einer gewissen Vereinfachung bei der Bestimmung von $\mathcal{L}$G – wir werden das im nächsten Abschnitt an einigen Beispielen demonstrieren – hat diese Methode den Vorzug, daß man den Nachweis, daß $\mathcal{L}$G eine Teilalgebra von $\text{Mat}(n, \mathbb{K})^-$ ist, ganz elementar für beliebige Untergruppen von $GL(n, \mathbb{K})$ führen kann; ferner liegt diese Definition näher an derjenigen, die man in der abstrakten Theorie der Lie-Gruppen benutzt, vereinfacht sich gegenüber dieser jedoch dadurch, daß man (wegen der Beschränkung auf Untergruppen von $GL(n, \mathbb{K})$) in der gewohnten Weise, die man aus den ersten Semestern kennt, differenzieren kann.

Es sei also G eine beliebige Untergruppe von $GL(n, \mathbb{K})$. Unter einer *Kurve* in G durch E verstehen wir eine differenzierbare Abbildung $\gamma : I \to$ G mit $\gamma(0) = E$, wo I ein offenes Intervall in $\mathbb{R}$ ist mit $0 \in I$. Wie in früheren Abschnitten bezeichnet $\dot{\gamma}(0) = (\dot{\gamma}_{ij}(0))$ die Ableitung von γ an der Stelle $t = 0$, wobei γ_{ij} die durch $\gamma(t) = (\gamma_{ij}(t))$ definierten reellwertigen Komponentenfunktionen sind. Wir fassen $\dot{\gamma}(0)$ als *Tangentialvektor an* G *im Punkt* E auf und nennen dementsprechend

$$T_E\text{G} := \{\dot{\gamma}(0); \gamma \text{ Kurve in G durch } E\}$$

den *Tangentialraum an* G *im Punkt* E.

Satz 13. *Für jede Untergruppe* G *von* $GL(n, \mathbb{K})$ *ist* T_EG *eine Teilalgebra der reellen Lie-Algebra* $\text{Mat}(n, \mathbb{K})^-$.

Beweis. Es sei $X = \dot{\gamma}(0) \in T_E$G und $\alpha \in \mathbb{R}^{\times}$. Mit γ ist auch $\delta : t \mapsto \gamma(\alpha t), t \in \frac{1}{\alpha}I$, eine Kurve in G durch E, also $\alpha X = \dot{\delta}(0) \in T_E$G. Zu $X = \dot{\gamma}(0)$ und $Y = \dot{\delta}(0)$ in T_EG mit $\gamma : I \to$ G, $\delta : J \to$ G, $\gamma(0) = \delta(0) = E$ definieren wir $\varphi : I \cap J \to$ G, $\varphi(t) = \gamma(t)\delta(t)$ und erhalten so eine Kurve in G durch E mit $\dot{\varphi}(0) = \dot{\gamma}(0) + \dot{\delta}(0) = X + Y$. Damit ist gezeigt, daß T_EG ein Teilraum des reellen Vektorraums $\text{Mat}(n, \mathbb{K})$ ist. Es bleibt zu zeigen, daß T_EG mit je zwei Elementen auch deren Kommutator enthält. Sei γ, δ wie zuvor. Zunächst stellen wir fest, daß für alle $A \in$ G die Matrix $A^{-1}XA$ in T_EG liegt; denn $\varphi : t \mapsto A^{-1}\gamma(t)A(t \in I)$ ist eine Kurve in G durch E mit $\dot{\varphi}(0) = A^{-1}XA$. Folglich ist $\mu : t \mapsto \delta(t)^{-1}X\delta(t)$ eine Kurve in T_EG. Da T_EG als endlichdimensionaler $\mathbb{R}$-Vektorraum abgeschlossen ist, gilt $\dot{\mu}(0) \in T_E$G. Nun ist $\dot{\mu}(t) = -\delta(t)^{-1}\dot{\delta}(t)\delta(t)^{-1}X\delta(t) + \delta(t)^{-1}X\dot{\delta}(t)$, also $\dot{\mu}(0) = -YX + XY = [X, Y]$. $\square$

Es stellt sich die Frage, ob T_EG (als Teilmenge von $\text{Mat}(n, \mathbb{K})$) mit $\mathcal{L}$G übereinstimmt. Da für $X \in \mathcal{L}$G die Abbildung $\gamma : t \mapsto \exp(tX)$, $t \in \mathbb{R}$, eine Kurve in G durch E ist mit $\dot{\gamma}(0) = X$, gilt

$$\mathcal{L}\text{G} \subset T_E\text{G} ;$$

die andere Inklusion gilt dann und nur dann, wenn die Differentialgleichung

$$\dot{\gamma}(t) = \gamma(t)X \ , \quad \gamma(0) = E$$

für jedes X in $T_E G$ eine Lösung in G besitzt. Für die klassischen Gruppen kann man die Existenz direkt verifizieren (vgl. Aufgabe 17); für den allgemeinen Fall verweisen wir auf [Sagle, Walde] 6.3 (vgl. hierzu auch den Beweis von Satz 8) und 2.8, wonach im Fall, daß G abgeschlossen, also eine lineare Gruppe ist, eine Lösung existiert, die übrigens – zunächst lokal, wegen der Homomorphieeigenschaft dann auf ganz $\mathbb{R}$ – mit der Einparametergruppe $t \mapsto \exp(tX)$ übereinstimmt.

9. Die Lie-Algebren der Poincaré- und Galilei-Gruppe

Es sei G eine Untergruppe von GL($n, \mathbb{K}$). In I, § 1.4 haben wir das (kanonische) semidirekte Produkt $\mathbb{K}^n \rtimes G$ als diejenige Gruppe eingeführt, die auf der Menge $\mathbb{K}^n \times G$ definiert ist durch die Verknüpfung

$$(a, A)(b, B) = (Ab + a, AB) \ .$$

Die Abbildung

$$\Phi : \mathbb{K}^n \rtimes G \to \mathrm{GL}(n+1, \mathbb{K}) \ , \quad (a, A) \mapsto \begin{pmatrix} A & a \\ 0 & 1 \end{pmatrix}$$

ist ein injektiver Gruppenhomomorphismus. Darüber hinaus gilt

Satz 14. *Ist* G *eine abgeschlossene Untergruppe von* GL($n, \mathbb{K}$)*, so ist* $\Phi(\mathbb{K}^n \rtimes G)$ *eine abgeschlossene Untergruppe von* GL($n+1, \mathbb{K}$) *mit der Lie-Algebra*

$$(*) \qquad \mathcal{L}\left[\Phi(\mathbb{K}^n \rtimes G)\right] = \left\{ \begin{pmatrix} X & a \\ 0 & 0 \end{pmatrix} ; X \in \mathcal{L}G, a \in \mathbb{K}^n \right\} \ .$$

Beweis. Sei R_k ($k \in \mathbb{N}$) eine konvergente Folge in H $:= \Phi(\mathbb{K}^n \rtimes G)$ mit $R :=$ $\lim R_k \in \mathrm{GL}(n+1, \mathbb{K})$. Es gibt konvergente Folgen $A_k \in G$ und $a_k \in \mathbb{K}^n$, so daß $R_k = \begin{pmatrix} A_k & a_k \\ 0 & 1 \end{pmatrix}$. Sei $A := \lim A_k$, $a := \lim a_k$. Es gilt dann $R = \begin{pmatrix} A & a \\ 0 & 1 \end{pmatrix}$, und aus $0 \neq \det R = \det A$ folgt $A \in \mathrm{GL}(n, \mathbb{K})$. Da G nach Voraussetzung abgeschlossen ist folgt $A \in G$, also $R \in$ H, und folglich ist H abgeschlossen. – Den Beweis von (*) führen wir zur Illustration des vorigen Abschnitts durch den Nachweis, daß

$$T_E \mathrm{H} = \left\{ \begin{pmatrix} X & a \\ 0 & 0 \end{pmatrix} ; X \in T_E G, a \in \mathbb{K}^n \right\} \ .$$

(Zur Berechnung von $\mathcal{L}$H mit Hilfe der Exponentialabbildung verifiziert man durch Induktion

$$\exp t \begin{pmatrix} X & a \\ 0 & 0 \end{pmatrix} = \begin{pmatrix} \exp tX & b \\ 0 & 1 \end{pmatrix} \quad \text{mit } b := \sum_{k=0}^{\infty} \frac{t^{k+1}}{(k+1)!} X^k a \ .)$$

Sei $\gamma : I \to \mathrm{H}$, $t \mapsto \begin{pmatrix} \gamma_1(t) & \gamma_2(t) \\ \gamma_3(t) & \gamma_4(t) \end{pmatrix}$ eine Kurve in H durch $E = E_{n+1}$. Es ist γ_1 eine Kurve in G durch das Einselement $E = E_n$ von G, also $\dot{\gamma}_1(0) \in T_E \mathrm{G}$; γ_2 ist eine Kurve in $\mathrm{I\!K}^n$ durch 0, also $\dot{\gamma}_2(0) \in \mathrm{I\!K}^n$; ferner gilt $\gamma_3(t) = 0$, $\gamma_4(t) = 1$ für alle $t \in I$, also $\dot{\gamma}_3(0) = \dot{\gamma}_4(0) = 0$. Damit ist die Inklusion $\subset$ bewiesen. Zum Beweis von $\supset$ sei $X \in T_E \mathrm{G}$ und $a \in \mathrm{I\!K}^n$ gegeben. Dann gibt es eine Kurve $\gamma_1 : I \to \mathrm{G}$ in G durch E mit $\dot{\gamma}_1(0) = X$. Wir erhalten also eine Kurve $\gamma : I \to \mathrm{H}$ durch $\gamma(t) := \begin{pmatrix} \gamma_1(t) & ta \\ 0 & 1 \end{pmatrix}$; es gilt $\gamma(0) = E$ und $\dot{\gamma}(0) = \begin{pmatrix} X & a \\ 0 & 0 \end{pmatrix}$. Damit ist auch die Inklusion $\supset$ bewiesen. □

Für den Kommutator in $T_E \mathrm{H}$ erhält man

$$\left[\begin{pmatrix} X & a \\ 0 & 0 \end{pmatrix}, \begin{pmatrix} Y & b \\ 0 & 0 \end{pmatrix} \right] = \begin{pmatrix} [X,Y] & Xb - Ya \\ 0 & 0 \end{pmatrix} .$$

Im Vorgriff auf § 3.2 bemerken wir, daß die Abbildung

$$\begin{pmatrix} X & a \\ 0 & 0 \end{pmatrix} \mapsto a \oplus X$$

ein Isomorphismus von der Lie-Algebra $T_E \mathrm{H}$ auf das kanonische semidirekte Produkt von $\mathrm{I\!K}^n$ mit $\mathcal{L}\mathrm{G}$ ist. Wir haben also das

Corollar. *Für eine abgeschlossene Untergruppe* G *von* $\mathrm{GL}(n, \mathrm{I\!K})$ *ist die Lie-Algebra von* $\mathrm{I\!K}^n \rtimes \mathrm{G}$ *(genauer* $\Phi(\mathrm{I\!K}^n \rtimes \mathrm{G})$*) isomorph zum semidirekten Produkt* $\mathrm{I\!K}^n \rtimes \mathcal{L}\mathrm{G}$.

Ist insbesondere $\mathrm{G} = \mathrm{O}(3,1)$ die Lorentz-Gruppe, so heißt $P = \mathrm{I\!R}^4 \rtimes \mathrm{G}$ die *Poincaré-Gruppe*, und wir erhalten als deren Lie-Algebra

$$\mathcal{L}P = \mathrm{I\!R}^4 \rtimes \mathcal{L}\mathrm{SO}(3,1) .$$

Die Bewegungsgruppe des Euklidischen Raumes $\mathrm{I\!R}^3$ ist isomorph zu $\mathrm{I\!R}^3 \rtimes \mathrm{O}(3)$ (dem Element (a, A) entspricht dabei die Transformation $x \to Ax + a$ im $\mathrm{I\!R}^3$ (vgl. I, § 4.10). Wie oben identifizieren wir diese Gruppe vermöge Φ mit

$$\mathrm{H} = \left\{ \begin{pmatrix} A & a \\ 0 & 1 \end{pmatrix} ; A \in \mathrm{O}(3), a \in \mathrm{I\!R}^3 \right\}$$

und erhalten die Galilei-Gruppe G als das semidirekte Produkt $\mathrm{G} = \mathrm{I\!R}^4 \rtimes \mathrm{H}$ mit der Lie-Algebra $\mathcal{L}\mathrm{G} = \mathrm{I\!R}^4 \rtimes \mathcal{L}\mathrm{H}$. Die Lie-Algebra von H besteht aus den Matrizen der Form $\begin{pmatrix} X & a \\ 0 & 0 \end{pmatrix}$ mit $X \in \mathcal{L}\mathrm{SO}(3)$, $a \in \mathrm{I\!R}^3$; folglich ist $\mathcal{L}\mathrm{G}$ kanonisch isomorph zu $\mathrm{I\!R}^4 \rtimes (\mathrm{I\!R}^3 \rtimes \mathcal{L}\mathrm{SO}(3))$ mit dem Kommutator

$$\left[\left(\begin{pmatrix} a \\ s \end{pmatrix}, b, X \right), \left(\begin{pmatrix} c \\ t \end{pmatrix}, d, Y \right) \right] = \left(\begin{pmatrix} Xc - Ya + tb - sc \\ 0 \end{pmatrix}, Xd - Yb, [X,Y] \right),$$

$X, Y \in \mathcal{L}SO(3)$; $a, b, c, d \in \mathbb{R}^3$; $s, t \in \mathbb{R}$, und komponentenweiser Addition und Skalarmultiplikation.

Aufgaben

1. Man zeige, daß $\mathbb{R}^3$ mit dem Vektorprodukt eine Lie-Algebra ist. Man gebe einen Isomorphismus auf die Lie-Algebra $\mathcal{L}SO(3)$ an.

2. Es sei I ein offenes Intervall in $\mathbb{R}$ und V der reelle Vektorraum der zweimal differenzierbaren reellwertigen Funktionen auf I. Mit dem Produkt

$$[f, g](x) := \dot{f}(x)g(x) + \dot{g}(x)f(x)$$

ist V eine reelle Lie-Algebra.

3. Man zeige, daß der reelle Vektorraum der partiell differenzierbaren Funktionen $f : \mathbb{R}^n \times \mathbb{R}^n \to \mathbb{R}$, $(x, y) \mapsto f(x, y)$ mit der *Poisson-Klammer*

$$\{f, g\} := \sum_{i=1}^{n} \left\{ \frac{\partial f}{\partial x_i} \frac{\partial g}{\partial y_i} - \frac{\partial f}{\partial y_i} \frac{\partial g}{\partial x_i} \right)$$

eine (unendlich-dimensionale) Lie-Algebra ist. Man gebe Funktionen f_i, g_i ($1 \leq i \leq n$) an mit der Eigenschaft

$$\{f_i, g_j\} = \delta_{ij} , \quad \{f_i, f_j\} = 0 , \quad \{g_i, g_j\} = 0 \quad (1 \leq i, j \leq n) .$$

4. Ist $\mathcal{L}$ eine reelle Lie-Algebra der Dimension 2, so gilt entweder
   a) $[x, y] = 0$ für alle $x, y \in \mathcal{L}$, oder
   b) es gibt eine Basis b, c von $\mathcal{L}$, so daß $[b, c] = b$.
   (Es folgt, daß alle nichttrivialen 2-dimensionalen reellen Lie-Algebren isomorph sind.)

5. Es sei $(x, y) \mapsto xy$ ($x, y \in \mathbb{R}^n$) eine bilineare assoziative Verknüpfung auf dem $\mathbb{R}$-Vektorraum $\mathbb{R}^n$. Es bezeichne $\mathcal{A}$ die dadurch gegebene $\mathbb{R}$-Algebra. Man zeige:
   a) $\mathrm{Aut}(\mathcal{A}) := \{A \in GL(n, \mathbb{R}); A(xy) = (Ax)(Ay) \text{ für alle } x, y \in \mathbb{R}^n\}$ ist eine abgeschlossene Untergruppe von $GL(n, \mathbb{R})$.
   b) Für alle $D \in \mathrm{Der}(\mathcal{A}) := \{D \in GL(n, \mathbb{R}); D(xy) = (Dx)y + x(Dy) \text{ für alle } x, y \in \mathbb{R}^n\}$, die sogenannte *Derivationsalgebra* von $\mathcal{A}$, gilt

$$D^m(xy) = \sum_{k=0}^{m} \binom{m}{k} \left(D^k x\right) \left(D^{m-k} y\right) , \qquad x, y \in \mathbb{R}^n .$$

   c) Die Lie-Algebra $\mathcal{L}\mathrm{Aut}(\mathcal{A})$ von $\mathrm{Aut}(\mathcal{A})$ ist gleich $\mathrm{Der}(\mathcal{A})$.

6. Man gebe einen Lie-Algebren-Isomorphismus von $\mathcal{L}U(n)$ auf $\mathcal{L}Sp(2n, \mathbb{R}) \cap \mathcal{L}SO(2n)$ an.

7. Sind G_i abgeschlossene Untergruppen von $GL(n_i, \mathbb{K})$, $i = 1, 2$, so ist $\mathrm{H} := \left\{ \begin{pmatrix} A & 0 \\ 0 & B \end{pmatrix} ; A \in G_1, B \in G_2 \right\}$ eine abgeschlossene Untergruppe von $GL(n_1 +$

n_2, K), und es gilt $\mathcal{L}H \cong \mathcal{L}G_1 \oplus \mathcal{L}G_2 = \{(X, Y); X \in \mathcal{L}G_1, Y \in \mathcal{L}G_2\}$ mit komponentenweisen Verknüpfungen.

8. Es sei G eine abgeschlossene Untergruppe von $\mathrm{GL}(n, \mathbb{K})$ und H eine Untergruppe von G. Man zeige: H ist abgeschlossen in $\mathrm{GL}(n, \mathbb{K})$ genau dann, wenn H abgeschlossen ist in G, d.h. für jede Folge $A_n \in \mathrm{H}$, die gegen ein $A \in \mathrm{G}$ konvergiert, $A \in \mathrm{H}$ gilt.

9. Eine zusammenhängende lineare Gruppe G ist genau dann Abelsch (d.h. $AB = BA$ für alle $A, B \in \mathrm{G}$), wenn $\mathcal{L}G$ Abelsch ist (d.h. $[X, Y] = 0$ für alle $X, Y \in \mathcal{L}G$).

10. Ist G eine zusammenhängende Abelsche lineare Gruppe, so ist $\exp_\mathrm{G} : \mathcal{L}G \to \mathrm{G}$ ein surjektiver Homomorphismus (im algebraischen Sinne) von der Gruppe $(\mathcal{L}G, +)$ auf G.

11. Für eine lineare Gruppe G sei $Z(\mathrm{G}) = \{A \in \mathrm{G}; AB = BA \text{ für alle } B \in \mathrm{G}\}$ das Zentrum von G. Man zeige:
    a) $Z(\mathrm{G})$ ist ein abgeschlossener Normalteiler von G (vgl. Aufgabe 8.);
    b) Ist G zusammenhängend, so gilt $\mathcal{L}Z(\mathrm{G}) = \{X \in \mathcal{L}G; [X, Y] = 0 \text{ für alle } Y \in \mathcal{L}G\}$ (Zentrum von $\mathcal{L}G$);
    c) $\mathcal{L}Z(\mathrm{G})$ ist ein Abelsches Ideal in $\mathcal{L}G$, d.h. ein Teilraum mit $[X, Y] = 0$ für alle $X, Y \in \mathcal{L}Z(\mathrm{G})$; ferner $[X, Z] \in \mathcal{L}Z(\mathrm{G})$ für alle $X \in \mathcal{L}Z(\mathrm{G})$, $Z \in \mathcal{L}G$.

12. Für jede Untergruppe G von $\mathrm{GL}(n, \mathbb{K})$ gilt

$$(\mathbb{K}^n \rtimes \mathrm{G})^\circ = \mathbb{K}^n \rtimes \mathrm{G}^\circ .$$

13. Es sei $\mathrm{G} = \mathrm{GL}(2, \mathbb{R})$. Man zeige, daß die Matrix $\begin{pmatrix} -1 & 1 \\ 0 & -1 \end{pmatrix}$ in G, aber nicht im Bild von $\exp_\mathrm{G}$ enthalten ist. (Hinweis: Vgl. das Beispiel in 7.)

14. Sind G und H zusammenhängende abgeschlossene Untergruppen von $\mathrm{GL}(n, \mathbb{K})$ mit $\mathcal{L}G = \mathcal{L}H$, so gilt $\mathrm{G} = \mathrm{H}$.

15. Für eine Untergruppe G von $\mathrm{GL}(n, \mathbb{K})$ und $A \in \mathrm{G}$ sei

$$T_A\mathrm{G} := \{\dot{\gamma}(0); \gamma \text{ Kurve in } \mathrm{G}, \gamma(0) = A\}$$

(„Tangentialraum an G im Punkt A"). Man zeige, daß $T_A\mathrm{G}$ ein zu $T_E\mathrm{G}$ isomorpher Teilraum von $\mathrm{Mat}(n, \mathbb{K})$ ist.

16. Man beweise $T_E\mathrm{GL}(n, \mathbb{R}) = \mathrm{Mat}(n, \mathbb{R})$, indem man zunächst verifiziert, daß es zu jedem $A \in \mathrm{Mat}(n, \mathbb{R})$ ein $\epsilon > 0$ gibt, so daß $t \mapsto E + tA$, $|t| < \epsilon$, eine Kurve in $\mathrm{GL}(n, \mathbb{R})$ ist.

17. (Vgl. die Bemerkung am Schluß von Abschnitt 8.) Man zeige: Ist G eine klassische Gruppe, so gilt $\mathcal{L}G = T_E\mathrm{G}$. (Hinweis: Für $\mathrm{G} = \mathrm{SL}(n, \mathbb{K})$, $\mathbb{K} = \mathbb{R}, \mathbb{C}$, zeige man zunächst $\frac{d}{dt} \det \gamma(t) = \mathrm{Spur}\, \dot{\gamma}(t)$, entsprechendes für die übrigen Gruppen.)

18. Es sei G eine abgeschlossene Untergruppe von $\mathrm{GL}(n, \mathbb{K})$ und $\mathrm{H} = \left\{ \begin{pmatrix} A & a \\ 0 & 1 \end{pmatrix} ; A \in \mathrm{G}, a \in \mathbb{K}^n \right\}$. Man berechne $\exp_\mathrm{H}$.

§3 Homomorphismen linearer Gruppen und ihrer Lie-Algebren

1. Die Gleichung $f \circ \exp_G = \exp_H \circ \mathcal{L}f$

Definition. Es seien G und H lineare Gruppen. Eine Abbildung $f : G \to H$ heißt *Homomorphismus*, wenn gilt:

(H1) $f(AB) = f(A)f(B)$ für alle $A, B \in G$;

(H2) für jedes $X \in \mathcal{L}G$ ist die Abbildung

$$\mathbb{R} \to H , \qquad t \mapsto f \circ \exp_G(tX)$$

stetig differenzierbar.

In Worten kann man das etwa so formulieren: Ein Homomorphismus linearer Gruppen ist eine Abbildung, die mit der algebraischen, der topologischen und der infinitesimalen Struktur der Gruppen verträglich ist.

Beispiele. 1) Die Determinantenfunktion $\det : GL(n, \mathbb{K}) \to \mathbb{K}^\times$ für $\mathbb{K} = \mathbb{R}, \mathbb{C}$; die Injektion $l_n : GL(n, \mathbb{H}) \to GL(2n, \mathbb{C})$ (vgl. I, §2.10), und folglich die $\mathbb{C}$-Determinante $\det_\mathbb{C} : GL(n, \mathbb{H}) \to \mathbb{R}_+^\times$.

2) Jede Einparametergruppe $\mathbb{R} \to G$ einer linearen Gruppe G.

Die Aussagen, mit denen wir uns im Verlaufe dieses Paragraphen beschäftigen werden, beruhen größtenteils auf dem folgenden Satz, der den „Abstieg" von linearen Gruppen und ihren Homomorphismen zu Lie-Algebren und deren Homomorphismen beschreibt (dem „Aufstieg" wenden wir uns in den Abschnitten 4 und 5 zu). Dabei versteht man, wie stets bei Algebren, unter einem *Homomorphismus von Lie-Algebren* eine Abbildung $\Phi : \mathcal{L} \to \mathcal{L}'$ mit

(LH1) Φ ist linear,

(LH2) $\Phi[X, Y] = [\Phi(X), \Phi(Y)]$ für alle $X, Y \in \mathcal{L}$.

Satz 1. *Für jeden Homomorphismus $f : G \to H$ linearer Gruppen ist die Abbildung*

$$\mathcal{L}f : \mathcal{L}G \to \mathcal{L}H , \qquad X \mapsto \mathcal{L}f(X) := \frac{d}{dt} f \circ \exp_G(tX)|_{t=0}$$

ein Homomorphismus von Lie-Algebren mit der Eigenschaft, daß das folgende Diagramm kommutiert, d.h.

$$(*) \qquad\qquad f \circ \exp_G = \exp_H \circ \mathcal{L}f .$$

$$
\begin{array}{ccc}
G & \xrightarrow{\ f\ } & H \\
\uparrow{\scriptstyle \exp_G} & & \uparrow{\scriptstyle \exp_H} \\
\mathcal{L}G & \xrightarrow{\ \mathcal{L}f\ } & \mathcal{L}H
\end{array}
$$

Beweis. Wir bestätigen zunächst die Kommutativität des Diagramms: Wegen (H1) und (H2) ist $\gamma : t \mapsto f \circ \exp_G(tX)$ für jedes $X \in \mathcal{L}G$ eine Einparametergruppe in H, und nach Definition von $\mathcal{L}f$ gilt $\dot{\gamma}(0) = \mathcal{L}f(X)$, also

$f \circ \exp_G(tX) = \gamma(t) = \exp_H(t\mathcal{L}f(X))$ für alle $t \in \mathbb{R}$, $X \in \mathcal{L}G$, die letzte Gleichung nach § 1.3 Satz 3. – Daß $\mathcal{L}f(X)$ in $\mathcal{L}H$ ist für alle $X \in \mathcal{L}G$, folgt aus der Kommutativität des Diagramms. Daß $\mathcal{L}f(\alpha X) = \alpha\mathcal{L}f(X)$ für $\alpha \in \mathbb{R}$ und $X \in \mathcal{L}G$ gilt, kann man mit Hilfe der Kettenregel der Differentialrechnung schließen oder folgendermaßen aus $(*)$: $\exp_H(t\mathcal{L}f(\alpha X)) = f \circ \exp_G(t\alpha X)) = \exp_H(t(\alpha\mathcal{L}f(X)))$; wählt man t hinreichend klein, so folgt wegen der lokalen Umkehrbarkeit von $\exp_H$ die Behauptung. Diesen letzten Schluß wenden wir auch beim Beweis der verbleibenden beiden Homomorphieeigenschaften an und ziehen als entscheidendes Hilfsmittel die Exponentialformeln aus § 2.5 Satz 6 hinzu:

$$\exp_H\left[t(\mathcal{L}f(X) + \mathcal{L}f(Y))\right] = \lim_{n\to\infty}\left[\exp_H\left(\tfrac{t}{n}\mathcal{L}f(X)\right)\exp_H\left(\tfrac{t}{n}\mathcal{L}f(Y)\right)\right]^n$$

$$= \lim_{n\to\infty}\left[f\left(\exp_G\left(\tfrac{t}{n}X\right)\right)f\left(\exp_G\left(\tfrac{t}{n}Y\right)\right)\right]^n$$

$$= f\left(\lim_{n\to\infty}\left[\exp_G\left(\tfrac{t}{n}X\right)\exp_G\left(\tfrac{t}{n}Y\right)\right]^n\right)$$

$$= f\left(\exp_G\left(tX + tY\right)\right) = \exp_H\left(t\mathcal{L}f(X+Y)\right)$$

für $X, Y \in \mathcal{L}G$ und alle $t \in \mathbb{R}$.

Damit ist (LH1) bewiesen; (LH2) beweist man durch eine zur vorstehenden ganz analoge Rechnung. $\qquad\square$

Folgerung. Homomorphismen linearer Gruppen sind stetig.

Beweis. Es gibt eine offene Umgebung U von 0 in $\mathcal{L}G$, so daß $\exp_G|U$ umkehrbar ist. Nach Formel $(*)$ des vorstehenden Satzes gilt $f|V = \exp_H \circ \mathcal{L}f \circ (\exp_G|U)^{-1}$ mit $V = \exp_G(U)$. Folglich ist $f|V$ als Produkt stetiger Abbildungen stetig; mithin ist f stetig in E. Hieraus folgt bereits die Stetigkeit von f in jedem Punkt, weil für jedes $A \in G$ die Abbildung $L_A : G \to G$, $B \mapsto AB$ ein Homöomorphismus von G ist. $\qquad\square$

Beispiele. 3) Für jede lineare Gruppe G gilt $\mathcal{L}Id_G = Id_{\mathcal{L}G}$, denn $\mathcal{L}Id_G(X) = \frac{d}{dt}\exp_G tX\big|_{t=0} = X$ für alle $X \in \mathcal{L}G$ (vgl. § 1.3).

4) Für $X \in \mathrm{Mat}(n, \mathbb{R}) = \mathcal{L}GL(n, \mathbb{R})$ gilt

$$\mathcal{L}\det(X) = \frac{d}{dt}\det\left(\exp(tX)\right)\Big|_{t=0} = \frac{d}{dt}\exp\left(t\,\mathrm{Spur}X\right)\Big|_{t=0} = \mathrm{Spur}X .$$

5) Identifizieren wir die additive Gruppe $\mathbb{R}$ vermöge $t \leftrightarrow e^t$ mit $\mathbb{R}_+^\times$, so ist die zu $\mathbb{R}$ gehörige Exponentialabbildung $\exp_\mathbb{R} : \mathbb{R} = \mathcal{L}\mathbb{R} \to \mathbb{R}$ gleich der Identität auf $\mathbb{R}$: $\exp_\mathbb{R}(t) \leftrightarrow \exp_{\mathbb{R}_+^\times}(t) = e^t \leftrightarrow t$. Ist nun γ eine Einparametergruppe in G, so gilt

$$\mathcal{L}\gamma : \mathbb{R} \to \mathcal{L}G , \quad \mathcal{L}\gamma(c) = \frac{d}{dt}\gamma\left(\exp_\mathbb{R}(tc)\right)\Big|_{t=0} = \frac{d}{dt}\gamma(tc)\Big|_{t=0} = c\dot\gamma(0) .$$

2. Funktorielle Eigenschaften

Die Gesamtheit der linearen Gruppen und ihrer Homomorphismen, zusammen mit der teilweisen (nicht für alle Paare (f, g) definierten) Verknüpfung $(f, g) \rightarrow f \circ g$ von Homomorphismen heißt *Kategorie* der linearen Gruppen. Entsprechend ist die Kategorie der (reellen) Lie-Algebren definiert. Die Zuordnungen G $\rightarrow$ $\mathcal{L}$G und $f \rightarrow \mathcal{L}f$ definieren einen *Funktor*. Ohne näher auf die Begriffsbildungen der Kategorientheorie einzugehen, wollen wir in diesem Abschnitt einige Eigenschaften dieses Funktors studieren, insbesondere im Hinblick auf (lokale) Isomorphie.

Zunächst stellen wir uns die Frage, wie weit ein Homomorphismus f durch $\mathcal{L}f$ bestimmt ist. Die Antwort gibt der folgende Satz und das anschließende Beispiel.

Satz 2. (a) *Sind* f, g : G $\rightarrow$ H *Homomorphismen linearer Gruppen, so daß* $\mathcal{L}f = \mathcal{L}g$, *dann stimmen* f *und* g *auf der Einskomponente* G° *von* G *überein:* $f|G° = g|G°$.

(b) *Ist* f : G $\rightarrow$ H *ein Homomorphismus linearer Gruppen, und ist* G *zusammenhängend, so ist* f *durch* $\mathcal{L}f$ *eindeutig bestimmt gemäß der Formel*

$$f\left(\exp_G X_1 \ldots \exp_G X_k\right) = \exp_H \mathcal{L}f(X_1) \ldots \exp_H \mathcal{L}f(X_k) \,,$$

$X_1, \ldots, X_k \in \mathcal{L}$G, $k \in \mathbb{N}$.

Beweis. Nach § 2 Satz 11 läßt sich jedes Element von G° in der Form $\exp_G X_1 \ldots$ $\exp_G X_k$ schreiben mit geeignetem $X_i \in \mathcal{L}$G, $k \in \mathbb{N}$; mit $f(\exp_G X) = \exp_H \mathcal{L}f(X) = \exp_H \mathcal{L}g(X) = g(\exp_G X)$ und (H1) folgen die Behauptungen. $\square$

Daß man von $\mathcal{L}f$ nicht auf das Verhalten von f „außerhalb" von G° schließen kann, zeigt das folgende

Beispiel. Es seien f, g : O(n) $\rightarrow$ O(n) definiert durch $f(A) = A$, $g(A) = (\det A) \cdot A$ für $A \in$ O(n). Es gilt $\mathcal{L}f = Id_{\mathcal{L}O(n)}$, ferner $\mathcal{L}g(X) = \frac{d}{dt}[(\det \exp_G(tX)) \exp_G(tX)]|_{t=0} = (\text{Spur} X)E + X = X$, also $\mathcal{L}g = Id_{\mathcal{L}O(n)} = \mathcal{L}f$, aber $g \neq f$.

Isomorphismen werden in der üblichen Weise definiert: Ein Homomorphismus linearer Gruppen f : G $\rightarrow$ H heißt *Isomorphismus*, wenn er bijektiv ist, und das Inverse f^{-1} : H $\rightarrow$ G ebenfalls ein Homomorphismus ist; entsprechend für Lie-Algebren.

Satz 3. (a) *Sind* f : G $\rightarrow$ H, g : H $\rightarrow$ K *Homomorphismen linearer Gruppen, so gilt* $\mathcal{L}(g \circ f) = \mathcal{L}g \circ \mathcal{L}f$.

(b) *Ist* f : G $\rightarrow$ H *ein Isomorphismus, so ist auch* $\mathcal{L}f$: $\mathcal{L}$G $\rightarrow$ $\mathcal{L}$H *ein Isomorphismus, und es gilt* $\mathcal{L}\left(f^{-1}\right) = (\mathcal{L}f)^{-1}$.

Beweis. $\exp_K(t\mathcal{L}g(\mathcal{L}f(X))) = g \circ \exp_H(t\mathcal{L}f(X)) = g \circ f \circ \exp_G(tX) = \exp_K(t\mathcal{L}(g \circ f)X)$ für alle $t \in \mathbb{R}$; es folgt a).

Aus (a) folgt $\mathcal{L}f \circ \mathcal{L}(f^{-1}) = \mathcal{L}(f \circ f^{-1}) = \mathcal{L}(Id_H)$, ebenso $\mathcal{L}(f^{-1}) \circ \mathcal{L}f = \mathcal{L}(Id_G)$; mit $\mathcal{L}(Id_H) = Id_{\mathcal{L}H}$, $\mathcal{L}(Id_G) = Id_{\mathcal{L}G}$ (vgl. Beispiel 3) folgt die Behauptung.   □

Die Aussage (b) des Satzes kann man einprägsam (in etwas verkürzter Form) so formulieren:

$$G \cong H \Rightarrow \mathcal{L}G \cong \mathcal{L}H \; .$$

Die Umkehrung dieser Implikation gilt i.a. nicht – auch dann nicht, wenn G und H zusammenhängend sind; eine teilweise („lokale") Umkehrung beweisen wir im nächsten Abschnitt.

Satz 4. *Es sei* $f : G \to H$ *ein Homomorphismus linearer Gruppen. Dann gilt*
   (a) *Kern(f) ist ein abgeschlossener Normalteiler in G;*
   (b) $\mathcal{L}(\text{Kern}(f)) = \text{Kern}(\mathcal{L}f)$.

Zur Definition des Begriffs „abgeschlossene Untergruppe von G" vergleiche man den folgenden Beweis (und Aufgabe 8 zu § 2).

Beweis. Wir nehmen G als abgeschlossene Untergruppe von $GL(n, \mathbb{K})$. Es sei (A_k) eine konvergente Folge, $A_k \in \text{Kern}(f)$ für alle k, und es gelte $\lim A_k \in G$. Wir haben zu zeigen, daß der Limes in Kern(f) liegt. Dies folgt aber unmittelbar aus der Stetigkeit von f (s. Folgerung aus Satz 1). – Die Normalteiler-Eigenschaft folgt aus (H1).

Zu (b): $X \in \mathcal{L}(\text{Kern}(f)) \Rightarrow \exp_G(tX) \in \text{Kern}(f) \Rightarrow f \circ \exp_G(tX) = E \Rightarrow \exp_H(t\mathcal{L}f(X)) = E$, jeweils für alle $t \in \mathbb{R}$; es folgt $\mathcal{L}f(X) = 0$, also $X \in \text{Kern}(\mathcal{L}f)$. Umgekehrt: $X \in \text{Kern}(\mathcal{L}f) \Rightarrow \mathcal{L}f(X) = 0 \Rightarrow \exp_H(t\mathcal{L}f(X)) = E \Rightarrow f \circ \exp_G(tX) = E \Rightarrow \exp_G(tX) \in \text{Kern}(f)$ für alle $t \in \mathbb{R}$; letzteres bedeutet $X \in \mathcal{L}(\text{Kern}(f))$, womit der Satz bewiesen ist.   □

Wendet man den Satz z.B. an auf den Homomorphismus det : $GL(n, \mathbb{K}) \to \mathbb{K}^\times$, $\mathbb{K} = \mathbb{R}$ oder $= \mathbb{C}$, so erhält man aufs neue, daß $SL(n, \mathbb{K})$ eine abgeschlossene Untergruppe von $GL(n, \mathbb{K})$ ist, und (b) gibt eine weitere Möglichkeit, $\mathcal{L}SL(n, \mathbb{K})$ zu bestimmen. Wir kommen in einem anderen Zusammenhang auf den vorstehenden Satz im nächsten Abschnitt zurück.

Als Anwendung einiger der vorstehenden Ergebnisse übertragen wir den Begriff des semidirekten Produkts von Gruppen (I, § 1.4) auf Lie-Algebren. Dazu schreiben wir ein semidirektes Produkt von Gruppen als exakte Sequenz und wenden den „Funktor" $\mathcal{L}$ an:

Satz 5. *Ist in dem folgenden Diagramm die obere Zeile eine zerfallende exakte Sequenz, so auch die untere Zeile („der Funktor L respektiert zerfallende exakte Sequenzen").*

$$
\begin{array}{ccccccccc}
1 & \longrightarrow & \mathrm{N} & \xrightarrow{\ j\ } & \mathrm{G} & \underset{q}{\overset{p}{\rightleftarrows}} & \mathrm{H} & \longrightarrow & 1 \\
& & \uparrow{\scriptstyle\exp} & & \uparrow{\scriptstyle\exp} & & \uparrow{\scriptstyle\exp} & & \\
0 & \longrightarrow & \mathcal{L}\mathrm{N} & \xrightarrow{\ \mathcal{L}j\ } & \mathcal{L}\mathrm{G} & \underset{\mathcal{L}q}{\overset{\mathcal{L}p}{\rightleftarrows}} & \mathcal{L}\mathrm{H} & \longrightarrow & 0
\end{array}
$$

Beweis. 1) Aus $p \circ q = id$ folgt $\mathcal{L}p \circ \mathcal{L}q = \mathcal{L}id = id$ nach Satz 3 (a) und 1. Beispiel 3.

2) Da j injektiv ist, ist auch $\mathcal{L}j$ injektiv nach Satz 4 (b).

3) Aus 1) folgt die Surjektivität von $\mathcal{L}p$.

4) Es bleibt zu zeigen: $\mathrm{Kern}\,\mathcal{L}p = \mathrm{Bild}\,\mathcal{L}j$. Sei zunächst $X = \mathcal{L}j(Y) \in \mathrm{Bild}\,\mathcal{L}j, Y \in \mathcal{L}\mathrm{N}$. Es folgt $\exp tX = \exp t\mathcal{L}j(Y) = j \circ \exp tY \in \mathrm{Bild}(j) = \mathrm{Kern}(p)$ für alle $t \in \mathbb{R}$, also $0 = p \circ \exp tX = \exp t\mathcal{L}p(X)$ für alle t. Wählt man t hinreichend klein, so folgt $t\mathcal{L}p(X) = 0$, also $X \in \mathrm{Kern}\,\mathcal{L}p$. Ganz analog beweist man die andere Inklusion. □

Man wird also eine zerfallende exakte Sequenz

$$
0 \longrightarrow \mathcal{L}' \xrightarrow{\ j\ } \mathcal{L} \underset{q}{\overset{p}{\rightleftarrows}} \mathcal{L}'' \longrightarrow 0
$$

von Lie-Algebren als semidirektes Produkt von $\mathcal{L}'$ mit $\mathcal{L}''$ bezeichnen, in verkürzter Form $\mathcal{L} = \mathcal{L}' \rtimes \mathcal{L}''$. In dieser Formulierung erhalten wir aus dem obigen Satz dann

$$
\mathcal{L}\,(\mathrm{N} \rtimes \mathrm{H}) = \mathcal{L}\mathrm{N} \rtimes \mathcal{L}\mathrm{H} .
$$

Wir gehen jetzt aus von der vorstehenden Sequenz und setzen $\mathcal{N} = j(\mathcal{L}')$, $\mathcal{H} = q(\mathcal{L}'')$. Es folgt

(a) $\mathcal{N}$ ist ein Ideal von $\mathcal{L}$ (also $[\mathcal{N},\mathcal{L}] \subset \mathcal{N}$) und $\mathcal{H}$ ist eine Teilalgebra von $\mathcal{L}$;

(b) $\mathcal{L} = \mathcal{N} \oplus \mathcal{H}$.

Für $a, b \in \mathcal{N}$ und $x, y \in \mathcal{H}$ gilt

(∗) $[a \oplus x, b \oplus y] = ([a,b] + \rho(x)(b) - \rho(y)(a)) \oplus [x,y] ,$

wobei ρ der durch

$$
\rho : \mathcal{H} \to \mathrm{Der}(\mathcal{N}) , \quad \rho(x)(a) = [x,a]
$$

definierte Homomorphismus von $\mathcal{H}$ in die „Derivationsalgebra" $\mathrm{Der}(\mathcal{N}) := \{f \in \mathrm{End}_{\mathbb{K}}(\mathcal{N}); f[a,b] = [f(a),b]+[a,f(b)]$ für alle $a,b \in \mathcal{N}\}$ von $\mathcal{N}$ ist (vgl. Aufgabe 5 zu § 2).

Eine Lie-Algebra $\mathcal{L}$ heißt (inneres) semidirektes Produkt von $\mathcal{N}$ mit $\mathcal{H}$, Bez.: $\mathcal{L} = \mathcal{N} \rtimes \mathcal{H}$, wenn (a) *und* (b) *erfüllt sind. In diesem Fall ist also $\mathcal{L}$ als Lie-Algebra eindeutig bestimmt durch $\mathcal{N}, \mathcal{H}$ und ρ gemäß* (∗).

Umgekehrt erhält man zu Lie-Algebren $\mathcal{N}$ und $\mathcal{H}$ und einem Homomorphismus $\rho : \mathcal{H} \to \mathrm{Der}(\mathcal{N})$ vermöge (∗) eine Lie-Algebra, die mit $\mathcal{N} \rtimes_{\rho} \mathcal{H}$ bezeichnet wird und *(äußeres) semidirektes Produkt von $\mathcal{N}$ mit $\mathcal{H}$ bez.* ρ heißt.

Beispiel. Es sei V ein K-Vektorraum, aufgefaßt als Abelsche Lie-Algebra (also $[a, b] = 0$ für alle $a, b \in V$). Dann ist offenbar $\mathrm{Der}(V) = \mathrm{End}_K V$. Für eine Teilalgebra $\mathcal{H}$ von $(\mathrm{End}_K V)^-$ ist die Inklusionsabbildung $\mathcal{H} \hookrightarrow \mathrm{End}_K V$ ein (Lie-Algebren-)Homomorphismus. Wir erhalten also das „kanonische" semidirekte Produkt $V \rtimes \mathcal{H}$ mit dem Kommutator $[a \oplus X, b \oplus Y] = (Xb - Ya) \oplus [X, Y]$.

3. Maximal-kompakte Untergruppen

Nach § 1.0 (8) ist eine Untergruppe K von $\mathrm{GL}(n, \mathbb{K})$ genau dann kompakt, wenn sie abgeschlossen in $\mathrm{Mat}(n, \mathbb{K})$ (!) und beschränkt ist.

Beispiele. $\mathrm{GL}(n, \mathbb{K})$ ist offenbar nicht kompakt. Die Gruppen $\mathrm{O}(n)$, $\mathrm{SO}(n)$, $\mathrm{U}(n)$, $\mathrm{SU}(n)$ sind beschränkt wegen $\|A\| = (\mathrm{Spur}A^*A)^{1/2} = (\mathrm{Spur}E)^{1/2} = \sqrt{n}$ für $A \in \mathrm{O}(n)$ bzw. $\mathrm{U}(n)$, und wie im Beweis von Satz 4 in § 2.4 sieht man, daß diese Gruppen (sogar) abgeschlossen sind in $\mathrm{Mat}(n, \mathbb{K})$. Ebenso erkennt man, daß $\mathrm{Sp}(2n)$ kompakt ist. Die übrigen klassischen Gruppen sind nicht kompakt, was sich aus den folgenden Überlegungen ergibt (s. Satz 7 und die Tabelle am Schluß dieses Abschnittes).

Es sei G eine abgeschlossene Untergruppe von $\mathrm{GL}(n, \mathbb{K})$,

$$\Theta : G \to G , \qquad A \mapsto (A^*)^{-1} .$$

Lemma 1. *Θ ist ein Homomorphismus der linearen Gruppe G mit $\Theta^2 = id_G$. Für $\vartheta := \mathcal{L}\Theta : \mathcal{L}G \to \mathcal{L}G$ gilt*

$$\vartheta(X) = -X^* , \qquad \vartheta^2 = id .$$

Beweis. Da Θ stetig ist, handelt es sich um einen Homomorphismus:

$$\left. \frac{d}{dt} \Theta \circ \exp(tX) \right|_{t=0} = \left. \frac{d}{dt} \exp(-tX^*) \right|_{t=0} = -X^* = \vartheta(X) . \qquad \square$$

Lemma 2. *Die Fixpunktmenge*

$$K := \{A \in G; \Theta A = A\}$$

von Θ ist eine kompakte Untergruppe von G mit Lie-Algebra

$$k := \mathcal{L}K = \{X \in \mathcal{L}G; \vartheta X = X\} .$$

Beweis. Nach Definition von Θ gilt

$$K = G \cap U(n) \,,$$

also ist G beschränkt. Da Θ stetig ist, ist K aufgrund des Folgenkriteriums in §1.0 abgeschlossen in $Mat(n, \mathbb{K})$, also kompakt. Es gilt $\Theta \circ \exp(tX) = \exp(tX)$ für alle $t \in \mathbb{R}$ genau dann, wenn $\exp(-tX^*) = \exp(tX)$ für alle $t \in \mathbb{R}$; wählt man t hinreichend klein, so folgt $X^* = -X$, d.h. $\vartheta X = X$.   □

Da ϑ eine lineare Abbildung ist mit $\vartheta^2 = id$, ist ϑ diagonalisierbar mit den Eigenwerten 1 und -1. Es ist also k der Eienraum von ϑ zum Eigenwert 1. Setzt man

$$p := \{X \in \mathcal{L}G; \vartheta X = -X\} = \{X \in \mathcal{L}G; X^* = X\} \,,$$

so folgt

$$\mathcal{L}G = k \oplus p \qquad \text{(„Cartan-Zerlegung von } \mathcal{L}G\text{“)} \,.$$

Der Beweis des folgenden Sates ist eine Anwendung des Satzes über die Polarzerlegung (I. §4.12).

Satz 6. *Die Abbildung*

$$K \times p \to G \,, \qquad (T, X) \mapsto T \cdot \exp X$$

ist ein Diffeomorphismus.

Beweis. Wir fassen G als Untergruppe von $GL(n, \mathbb{C})$ auf. Es sei $A \in G$ und $A = T \cdot P$ die Polarzerlegung von A, also T unitär und P positiv-definit Hermitesch. Nach Konstruktion von T und P sind mit A auch T und P in G. Wir zeigen, daß es zu P eine Hermitesche Matrix X gibt mit $\exp X = P$ (dann ist X zwangsläufig in p). Da P positiv-definit Hermitesch ist, gibt es ein $S \in U(n)$, so daß $P = S^*[\alpha_1, \ldots, \alpha_n]S$ mit $\alpha_i \in \mathbb{R}_+^\times$. Folglich gibt es $\beta_1, \ldots, \beta_n \in \mathbb{R}$, so daß $\alpha_i = \exp \beta_i$, also $P = S^* \exp[\beta_1, \ldots, \beta_n]S = \exp X$ mit der Hermiteschen Matrix $X := S^*[\beta_1, \ldots, \beta_n]S$.

Bis hierher ist bewiesen, daß die im Satz genannte Abbildung surjektiv ist. Die Injektivität folgt aus der Eindeutigkeit der Polarzerlegung. Den Beweis, daß es sich um einen Diffeomorphismus handelt, überlassen wir als Übungsaufgabe.   □

Satz 7. K *ist eine maximal-kompakte Untergruppe von* G.

Beweis. Es sei K' eine kompakte Untergruppe von G mit $K \subset K'$, $K \neq K'$. Aus der Zerlegung $G = K \cdot \exp(p)$ folgt, daß K' ein Element $\exp X$ mit $X \in p$ und $\exp \neq E$ enthält. Die Eigenwerte eines solchen Elementes sind positiv, und folglich enthält K' Elemente mit beliebig großen Eigenwerten, nämlich $(\exp X)^n$, was der Beschränktheit von K' widerspricht.   □

Mit Lemma 2 und Satz 7 erhält man die folgende Liste:

Maximal kompakte Untergruppen der klassischen Gruppen

G	K
$\mathrm{GL}(n, \mathbb{R})$	$\mathrm{O}(n)$
$\mathrm{SL}(n, \mathbb{R})$	$\mathrm{SO}(n)$
$\mathrm{GL}(n, \mathbb{C})$	$\mathrm{U}(n)$
$\mathrm{SL}(n, \mathbb{C})$	$\mathrm{SU}(n)$
$\mathrm{O}(p, q)$	$\mathrm{O}(p) \times \mathrm{O}(q)$
$\mathrm{SO}(p, q)$	$[\mathrm{O}(p) \times \mathrm{O}(q)] \cap \mathrm{SL}(n, \mathbb{R})$
$\mathrm{SO}^+(p, q)$	$\mathrm{SO}(p) \times \mathrm{SO}(q)$
$\mathrm{O}(n, \mathbb{C})$	$\mathrm{O}(n)$
$\mathrm{SO}(n, \mathbb{C})$	$\mathrm{SO}(n)$
$\mathrm{Sp}(2n, \mathbb{R})$	$\mathrm{SU}(n)$
$\mathrm{Sp}(2n, \mathbb{C})$	$\mathrm{Sp}(2n) \cong \mathrm{U}(n, \mathbb{H})$
$\mathrm{U}(p, q; \mathbb{K})$	$\mathrm{U}(p, \mathbb{K}) \times \mathrm{U}(q, \mathbb{K})$
$\mathrm{SU}(p, q; \mathbb{K})$	$[\mathrm{U}(p, \mathbb{K}) \times \mathrm{U}(q, \mathbb{K})] \cap \mathrm{SL}(n, \mathbb{K})$
$\mathrm{U}_\alpha(n, \mathbb{H})$	$\mathrm{U}(n)$
$\mathrm{SU}_\alpha(n, \mathbb{H})$	$\mathrm{SU}(n)$

4. Lokale Isomorphie

Nachdem wir uns in den ersten beiden Abschnitten dieses Paragraphen mit dem „Abstieg" von der Kategorie der linearen Gruppen zur Kategorie der Lie-Algebren beschäftigt haben, widmen wir uns in diesem und dem übernächsten Abschnitt dem wesentlich mühevolleren „Aufstieg". Wir beginnen mit

Beispiel 1) Es sei $\mathrm{G} = \mathbb{R}_+^\times$ und $\mathrm{H} = \mathrm{SO}(2)$. Wir definieren den Homomorphismus $f : \mathrm{G} \to \mathrm{H}$ durch

$$f\left(e^t\right) := \begin{pmatrix} \cos t & -\sin t \\ \sin t & \cos t \end{pmatrix}, \qquad t \in \mathbb{R}.$$

Für $c \in \mathcal{L}\mathrm{G} = \mathbb{R}$ gilt

$$\mathcal{L}f(c) = \frac{d}{dt}f\exp_{\mathrm{G}}(tc)\Big|_{t=0} = \frac{d}{dt}f\left(e^{tc}\right)\Big|_{t=0} = \begin{pmatrix} 0 & -c \\ c & 0 \end{pmatrix}.$$

Folglich ist $\mathcal{L}f$ ein Isomorphismus von $\mathcal{L}\mathrm{G}$ auf $\mathcal{L}\mathrm{H}$. Dagegen ist f kein Isomorphismus; vielmehr gilt

$$\mathrm{Kern}(f) = \left\{e^{2\pi k}; k \in \mathbb{Z}\right\}.$$

Man sieht, daß es eine offene Umgebung U von 1 in G gibt, deren Durchschnitt mit Kern(f) nur aus 1 besteht (m.a.W. Kern(f) ist eine diskrete Untergruppe von G). Die Restriktion von f auf U ist mithin injektiv, genauer ein „lokaler Isomorphismus" von G nach H.

Definition. Es seien G und H lineare Gruppen. Ein Paar (f, U) heißt *lokaler Homomorphismus* von G in H, wenn U eine offene Umgebung von E in G ist und f eine Abbildung von U in H mit den Eigenschaften

(lH1) für alle $A, B \in U$ mit $AB \in U$ gilt $f(AB) = f(A)f(B)$,

(lH2) für jedes $X \in \mathcal{L}$G ist die Abbildung $I \to$ H, $t \mapsto f \circ \exp_G(tX)$ stetig differenzierbar, wenn I die offene Umgebung $\{t \in \mathbb{R}; \exp_G(tX) \in U\}$ von 0 in $\mathbb{R}$ bezeichnet.

Wie in der Folgerung zu Satz 1 erkennt man, daß lokale Homomorphismen stetig sind.

Ein lokaler Homomorphismus (f, U) heißt *lokaler Isomorphismus*, wenn f injektiv und $(f^{-1}, f(U))$ ebenfalls ein lokaler Homomorphismus ist.

Die Komposition lokaler Homomorphismus (f, U) von G in H und (g, V) von H in K ist in naheliegender Weise erklärt: $(g, V) \circ (f, U) := (g \circ f, \overline{f}^1(V) \cap U)$. Damit erhalten wir die „Kategorie der linearen Gruppen und lokalen Homomorphismen".

Wenn es bei einem lokalen Homomorphismus (f, U) von G in H auf die explizite Angabe von U nicht ankommt, schreiben wir kurz $f : $ G $\to$ H und nennen f einen lokalen Homomorphismus von G in H.

Für einen lokalen Homomorphismus f ist $\mathcal{L}f$ definiert genau wie im „globalen" Fall in Abschnitt 1. Satz 1 gilt wörtlich für einen lokalen Homomorphismus $f : $ G $\to$ H. Satz 2 überträgt sich wie folgt:

Sind $f, g : $ G $\to$ H lokale Homomorphismen mit $\mathcal{L}f = \mathcal{L}g$, so stimmen f und g in einer offenen Umgebung von E in G überein.

Satz 3 gilt unverändert für lokale Homomorphismen; insbesondere:

Sind die linearen Gruppen G und H lokal isomorph, so sind die Lie-Algebren $\mathcal{L}$G und $\mathcal{L}$H isomorph.

Hiervon gilt auch die Umkehrung:

Satz 8. *Es seien G und H lineare Gruppen und $\Phi : \mathcal{L}$G $\to \mathcal{L}$H ein Homomorphismus der Lie-Algebren. Es gibt einen* lokalen *Homomorphismus $f : $ G $\to$ H, so daß $\mathcal{L}f = \Phi$.*

Ist Φ ein Isomorphismus, so gibt es einen lokalen Isomorphismus f mit dieser Eigenschaft.

Beweisskizze. Ein lokaler Homomorphismus (f, U) mit der genannten Eigenschaft muß nach Satz 1 notwendig die Gleichung $f(\exp_G X) = \exp_H \Phi(X)$

erfüllen, sofern $\exp_G X \in U$. Man hat also nur eine offene Umgebung U von E in G so zu wählen, daß $\exp_G$ eine offene Umgebung von 0 in $\mathcal{L}G$ bijektiv auf U abbildet. Dann wird durch

$$f(A) := \exp_H \Phi(X) \qquad \text{falls} \quad A = \exp_G X \in U$$

eine Abbildung von U in H definiert, für die man ohne Schwierigkeiten $(l\text{H}2)$ nachweist. – Im Fall der Bijektivität von Φ wählt man eine offene Umgebung V_0 von 0 in $\mathcal{L}H$ derart, daß $\exp_H$ auf V_0 injektiv ist und ersetzt das oben gewählte U durch

$$\widetilde{U} := U \cap \exp_G \Phi^{-1}(V_0) \; ;$$

dann ist offenbar $f : \widetilde{U} \to H$ injektiv. Die Schwierigkeit besteht ausschließlich darin, $(l\text{H}1)$ zu beweisen. Der wohl naheliegende Beweis von $(l\text{H}1)$ wird mit Hilfe der Campbell-Hausdorff-Formel geführt, die wir allerdings nur in abgeschwächter Form bewiesen haben (§ 1, 4.). Setzt man voraus, daß für alle $X, Y \in \mathcal{L}G$ und genügend kleines $t \in \mathbb{R}$

$$\exp_G(tX)\exp_G(tY) = \exp_G h(tX, tY) \qquad \text{mit}$$

$$h(tX, tY) = tX + tY + \frac{1}{2}t^2[X, Y] + \sum_{k=3}^{\infty} \frac{1}{k!}t^k h_k(X, Y) \; ,$$

wobei $h_k(X, Y)$ für jedes $k \geq 3$ eine Linearkombination von k-fachen Kommutatoren in X und Y ist, so folgt aus der Stetigkeit von Φ zunächst $\Phi(h(X, Y)) = h(\Phi(X), \Phi(Y))$, und hieraus für $A = \exp_G X$, $B = \exp_G Y$ in einer, evtl. echt in U bzw. $\widetilde{U}$ enthaltenen offenen Umgebung von E in G : $f(AB) = f(\exp_G h(X, Y)) = \exp_H \Phi(h(X, Y)) = \exp_H h(\Phi(X), \Phi(Y)) = \exp_H \Phi(X)\exp_H \Phi(Y) = f(A)f(B)$. $\qquad \square$

In dem vorstehenden Satz kann „lokaler Homomorphismus" nicht durch „Homomorphismus" ersetzt werden; m.a.W.: es ist i.a. nicht richtig, daß es zu jedem Homomorphismus $\Phi : \mathcal{L}G \to \mathcal{L}H$ der Lie-Algebren linearer Gruppen einen Homomorphismus $f : G \to H$ gibt mit $\mathcal{L}f = \Phi$. Hierzu

Beispiel 2) $U = \{R(t); -\pi < t < \pi\}$ ist eine offene Umgebung des Einselementes von SO(2), wobei wie üblich $R(t) = \begin{pmatrix} \cos t & -\sin t \\ \sin t & \cos t \end{pmatrix}$; ferner ist $f : U \to \mathbb{R}^\times, R(t) \mapsto e^t$ ein lokaler Homomorphismus, und man verifiziert $\mathcal{L}f : \begin{pmatrix} 0 & -c \\ c & 0 \end{pmatrix} \mapsto c$ für $c \in \mathbb{R}$. Nun läßt sich f aber nicht zu einem „globalen" Homomorphismus fortsetzen, denn der einzige Homomorphismus von SO(2) in $\mathbb{R}^\times$ ist $A \mapsto 1 \, (A \in \text{SO}(2))$, was man folgendermaßen sieht: Für jeden Homomorphismus $g : \text{SO}(2) \to \mathbb{R}^\times$ ist $\widetilde{g} : \mathbb{R} \to \mathbb{R}^\times$, $\widetilde{g}(t) := g(R(t))$ eine stetige Abbildung mit $\widetilde{g}(s + t) = \widetilde{g}(s)\widetilde{g}(t)$ und $\widetilde{g}(s + 2\pi) = \widetilde{g}(s)$ für alle $s, t \in \mathbb{R}$; dies ist aber nur möglich, wenn $\widetilde{g}(t) = 1$ für alle $t \in \mathbb{R}$.

Wegen ihrer besonderen Bedeutung formulieren wir die wichtigsten Teilaussagen der Sätze 3 und 8 nochmals als

Corollar. *Zwei lineare Gruppen sind genau dann lokal isomorph, wenn ihre Lie-Algebren isomorph sind.*

5. Einfacher Zusammenhang und universelle Überlagerungsgruppe

In Abschnitt 4 Beispiel 2 haben wir gesehen, daß es lokale Homomorphismen linearer Gruppen gibt, die sich nicht zu Homomorphismen auf der ganzen Gruppe fortsetzen lassen; ferner haben wir Beispiele von Gruppen kennengelernt, die nicht isomorph sind und dennoch isomorphe Lie-Algebren besitzen. Die sich daraus ergebenden Fragen und Probleme werden in eindrucksvoller Weise durch die Einführung der „universellen Überlagerungsgruppe" gelöst. Wir geben im folgenden einen Abriß dieses Themenkomplexes, ohne auf die z.T. langwierigen Beweise einzugehen. – Der grundlegende Begriff in diesem Zusammenhang ist der der

Homotopie von Wegen. Es sei G eine lineare Gruppe. Zwei (stetige) Wege γ, δ : $[0,1] \to G$ mit gleichem Anfangs- und gleichem Endpunkt A bzw. B heißen *homotop*, wenn es eine stetige Abbildung

$$H : [0,1] \times [0,1] \to G$$

gibt, so daß $\gamma_s := H(-, s)$ für jedes $s \in [0,1]$ ein Weg in G von A nach B ist und $\gamma_0 = \gamma, \gamma_1 = \delta$.

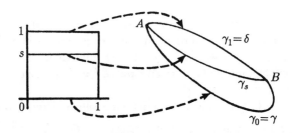

Definition. Eine lineare Gruppe G heißt *einfach zusammenhängend*, wenn sie zusammenhängend ist (vgl. I, §2.9) und je zwei Wege in G mit gleichem Anfangs- und gleichem Endpunkt homotop sind.

Beispiele. 1) „Einfacher Zusammenhang" ist offenbar ein rein topologischer Begriff. Man bestätigt leicht, daß $\mathbb{R}$ und $\mathbb{C}$ einfach zusammenhängend sind,

$\mathbb{R}^\times$ und $\mathbb{C}^\times$ jedoch nicht. Allgemeiner kann bewiesen werden, daß $GL(n,\mathbb{R})$ und $GL(n,\mathbb{C})$ für $n \geq 1$ nicht einfach zusammenhängend sind.

2) Die Gruppe $SO(2)$ ist isomorph (also auch homöomorph) zu S^1 und deshalb nicht einfach zusammenhängend (dies folgt auch aus 4 Beispiel 2 mit dem nächsten Satz). Die Sphären S^n sind für $n \geq 2$ einfach zusammenhängend, insbesondere also auch die Gruppe $SU(2)$, die isomorph zu S^3 ist, und man kann daraus mit Hilfe eines Induktionsschlusses den einfachen Zusammenhang der Gruppen $SU(n)$ für $n \geq 1$ beweisen ([Chevalley], II, § 10).

Satz 9. *Es seien* G *und* H *lineare Gruppen,* G *sei einfach zusammenhängend. Dann gibt es zu jedem Homomorphismus* $\Phi : \mathcal{L}G \to \mathcal{L}H$ *einen eindeutig bestimmten Homomorphismus* $f : G \to H$ *so daß* $\mathcal{L}f = \Phi$.

Die Eindeutigkeit eines solchen Homomorphismus (falls einer existiert), folgt aus Satz 2. Nach Satz 8 existiert jedenfalls ein lokaler (!) Homomorphismus mit der gewünschten Eigenschaft. Man hat also „nur" noch zu zeigen, daß man einen solchen auf ganz G fortsetzen kann. Wir skizzieren kurz, was das mit Wegen und Homotopie zu tun hat: Man wählt einen lokalen Homomorphismus (g,U) mit $\mathcal{L}g = \Phi$, so daß $AB^{-1} \in U$ für alle $A, B \in U$. Zu einem (beliebigen) Element $A \in G$ wählt man einen Weg γ mit Anfangspunkt E und Endpunkt A. Man zeigt dann (leicht), daß es eine Unterteilung $0 = t_0 < t_1 < \ldots < t_n = 1$ des Parameterintervalls von γ gibt, so daß $\gamma(s)^{-1}\gamma(t) \in U$ für $s, t \in [t_{k-1}, t_k]$, $k = 1, \ldots, n$. Man setzt nun

$$\begin{aligned} f(A) &= g\left[\gamma(t_0)^{-1}\gamma(t_1)\right] \ldots g\left[\gamma(t_{n-1})^{-1}\gamma(t_n)\right] \\ &= g\left[\gamma(t_1)\right] g\left[\gamma(t_1)^{-1}\gamma(t_2)\right] \ldots g\left[\gamma(t_{n-1})^{-1}A\right] \end{aligned}$$

und zeigt, daß dieser Wert nicht von der gewählten Unterteilung (t_i) abhängt, sondern nur von der „Homotopieklasse" von γ. Da G einfach zusammenhängend ist, erhält man in dieser Weise die gewünschte Fortsetzung von g auf ganz G. (Für die Details vgl. man [Sagle, Walde], Th. 8.6.)

Definition. Es sei G eine zusammenhängende lineare Gruppe. Eine einfach zusammenhängende lineare Gruppe $\widetilde{G}$, die lokal isomorph ist zu G, heißt *universelle Überlagerungsgruppe* von G.

Satz 10. *Es seien* G *und* H *zusammenhängende lineare Gruppen,* $\widetilde{G}$ *sei eine universelle Überlagerungsgruppe von* G. *Dann gilt:* G *und* H *sind genau dann lokal isomorph, wenn es eine diskrete Untergruppe* N *von* $\widetilde{G}$ *gibt, so daß* H $\cong$ $\widetilde{G}/N$.

Zusammen mit Satz 9 folgt insbesondere, daß es bis auf Isomorphie höchstens eine universelle Überlagerungsgruppe einer zusammenhängenden linearen Gruppe gibt.

Beispiele. 3) $\mathbb{R}$ ist einfach zusammenhängend und lokal isomorph zu SO(2), also eine universelle Überlagerungsgruppe von SO(2). Es gilt $\mathbb{R}/2\pi\mathbb{Z} \cong$ SO(2), und $2\pi\mathbb{Z}$ ist eine diskrete Untergruppe von $\mathbb{R}$.

4) Der in I, § 4.14 angegebene Homomorphismus von SU(2) auf SO(3) induziert einen lokalen Isomorphismus dieser Gruppen. Da SU(2) einfach zusammenhängend ist (s.o.), ist also SU(2) eine universelle Überlagerungsgruppe von SO(3).

5) Jede einfach zusammenhängende lineare Gruppe ist universelle Überlagerungsgruppe von sich selbst. Hierzu gehören die Gruppen SL(n, $\mathbb{C}$), SU(n) und Sp($2n$).

Warnung. Im Gegensatz zu allgemeinen Lie-Gruppen besitzt nicht jede zusammenhängende lineare Gruppe eine (lineare) universelle Überlagerungsgruppe. Ohne Beweis geben wir als Beispiel die Gruppe SL(2, $\mathbb{R}$) an, zu der es zwar eine lokal isomorphe einfach zusammenhängende Lie-Gruppe gibt, aber keine, die isomorph zu einer abgeschlossenen Untergruppe einer GL(n, $\mathbb{K}$) ist [Tits 1], S. 83. Glücklicherweise gilt aber der folgende, für die Darstellungstheorie wichtige Satz, auf den wir in IV, § 1.4 zurückkommen:

Satz 11. *Jede zusammenhängende kompakte lineare Gruppe besitzt (bis auf Isomorphie genau) eine universelle (lineare) Überlagerungsgruppe.*

Für die kompakten Gruppen SU(n) und Sp($2n$) haben wir das in Beispiel 5 bereits festgestellt. Es stellt sich die Frage nach der universellen Überlagerungsgruppe von SO(n). Diese Gruppen sind zusammenhängend aber nicht einfach zusammenhängend, wie wir für $n = 2$ und $n = 3$ bereits bemerkt haben; ihre universellen Überlagerungsgruppen sind die sogenannten „Spinor-" oder „Spin-Gruppen", auf die wir nicht eingehen. Eine ausführliche Beschreibung findet man z.B. in [Bröcker, Tom Dieck], und eine kurze Einführung in [Curtis].

Aufgaben

1. Man zeige, daß durch

$$f : O(2n + 1) \to SO(2n + 1) , \quad A \mapsto (\det A)^{\frac{-1}{2n+1}} A$$

ein surjektiver Homomorphismus linearer Gruppen definiert ist; man bestimme den Kern von f, ferner $\mathcal{L}f$ und Kern und Bild von $\mathcal{L}f$.

2. Es seien G und H lineare Gruppen, H abgeschlossen in GL(m, $\mathbb{R}$), und $f : G \to H$ ein Homomorphismus im algebraischen Sinn (d.h. (H1)); ferner sei $X_1, \ldots, X_d$ eine Basis von $\mathcal{L}G$. Man zeige: Ist die Abbildung

$$\widetilde{f} : \mathbb{R}^d \to GL(n, \mathbb{R})$$

$$\widetilde{f}(t_1,\ldots,t_d) := f\left(\exp_G(t_1 X_1 + \ldots + t_d X_d)\right)$$

im Nullpunkt differenzierbar, so ist f ein Homomorphismus linearer Gruppen. Gilt auch die Umkehrung?

3. Es sei G eine Abelsche und zusammenhängende lineare Gruppe.
   a) Man zeige, daß $\exp_G : \mathcal{L}G \to G$ surjektiv ist.
   b) Man identifiziere $(\mathcal{L}G, +)$ mit einer linearen Gruppe und berechne $\mathcal{L}\exp_G$.

4. Man zeige: Ist f eine injektiver Homomorphismus linearer Gruppen, so ist $\mathcal{L}f$ injektiv. Gilt hiervon die Umkehrung?

5. Es sei $f : G \to H$ ein Homomorphismus linearer Gruppen, und H sei zusammenhängend. Man zeige: Ist $\mathcal{L}f$ surjektiv, so auch f. Gilt auch die Umkehrung?

6. Für $t \in \mathbb{R}$ seien $f_t : \mathbb{C} \to \mathbb{C}$ und $g_t : \mathbb{R} \to \mathbb{R}$ definiert durch

   $$f_t(z) := e^{it} z , \quad g_t(c) := c + t .$$

   Man zeige, daß $G := \{f_t; t \in \mathbb{R}\}$ und $H := \{g_t; t \in \mathbb{R}\}$ lineare Gruppen sind, die lokal isomorph, aber nicht isomorph sind.

7. Es sei $G = U(1) \times SU(n) \left(\cong \left\{ \begin{pmatrix} z & 0 \\ 0 & A \end{pmatrix} ; z \in \mathbb{C}, |z| = 1, A \in SU(n) \right\}\right)$, und $f : G \to U(n)$ definiert durch $(z, A) \mapsto zA$.
   Man zeige, daß f ein Homomorphismus linearer Gruppen ist und berechne Kern(f) und $\mathcal{L}f$. Man schließe sodann, daß G und $U(n)$ lokal isomorph, aber nicht isomorph sind.

8. Man zeige, daß $SU(2) \times SU(2)$ eine universelle Überlaglerungsgruppe von $SO(4)$ ist (vgl. I, § 4.15).

9. Mit Hilfe der in I, § 4.14,15 beschriebenen kanonischen „Überlagerung" $SU(2) \to SO(3)$ konstruiere man einen lokalen Homomorphismus von $SO(3)$ in eine lineare Gruppe H, der sich nicht auf ganz $SO(3)$ fortsetzen läßt (woraus folgt, daß $SO(3)$ nicht einfach zusammenhängend ist).

Kapitel III. Darstellungen der klassischen Gruppen

Ziel dieses Kapitels ist die explizite Beschreibung der irreduziblen (endlich-dimensionalen komplexen) Darstellungen der klassischen Gruppen. Kenntnisse über Darstellungstheorie werden nicht vorausgesetzt, die notwendigen Grundlagen werden in § 1 bereitgestellt.

Die klassischen Gruppen treten (außer in Beispielen) erst in § 2 auf. Die Konstruktion ihrer Darstellungen erfolgt nach der Brauer-Weylschen Methode der Zerlegung der Tensorpotenzen $V^{\otimes k} = V \otimes \ldots \otimes V$ des gewöhnlichen Darstellungsmoduls V der entsprechenden Gruppe (als Untergruppe von $\mathrm{GL}(V)$). Dieses Verfahren ist besonders in der physikalischen Literatur weit verbreitet, während man sich in der Mathematik meistens auf die explizite Angabe der Fundamentaldarstellungen beschränkt.

Die genannte Konstruktion beruht auf der Angabe eines vollständigen Vertretersystems von primitiven Idempotenten der Gruppenalgebra der symmetrischen Gruppen S_k; diese werden mit Hilfe von Young-Tableaux angegeben (§ 2.1). Damit sind die gewünschten Moduln leicht hingeschrieben, nämlich in der Form $IV^{\otimes k}$ im Fall der allgemeinen und der speziellen linearen Gruppen sowie ihrer reellen Formen (insbesondere der unitären Gruppen), wobei I die genannten Idempotente durchläuft, und in der Form IV_0^k im Fall der orthogonalen und symplektischen Gruppen; V_0^k bezeichnet dabei den von H. Weyl so genannten Raum der „spurlosen Tensoren" (im Fall $k = 2$ sind das die Matrizen der Spur Null).

Der Nachweis der Irreduzibilität dieser Darstellungen wird für die erstgenannten Gruppen direkt geführt, womit implizit der „1. Fundamentalsatz" über die Invarianten der allgemeinen linearen Gruppen bewiesen wird. Für die orthogonalen und symplektischen Gruppen wird der entsprechende Fundamentalsatz benutzt, ein Beweis ist im Rahmen dieses Buches selbstverständlich nicht möglich. Die weiteren Hilfsmittel zum Beweis der Irreduzibilität von IV_0^k (auf die Ausnahmen für die orthogonalen Gruppen gehen wir gesondert ein (§ 2.6), nämlich die Darstellungen der (assoziativen) Algebra $\mathrm{End}_{S_k} W$ und das Schursche (Doppel-) Kommutatorlemma werden in § 1.8 behandelt. Die vollständige Reduzibilität der klassischen Gruppen wird in IV, § 1.4 mit Hilfe des Weylschen „Unitär-Tricks" gezeigt. Daß das o.g. Verfahren (bis auf Äquivalenz) sämtliche irreduziblen Darstellungen liefert, wird sich aus der Darstellungstheorie der zugehörigen Lie-Algebren in IV, § 3 ergeben.

§ 1 Grundlagen der allgemeinen Darstellungstheorie von Gruppen

1. Grundlegende Begriffe und Beispiele

Unter einer (K-linearen) *Darstellung* einer Gruppe G versteht man einen Gruppen-Homomorphismus

$$\rho : G \to GL(V)$$

von G in die Gruppe der Automorphismen (= Gruppe der bijektiven linearen Abbildungen) eines K-Vektorraumes V. Man nennt V den *Darstellungsraum* und dim V die *Dimension* von ρ; ist ρ injektiv, spricht man von einer *treuen* Darstellung.

Es gilt also definitionsgemäß

$$\rho(ab) = \rho(a)\rho(b) \quad \text{für } a, b \in G .$$

Wie stets bei Gruppen-Homomorphismus folgt hieraus

$$\rho(e) = id_V , \quad \rho(a^{-1}) = \rho(a)^{-1} \quad \text{für } a \in G .$$

Darstellungen sind uns in den vorangehenden Kapiteln bereits öfters begegnet, erwähnt sei an dieser Stelle nur die „gewöhnliche Darstellung" ρ_g : G $\hookrightarrow$ GL(V), $\rho_g(f)v = f(v)$, $f \in G$, $v \in V$, einer Untergruppe G von GL(V), z.B. der Automorphismengruppe eines Hermiteschen Raumes, der orthogonalen oder unitären Gruppe etc. Bevor wir auf weitere Beispiele eingehen, wollen wir uns noch mit einigen grundlegenden Begriffen vertraut machen.

Stellt man die linearen Abbildungen $\rho(a)$, $a \in G$, einer endlich-dimensionalen Darstellung $\rho : G \to GL(V)$ bez. einer Basis $\mathcal{B}$ von V durch Matrizen dar, so erhält man einen Gruppen-Homomorphismus

$$\rho_{\mathcal{B}} : G \to GL(n, \mathbb{K}) ,$$

wo n die Dimension von V und K der Grundkörper von V ist. Umgekehrt definiert jeder Gruppen-Homomorphismus $\rho : G \to GL(n, \mathbb{K})$ eine Darstellung auf dem Spaltenraum K^n:

$$\widehat{\rho} : G \to GL(K^n) , \quad \widehat{\rho}(a) \begin{pmatrix} x_1 \\ \vdots \\ x_n \end{pmatrix} = \rho(a) \cdot \begin{pmatrix} x_1 \\ \vdots \\ x_n \end{pmatrix} \quad \text{(Matrizenprodukt)}$$

Ein Gruppen-Homomorphismus $\rho : G \to GL(n, \mathbb{K})$ heißt *Matrix-Darstellung* vom *Grad n* über K.

Wählt man zu einer gegebenen Darstellung $\rho : G \to GL(V)$ verschiedene Basen $\mathcal{B}$ und $\mathcal{B}'$ von V, so erhält man verschiedene Matrix-Darstellungen, die in der folgenden Beziehung zueinander stehen: Bezeichnet $T = (\vartheta_{ij})$ die Matrix des Basiswechsels, also $b_j = \vartheta_{1j}b'_1 + \ldots + \vartheta_{nj}b'_n$, so gilt

$$\rho_{B'}(a) = T\rho_B(a)T^{-1} \quad (a \in G) \, .$$

Matrix-Darstellungen $\rho, \rho' : G \to GL(n, \mathbb{K})$, zu denen es ein $T \in GL(n, \mathbb{K})$ gibt, so daß

$$T\rho(a) = \rho'(a)T \quad \text{für alle } a \in G \, ,$$

heißen *äquivalent*. Geht man zu linearen Abbildungen über, kommt man zu der

Definition. Darstellungen $\rho : G \to GL(V)$, $\rho' : G \to GL(V')$ heißen *äquivalent*, wenn es eine bijektive lineare Abbildung $f : V \to V'$ gibt, so daß

$$f \circ \rho(a) = \rho'(a) \circ f \quad \text{für alle } a \in G \, . \qquad \begin{array}{ccc} V & \xrightarrow{\rho(a)} & V \\ \downarrow f & & \downarrow f \\ V' & \xrightarrow{\rho'(a)} & V' \end{array}$$

Man beachte, daß äquivalente Darstellungen stets die gleiche Dimension haben.

„Äquivalenz" ist eine reflexive, symmetrische und transitive Relation; wir bezeichnen sie gewöhnlich durch $\sim$. Es gilt also

$$\rho \sim \rho \, ; \quad \rho \sim \rho' \Rightarrow \rho' \sim \rho \, ;$$

$$\rho \sim \rho', \rho' \sim \rho'' \Rightarrow \rho \sim \rho'' \, .$$

Beispiele. 1) Für jede Gruppe G und jeden Vektorraum V ist $G \to GL(V)$, $a \mapsto id_V$ für alle $a \in G$ die „triviale Darstellung" von G auf V. In jeder Basis $\mathcal{B}$ von V gilt $\rho_{\mathcal{B}} : a \mapsto E$ $(= n \times n\text{-Einheitsmatrix})$.

2) Es sei V der $\mathbb{R}$-Vektorraum der Funktionen $f : \mathbb{R}^n \to \mathbb{R}$. Durch $\rho : GL(n, \mathbb{R}) \to GL(V)$, $(\rho(A)f)(x) := f(A^{-1}x)$ für $A \in GL(n, \mathbb{R})$, $f \in V$, $x \in \mathbb{R}^n$, wird eine Darstellung von $GL(n, \mathbb{R})$ auf V definiert. Man beachte, daß x nicht mit A, sondern mit A^{-1} transformiert wird; andernfalls erhielte man einen Antihomomorphismus und keine Darstellung. – Dieses Beispiel sowie Verallgemeinerungen davon kommt in Theorie und Anwendung häufig vor.

3) Für jede ganze Zahl k ist $GL(n, \mathbb{K}) \to K^{\times}$, $A \mapsto (\det A)^k$ eine Darstellung vom Grad 1.

4) Für das kanonische semidirekte Produkt $G = \mathbb{R}^n \rtimes GL(n, \mathbb{R})$ ist $(x, A) \mapsto \begin{pmatrix} A & x \\ 0 & 1 \end{pmatrix}$ eine treue Darstellung vom Grad $n + 1$.

5) Sei $\mathcal{B} = \{b_1, \ldots, b_n\}$ eine Basis des Vektorraumes V. Für eine Permutation $\pi \in S_n$ definieren wir $\rho(\pi) \in GL(V)$ durch $\rho(\pi)b_j = b_{\pi(j)}$. Dann ist ρ eine treue Darstellung von S_n auf V; die zugehörige Matrix-Darstellung bez. $\mathcal{B}$ ist $\pi \mapsto M_\pi := \left(\delta_{i, \pi(j)}\right)$.

6) $\rho_i : \mathbb{R} \to GL(2, \mathbb{R})$, $\rho_1(t) = \begin{pmatrix} 1 & t \\ 0 & 1 \end{pmatrix}$, $\rho_2(t) = \begin{pmatrix} 1 & 0 \\ t & 1 \end{pmatrix}$ sind Darstellungen von $\mathbb{R}$; sie sind äquivalent, denn es gilt $\begin{pmatrix} 1 & 0 \\ t & 1 \end{pmatrix} = \begin{pmatrix} 0 & 1 \\ 1 & 0 \end{pmatrix}^{-1} \begin{pmatrix} 1 & t \\ 0 & 1 \end{pmatrix}$ $\begin{pmatrix} 0 & 1 \\ 1 & 0 \end{pmatrix}$.

7) Durch $t \mapsto \begin{pmatrix} \cos t & -\sin t \\ \sin t & \cos t \end{pmatrix}$ und $t \mapsto \begin{pmatrix} e^{it} & 0 \\ 0 & e^{-it} \end{pmatrix}$ werden Darstellungen von $\mathbb{R}$ in $GL(2, \mathbb{C})$ definiert. Beide sind offenbar nicht treu. Sie sind äquivalent, als Transformationsmatrix kann man $\begin{pmatrix} 1 & i \\ -1 & -1 \end{pmatrix}$ wählen. Man beachte, daß diese beiden Darstellungen definitionsgemäß nicht äquivalent sind, wenn man die erste als reelle, d.h. als Darstellung in $GL(2, \mathbb{R})$ auffaßt.

Eine Fülle weiterer Beispiele sowie Konstruktionen von neuen Darstellungen aus gegebenen wird uns im Verlauf dieses Kapitels begegnen.

2. Reduzibilität, direkte Summen

Sei $\rho : G \to GL(V)$ eine Darstellung. Ein Teilraum U von V heißt *invariant*, falls $\rho(a)U \subset U$ für alle $a \in G$.

„Triviale" invariante Teilräume sind $\{0\}$ und V. Die Auffindung weiterer invarianter Teilräume einer gegebenen Darstellung oder der Nachweis, daß keine existieren, ist ein zentrales Problem der Darstellungstheorie.

Jeder invariante Teilraum U einer Darstellung $\rho : G \to GL(V)$ induziert durch Restriktion eine *Teildarstellung* von ρ in U, d.h.

$$\rho_U : G \to GL(U) , \quad \rho_U(a)x = \rho(a)x \quad \text{für } a \in G \text{ und } x \in U .$$

Wählt man eine Basis $b_1, \ldots b_m$ von U und ergänzt sie durch $b_{m+1}, \ldots, b_n$ zu einer Basis $\mathcal{B}$ von V, so gilt

$$\rho_{\mathcal{B}}(a) = \begin{pmatrix} A_1(a) & A_3(a) \\ 0 & A_2(a) \end{pmatrix} \quad (a \in G)$$

mit Abbildungen

$$A_1 : G \to GL(m, K) , \quad A_2 : G \to GL(n-m, K) , \quad A_3 : G \to \text{Mat}(m, n; K) .$$

Man verifiziert mühelos, daß A_1 und A_2 selbst (Matrix-)Darstellungen sind; insbesondere gilt:

A_1 *ist die Matrix-Darstellung von ρ_U bez. $b_1, \ldots, b_m$.*

Definition. a) Eine Darstellung $\rho : G \to GL(V)$ heißt *irreduzibel*, wenn 1. $V \neq \{0\}$, und 2. $\{0\}$ und V die einzigen invarianten Teilräume von V sind; andernfalls heißt ρ *reduzibel*.

b) Ein invarianter Teilraum U von V heißt irreduzibel bzw. reduzibel, wenn die Teildarstellung $\rho_U : G \to GL(U)$ die entsprechende Eigenschaft hat.

c) ρ heißt *vollständig reduzibel*, falls es irreduzible invariante Teilräume $U_1, \ldots, U_m$ von V gibt, so daß $V = U_1 \oplus \ldots \oplus U_m$.

Diese grundlegenden Begriffe werden uns von nun an ständig begleiten.

Beispiele. 1) Bei der trivialen Darstellung $G \rightarrow GL(V)$, $a \mapsto id_V$, ist jeder Teilraum von V invariant. Irreduzibel sind genau die 1-dimensionalen Teilräume. Für jede Basis $b_1, \ldots b_n$ von V ist $V = Kb_1 \oplus \ldots \oplus Kb_n$ eine Zerlegung in irreduzible Teilräume. Die triviale Darstellung auf V ist demnach vollständig reduzibel. Man erkennt an diesem einfachen Beispiel bereits die wichtige Tatsache, daß es i.a. verschiedene Möglichkeiten gibt, eine vollständig-reduzible Darstellung in eine direkte Summe irreduzibler Teilräume zu zerlegen.

2) In Kapitel I haben wir gesehen, daß die gewöhnlichen Darstellungen der klassischen Gruppen irreduzibel sind. Dagegen ist die Darstellung $SO(2) \hookrightarrow GL(2, \mathbb{C})$ nicht irreduzibel: $\mathbb{C}^2 = \mathbb{C} \begin{pmatrix} 1 \\ -i \end{pmatrix} \oplus \mathbb{C} \begin{pmatrix} i \\ -1 \end{pmatrix}$ ist eine Zerlegung von $\mathbb{C}^2$ in (irreduzible) invariante Teilräume (vgl. 1. Beispiel 7))

3) Sei $\rho : \mathbb{R} \rightarrow GL(\mathbb{R}^2)$, $\rho(t) = \begin{pmatrix} x \\ y \end{pmatrix} = \begin{pmatrix} 1 & t \\ 0 & 1 \end{pmatrix} \begin{pmatrix} x \\ y \end{pmatrix} = \begin{pmatrix} x + ty \\ y \end{pmatrix}$ (vgl. 1. Beispiel 6)). Jeder nichttriviale Teilraum hat die Dimension 1: Sei $U = \mathbb{R} \begin{pmatrix} x \\ y \end{pmatrix}$ invariant mit $x \neq 0$ oder $y \neq 0$. Dann gilt $x + ty = x$ für alle $t \in \mathbb{R}$, also $y = 0$. Folglich hat ρ genau einen invarianten Teilraum, und zwar $U = \mathbb{R} \begin{pmatrix} 1 \\ 0 \end{pmatrix}$. An jeder der drei Aussagen des folgenden Satzes erkennt man sofort, daß ρ nicht vollständig-reduzibel ist – aber doch reduzibel!

Satz 1. *Für eine endlich-dimensionale Darstellung* $\rho : G \rightarrow GL(V)$ *sind die folgenden Aussagen äquivalent:*

(a) ρ *ist vollständig-reduzibel;*

(b) $V = \sum_{i \in I} U_i$ *mit irreduziblen invarianten Teilräumen* U_i *von* V *(die Summe braucht weder direkt noch endlich zu sein);*

c) *Jeder invariante Teilraum* U *von* V *hat ein invariantes Komplement, d.h. es gibt zu* U *einen invarianten Teilraum* W *von* V, *so daß* $V = U \oplus W$.

Beweis. (a) $\Rightarrow$ (b) ist klar nach Definition der vollständigen Reduzibilität.

(b) $\Rightarrow$ (c). Sei $U \neq V$ ein invarianter Teilraum von V. Es gibt einen irreduziblen Teilraum U' von V mit $U' \not\subset U$ (denn sonst wären alle invarianten Teilräume in U enthalten, nach Voraussetzung also $V = U$). Aus der Irreduzibilität von U' folgt $U' \cap U = \{0\}$ (denn sonst wäre $U' \cap U = U'$, also $U' \subset U$). Mit vollständiger Induktion über $k := \dim V - \dim U$ folgt hieraus die Behauptung wie folgt: Für $k = 0$ ist $U = V$ und folglich nichts zu zeigen; sei die Behauptung bewiesen für alle invarianten Teilräume U mit $V - \dim U \leq k$; wegen $\dim V - \dim(U \oplus U') < \dim V - \dim U$ (U' w.o.) folgt aus der Induktionsvoraussetzung, daß es einen invarianten Teilraum W' gibt mit $V = (U \oplus U') \oplus W'$. Also leistet $W := U' \oplus W'$ das Gewünschte.

(c) $\Rightarrow$ (a). Es sei U ein vollständig-reduzibler Teilraum maximaler Dimension. Dann ist die Teildarstellung ρ_U vollständig reduzibel. Nach Voraussetzung gibt es einen invarianten Teilraum W von V mit $V = U \oplus W$. Es gilt $W = \{0\}$, denn sonst gäbe es einen irreduziblen Teilraum $W'(\neq \{0\})$ von V mit $W' \subset W$

(etwa den Durchschnitt aller in W enthaltenen irreduziblen Teilräume von V);
dann wäre aber $U + W'$ eine direkte Summe.   □

Besitzt eine Darstellung $\rho : G \to GL(V)$ eine Zerlegung $V = U_1 \oplus \ldots \oplus U_m$
in nicht-triviale invariante Teilräume und bezeichnet $\rho_i : G \to GL(U_i)$ die zu
U_i gehörige Teildarstellung von ρ, so schreibt man

$$\rho = \rho_1 \oplus \ldots \oplus \rho_m$$

und nennt ρ die (innere) *direkte Summe* der Teildarstellungen ρ_i. Sind die ρ_i
paarweise äquivalent, so schreibt man zur Abkürzung auch

$$\rho = m\rho_1 \, ,$$

was zwar nicht exakt aber praktisch ist.

Ist ein Zerlegung $\rho = \rho_1 \oplus \ldots \oplus \rho_m$ von ρ in Teildarstellungen $\rho_i : G \to$
$GL(U_i)$ gegeben und bezeichnet $\widehat{\rho}_i$ die Matrix-Darstellung von ρ_i bez. einer
Basis von U_i, so hat die Matrix-Darstellung $\widehat{\rho}$ von ρ bez. der zusammengesetzten
Basis Diagonal-Gestalt:

$$\widehat{\rho}(a) = [\widehat{\rho}_1(a), \ldots, \widehat{\rho}_m(a)] \, , \qquad a \in G \, .$$

Umgekehrt erhält man jede vollständig reduzible Darstellung einer Gruppe G
aus den irreduziblen Darstellungen von G durch Bildung (äußerer) direkter
Summen wie folgt: Zu $\rho_i : G \to GL(V_i)$ wählt man $V := V_1 \oplus \ldots \oplus V_m$ und
erhält eine Darstellung

$$\rho = \rho_1 \oplus \ldots \oplus \rho_m : G \to GL(V) \quad \text{durch}$$

$$\rho(a)(x_1 \oplus \ldots \oplus x_m) := \rho_1(a)x_1 \oplus \ldots \oplus \rho_m(a)x_m \, .$$

3. Unitäre Darstellungen

Wir betrachten in diesem Abschnitt Darstellungen von Gruppen durch Isometrien eines unitären Vektorraumes oder, in Matrix-Form, Darstellungen
$G \to U(n)$; solche Darstellungen sind – besonders in physikalischen Anwendungen – von besonderer Bedeutung.

Definition. Es sei (V, h) ein unitärer Raum (I, § 3.4). Eine Darstellung $\rho : G \to$
$GL(V)$ mit der Eigenschaft

$$h\left(\rho(a)x, \rho(a)y\right) = h(x, y)$$

für alle $a \in G$ und $x, y \in V$ heißt *unitäre Darstellung* (in (V, h)).

Ist ρ eine unitäre Darstellung in (V, h) und $\mathcal{B}$ eine Orthonomalbasis von
V (bez. h), so gilt $\rho_{\mathcal{B}}(a) \in U(n)$ für alle $a \in G$; wir schreiben kurz

$$\rho_{\mathcal{B}} : G \to U(n) \, .$$

Definition. Eine Matrix-Darstellung $\rho : G \to GL(n, \mathbb{C})$ heißt unitär, wenn sie äquivalent ist zu einer Darstellung $\rho' : G \to GL(n, \mathbb{C})$ mit $\rho'(G) \subset U(n)$, kurz $\rho' : G \to U(n)$.

Wir notieren: a) ist ρ eine unitäre Darstellung, so ist die Matrix-Darstellung von ρ bez. einer beliebigen Basis unitär.

b) Jede Matrix-Darstellung $\rho : G \to U(n)$ induziert eine unitäre Darstellung in $\mathbb{C}^n$ mit dem kanonischen Skalarprodukt.

Beispiele. 1) Die Darstellung $G \hookrightarrow GL(n, \mathbb{C})$ einer beliebighen Untergruppe G von $U(n)$ ist trivialerweise unitär.

2) Die triviale Darstellung einer Gruppe auf einem (beliebigen) Vektorraum ist unitär. Es gibt Gruppen, die außer dieser keine weiteren unitären Darstellungen besitzen, wie das folgende Beispiel zeigt.

3) $SL(2, \mathbb{C})$ besitzt keine nichttrivialen unitären Darstellungen. Zum Beweis betrachten wir die Matrizen $A_t = \begin{pmatrix} 1 & t \\ 0 & 1 \end{pmatrix} \in SL(2, \mathbb{C})$, für $t \in \mathbb{R}$. Es gilt

$$\begin{pmatrix} m & 0 \\ 0 & 1/m \end{pmatrix} A_t \begin{pmatrix} m & 0 \\ 0 & 1/m \end{pmatrix}^{-1} = A_{m^2 t} = (A_t)^{m^2}$$

für $m \in \mathbb{N}$. Ist nun $\rho : SL(2, \mathbb{C}) \to U(n)$ eine Darstellung, so folgt, daß $\rho(A_t)$ und $\rho\left((A_t)^{m^2}\right)$ die gleichen Eigenwerte $\alpha_1, \ldots, \alpha_n$ besitzen. Es gibt demnach (bei festem t und m) eine Permutation $\pi \in S_n$, so daß (mit $k = m^2$) $\alpha_i^k = \alpha_{\pi(i)}$, also $\alpha_i^{lk} = \alpha_{\pi^l(i)}$ für $i = 1, \ldots, n$, $l \in \mathbb{N}$. Da $\pi^l = id$ für geeignetes $l \in \mathbb{N}$, gibt es ein $p \in \mathbb{N}$, so daß $\alpha_i^p = 1$ und damit $\alpha_i^{p^2} = 1$, $i = 1, \ldots, n$. Andererseits haben wir $\left\{ \alpha_1^{p^2}, \ldots, \alpha_n^{p^2} \right\} = \{\alpha_1, \ldots, \alpha_n\}$, und folglich sind alle Eigenwerte von $\rho(A_t)$ gleich 1; es folgt $\rho(A_t) = E$, also auch $\rho(BA_tB^{-1}) = E$ für $B \in SL(2, \mathbb{C})$, $t \in \mathbb{R}$, und hieraus $\rho(A) = E$ für alle A aus dem von $\{A_t; t \in \mathbb{R}\}$ erzeugten Normalteiler N in $SL(2, \mathbb{C})$. Da die Gruppe $SL(2, \mathbb{C})$ einfach ist (vgl. I, § 2.8), gilt $N = SL(2, \mathbb{C})$, also ist ρ die triviale Darstellung.

Satz 2. *Jede unitäre Darstellung einer Gruppe ist vollständig reduzibel.*

Beweis. Sei (V, h) ein unitärer Raum, $\rho : G \to GL(V)$ eine unitäre Darstellung und U ein invarianter Teilraum von V. Bekanntlich gilt $V = U \oplus U^\perp$, wobei $U^\perp = \{x \in V; h(x, y) = 0 \text{ für alle } y \in U\}$ (vgl. I, § 3.3). Man sieht sofort, daß mit U auch $U^\perp$ invariant ist. Damit haben wir zu jedem invarianten Teilraum ein invariantes Komplement angegeben. □

Satz 3. *Jede komplexe Darstellung einer endlichen Gruppe ist unitär, also vollständig reduzibel.*

Beweis. Sei $\rho : G \to GL(V)$ eine Darstellung der endlichen Gruppe G auf dem $\mathbb{C}$-Vektorraum V. Wir beginnen mit einer beliebigen Abbildung

$(-,-): V \times V \to \mathbb{C}$ und definieren $h : V \times V \to \mathbb{C}$ durch „Mittelbildung":

$$h(x,y) := \frac{1}{g} \sum_{a \in G} (\rho(a)x, \rho(a)y) , \qquad x, y \in V ,$$

wo g die Ordnung von G bedeutet. h ist invariant: $h\left(\rho(b)x, \rho(b)y\right) = \frac{1}{g} \sum_{a \in G}$ $(\rho(ab)x, \rho(ab)y) = h(x,y)$ für alle $b \in G$ und $x, y \in V$. Ebenso mühelos verifiziert man, daß h positiv-definit und Hermitesch ist, falls dies für $(-,-)$ gilt. – Geht man also von einer beliebigen positiv-definiten Hermiteschen Form auf V aus, so erhält man durch Mittelbildung eine ebensolche Form, die überdies noch invariant ist.

Bemerkung. Mit einem analogen Schluß werden wir in Abschnitt 9 sehen, daß die Aussage des vorstehenden Satzes für jede kompakte Gruppe gilt; dabei wird die Summe durch ein geeignetes Integral, die Ordnung von G durch das Volumen von G ersetzt.   □

4. Kontragrediente und konjugiert-komplexe Darstellung

In 2. haben wir eine erste Methode kennengelernt, aus gegebenen Darstellungen neue zu gewinnen, und zwar durch Bildung direkter Summen. In diesem Abschnitt geben wir zwei weitere Konstruktionen an, die unentbehrliche Hilfsmittel der Darstellungstheorie sind.

Wir betrachten zunächst eine allgemeinere Situation, die ebenfalls häufig auftritt und in der die kontragrediente Darstellung als Spezialfall enthalten ist.

Es seien Darstellungen $\rho : G \to GL(V)$ und $\rho' : G \to GL(V')$ über einem beliebigen Körper K gegeben. Wir definieren

$$\begin{cases} \delta : G \to GL(\operatorname{Hom}_K(V, V')) , \\ \delta(a)(f) := \rho'(a) \circ f \circ \rho(a^{-1}) . \end{cases}$$

Man bestätigt ohne weiteres, daß δ eine Darstellung von G ist.

Setzt man speziell $V' = K$ (mit der trivialen Darstellung $\rho'(a)\alpha = \alpha$ für $a \in G$, $\alpha \in K$) so erhält man die Darstellung

$$\begin{cases} \rho^* : G \to GL(V^*) \\ \rho^*(a) = \lambda \circ \rho(a^{-1}) \end{cases}$$

$\lambda \in V^*, a \in G.$

Definition. ρ^* heißt die zu ρ *kontrogrediente (oder duale) Darstellung.*

Wählt man im Fall, daß V endlich-dimensional ist, in V eine Basis $\mathcal{B} = \{b_1, \ldots, b_n\}$ und bezeichnet $\mathcal{B}^* = \{\lambda_1, \ldots, \lambda_n\}$ die duale Basis von $\mathcal{B}$ in V^* (also $\lambda_i(b_j) = \delta_{ij}$), so gilt

$$\mathrm{Mat}(\rho^*(a); \mathcal{B}^*) = \mathrm{Mat}\left(\rho(a^{-1}); \mathcal{B}\right)^t = \left(\mathrm{Mat}\left(\rho(a); \mathcal{B}\right)^{-1}\right)^t .$$

Demzufolge definiert man als *kontragrediente einer Matrix-Darstellung* $\rho : \mathrm{G} \to \mathrm{GL}(n, \mathbb{K})$

$$\rho^* : \mathrm{G} \to \mathrm{GL}(n, \mathbb{K}) , \quad \rho^*(a) := \rho\left(a^{-1}\right)^t .$$

Zur Definition der konjugiert-komplexen einer (komplexen) Darstellung beginnen wir mit einer Matrix-Darstellung $\rho : \mathrm{G} \to \mathrm{GL}(n, \mathbb{C})$ von G. Offensichtlich ist

$$(*) \qquad \overline{\rho} : \mathrm{G} \to \mathrm{GL}(n, \mathbb{C}) , \quad \overline{\rho}(a) := \overline{\rho(a)} \quad (a \in \mathrm{G})$$

ebenfalls eine Darstellung; sie heißt die *konjugiert-komplexe Darstellung von* ρ.

Es sei nun V ein $\mathbb{C}$-Vektorraum und $\rho : \mathrm{G} \to \mathrm{GL}(V)$ eine Darstellung. Wir definieren den konjugiert-komplexen Vektorraum $\overline{V}$ von V dadurch, daß wir nichts anderes als eine neue Skalarmultiplikation einführen, und zwar

$$\alpha \cdot x := \overline{\alpha} x \quad (\alpha \in \mathbb{C}, x \in V)$$

(es wird also weder die zugrundeliegende Menge V noch die Addition verändert). Wir setzen

$$\overline{\rho} : \mathrm{G} \to \mathrm{GL}(\overline{V}) , \quad \overline{\rho}(a) := \rho(a) \quad (a \in \mathrm{G}) .$$

Definition. $\overline{\rho}$ heißt die zu ρ *konjugiert-komplexe Darstellung*.

Wir zeigen, daß die Matrix-Darstellungen von ρ und $\overline{\rho}$ die Eigenschaft $(*)$ haben, falls $\dim V < \infty$. Sei dazu $\mathcal{B} = \{b_1, \ldots, b_n\}$ eine Basis von V. Dann ist $\mathcal{B}$ wegen $\sum_i \alpha_i b_i = \sum_i \overline{\overline{\alpha}}_i b_i = \sum_i \overline{\alpha}_i \cdot b_i$ auch eine Basis von $\overline{V}$ und aus

$$\overline{\rho}(a) b_j = \rho(a) b_j = \sum_i \alpha_{ij} b_i = \sum_i \overline{\alpha}_{ij} \cdot b_i$$

folgt

$$\mathrm{Mat}(\overline{\rho}(a); \mathcal{B}) = \overline{\mathrm{Mat}(\rho(a); \mathcal{B})} .$$

In wichtigen Fällen sind die kontrogrediente und die konjugiert komplexe Darstellung äquivalent; es gilt

Satz 4. *Für eine endlich-dimensionale komplexe Darstellung ρ gilt $\rho^* \sim \overline{\rho}$ dann und nur dann, wenn V eine nicht-ausgeartete ρ-invariante Sesquilinearform besitzt.*

Obgleich wir einen Beweis dieses Satzes in Abschnitt 10 in einem allgemeineren Zusammenhang erhalten, geben wir hier einen direkten

Beweis. Zur Abkürzung schreiben wir (vgl. die Vorbemerkung im nächsten Abschnitt) ax statt $\rho(a)x$ für $a \in \mathrm{G}$, $x \in V$.

Es sei $h\colon V \times V \to \mathbb{C}$ eine nicht-ausgeartete Sesquilinearform mit $h(ax, ay) = h(x, y)$ für alle $a \in G$ und $x, y \in V$. Wir definieren

$$(\ast\ast) \qquad \Phi : \overline{V} \to V^*, \qquad x \to h(-, x) \quad \text{für} \quad x \in \overline{V}\;.$$

Diese Abbildung ist injektiv, aus Dimensionsgründen also bijektiv; sie ist offenbar mit der Addition verträglich, und es gilt $\Phi(\alpha \cdot x) = \Phi(\overline{\alpha} x) = h(-, \overline{\alpha} x) = \alpha h(-, x) = \alpha \Phi(x)$. Damit ist gezeigt, daß Φ ein $\mathbb{C}$-Vektorraum-Isomorphismus ist. Schließlich gilt $[a\Phi(x)](y) = \Phi(x)\big(a^{-1} y\big) = h(a^{-1} y, x) = h(y, ax) = [\Phi(ax)](y)$ für alle $a \in G$, $x \in \overline{V}$, $y \in V$, d.h. Φ ist ein G-Morphismus.

Zum Beweis der Umkehrung definieren wir (entsprechend $(\ast\ast)$)

$$h(x, y) := \Phi(y)(x) \qquad \text{für} \quad x, y \in V\;.$$

h ist nicht ausgeartet und bi-additiv, ferner $\beta(\alpha x, y) = \Phi(y)(\alpha x) = \alpha \Phi(y)(x) = \alpha h(x, y)$ und $h(x, \alpha y) = \Phi(\alpha y)(x) = \Phi(\overline{a} \cdot y)(x) = \overline{\alpha} \Phi(y)(x) = \overline{\alpha} h(x, y)$. Folglich ist h sesquilinear. Schließlich gilt $h(ax, ay) = \Phi(ay)(ax) = [a\Phi(y)](ax) = \Phi(y)\big(a^{-1}(ax)\big) = \Phi(y)(x) = h(x, y)$ für alle $a \in G$ und $x, y \in V$. $\qquad\square$

Corollar. *Ist ρ eine unitäre Darstellung, so gilt $\rho^* \sim \overline{\rho}$.* $\qquad\square$

5. Morphismen, Lemma von Schur

Vorbemerkung. Für eine Darstellung $\rho : G \to GL(V)$ werden wir im folgenden häufig die bequemere Schreibweise ax statt $\rho(a)x$ verwenden. Man erhält so zu der Darstellung ρ eine *Operation von G auf V*, d.h. eine Abbildung $G \times V \to V$, $(a, x) \mapsto ax$ mit den Eigenschaften

$$(ab)x = a(bx)\;, \quad ex = x\;,$$

$$a(\alpha x) = \alpha ax\;, \quad a(x + y) = ax + ay$$

für alle $a, b \in G$, alle $x, y \in V$ und alle $\alpha \in K$. Ist eine Operation von G auf V gegeben, so wird V ein *G-Modul* genannt. Jeder G-Modul V liefert eine Darstellung von G auf V, und zwar $\rho : G \to GL(V), \rho(a)x := ax$. Wir werden im folgenden je nach Bequemlichkeit oder Zweckmäßigkeit den einen oder anderen Begriff verwenden.

Definition. Es sei G eine Gruppe und V, W seien G-Moduln über den Körper K. Eine Abbildung $f : V \to W$ heißt (*G-)Morphismus*, falls sie linear ist und überdies

$$f(ax) = af(x) \qquad (a \in G, x \in V)$$

gilt. Ist f außerdem bijektiv, so heißt f *Isomorphismus*, im Fall $V = W$ *Automorphismus*.

Ein Isomorphismus ist also nichts anderes als eine Äquivalenz der zugehörigen Darstellungen. Man schreibt wie üblich $V \cong W$ oder ausführlicher $V \underset{G}{\cong} W$, falls es einen Isomorphismus der G-Moduln V, W gibt.

(Man bemerkt, daß die Modul-Terminologie vollständig analog zur Terminologie bei Operationen von Gruppen auf Mengen ist (vgl. I, § 1.3); hinzu kommt lediglich die Linearitätsbedingung $a(\alpha x) = \alpha a x$, $a(x + y) = ax + ay$.)

Es ist klar, daß $id_V : V \to V$ ein Morphismus und mit $f : V \to W$, $g : W \to U(U, V, W,$ G-Modul$)$ auch $g \circ f : V \to U$ ein Morphismus ist; schließlich ist für jeden Isomorphismus $f : V \to W$ auch $f^{-1} : W \to V$ ein Isomorphismus.

Sind V, W G-Moduln über K, so bilden die Morphismen von V in W, wie man leicht bestätigt, einen Teilraum des K-Vektorraums $\mathrm{Hom}_K(V, W)$ der K-linearen Abbildung von V in W, und im Falle $V = W$ eine Teilalgebra der assoziativen Algebra $\mathrm{End}_K(V) = \mathrm{Hom}_K(V, V)$. Wir benutzen hierfür die Bezeichnung $\mathrm{Hom}_G(V, W)$ bzw. $\mathrm{End}_G(V)$, oder ausführlicher $\mathrm{Hom}_{KG}(V, W)$ bzw. $\mathrm{End}_{KG}(V)$.

Wählt man in V und W je eine Basis, so erhält man in der bekannten Weise einen Vektorraum-Isomorphismus Φ von $\mathrm{Hom}_K(V, W)$ auf $\mathrm{Mat}(m, n; K)$, $n = \dim V$, $m = \dim W$. Restriktion auf $\mathrm{Hom}_G(V, W)$ liefert einen Vektorraum-Isomorphismus

$$\mathrm{Hom}_G(V, W) \cong \{F \in \mathrm{Mat}(m, n; K); F \cdot \rho(a) = \rho'(a) \cdot F \ (a \in G)\} \ ,$$

wenn ρ, ρ' die zu den G-Moduln V bzw. W gehörigen Matrix-Darstellungen bez. der gewählten Basen bezeichnen.

Der folgende Satz nimmt – obwohl sein Beweis fast trivial ist – eine zentrale Rolle in der Darstellungstheorie ein; wir geben in den folgenden Abschnitten einige Anwendungen.

Satz 5 (Lemma von Schur). *Es seien V und W irreduzible G-Moduln über K, $f : V \to W$ ein Morphismus. Dann gilt*
(a) *Ist $f \neq 0$, so ist f ein Isomorphismus.*
(b) *Ist $V = W$ und besitzt f einen Eigenwert α in K, so folgt $f = \alpha id_V$.*

Corollar 1. *Für irreduzible G-Moduln V, W über K gilt*
(a) $V \not\cong W \Rightarrow \mathrm{Hom}_G(V, W) = \{0\}$;
(b) $K = \mathbb{C} \Rightarrow \mathrm{Hom}_G(V, V) = \mathbb{C} \cdot id$.

Beweis des Satzes. Wir zeigen mehr als in (a) behauptet, nämlich

$$(*) \qquad \begin{cases} V \text{ irreduzibel} \ \Rightarrow f = 0 \text{ oder } f \text{ injektiv} , \\ W \text{ irreduzibel} \ \Rightarrow f = 0 \text{ oder } f \text{ surjektiv} . \end{cases}$$

Dies folgt unmittelbar aus der Tatsache, daß Kern(f) bzw. Bild(f) invariante Teilräume von V bzw. W sind, was man folgendermaßen verifiziert: $x \in \mathrm{Kern}(f) \Rightarrow f(x) = 0 \Rightarrow af(x) = 0 \Rightarrow f(ax) = 0 \Rightarrow ax \in \mathrm{Kern}(f)$ für alle $a \in G$ und $x \in V$; $y = f(x) \in \mathrm{Bild}(f) \Rightarrow ay = af(x) = f(ax) \in \mathrm{Bild}(f)$ für alle $a \in G$ und $x \in V$.

(b) Der Eigenraum zu α ist von $\{0\}$ verschieden; er ist invariant, denn aus $f(x) = \alpha x$ folgt $f(ax) = af(x) = \alpha ax$ für alle $a \in G$ und $x \in V$; hieraus folgt die Behauptung.

Teil (a) des Corollars folgt unmittelbar aus Teil (a) des Satzes. Da jeder Endomorphismus von V einen Eigenwert in $\mathbb{C}$ besitzt, folgt Teil (b) des Corollars aus Teil (b) des Satzes. $\qquad\square$

Wir formulieren das Lemma von Schur wegen der vielfältigen Anwendungen noch für komplexe Matrix-Darstellungen:

Corollar 2. *Es seien* $\rho_i : G \to GL(n, \mathbb{C})$, $i = 1, 2$ *irreduzible Matrix-Darstellungen und* $F \in \mathrm{Mat}\,(n_2, n_1; \mathbb{C})$ *habe die Eigenschaft* $F \cdot \rho(a) = \rho(a) \cdot F$ *für alle* $a \in G$. *Dann gilt*
(a) $\rho_1 \not\sim \rho_2 \Rightarrow F = 0$,
(b) $\rho_1 \sim \rho_2 \Rightarrow n_1 = n_2$ *und* $F = \alpha E$ *mit geeignetem* $a \in \mathbb{C}$.

In 7. und 8. werden wir die assoziative Algebra $\mathrm{Hom}_G(V, V)$ ohne die Voraussetzung der Irreduzibilität von V genau studieren – vornehmlich als Hilfsmittel für die Darstellungstheorie der klassischen Gruppen. Zunächst geben wir eine erste Anwendung des Schurschen Lemmas.

Satz 6. *Jede irreduzible komplexe Darstellung einer kommutativen Gruppe ist ein-dimensional.*

Beweis. Ist G kommutativ, V ein irreduzibler G-Modul und ρ die zugehörige Darstellung, so ist $\rho(a)$ für jedes $a \in G$ ein G-Modul-Morphismus: $\rho(a)(bx) = \rho(a)\rho(b)x = \rho(ab)x = \rho(ba)x = \rho(b)\rho(a)x = b(\rho(a)x)$, $a, b \in G$, $x \in V$. Nach dem Lemma von Schur gibt es also zu jedem $a \in G$ ein $\alpha(a) \in \mathbb{C}$ mit $\rho(a) = \alpha(a)\mathrm{id}_V$. Folglich ist jeder ein-dimensionale Teilraum von V invariant, wegen der Irreduzibilität von V also $\dim V = 1$ (und $\rho = \alpha : G \to \mathbb{C}^\times$) $\quad\square$

Beispiel. Die Gruppe $SO(2)$ ist kommutativ. Eine komplexe irreduzible Darstellung ist also ein Homomorphismus

$$\rho : SO(2) \to \mathbb{C}^\times .$$

Komposition mit dem Homomorphismus

$$R : \mathbb{R} \to SO(2) , \qquad t \mapsto \begin{pmatrix} \cos t & -\sin t \\ \sin t & \cos t \end{pmatrix}$$

gibt eine Darstellung

$$\chi := \rho \circ R : \mathbb{R} \to \mathbb{C}^\times$$

von der additiven Gruppe $\mathbb{R}$ in die multiplikative Gruppe $\mathbb{C}^\times$, also

$$\chi(s + t) = \chi(s)\chi(t) , \qquad s, t \in \mathbb{R} .$$

Setzen wir Stetigkeit von ρ voraus, so folgt aus der Stetigkeit von R die Stetigkeit von χ, und damit aus der letzten Gleichung

$$\chi(t) = (\exp \zeta)^t = \exp(t\zeta) \,, \qquad t \in \mathbb{R}$$

mit geeignetem $\zeta \in \mathbb{C}$. Aus $\chi(2\pi) = \chi(0)$ folgt $1 = \exp(2\pi\zeta)$, also gibt es ein $k \in \mathbb{Z}$ mit

$$\rho(R(t)) = \chi(t) = \exp(ikt) \,.$$

Umgekehrt ist offenbar für jedes $k \in \mathbb{Z}$

$$\rho_k : \mathrm{SO}(2) \to \mathbb{C}^\times \,, \qquad \rho_k(R(t)) := \exp(ikt)$$

eine wohldefinierte stetige Darstellung von $\mathrm{SO}(2)$. Es folgt also

Satz 7. *Jede irreduzible stetige komplexe Darstellung der Gruppe* $\mathrm{SO}(2)$ *ist äquivalent zu genau einer der Darstellungen*

$$\rho_k : \mathrm{SO}(2) \to \mathbb{C}^\times \,, \qquad \rho_k(R(t)) = \exp(itk) \,, \qquad k \in \mathbb{Z} \,. \qquad \square$$

In Abschnitt 9 werden wir sehen, daß alle stetigen komplexen Darstellungen von $\mathrm{SO}(2)$ unitär, also vollständig reduzibel sind. Daraus folgt, daß jede solche Darstellung von $\mathrm{SO}(2)$ äquivalent zu genau einer Darstellung der Form

$$R(t) \mapsto [\exp(itk_1), \dots, \exp(itk_n)]$$

ist mit $k_1, \dots, k_n \in \mathbb{Z}$.

Da $R(t) \mapsto \exp(it)$, $t \in [0, 2\pi[$ ein stetiger Isomorphismus von $\mathrm{SO}(2)$ auf die Kreisgruppe S^1 ist (vgl. I, § 4.2), erhalten wir

Corollar. *Jede irreduzible stetige komplexe Darstellung der Kreisgruppe* S^1 *ist äquivalent zu genau einer Darstellung*

$$\delta_k : S^1 \to \mathbb{C}^\times \,, \qquad \delta_k(z) = z^k \,, \qquad k \in \mathbb{Z} \,. \qquad \square$$

6. Tensorprodukte

Vor der abstrakten Definition des Tensorproduktes von Vektorräumen und G-Moduln, das in der Darstellungstheorie allgemein sowie insbesondere in der Brauer-Weylschen Darstellungstheorie der klassischen Gruppen, die wir im nächsten Paragraphen behandeln, eine zentrale Stellung einnimmt, geben wir – sowohl zur Motivation als auch zum besseren Verständnis der älteren mathematischen und der anwendungsbezogenen Literatur – ein „konkretes" Modell an; wir nehmen damit gleichzeitig den wesentlichen Teil des Existenzbeweises für Tensorprodukte von Vektorräumen vorweg (Satz 9).

Für einen Körper K und eine (Index-)Menge I hat die Menge

$$K^I := \{X : I \to K\}$$

aller Abbildungen von I in K eine natürliche Vektorraumstruktur, die gegeben ist durch

$$(X + Y)(i) = X(i) + Y(i) \, , \quad (\xi X)(i) = \xi X(i) \quad (i \in I)$$

für $X, Y \in K^I$ und $\xi \in K$. Die Menge

$$K^{[I]} := \{ X : I \to K; X(i) = 0 \text{ für fast alle } i \in I \}$$

ist ein Teilraum von K^I. Die Abbildungen

$$E_i : j \mapsto \begin{Bmatrix} 1 & \text{falls } j = i \\ 0 & \text{sonst} \end{Bmatrix} , \quad i \in I$$

bilden eine Basis von $K^{[I]}$: Für alle $X \in K^{[I]}$ gilt $X = \sum_{i \in I} X(i) E_i$ (diese Summe ist endlich!), und aus $\sum_{i \in I} \alpha_i E_i = 0$ folgt $\sum_{i \in I} \alpha_i E_i(k) = 0$, also $\alpha_k = 0$ für alle $k \in I$.

Die Elemente von $K^{[I]}$ heißen *Tensoren vom Typ I*.

Ist I eine endliche Menge, so ist offenbar $K^I = K^{[I]}$. Wir betrachten den Fall $I = \mathbb{N}_{n_1} \times \ldots \times \mathbb{N}_{n_k}$ mit $k \in \mathbb{N}$, $n_i \in \mathbb{N}$ und $\mathbb{N}_{n_i} = \{1, \ldots, n_i\} \subset \mathbb{N}$. Man spricht dann (etwas ungenau) von *k-stufigen Tensoren*. 1-stufige Tensoren sind danach nichts anderes als Vektoren, 2-stufige Tensoren nichts anderes als Matrizen; denn für $I = \mathbb{N}_n$ ist $X \mapsto (X(i)) = (X(1), \ldots, X(n))$ ein Isomorphismus von K^I auf K^n, für $I = \mathbb{N}_n \times \mathbb{N}_m$ ist $X \mapsto (X(i,j)) =$

$$\begin{pmatrix} X(1,1) & \ldots & X(1,m) \\ \vdots & & \vdots \\ X(n,1) & \ldots & X(n,m) \end{pmatrix} \text{ ein Isomorphismus von } K^I \text{ auf } \mathrm{Mat}(n,m;K). \text{ In}$$

Analogie zu diesen Fällen ($k = 1, 2$) schreibt man (besonders in der anwendungsbezogenen Literatur), k-stufige Tensoren als „Koeffizienten-Schemata"

$$X = (X(i_1, \ldots, i_k)) \text{ oder } (X_{i_1 \ldots i_k}) \quad \text{mit } X_{i_1 \ldots i_k} \in K \, , \quad i_\nu \in \mathbb{N}_{n_\nu}$$

und rechnet mit ihnen nach den Regeln

$$(X_{i_1 \ldots i_k}) + (Y_{j_1 \ldots j_k}) = (X_{i_1 \ldots i_k} + Y_{j_1 \ldots j_k}) \, ,$$

$$\xi(X_{i_1 \ldots i_k}) = (\xi X_{i_1 \ldots i_k}) \, ,$$

was nur eine Umformulierung von $(*)$ ist. Die oben genannten Basiselemente E_i, $i \in I$ schreiben sich dann in der Form

$$E_{i_1 \ldots i_k} = (X_{j_1 \ldots j_k}) \quad \text{mit}$$

$$X_{j_1 \ldots j_k} := \begin{Bmatrix} 1 & \text{falls } j_\nu = i_\nu \, , \quad \nu = 1, \ldots k \\ 0 & \text{sonst} \end{Bmatrix} = \delta_{i_1 j_1} \ldots \delta_{i_k j_k} \, .$$

Jeder k-stufige Tensor hat also die Gestalt

$$X = \sum X_{i_1 \ldots i_k} E_{i_1 \ldots i_k}$$

mit eindeutig bestimmten $X_{i_1 \ldots i_k} \in K$, wobei summiert wird über alle $(i_1, \ldots i_k)$ $\in \mathbb{N}_{n_1} \times \ldots \times \mathbb{N}_{n_k}$.

Wir kommen jetzt zur angekündigten „abstrakten" Definition des Tensorproduktes von Vektorräumen.

Definition. Es seinen $V_1, \ldots, V_k$ (nicht notwendig endlich-dimensionale) Vektorräume über dem Körper K. Ein K-Vektorraum V zusammen mit einer k-linearen Abbildung

$$\varphi : V_1 \times \ldots \times V_k \to V$$

heißt *Tensorprodukt von* $V_1, \ldots, V_k$, wenn (V, φ) folgende „universelle Eigenschaft" hat:

Zu jeder k-linearen Abbildung

$$\psi : V_1 \times \ldots \times V_k \to W$$

$$
\begin{array}{ccc}
V_1 \times \ldots \times V_k & \xrightarrow{\varphi} & V \\
& \searrow_{\psi} & \downarrow f \\
& & W
\end{array}
$$

in einen K-Vektorraum W gibt es genau eine lineare Abbildung

$$f : V \to W \quad \text{mit} \quad f \circ \varphi = \psi \, .$$

Beispiel. Sei $V_1 = K^n$, $V_2 = K^m$. Für $x = (x_1, \ldots, x_n)^t \in V_1$, $y = (y_1, \ldots y_m)^t \in V_2$ definieren wir

$$\varphi : V_1 \times V_2 \to \text{Mat}(n, m; K) \quad \text{durch} \quad (x, y) \mapsto xy^t = \begin{pmatrix} x_1 y_1 \ldots x_1 y_m \\ \ldots\ldots\ldots\ldots \\ x_n y_1 \ldots x_n y_m \end{pmatrix} .$$

Insbesondere gilt $\varphi(e_i, e_j) = E_{ij}$. Wir zeigen, daß die universelle Eigenschaft erfüllt ist. Sei dazu $\psi : V_1 \times V_2 \to W$ eine bilineare Abbildung. Um die Gleichung $f \circ \varphi = \psi$ zu erfüllen, muß f notwendig die Eigenschaft $f(E_{ij}) = f \circ \varphi(e_i, e_j) = \psi(e_i, e_j)$ haben. Da die E_{ij} eine Basis von $\text{Mat}(n, m; K)$ bilden, gibt es genau eine lineare Abbildung f, die diese Bedingungen erfüllt.

Mat$(n, m; K)$ zusammen mit der Abbildung $(x, y) \mapsto xy^t$ ($x \in K^n, y \in K^m$) ist also (ein) Tensorprodukt von K^n, K^m. Man vergleiche dies mit den Erläuterungen der Vorbemerkung.

Satz 8. (a) *Zu Vektorräumen $V_1, \ldots, V_k$ (über demselben Körper) existiert ein Tensorprodukt (V, φ).*

(b) *Sind (V, φ), (W, ψ) Tensorprodukte von $V_1, \ldots V_k$, so gibt es einen Isomorphismus $f : V \to W$ mit $f \circ \varphi = \psi$.*

Beweis. Für den Existenzbeweis zu (a) greifen wir auf die Vorbemerkung zurück. Wir wählen in jedem V_i eine Basis $\mathcal{B}_i$ und setzen

$$V := K^{[B]} \quad \text{mit} \quad \mathcal{B} := \mathcal{B}_1 \times \ldots \times \mathcal{B}_k \, .$$

Wir definieren $\varphi : V_1 \times \ldots \times V_k \to V$, indem wir die Zuordnung

$$b \mapsto E_b \quad (b \in \mathcal{B})$$

in jedem Argument linear fortsetzen. (Zur Erinnerung: $E_b(b) = 1, E_b(b') = 0$ für $b' \neq b$). Da $\{\varphi(b); b \in \mathcal{B}\} = \{E_b; b \in \mathcal{B}\}$ eine Basis von V ist (s. Vorbemerkung), ist die universelle Eigenschaft für (V, φ) offensichtlich erfüllt: Zu einer k-linearen Abbildung $\psi : V_1 \times \ldots \times V_k \to W$ erhält man durch lineare Fortsetzung von $E_b \mapsto \psi(b), b \in \mathcal{B}$, die einzige lineare Abbildung $f : V \to W$ mit $f \circ \varphi = \psi$.

(b) Sind (V, φ) und (V', φ') Tensorprodukte, so gibt es genau eine lineare Abbildung $f : V \to V'$ mit $f \circ \varphi = \varphi'$ und genau eine lineare Abbildung $f' : V' \to V$ mit $f' \circ \varphi' = \varphi$. Durch Einsetzen folgt $(f \circ f') \circ \varphi' = \varphi'$ und $(f' \circ f) \circ \varphi = \varphi$. Aus der Eindeutigkeitsbedingung in der universellen Eigenschaft (mit $W = V$, $\psi = \varphi$) folgt $f \circ f' = id_V$ bzw. (mit $V = W = V'$, $\psi = \varphi' = \varphi$) $f' \circ f = id_{V'}$. Also ist f ein Isomorphismus von V auf V' mit $f \circ \varphi = \varphi'$. $\square$

Ist (V, φ) ein Tensorprodukt von $V_1, \ldots V_k$, so schreibt man $V_1 \otimes \ldots \otimes V_k$ für V und nennt diesen Vektorraum ein (oder das) Tensorprodukt von $V_1, \ldots, V_k$, ohne die zugehörige k-lineare Abbildung $\varphi : V_1 \times \ldots \times V_k \to V_1 \otimes \ldots \otimes V_k$ zu erwähnen; man schreibt ferner $x_1 \otimes \ldots \otimes x_k$ anstelle von $\varphi((x_1, \ldots, x_k))$, $x_i \in V_i$. Diese Inkonsequenz liegt in der Isomorphieaussage des vorstehenden Satzes begründet und hat sich in der Praxis bewährt.

Satz 9. (a) *Die „zerlegbaren Tensoren"* $x_1 \otimes \ldots \otimes x_k$, $x_i \in V_i$ *bilden ein Erzeugendensystem von* $V_1 \otimes \ldots \otimes V_k$.

(b) *Für jede Basis* $\mathcal{B}_i$ *von* V_i $(1 \leq i \leq k)$ *ist* $\{b_1 \otimes \ldots \otimes b_k; b_i \in \mathcal{B}_i\}$ *eine Basis von* $V_1 \otimes \ldots \otimes V_k$.

(c) $\dim V_i = n_i$ $(1 \leq i \leq k) \Rightarrow \dim(V_1 \otimes \ldots \otimes V_k) = n_1 \ldots n_k$.

Beweis. (a) folgt sofort aus (b) (wegen der Linearität von $x_1 \otimes \ldots \otimes x_k$ in jedem „Faktor").

Zu (b). Im Existenzbeweis von Satz 8 haben wir gesehen, daß die Elemente $E_b = \varphi(b)$ mit $b = (b_1, \ldots, b_k) \in \mathcal{B}$ (also $b_i \in \mathcal{B}_i$) eine Basis des (speziellen) Tensorproduktes $K^{[\mathcal{B}]}$ bilden. Sei $\psi : V_1 \times \ldots \times V_k \to V_1 \otimes \ldots \otimes V_k$ die zum Tensorprodukt $V_1 \otimes \ldots \otimes V_k$ gehörige k-lineare Abbildung. Dann gibt es einen Isomorphismus $f : K^{[\mathcal{B}]} \to V_1 \otimes \ldots \otimes V_k$ mit $f \circ \varphi = \psi$. Folglich ist $f(E_b) = b_1 \otimes \ldots \otimes b_k$, und dies ist eine Basis von $V_1 \otimes \ldots \otimes V_k$.

Zu (c). $\dim V_i = n_i \Rightarrow |\mathcal{B}_i| = n_i \Rightarrow |\mathcal{B}| = n_1 \ldots n_k$ für jede Basis $\mathcal{B}_i$ von V_i $(1 \leq i \leq k) \Rightarrow \dim K^{[\mathcal{B}]} = n_1 \ldots n_k$. Da $V_1 \otimes \ldots \otimes V_k$ als Vektorraum isomorph zu $K^{[\mathcal{B}]}$ ist, folgt die Behauptung. $\square$

Bemerkungen. 1) Es sei darauf hingewiesen, daß nicht jedes Element von $V_1 \otimes \ldots \otimes V_k$ in der Gestalt $x_1 \otimes \ldots \otimes x_k$ geschrieben werden kann, sondern „nur" als Linearkombination (auch als Summe) solcher zerlegbarer Tensoren (Satz 9 (a)).

2) Ist jedes V_i endlich-dimensional, $\left\{ b_j^{(i)}; 1 \leq j \leq n_i \right\}$ eine Basis von V_i, so läßt sich jeder Tensor $X \in V_1 \otimes \ldots \otimes V_k$ eindeutig darstellen in der Form

$$X = \sum \xi_{i_1 \ldots i_k} b_{i_1}^{(1)} \otimes \ldots \otimes b_{i_k}^{(k)}$$

mit $\xi_{i_1 \ldots i_k} \in K$, wo über alle k-Tupel $(i_1, \ldots, i_k)$ mit $1 \leq i_\nu \leq n_\nu$, $\nu = 1, \ldots, k$ summiert wird (Satz 9 (b)).

3) Eine lineare Abbildung $f : V_1 \otimes \ldots \otimes V_k \to W$ ist nach 2) eindeutig bestimmt durch die Werte $f(x_1 \otimes \ldots \otimes x_k)$, $x_i \in V_i$. Man macht sich dies bei der Definition von linearen Abbildungen $f : V_1 \otimes \ldots \otimes V_k \to W$ zunutze, indem man nur $f(x_1 \otimes \ldots \otimes x_k)$ für $x_i \in V_i$ definiert; das ist aufgrund der universellen Eigenschaft des Tensorproduktes dann (und nur dann) sinnvoll, wenn die Abbildung $(x_1, \ldots, x_k) \mapsto f(x_1 \otimes \ldots \otimes x_k)$ von $V_1 \times \ldots \times V_k$ in W multilinear ist. Wir machen von diesem Sachverhalt sogleich Gebrauch:

Die folgenden Abbildungen sind Vektorraum-Isomorphismen:

(1) $\qquad\qquad U \otimes V \to V \otimes U$, $\qquad x \otimes y \mapsto y \otimes x$;

(2) $\qquad (U \otimes V) \otimes W \to U \otimes (V \otimes W)$, $\qquad (x \otimes y) \otimes z \mapsto x \otimes (y \otimes z)$;

(3) $\quad (U \oplus V) \otimes W \to (U \otimes W) \oplus (V \otimes W)$, $\qquad (x \oplus y) \otimes z \mapsto (x \otimes z) \oplus (y \otimes z)$;

(4) $\qquad U^* \otimes V^* \xrightarrow{f} (U \otimes V)^*$, $\quad (f(\lambda \otimes \mu))(x \otimes y) = \lambda(x) \cdot \mu(y)$;

(5) $\qquad U \to U \otimes K$, $\quad x \mapsto x \otimes 1$; $\quad U \to K \otimes U$, $\quad x \mapsto 1 \otimes x$.

Die Aussagen gelten analog für Tensorprodukte bzw. direkte Summen von beliebig (endlich) vielen Vektorräumen.

Wir beweisen jetzt einige grundlegende Isomorphiesätze, für die wir zunächst zwei Gruppenoperationen einführen:

Sind $V_1, \ldots, V_k$ G-Moduln, so ist das Tensorprodukt der Vektorräume $V_1, \ldots, V_k$ ein G-Modul bez. der Operation

$$G \times (V_1 \otimes \ldots \otimes V_k) \to V_1 \otimes \ldots \otimes V_k ,$$

$$(a, x_1 \otimes \ldots \otimes x_k) \mapsto ax_1 \otimes \ldots \otimes ax_k .$$

Mit einem weiteren G-Modul W setzen wir

$$G \times \text{Hom}_K(V_1, \ldots, V_k; W) \to \text{Hom}_K(V_1, \ldots V_k; W)$$

$$(a, f) \mapsto af \quad \text{mit} \quad (af)(x_1, \ldots, x_k) := a\left(f\left(a^{-1} x_1, \ldots, a^{-1} x_k \right) \right) .$$

Dabei bezeichnet $\text{Hom}_K(V_1, \ldots, V_k; W)$ den K-Vektorraum der k-linearen Abbildungen von $V_1 \times \ldots \times V_k$ in W. Bei beiden Operationen ist es eine leichte

Übungsaufgabe, die Modul-Axiome zu verifizieren. – Den folgenden Sätzen liegen diese Operationen zugrunde; sieht man von ihnen ab, erhält man entsprechende Aussagen über Vektorräume und lineare Abbildungen.

Satz 10. *Sind $V_1, \ldots, V_k$ und W G-Moduln über K, so gibt es einen eindeutig bestimmten G-Modul-Isomorphismus*

$$\Phi : \mathrm{Hom}_K(V_1, \ldots, V_k; W) \to \mathrm{Hom}_K(V_1 \otimes \ldots \otimes V_k; W) \quad \text{mit}$$

$$[\Phi(\psi)](x_1 \otimes \ldots \otimes x_k) = \psi(x_1, \ldots, x_k) \ .$$

Beweis. Da die Abbildung $(x_1, \ldots x_k) \mapsto \psi((x_1, \ldots, x_k))$ nach Voraussetzung k-linear ist, gibt es zu ψ genau eine lineare Abbildung $\Phi(\psi) : V_1 \otimes \ldots \otimes V_k \to W$ mit $[\Phi(\psi)](x_1 \otimes \ldots \otimes x_k) = \psi(x_1, \ldots, x_k)$. Es ist klar, daß die Abbildung $\psi \mapsto \Phi(\psi)$ linear und injektiv ist. Sie ist surjektiv, denn für jede lineare Abbildung $f : V_1 \otimes \ldots \otimes V_k \to W$ ist $\psi : (x_1, \ldots, x_k) \mapsto f(x_1 \otimes \ldots \otimes x_k)$ k-linear mit $\Phi(\psi) = f$. Schließlich gilt für alle $a \in G$.

$$(a\,[\Phi(\psi)])(x_1 \otimes \ldots \otimes x_k) = a\,\big[\Phi(\psi)\,\big(a^{-1}x_1 \ldots a^{-1}x_k\big)\big]$$
$$= a\,\big[\psi\,\big(a^{-1}x_1, \ldots, a^{-1}x_k\big)\big] = (a\psi)(x_1, \ldots, x_k) = [\Phi(a\psi)](x_1 \otimes \ldots \otimes x_k) \ ,$$

d.h. $a\,[\Phi(\psi)]$ und $\Phi(a\psi)$ stimmen auf den Erzeugenden $x_1 \otimes \ldots \otimes x_k$ von $V_1 \otimes \ldots \otimes V_k$ überein, sind also gleich. $\square$

Satz 11. *Sind $V_1, \ldots, V_k$ und $W_1, \ldots W_k$ endlich-dimensionale G-Moduln über K, so gibt es einen eindeutig bestimmten G-Modul-Isomorphismus*

$$\Phi : \bigotimes_{i=1}^{k} \mathrm{Hom}_K(V_i, W_i) \to \mathrm{Hom}_K\left(\bigotimes_{i=1}^{k} V_i, \bigotimes_{i=1}^{k} W_i \right) \quad \text{mit}$$

$$[\Phi(f_1 \otimes \ldots \otimes f_k)](x_1 \otimes \ldots \otimes x_k) = f_1(x_1) \otimes \ldots \otimes f_k(x_k) \ .$$

Beweis. Da $f_1(x_1) \otimes \ldots \otimes f_k(x_k)$ sowohl in den x_i als auch in den f_i linear ist, gibt es (zweimalige Anwendung der universellen Eigenschaft) genau eine lineare Abbildung Φ mit der genannten Eigenschaft. Wir zeigen zunächst, daß es sich um einen G-Modul-Morphismus handelt. Zur Abkürzung nehmen wir $k = 2$ an. Für alle $a \in G$ gilt

$$[\Phi(a\,(f_1 \otimes f_2))](x_1 \otimes x_2) = [\Phi(af_1 \otimes af_2)](x_1 \otimes x_2)$$
$$= (af_1)(x_1) \otimes (af_2)(x_2) = a\,\big[f_1\,\big(a^{-1}x_1\big)\big] \otimes a\,\big[f_2\,\big(a^{-1}x_2\big)\big]$$
$$= a\,\big[f_1\,\big(a^{-1}x_1\big) \otimes f_2\,\big(a^{-1}x_2\big)\big] = a\,([\Phi(f_1 \otimes f_2)](x_1 \otimes x_2))$$
$$= [a\,(\Phi(f_1 \otimes f_2))](x_1 \otimes x_2) \ .$$

Zum Beweis, daß Φ ein Vektorraum-Isomorphismus ist, zeigen wir (für $k = 2$), daß Φ eine Basis auf eine Basis abbildet. Dazu sei $\{v_j^i\}$ eine Basis von $V_i, \{w_k^i\}$ eine Basis von W_i, $i = 1, 2$. Man überzeugt sich, daß die durch

$$f_{j,k}^i\left(v_l^i\right) := \begin{cases} w_k^i & \text{falls } l = j \\ 0 & \text{falls } l \neq j \end{cases}$$

definierten linearen Abbildungen eine Basis von $\mathrm{Hom}_K(V_i, W_i)$ bilden, also die $f_{jk}^1 \otimes f_{l,m}^2$ eine Basis von $\mathrm{Hom}_K(V_1, W_1) \otimes \mathrm{Hom}_K(V_2, W_2)$. Ferner gilt

$$\left[\Phi\left(f_{jk}^1 \otimes f_{lm}^2\right)\right]\left(v_p^1 \otimes v_q^2\right) = \begin{cases} w_k^1 \otimes w_m^2, & \text{falls } p = j, \ q = l \\ 0 & \text{sonst} \end{cases}$$

Es folgt, daß die $\Phi\left(f_{jk}^1 \otimes f_{lm}^2\right)$ eine Basis von $\mathrm{Hom}_K(V_1 \otimes V_2, W_1 \otimes W_2)$ bilden, was zu beweisen war. $\qquad\qquad\qquad\qquad\qquad\qquad\qquad\qquad\qquad\qquad\Box$

Häufig identifiziert man Definitions- und Bildbereich von Φ und erhält dann für $f_i \in \mathrm{Hom}_K(V_i, W_i)$ die linearen Abbildungen

$$f_1 \otimes \ldots \otimes f_k : V_1 \otimes \ldots \otimes V_k \to W_1 \otimes \ldots \otimes W_k,$$

$$(f_1 \otimes \ldots \otimes f_k)(x_1 \otimes \ldots \otimes x_k) = f_1(x_1) \otimes \ldots \otimes f_k(x_k);$$

man nennt diese Abbildung (mißbräuchlich, aber unmißverständlich) das Tensorprodukt der linearen Abbildungen $f_1, \ldots, f_k$. *Sind die f_i G-Morphismen, so ist auch $f_1 \otimes \ldots \otimes f_k$ ein G-Morphismus.* Wir notieren (ohne Beweis) folgende Rechenregeln für den Fall $k = 2$, die Verallgemeinerungen für beliebiges k sind offensichtlich:

(6) $$(\alpha_1 f_1 + \alpha_2 g_1) \otimes f_2 = \alpha_1(f_1 \otimes f_2) + \alpha_2(g_1 \otimes f_2)$$

(7) $$f_1 \otimes (\alpha_1 f_2 + \alpha_2 g_2) = \alpha_1(f_1 \otimes f_2) + \alpha_2(f_1 \otimes g_2)$$

(8) $$(f_1 \otimes g_1) \circ (f_2 \otimes g_2) = (f_1 \circ f_2) \otimes (g_1 \circ g_2)$$

(9) $$(f_1 \otimes g_1)^{-1} = f_1^{-1} \otimes g_1^{-1}$$

für $f_i, g_i \in \mathrm{Hom}_K(V_i, W_i), \alpha_i \in K$, falls die Kompositionen in der dritten Gleichung definiert und f_1, g_1 in der vierten Gleichung invertierbar sind.

Bemerkungen. 4) Sind $V_1, \ldots, V_k$ endlich-dimensionale G-Moduln mit zugehörigen Darstellungen $\rho_i : G \to \mathrm{GL}(V_i)$, so ist in der vorstehenden Terminologie die zum G-Modul $V_1 \otimes \ldots \otimes V_k$ gehörige Darstellung nichts anderes als

$$\rho_1 \otimes \ldots \otimes \rho_2 : G \to \mathrm{GL}(V_1 \otimes \ldots \otimes V_k),$$

die definiert ist durch

$$(\rho_1 \otimes \ldots \otimes \rho_k)(a) := \rho_1(a) \otimes \ldots \otimes \rho_k(a), \qquad a \in G.$$

5) Für $i = 1, 2$ sei $A_i = \left(\alpha_{st}^{(i)} \right)$ die Matrix von $f_i \in \mathrm{Hom}_K \left(V_i, W_i \right)$ bez. der Basen $\left\{ v_j^{(i)} \right\}$ von V_i und $\left\{ w_j^{(i)} \right\}$ von W_i. Die Matrix von $f_1 \otimes f_2$ bez. der Basen $\left\{ v_j^{(1)} \otimes v_k^{(2)} \right\}$ von $V_1 \otimes V_2$ und $\left\{ w_j^{(1)} \otimes w_k^{(2)} \right\}$ von $W_1 \otimes W_2$ erhält man aus

$$(f_1 \otimes f_2) \left(v_j^{(1)} \otimes v_k^{(2)} \right) = f_1 \left(v_j^{(1)} \right) \otimes f_2 \left(v_k^{(2)} \right)$$
$$= \sum_i \alpha_{ij}^{(1)} w_i^{(1)} \otimes \sum_i \alpha_{jk}^{(2)} w_j^{(2)} = \sum_{i,j} \alpha_{ij}^{(1)} \alpha_{jk}^{(2)} w_i^{(1)} \otimes w_j^{(2)} \ .$$

Man erkennt hieran, daß bei lexikographischer Ordnung der Basen $\left\{ v_j^{(1)} \otimes v_k^{(2)} \right\}$ und $\left\{ w_i^{(1)} \otimes w_j^{(2)} \right\}$ die Matrix von $f_1 \otimes f_2$ eine Block-Matrix ist mit dem (i, j)-ten Block $\alpha_{ij}^{(1)} A_2$. Man bezeichnet diese Matrix mit $A_1 \otimes A_2$ und nennt sie das *Kronnecker-Produkt* von A_1 mit A_2, also

$$A_1 \otimes A_2 = \left(\alpha_{ij}^{(1)} A_2 \right)_{ij} \ .$$

Nach Definition gelten für das Kronnecker-Produkt die Rechenregeln analog zu (6)–(9). Ferner gilt

(10) $$(A \otimes B)^t = A^t \otimes B^t \ ,$$

(11) $$\mathrm{Spur}(A \otimes B) = \mathrm{Spur} A \cdot \mathrm{Spur} B \ .$$

Satz 12. *Sind $V_1, \ldots V_k$ und W endlichdimensionale G-Moduln über K, so gibt es einen eindeutig bestimmten G-Modul-Isomorphismus*

$$\Phi : V_1^* \otimes \ldots \otimes V_k^* \otimes W \to \mathrm{Hom}_K(V_1 \otimes \ldots \otimes V_k, W) \quad \text{mit}$$

$$[\Phi(\lambda_1 \otimes \ldots \otimes \lambda_k \otimes y)] (x_1 \otimes \ldots \otimes x_k) = \lambda_1(x_1) \ldots \lambda_k(x_k) y$$

Beweis. Dies folgt aus Satz 11 (mit $k + 1$ statt k), wenn man dort $W_1 = \ldots = W_k = K$ setzt und $V_{k+1} = K$, $W_{k+1} = W$. Dabei ist zu beachten, daß $V_i \otimes K \cong V_i$ und $K \otimes \ldots \otimes K \otimes W \cong W$ (als G-Moduln), und daß $W \to \mathrm{Hom}_K(K, W)$, $y \mapsto f_y$ mit $f_y(1) = y$ ein G-Modul-Isomorphismus ist. $\qquad \Box$

Wir wollen den vorstehenden Satz für $k = 1$ hervorheben, da dieser Fall besonders häufig angewandt wird:

Für endlichdimensionale G-Moduln über K gibt es einen eindeutig bestimmten G-Modul-Isomorphismus mit der Eigenschaft

$$\Phi : V^* \otimes W \to \mathrm{Hom}_K(V, W) \ , \quad (\Phi(\lambda \otimes x))(y) = \lambda(y) x$$

für $\lambda \in V^*$, $x \in W$, $y \in V$.

7. Isotypische Zerlegung

In einer Zerlegung $V = V_1 \oplus \ldots \oplus V_k$ eines G-Moduls V in irreduzible Untermoduln sind die V_i, wie wir schon in 2. Beispiel 1 bemerkt haben, nicht eindeutig bestimmt. Dagegen ist, wie wir zeigen werden, die „Zerlegung in isotypischen Summanden" eindeutig.

Wir werden im folgenden häufig Gebrauch von einigen funktoriellen Eigenschaften von $\mathrm{Hom_G}$ machen, die wir hier zusammenstellen; die einfachen Verifikationen übergehen wir.

Zu einer direkten Zerlegung $V = V_1 \oplus \ldots \oplus V_k$ eines G-Moduls V in Untermoduln V_i werden die *Projektionen* und *Inklusionen* definiert durch

$$p_i : V \to V_i , \quad x_1 + \ldots + x_k \mapsto x_i ; \qquad q_i : V_i \to V , \quad x_i \mapsto x_i$$

für $x_i \in V_i$, $1 \le i \le k$. Diese Abbildungen sind G-Morphismen; ferner gilt

$$p_i \circ q_i \circ p_i = p_i , \quad q_i \circ p_i \circ q_i = q_i , \quad p_i \circ q_j = \delta_{ij} id_{V_i} \quad (1 \le i \le k) ;$$

$$q_1 \circ p_1 + \ldots + q_k \circ p_k = id_V .$$

Mit einem weiteren G-Modul W erhält man die G-Modul-Isomorphismen

$$\mathrm{Hom_G}(W, V) \to \bigoplus_i \mathrm{Hom_G}(W, V_i) , \qquad f \mapsto \oplus(p_i \circ f) ;$$

$$\mathrm{Hom_G}(V, W) \to \bigoplus_i \mathrm{Hom_G}(V_i, W) , \qquad f \mapsto \oplus(f \circ q_i)$$

mit Umkehrabbildungen $\oplus f_i \mapsto \sum q_i \circ f_i$ bzw. $\oplus f_i \mapsto \sum f_i \circ p_i$.

Ein G-Morphismus $h : V \to W$ induziert, mit einem G-Modul U, G-Morphismen

$$\mathrm{Hom_G}(U, V) \to \mathrm{Hom_G}(U, W) , \qquad f \mapsto h \circ f ;$$

$$\mathrm{Hom_G}(W, U) \to \mathrm{Hom_G}(V, U) , \qquad f \mapsto f \circ h ;$$

sie sind bijektiv, falls h bijektiv ist.

Für den Rest dieses Abschnittes seien alle Vektorräume komplex und endlich-dimensional vorausgesetzt.

Satz 13. *Ist $V = V_1 \oplus \ldots \oplus V_k$ eine Zerlegung des G-Moduls V in irreduzible Untermoduln V_i, so ist jeder irreduzible Untermodul von V isomorph zu einem V_j.*

Corollar. *Ein vollständig reduzibler G-Modul besitzt bis auf Äquivalenz (!) nur endlich viele irreduzible Untermoduln.*

Beweis des Satzes (das Corollar ist eine unmittelbare Folge). Es sei U ein irreduzibler Untermodul von V. Da V vollständig reduzibel ist, gibt es einen Untermodul W von V, so daß $V = U \oplus W$. Aus $\dim \mathrm{Hom_G}(U, U) = 1$

(Lemma von Schur) und $\operatorname{Hom}_G(U,V) = \operatorname{Hom}_G(U,U) \oplus \operatorname{Hom}_G(U,W)$ folgt $\dim \operatorname{Hom}_G(U,V) \geq 1$; wegen $\operatorname{Hom}_G(U,V) = \oplus \operatorname{Hom}_G(U,V_i)$ gibt es also ein j, so daß $\operatorname{Hom}_G(U,V_j) \neq \{0\}$. Wieder aus dem Schurschen Lemma folgt $U \cong V_j$. □

Wir kommen jetzt zum Begriff der „Isotypie":

Definition. V und W seien G-Moduln, W sei irreduzibel, m sei eine natürliche Zahl. V heißt *W-isotypisch mit der Vielfachheit* m, wenn $V \cong mW$ $(= W \oplus \ldots \oplus W(m\text{-mal}))$; m heißt *Vielfachheit von W in V*.

Beispiel. Ist W ein irreduzibler G-Modul und U ein m-dimensionaler Vektorraum, so ist $U \otimes W$ mit der Operation

$$G \times U \otimes W \to U \otimes W , \qquad (a, u \otimes w) \mapsto u \otimes (aw)$$

W-isotypisch, die Vielfachheit von W in $U \otimes W$ ist m: Für jede Basis $b_1, \ldots, b_m$ von U ist $\mathbb{C}b_i \otimes W \cong W$ $(1 \leq i \leq m)$ und $U \otimes W = \oplus_i \mathbb{C}b_i \otimes W \cong mW$.

Wählen wir im Beispiel speziell $\operatorname{Hom}_G(W,V)$ für U, so folgt also für G-Moduln V, W, W irreduzibel,

(1) $\quad \begin{cases} \operatorname{Hom}_G(W,V) \otimes W \text{ ist } W\text{-isotypisch,} \\ \dim \operatorname{Hom}_G(W,V) \text{ ist die Vielfachheit von } W \text{ in } V . \end{cases}$

Bemerkung. Aus $V \cong mW \cong m'W'$ mit irreduziblen G-Moduln W, W' folgt $W \cong W'$ nach Satz 13, und weiter $\dim \operatorname{Hom}_G(W,V) = \dim \operatorname{Hom}_G(W',V)$, also $m = m'$.

Lemma 1. *Ist V ein vollständig reduzibler W-isotypischer G-Modul der Vielfachheit m, so ist die Abbildung*

$$\Phi : \operatorname{Hom}_G(W,V) \otimes W \to V , \qquad f \otimes w \mapsto f(w)$$

ein G-Modul-Isomorphismus, wenn G auf $\operatorname{Hom}_G(W,V) \otimes W$ operiert durch $(a, f \otimes w) \mapsto f \otimes (aw)$.

Beweis. Es sei $V = V_1 \oplus \ldots \oplus V_k$ eine Zerlegung von V in irreduzible Untermoduln von V, $\Psi : \operatorname{Hom}_G(W,V) \otimes W \to \oplus(\operatorname{Hom}_G(W,V_i) \otimes W)$, $f \otimes w \to \oplus((p_i \circ f) \otimes w)$, $\Phi_i : \operatorname{Hom}_G(W,V_i) \otimes W \to V_i$, $f_i \otimes w \mapsto f_i(w)$. Offenbar gilt $\Phi = (\oplus \Phi_i) \circ \Psi$. Folglich können wir uns auf den Nachweis beschränken, daß die Φ_i G-Isomorphismen sind. Nach dem Schurschen Lemma gilt $\operatorname{Hom}_G(W,V_i) \cong \mathbb{C}g$ mit einem G-Isomorphismus $g : W \to V_i$. Es ist also Φ_i das $\circ$-Produkt des Isomorphismus $\operatorname{Hom}_G(W,V_i) \otimes W \to V_i$, $g \otimes w \mapsto w$ mit g und daher selbst ein Isomorphismus. □

Ein G-Modul V heißt *isotypisch*, wenn es einen irreduziblen G-Modul W gibt, so daß V W-isotypisch ist.

Satz 14. *Ist V ein vollständig reduzibler G-Modul, so gibt es eindeutig bestimmte isotypische Untermoduln $V^1, \ldots, V^l$, so daß*

$$V = V^1 \oplus \ldots \oplus V^l \quad \text{und} \quad \mathrm{Hom}_G\left(V^i, V^j\right) = \{0\} \quad \text{für} \quad i \neq j \, .$$

Jeder irreduzible Untermodul von V ist in genau einem V^i enthalten.

Beweis. Wir beginnen mit einer (beliebigen) Zerlegung $V = W_1 \oplus \ldots \oplus W_k$ von V in irreduzible Untermoduln von V. Es ist klar, wie man hieraus eine Zerlegung der gewünschten Art erhält: Sei $\{U_1, \ldots, U_l\}$ eine Teilmenge von $\{W_1, \ldots, W_k\}$, so daß die U_i paarweise nicht isomorph sind und jedes W_i isomorph zu einem U_j ist. Wir setzen $V^i = \oplus_{W_j \cong U_i} W_j \; i = 1, \ldots, l$. Es ist klar, daß V die direkte Summe der V^i ist, und daß jedes V^i ein (U_i-) isotypischer Untermodul von V ist. Wegen $\mathrm{Hom}_G(U_i, U_j) = \{0\}$ für $i \neq j$ (Schursches Lemma) gilt auch $\mathrm{Hom}_G\left(V^i, V^j\right) = \{0\}$ für $i \neq j$. – Bevor wir zur Eindeutigkeit kommen, beweisen wir den letzten Teil des Satzes. Sei dazu U ein irreduzibler Untermodul von V. Nach Satz 13 gibt es ein i, so daß $U \cong U_i$. Sei $U_i' = \oplus_{j \neq i} V^j$ und $g_i : U \to U_i'$ definiert durch $g_i(x^1 + \ldots + x^l) = \oplus_{j \neq i} x^j$ mit $x^i \in V^i$. Es gilt $g_i \in \mathrm{Hom}_G\left(U, U_i'\right)$. Da U zu keinem Untermodul von U_i' isomorph ist, folgt $g_i = 0$. Es folgt $x^j = 0$ für $j \neq i$, also $U \subset V^i$. Zum Beweis der Eindeutigkeitsaussage sei $V = X^1 \oplus \ldots \oplus X^t$ mit isotypischen Untermoduln X_i von V und $\mathrm{Hom}_G(X^i, X^j) = \{0\}$ für $i \neq j$. Ist nun $X^i = X_1^i \oplus \ldots \oplus X_{t_i}^i$ mit paarweise isomorphen X_j^i, so gibt es nach dem soeben Bewiesenen ein j, so daß $X_1^i \subset V^j$. Dann sind auch $X_2^i, \ldots, X_{t_i}^i$ in V^j enthalten wegen $\mathrm{Hom}_G\left(V^i, V^j\right) = \{0\}$ für $i \neq j$, also $X^i \subset V^j$. Hieraus folgt in naheliegender Weise die Behauptung. $\square$

Corollar. *Ist V ein vollständig reduzibler G-Modul, so gibt es ganze Zahlen $m_i \geq 1$ und paarweise nicht isomorphe irreduzible G-(Unter-)Moduln V_i, $1 \leq i \leq l$, so daß*

$$V \cong m_1 V_1 \oplus \ldots \oplus m_l V_l \, .$$

Ist $V \cong m_1' V_1' \oplus \ldots \oplus m_p' V_p'$ eine weitere „Zerlegung" von V mit irreduziblen G-Moduln V_i', so gilt $l = p$ und es gibt eine Permutation $\pi \in S_l$ mit $m_i = m_{\pi(i)}'$ und $V_i = V_{\pi(i)}'$, $1 \leq i \leq l$. Es gilt

$$m_i = \dim \mathrm{Hom}_G(V_i, V) \, , \qquad 1 \leq i \leq l \, .$$

$\square$

Wir wollen, um ständige Wiederholungen zu vermeiden, vereinbaren, daß in einem Ausdruck der Form $V \cong m_1 V_1 \oplus \ldots \oplus m_l V_l$ die V_i stets irreduzibel sind und m_i die Vielfachheit von V_i in V ist (dann sind die V_i paarweise nicht isomorph). Wir nennen der Einfachheit halber häufig $m_1 V_1 \oplus \ldots \oplus m_l V_l$ oder $V \cong m_1 V_1 \oplus \ldots \oplus m_l V_l$ die isotypische Zerlegung von V.

Man kann die isotypischen Summanden eines G-Moduls V auf eine andere Weise, die durch Lemma 1 nahe gelegt wird, erhalten; wir werden davon im nächsten Abschnitt mehrfach Gebrauch machen:

Satz 15. *Es sei V ein vollständig reduzibler G-Modul, $V = \oplus_{i=1}^{l} m_i V_i$. Dann ist*

$$\Phi : \bigoplus_i \mathrm{Hom}_G(V_i, V) \otimes V_i \to V , \qquad \bigoplus_i (f_i \otimes v_i) \mapsto f(v_i)$$

ein G-Modul-Isomorphismus, wenn G auf der linken Seite operiert durch $(a, \oplus(f_i \otimes v_i)) \mapsto \oplus(f_i \otimes av_i)$. Die Bilder $\Phi(\mathrm{Hom}_G(V_i, V) \otimes V_i)$ sind die isotypischen Summanden von V.

Beweis. Man wendet Lemma 1 und Satz 14 an.   □

Wir formulieren das letzte Corollar noch für Matrix-Darstellungen:

Satz 16. *Zu jeder vollständig reduziblen Matrix-Darstellung $\rho : G \to GL(n, \mathbb{C})$ gibt es ganze Zahlen $m_i \geq 1$ und paarweise inäquivalente Darstellungen $\rho_i : G \to GL(m_i, \mathbb{C})$, so daß ρ äquivalent ist zu*

$$a \mapsto [\rho^1(a), \ldots, \rho^l(a)] \quad \text{mit} \quad \rho^1(a) = [\rho_i(a), \ldots, \rho_i(a)] \quad (m_i\text{-mal}) ;$$

diese Zerlegung ist bis auf die Reihenfolge der Diagonalblocks $\rho^i(a)$ und bis auf Äquivalenz der ρ_i eindeutig bestimmt.

Beweis. Es seien $V^1, \ldots V^l$ die isotypischen Summanden des zu ρ gehörigen G-Moduls und V_i irreduzible G-Moduln derart, daß $V^i \cong V_i \oplus \ldots \oplus V_i$. Wählt man für alle i in jedem dieser Summanden eine Basis, so erhält man eine Basis von V, bez. der alle Matrizen $\rho(a)$ die genannte Gestalt haben. Die Eindeutigkeitsaussage folgt unmittelbar aus dem letzten Corollar.   □

Unter Verwendung des Kronecker-Produkts (6. Bemerkung 5)) erhalten die im Satz genannten Matrizen die Form

$$[E_{m_1} \otimes \rho_1(a), \ldots, E_{m_l} \otimes \rho_l(a)] ,$$

wobei E_{m_i} die $m_i \times m_i$-Einheitsmatrix bezeichnet.

8. Die Algebra $\mathrm{End}_G(V)$ und ihre Darstellungen

Eine *Darstellung einer Algebra $\mathcal{A}$* über dem Körper K auf dem K-Vektorraum V ist ein Algebren-Homomorphismus

$$\rho : \mathcal{A} \to \mathrm{End}_K(V) .$$

Für jedes $x \in \mathcal{A}$ ist also $\rho(x)$ eine K-lineare Abbildung von V in sich, und für $x, y \in \mathcal{A}$, $\alpha \in K$ gilt

$$\rho(\alpha x) = \alpha \rho(x) , \quad \rho(x + y) = \rho(x) + \rho(y) , \quad \rho(xy) = \rho(x)\rho(y) .$$

Hat $\mathcal{A}$ ein Einselement e, so verlangen wir zusätzlich $\rho(e) = id_V$.

Begriffe wie Äquivalenz, invarianter Teilraum, Irreduzibilität, Morphismus etc. sind analog zu den entsprechenden Begriffen in der Darstellungstheorie von Gruppen definiert; wir verzichten deshalb auf genaue Formulierungen. Wie bei Gruppen werden wir häufig von $\mathcal{A}$-Moduln statt von Darstellungen reden. Für $\mathcal{A}$-Moduln V, W bezeichnet $\operatorname{Hom}_{\mathcal{A}}(V, W)$ den K-Vektorraum der $\mathcal{A}$-Morphismen von V in W; für $V = W$ ist dies selbst eine (assoziative) Algebra über K. Ein enger Zusammenhang zwischen der Darstellungstheorie endlicher Gruppen und derjenigen von Algebren wird durch die sogenannte Gruppenalgebra hergestellt (auf Verallgemeinerungen für unendliche Gruppen gehen wir nicht ein):

Es sei G eine endliche Gruppe, $g := |G|$. Wir wählen einen K-Vektorraum V der Dimension g und hierin eine Basis $\mathcal{B}$. Da $\mathcal{B}$ und G gleich viele Elemente haben, können wir $\mathcal{B}$ durch G ersetzen. Jedes $v \in V$ läßt sich dann schreiben in der Form

$$v = \sum_{a \in G} \alpha_a a$$

mit eindeutig bestimmten Koeffizienten $\alpha_a \in K$. Wesentlich ist nun, daß sich die Multiplikation von G auf V fortsetzen läßt: Wir definieren

$$\left(\sum_{a \in G} \alpha_a a \right) \left(\sum_{b \in G} \beta_b b \right) := \sum_{a, b \in G} \alpha_a \beta_b ab$$

$$= \sum_{c \in G} \gamma_c c \quad \text{mit} \quad \gamma_c := \sum_{\substack{a, b \in G \\ ab = c}} \alpha_a \beta_b \,.$$

Man verifiziert mühelos, daß V mit dieser Multiplikation eine (assoziative) Algebra ist; sie heißt *Gruppenalgebra von* G *über* K und wird mit KG (häufig auch mit $K[G]$) bezeichnet. Das Produkt von Elementen der Basis G stimmt mit dem Produkt dieser Elemente in G überein, das Einselement von G ist auch Einselement von KG.

Die Darstellungstheorie einer endlichen Gruppe G ist „äquivalent" zur Darstellungstheorie der Algebra KG in folgendem Sinne:

Zu einer Darstellung $\rho : G \to \operatorname{GL}(V)$ definieren wir

$$\tilde{\rho} : KG \to \operatorname{End}_K(V) \quad \text{durch}$$

$$\tilde{\rho} \left(\sum_{a \in G} \alpha_a a \right) := \sum_{a \in G} \alpha_a \rho(a) \,.$$

Es ist klar, daß ρ eine Darstellung von KG ist. Umgekehrt ist die Restriktion einer Darstellung von KG auf G eine Darstellung von G. Die Zuordnung $\rho \mapsto \tilde{\rho}$ ist eine Bijektion zwischen den Darstellungen von G und denen von KG.

Die invarianten Teilräume einer Darstellung ρ von G sind dieselben wie die von $\tilde{\rho}$. Es ist also ρ genau dann irreduzibel bzw. vollständig-reduzibel, wenn

$\tilde{\rho}$ die entsprechende Eigenschaft hat. Eine Äquivalenz von ρ_1, ρ_2 ist auch eine Äquivalenz von $\tilde{\rho}_1, \tilde{\rho}_2$ und umgekehrt.

Eine ausgezeichnete Rolle unter den Darstellungen einer Algebra $\mathcal{A}$ spielt die *reguläre Darstellung*

$$\rho_r : \mathcal{A} \to \mathrm{End}_K \mathcal{A} \,, \quad \rho_r(x)y := xy \quad (x, y \in \mathcal{A}) \,.$$

Ein Teilraum $\mathcal{L}$ von $\mathcal{A}$ ist genau dann invariant unter ρ_r, wenn $\mathcal{A}\mathcal{L} \subset \mathcal{L}$; solche Teilräume heißen *Linksideale* von $\mathcal{A}$. Ein Linksideal $\mathcal{L} \neq \{0\}$, welches außer $\{0\}$ und $\mathcal{L}$ kein Linksideal (von $\mathcal{A}$) enthält, heißt *minimal*. Die minimalen Linksideale sind also genau die unter ρ_r irreduziblen invarianten Teilräume.

Definition. Eine Algebra heißt *halbeinfach*, wenn die reguläre Darstellung vollständig reduzibel ist.

Satz 17. *Die Gruppenalgebra $\mathbb{C}G$ einer endlichen Gruppe G ist halbeinfach.*

Beweis. Jede komplexe Darstellung von G ist nach 3. Satz 3 vollständig reduzibel, nach den obigen Erläuterungen also auch *jede* (komplexe) Darstellung von $\mathbb{C}G$, insbesondere also die reguläre Darstellung.   □

Wir wenden uns jetzt den Darstellungen halbeinfacher Algebren zu; wir benutzen dabei verschiedene Aussagen, die wir über Gruppen gemacht haben und die in gleicher Weise für halbeinfache Algebren gelten, z.B. das Kriterium Satz 1 (b) für vollständige Reduzibilität sowie das Schursche Lemma und den Begriff der isotypischen Zerlegung.

Für den Rest dieses Abschnittes machen wir die

Voraussetzung. Alle Vektorräume, insbesondere alle Algebren, seien endlichdimensionale $\mathbb{C}$-Vektorräume; Algebren seien stets halbeinfach mit Einselement.

Satz 18. *Jede Darstellung einer Algebra ist vollständig reduzibel, jede irreduzible Darstellung ist äquivalent zu einer Teildarstellung der regulären Darstellung.* (Für eine Verschärfung vgl. Corollar zu Satz 23.)

Beweis. Es sei zunächst V ein irreduzibler $\mathcal{A}$-Modul und $\mathcal{A} = \mathcal{L}_1 \oplus \ldots \oplus \mathcal{L}_l$ eine Zerlegung von $\mathcal{A}$ in minimale Linksideale. Für $v \in V$ setzen wir

$$\varphi_v : \mathcal{A} \to V \,, \quad x \mapsto xv \,.$$

Dies definiert (für jedes v) einen $\mathcal{A}$-Modul-Morphismus, denn $\varphi_v(xy) = (xy)v = x(yv) = x\varphi_v(y)$. Da V irreduzibel ist, gibt es ein $v \in V$, so daß $\varphi_v \neq 0$. Zu jedem solchen v gibt es ein i, so daß die Restriktion φ_v^i auf $\mathcal{L}_i$ ebenfalls nicht die Nullabbildung ist. Nach dem Schurschen Lemma ist also φ_v^i ein Isomorphismus, also V isomorph zu $\mathcal{L}_i$. Damit ist (b) bewiesen. – Es sei nun V ein beliebiger $\mathcal{A}$-Modul. Es gilt

$$V = \sum_{i=1}^{l} \sum_{v \in V} \mathcal{L}_i v \,,$$

denn die Inklusion $\supset$ ist trivialerweise erfüllt, während $\subset$ aus der Voraussetzung folgt, daß $\mathcal{A}$ ein Einselement besitzt.

Da nach dem vorhergehenden $\mathcal{L}_i v = \varphi_v(\mathcal{L}_i)$ stets $\{0\}$ oder isomorph zu $\mathcal{L}_i$ ist, ist V Summe von irreduziblen Untermoduln. Wie in 1. Satz 1 folgt hieraus die vollständige Reduzibilität von V. $\square$

Die folgenden Sätze beschreiben die gewöhnliche Darstellung von $\text{End}_{\mathcal{A}}(V)$ auf V (also $(f, v) \mapsto f(v)$) und die reguläre Darstellung der Algebra $\text{End}_{\mathcal{A}}(V)$.

Lemma 1. *Es sei V ein $\mathcal{A}$-Modul und W ein irreduzibler $\mathcal{A}$-Untermodul von V. Dann ist $\text{Hom}_{\mathcal{A}}(W, V)$ ein irreduzibler $\text{End}_{\mathcal{A}}(V)$-Modul bez. der Operation*

$$\begin{cases} \text{End}_{\mathcal{A}}(V) \times \text{Hom}_{\mathcal{A}}(W, V) \to \text{Hom}_{\mathcal{A}}(W, V) \\ (f, g) \mapsto f \circ g \,. \end{cases}$$

Beweis. Nach Satz 18 ist V vollständig reduzibel. Sei m die Vielfachheit von W in V und $V = W_1 \oplus \ldots \oplus W_m \oplus U$ eine Zerlegung von V in $\mathcal{A}$-Untermoduln mit $W_i \cong W$ $(1 \le i \le m)$. Es sei $p_i : V \to W_i$, $w_1 \oplus \ldots \oplus w_m \oplus u \mapsto w_i$ und $q_i : W_i \to V$, $w_i \mapsto w_i$ $(1 \le i \le m)$. Offensichtlich sind p_i, q_i $\mathcal{A}$-Morphismen. Es sei nun $X \ne \{0\}$ ein $\text{End}_{\mathcal{A}}(V)$-invarianter Teilraum von $\text{Hom}_{\mathcal{A}}(W, V)$, $f \in X$, $f \ne 0$. Es gibt ein i, so daß $p_i \circ f \ne 0$. Wir wählen $\mathcal{A}$-Isomorphismen $f_{ji} : W_i \to W_j$. Es ist dann $q_j \circ f_{ji} \circ p_i \in \text{End}_{\mathcal{A}}(V)$, also $f_j := q_j \circ f_{ji} \circ p_i \circ f \in X$ $(1 \le j \le m)$. Diese Morphismen sind linear unabhängig, denn aus $F := \sum \alpha_j f_j = 0$ folgt $0 = p_k \circ F = \alpha_k f_{ki} \circ p_i \circ f$, also $\alpha_k p_i \circ f = 0$, folglich $\alpha_k = 0$ wegen $p_i \circ f \ne 0$ $(1 \le k \le m)$. Wir haben also $\dim X \ge m$; wegen $\dim \text{Hom}_{\mathcal{A}}(W, V) = m$ (7., Corollar zu Satz 14) folgt $X = \text{Hom}_{\mathcal{A}}(W, V)$. $\square$

Satz 19. *Es sei V ein $\mathcal{A}$-Modul, $V = V^1 \oplus \ldots \oplus V^l$ die isotypische Zerlegung, $V^i \cong m_i V_i$, $n_i = \dim V_i$. Dann gilt*

(a) *$V^1, \ldots, V^l$ sind die isotypischen Komponenten von V als $\text{End}_{\mathcal{A}}(V)$-Modul;*

(b) *$V^i \cong n_i \text{Hom}_{\mathcal{A}}(V_i, V)$, $V \cong \oplus_i n_i \text{Hom}_{\mathcal{A}}(V_i, V)$ als $\text{End}_{\mathcal{A}}(V)$-Moduln, wobei $\text{Hom}_{\mathcal{A}}(V_i, V)$ die in Lemma 1 definierte Modulstruktur trägt.*

Beweis. Wegen $\text{Hom}_{\mathcal{A}}(V^i, V^j) = \{0\}$ für $i \ne j$ gilt $f(V^i) \subset V^i$ für $1 \le i \le l$ und alle $f \in \mathcal{B} := \text{End}_{\mathcal{A}}(V)$. Folglich sind die V^i $\mathcal{B}$-Untermoduln des $\mathcal{B}$-Moduls V. Es gilt $\text{Hom}_{\mathcal{B}}(V^i, V^j) = \{0\}$: Die Projektionen $p^i : v^1 + \ldots + v^l \mapsto v^i (v^j \in V^j)$ sind in $\mathcal{B}$, für $f \in \text{Hom}_{\mathcal{B}}(V^i, V^j)$ gilt also $f(V^i) = f(p^i V^i) = p^i \circ f(v^i) \subset p^i V^j = \{0\}$, d.h. $f = 0$. – Es bleibt zu zeigen, daß die V^i als $\mathcal{B}$-Moduln $\text{Hom}_{\mathcal{A}}(V_i, V)$-isotypisch sind mit der Vielfachheit n_i. Dazu ziehen wir Lemma 1 in 7. heran, das – mit $\mathcal{A}$ statt G, was man genau so beweist – u.a. besagt, daß

$\Phi : \mathrm{Hom}_{\mathcal{A}}\left(V_i, V^i\right) \otimes V_i \to V^i,\ f_i \otimes v_i \mapsto f(v_i)$ ein Vektorraum-Isomorphismus ist. Machen wir die linke Seite zu einem $\mathcal{B}$-Modul durch $(h, f_i \otimes v_i) \mapsto h \circ f_i \otimes v_i$, so wird Φ offenbar zu einem $\mathcal{B}$-Modul-Isomorphismus. Für jede Basis $b_1, \ldots, b_{n_i}$ von V_i gilt

$$\mathrm{Hom}_{\mathcal{A}}\left(V_i, V^i\right) \otimes V_i = \bigoplus_j \mathrm{Hom}_{\mathcal{A}}\left(V_i, V^i\right) \otimes \mathbb{C}b_j \cong n_i \mathrm{Hom}_{\mathcal{A}}\left(V_i, V^i\right) \ .$$

Mit $\mathrm{Hom}_{\mathcal{A}}\left(V_i, V^i\right) \cong \mathrm{Hom}_{\mathcal{A}}(V_i, V)$ und der Irreduzibilität dieser Räume als $\mathcal{B}$-Moduln (Lemma 1) folgt die Behauptung. $\qquad\qquad\square$

Mit den Bezeichnungen des vorstehenden Satzes und den Projektionen bzw. Inklusionen $p^i : V \to V^i, q^i : V^i \to V$ definieren wir

$$\Phi : \bigoplus_i \mathrm{End}_{\mathcal{A}}\left(V^i\right) \to \mathrm{End}_{\mathcal{A}}(V) \quad \mathrm{durch} \quad \bigoplus_i f^i \mapsto \sum_i q^i \circ f^i \circ p^i \ .$$

Mit den zu Beginn von Abschnitt 7 angegebenen Rechenregeln für p^i und q^i verifiziert man mühelos den ersten Teil von

Satz 20. *Φ ist ein Algebren-Isomorphismus mit Umkehrabbildung $f \mapsto \oplus_i(p^i \circ f \circ q^i)$; die Bilder $\Phi\mathrm{End}_{\mathcal{A}}(V^i)$ sind Ideale in $\mathrm{End}_{\mathcal{A}}(V)$.*

Der zweite Teil folgt sofort aus der Isomorphie und der Tatsache, daß in einer direkten Algebrensumme die direkten Summanden definitionsgemäß Ideale sind. $\qquad\qquad\square$

Satz 21. *Mit den obigen Bezeichnungen gilt*
(a) $\mathrm{End}_{\mathcal{A}}(V^i), i = 1, \ldots l$ *sind die isotypischen Komponenten von* $\mathrm{End}_{\mathcal{A}}(V)$ *bez. der regulären Operation;*
(b) $\mathrm{End}_{\mathcal{A}}(V^i) \cong m_i \mathrm{Hom}_{\mathcal{A}}(V_i, V)$, $\mathrm{End}_{\mathcal{A}}(V) \cong \oplus_i m_i \mathrm{Hom}_{\mathcal{A}}(V_i, V)$ *als* $\mathrm{End}_{\mathcal{A}}(V)$-*Moduln (vgl. Lemma 1).*

Beweis. Aus der Zerlegung $V = \oplus_i m_i V_i$ haben wir einen Vektorraum-Isomorphismus von $\mathrm{End}_{\mathcal{A}}(V^i)$ auf $m_i \mathrm{Hom}_{\mathcal{A}}\left(V_i, V^i\right)$ (s. Anfang von 7), und man verifiziert, daß es sich dabei um einen $\mathrm{End}_{\mathcal{A}}(V)$-Modul-Morphismus handelt. Da $\mathrm{Hom}_{\mathcal{A}}\left(V_i, V^i\right)$ und $\mathrm{Hom}_{\mathcal{A}}\left(V_i, V\right)$ als $\mathrm{End}_{\mathcal{A}}(V)$-Moduln isomorph sind und der letztgenannte Modul nach Lemma 1 irreduzibel ist, ist $\mathrm{End}_{\mathcal{A}}(V^i)$ also $\mathrm{Hom}_{\mathcal{A}}(V_i, V)$-isotypisch mit der Vielfachheit m_i. – Es bleibt $\mathrm{Hom}_{\mathcal{B}}\left(\mathcal{B}^i, \mathcal{B}^j\right) = \{0\}$ zu zeigen für $i \neq j$, $\mathcal{B} := \mathrm{End}_{\mathcal{A}}(V)$, $\mathcal{B}^k := \mathrm{End}_{\mathcal{A}}\left(V^k\right)$. Dazu sei $e^j := \Phi(id_{V^j})$, $j = 1, \ldots, l$. Wegen $e^j \mathcal{B}^i = \delta_{ij}\mathcal{B}^i$ gilt für $f \in \mathrm{Hom}_{\mathcal{B}}\left(\mathcal{B}^i, \mathcal{B}^j\right)$ offenbar $f(\mathcal{B}^i) = f\left(e^i\mathcal{B}^i\right) = e^i f(\mathcal{B}^i) \subset e^i\mathcal{B}^j = \{0\}$, also $f = 0$. $\qquad\square$

Corollar. *Für jeden $\mathcal{A}$-Modul V ist $\mathrm{End}_{\mathcal{A}}(V)$ halbeinfach.* $\qquad\qquad\square$

(Wir erinnern an die vor Lemma 1 getroffenen Voraussetzungen!)

Satz 22. *Es sei V ein $\mathcal{A}$-Modul, $V = V^1 \oplus \ldots \oplus V^l$ die isotypische Zerlegung, $V^i \cong m_i V_i$. Dann gilt*

(a)
$$\operatorname{End}_{\mathcal{A}}(V^i) \cong \operatorname{Mat}(m_i, \mathbb{C}) \,,$$

(b)
$$\operatorname{End}_{\mathcal{A}}(V) \cong \operatorname{Mat}(m_1, \mathbb{C}) \oplus \ldots \oplus \operatorname{Mat}(m_l, \mathbb{C}) \,.$$

Beweis. Wegen Satz 20 brauchen wir nur (a) zu beweisen. Sei also V isotypisch, $V = W_1 \oplus \ldots \oplus W_m$, $W_i \cong W_j$. Die „Matrizen" (f_{ij}) mit $f_{ij} \in \operatorname{Hom}_{\mathcal{A}}(W_j, W_i)$ bilden (wie Matrizen über einem Körper) eine assoziative $\mathbb{C}$-Algebra $\mathcal{C}$. Mit den zur gegebenen Zerlegung von V gehörigen Projektionen p_i und Inklusionen q_i erhält man einen Algebren-Isomorphismus

$$\operatorname{End}_{\mathcal{A}}(V) \to \mathcal{C} \,, \qquad f \mapsto (p_i \circ f \circ q_j)$$

mit Umkehrabbildung $(f_{ij}) \mapsto \sum_{i,j} q_i \circ f_{ij} \circ p_j$. Da nun nach Voraussetzung die W_i irreduzibel und paarweise isomorph sind und $\dim \operatorname{Hom}_{\mathcal{A}}(W_i, W_j) = 1$ für alle i, ist $\mathcal{C}$ isomorph zu $\operatorname{Mat}(m, \mathbb{C})$.   □

Wir wenden den vorstehenden Satz mit $V = \mathcal{A}$ und der regulären Operation an. Zu diesem Zweck beweisen wir zunächst

Lemma 2. *Für jede Algebra $\mathcal{A}$ ist die Abbildung*

$$\Psi : \mathcal{A} \to \operatorname{End}_{\mathcal{A}}(\mathcal{A}) \,, \quad a \mapsto R_a \,, \quad R_a(b) := ba \quad (a, b \in \mathcal{A})$$

ein Algebren-Antiisomorphismus, d.h. eine bijektive lineare Abbildung mit $\Psi(ab) = \Psi(b)\Psi(a)$ für alle $a, b \in \mathcal{A}$.

Beweis. Die Abbildung ist wohldefiniert, denn für alle $a, b, c \in \mathcal{A}$ gilt $R_a(cb) = (cb)a = cR_b(a)$, also $R_a \in \operatorname{End}_{\mathcal{A}}(\mathcal{A})$. Offenbar ist Ψ linear mit Umkehrabbildung $f \mapsto f(e)$, letzteres wegen $R_{f(e)}(b) = b \cdot f(e) = f(be) = f(b)$, $R_a(e) = a$. Schließlich rechnet man $(\Psi(ab))(c) = R_{ab}(c) = c(ab) = (ca)b = R_b \circ R_a(c) = \Psi(b) \circ \Psi(a)(c)$.   □

Satz 23. *Es sei $\mathcal{A} = \mathcal{A}^1 \oplus \ldots \oplus \mathcal{A}^l$ die isotypische Zerlegung der Algebra $\mathcal{A}$, $\mathcal{A}^i \cong n_i \mathcal{L}_i$ mit minimalen Linksidealen $\mathcal{L}_i$.*
   (a) $\mathcal{A}^1, \ldots, \mathcal{A}^l$ sind Ideale in $\mathcal{A}$;
   (b) $\mathcal{A}^i \cong \operatorname{Mat}(n_i, \mathbb{C})$, $\mathcal{A} \cong Mat(n_1, \mathbb{C}) \oplus \ldots \oplus \operatorname{Mat}(n_l, \mathbb{C})$;
   (c) $\dim \mathcal{L}_i = n_i$ $(1 \le i \le l)$.

Beweis. (a) folgt unmittelbar mit Lemma 2 aus Satz 21. Nach Satz 22 und Lemma 2 gibt es einen Antiisomorphismus von $\mathcal{A}^i$ auf $\operatorname{Mat}(n_i, \mathbb{C})$; schaltet man den Antiisomorphismus $X \mapsto X^t$ von $\operatorname{Mat}(n_i, \mathbb{C})$ dahinter, erhält man einen Isomorphismus von $\mathcal{A}^i$ auf $\operatorname{Mat}(n_i, \mathbb{C})$. Aus Satz 21 (b) folgt $\mathcal{L}_i \cong \operatorname{Hom}_{\mathcal{A}}(\mathcal{L}_i, \mathcal{A})$, Vergleich der Dimensionen ergibt (c) (siehe auch die folgende Bemerkung).   □

Bemerkung. Der oben genannte Isomorphismus von $\mathcal{A}$ auf die direkte Summe „voller" Matrix-Algebren $\mathrm{Mat}(n_i, \mathbb{C})$ setzt sich wie folgt aus den in Lemma 2 und im Beweis von Satz 22 angegebenen Abbildungen zusammen:

$$a \mapsto R_a \mapsto (p_\nu \circ R_a \circ q_\mu) \mapsto (\alpha_{\mu\nu}) \,,$$

wobei p_ν, q_μ die zu einer Zerlegung $\mathcal{A}^i = \mathcal{A}^i_1 \oplus \ldots \oplus \mathcal{A}^i_{n_i}$, $\mathcal{A}^i_j \cong \mathcal{L}_i$ gehörigen Projektionen bzw. Inklusionen sind und $\alpha_{\nu\mu}$ nach Wahl einer Basis $\{\varphi_{\nu\mu}\}$ von $\mathrm{Hom}_{\mathcal{A}}\left(\mathcal{A}^i_\mu, \mathcal{A}^i_\nu\right)$ durch $p_\nu \circ R_a \circ q_\mu = \alpha_{\nu\mu}\varphi_{\nu\mu}$. Man überzeugt sich davon, daß das (minimale) Linksideal $\mathcal{A}^i_j$ dabei auf das Linksideal $\mathcal{B}^i_j := \mathbb{C}E_{1j} \oplus \ldots \oplus \mathbb{C}E_{n_ij} \subset \mathrm{Mat}(n_i, \mathbb{C})$ abgebildet wird, $j = 1, \ldots, n_i$.

Aus Teil (c) des vorstehenden Satzes ergibt sich die folgende Ergänzung zu Satz 18:

Corollar. *Jede irreduzible Darstellung ρ einer Algebren $\mathcal{A}$ kommt mit der Vielfachheit $\dim_\rho$ in der regulären Darstellung von $\mathcal{A}$ vor.*   □

Als eine für die Darstellungstheorie der klassischen Gruppen besonders wichtige Folgerung aus den Sätzen 19 bis 23 beweisen wir einen Satz, zu dessen Formulierung wir daran erinnern, daß der *Zentralisator* einer Teilmenge M von $\mathrm{End}_{\mathbb{C}}(V)$ definiert ist durch

$$C(M) = C_V(M) = \{f \in \mathrm{End}_{\mathbb{C}}(V); f \circ g = g \circ f \text{ für alle } g \in M\} \,.$$

Satz 24 (Schursches Kommutatorlemma). *Für eine halbeinfache Teilalgebra $\mathcal{A}$ von $\mathrm{End}_{\mathbb{C}}(V)$ gilt $C(C(\mathcal{A})) = \mathcal{A}$.*

Beweis. Man erkennt sofort, daß $\mathcal{A}$ in $C(C(A))$ enthalten ist. Zum Beweis der anderen Inklusion betrachten wir V als $\mathcal{A}$-Modul bez. der gewöhnlichen Operation. Es gilt dann

$$C(\mathcal{A}) = \mathrm{End}_{\mathcal{A}}(V) =: \mathcal{B} \quad \text{und} \quad C(C(A)) = \mathrm{End}_{\mathcal{B}}(V) \,.$$

Es sei $V = \oplus_1^l m_i V_i$ (als $\mathcal{A}$-Moduln). Nach dem letzten Corollar ist jedes V_i isomorph zu einem minimalen Linksideal von $\mathcal{A}$; sei $\mathcal{A} = \oplus_1^k n_i \mathcal{L}_i$ und die Numerierung so gewählt, daß $V_i \cong \mathcal{L}_i$ für $1 \leq i \leq l$. Es gilt dann $n_i = \dim V_i$. Nach Satz 19 gilt $V \cong \oplus_1^l n_i \mathrm{Hom}_{\mathcal{A}}(V_i, V)$ (als $\mathcal{B}$-Moduln), nach Satz 22 also $\mathrm{End}_{\mathcal{B}}(V) = \oplus_1^l n_i U_i$, $\dim U_i = n_i$. Es folgt $\dim C(C(\mathcal{A})) = \dim \mathrm{End}_{\mathcal{B}}(V) = n_1^2 + \ldots + n_l^2 \leq n_1^2 + \ldots + n_k^2 = \dim \mathcal{A}$, mit $\mathcal{A} \subset C(C(\mathcal{A}))$ also die Behauptung.   □

Bemerkung. Aus dem Dimensionsvergleich am Schluß des vorstehenden Beweises folgt übriges, daß $k = l$ gilt, d.h. *die gewöhnliche Darstellung einer halbeinfachen Teilalgebra $\mathcal{A}$ von $\mathrm{End}_{\mathbb{C}}(V)$ enthält sämtliche irreduziblen Darstellungen von $\mathcal{A}$ (bis auf Äquivalenz).*

Für die Darstellungstheorie der klassischen Gruppen benötigen wir eine Beschreibung der $\mathrm{End}_{\mathcal{A}}V$-Untermoduln von V durch Idempotente von $\mathcal{A}$ (für $\mathcal{A}$ werden wir dabei die Gruppenalgebra von S_k wählen). Wie wir in § 2 sehen werden, sind Idempotente ein wichtiges Hilfsmittel zur Beschreibung von Linksidealen einer Algebra. Wir stellen die nötigsten Fakten im nächsten Satz zusammen. (Es gelten weiterhin die vor Lemma 1 gemachten Voraussetzungen!)

Definition. Ein Element I einer Algebra heißt *Idempotent*, falls $I \neq 0$ und $I^2 = I$.

Zum Beispiel sind die Matrizen $E_{ii} \in \mathrm{Mat}(n, \mathbb{C})$ Idempotente. Das minimale Linksideal $\mathcal{L} = \mathbb{C}E_{1i} + \ldots + \mathbb{C}E_{ni}$ läßt sich schreiben in der Form $\mathcal{L} = \mathrm{Mat}(n, \mathbb{C})E_{ii}$; allgemeiner gilt

Satz 25. (a) *Zu jedem Linksideal $\mathcal{L}$ einer Algebra $\mathcal{A}$ gibt es ein Idempotent I, so daß $\mathcal{L} = \mathcal{A}I$.*

(b) *Für ein Idempotent I ist das Linksideal $\mathcal{A}I$ genau dann minimal, wenn $\dim I\mathcal{A}I = 1$. (Solche Idempotente heißen „primitiv".)*

(c) *Minimale Linksideale $\mathcal{A}I_1, \mathcal{A}I_2$ (mit Idempotenten I_1, I_2) sind genau dann nicht-isomorph, wenn $I_1\mathcal{A}I_2 = \{0\}$. (Solche Paare von Idempotenten heißen „orthogonal".)*

Beweis. Man überzeugt sich zunächst durch eine einfache Rechnung, daß die Abbildung

$$(*) \qquad \Phi : I_1\mathcal{A}I_2 \to \mathrm{Hom}_{\mathcal{A}}(\mathcal{A}I_1, \mathcal{A}I_2) , \qquad x \mapsto R_x , \quad R_x(y) := yx$$

für Idempotente I_1, I_2 von $\mathcal{A}$ bijektiv und linear ist mit $\Phi^{-1}(f) = f(I_1)$.

Zu (a). Da $\mathcal{A}$ halbeinfach ist, gibt es zu jedem Linksideal $\mathcal{L}$ von $\mathcal{A}$ ein Linksideal $\mathcal{L}'$ von $\mathcal{A}$, so daß $\mathcal{A} = \mathcal{L} \oplus \mathcal{L}'$. Sei $P : \mathcal{A} \to \mathcal{A}$ die Projektion $x + x' \mapsto x \, (x \in \mathcal{L}, x' \in \mathcal{L}')$. Es gilt $P \in \mathrm{End}_{\mathcal{A}}(\mathcal{A})$, $P^2 = P$, $P(\mathcal{A}) = \mathcal{L}$. Sei $I := P(e)$, e das Einselement von $\mathcal{A}$. Es folgt $I^2 = IP(e) = P(Ie) = P(I) = P(P(e)) = P^2(e) = P(e) = I$. Setzt man in $(*)$ $I_1 = I_2 = e$, so folgt $P = \Phi \circ \Phi^{-1}(P) = \Phi(P(e)) = \Phi(I) = R_I$, also $\mathcal{L} = P(\mathcal{A}) = R_I(\mathcal{A}) = \mathcal{A}I$.

Zu (b) und (c). Da nach dem Schurschen Lemma die Dimension von $\mathrm{Hom}_{\mathcal{A}}(\mathcal{A}I_1, \mathcal{A}I_2)$ im Fall $I_1 = I_2$ genau dann gleich 1 ist, wenn $\mathcal{A}I_1$ minimal ist, und im Fall der Minimalität von $\mathcal{A}I_1$ und $\mathcal{A}I_2$ genau dann von $\{0\}$ verschieden ist (nämlich gleich 1), wenn $\mathcal{A}I_1, \mathcal{A}I_2$ isomorph sind, folgt die Behauptung, weil F ein (Vektorraum-)Isomorphismus ist. $\qquad\Box$

Für einen $\mathcal{A}$-Modul V und ein Idempotent I von $\mathcal{A}$ ist IV ein $\mathrm{End}_{\mathcal{A}}(V)$-Untermodul von V. Wir betrachten im folgenden $\mathrm{Hom}_{\mathcal{A}}(\mathcal{A}I, V)$ als $\mathrm{End}_{\mathcal{A}}(V)$-Modul bez. $(f, g) \mapsto f \circ g$ (vgl. Lemma 1).

Lemma 3. Die Abbildung

$$\Psi : \mathrm{Hom}_{\mathcal{A}}(\mathcal{A}I, V) \to IV , \qquad f \mapsto f(I)$$

ist ein $\mathrm{End}_{\mathcal{A}}(V)$-Modul-Isomorphismus.

Beweis. Für $f \in \mathrm{Hom}_{\mathcal{A}}(\mathcal{A}I, V)$ gilt $f(I) = f(II) = If(I) \in IV$, folglich ist Ψ wohldefiniert. Offensichtlich ist Ψ linear; wegen $\Psi(f \circ g) = f(g(I)) = f(\Psi(g))$ für $f \in \mathrm{End}_{\mathcal{A}}V$ und $g \in \mathrm{Hom}_{\mathcal{A}}(\mathcal{A}I, V)$ ist Ψ ein $\mathrm{End}_{\mathcal{A}}(V)$-Morphismus. Injektivität: Aus $f(I) = 0$ folgt $xf(I) = 0$ für alle $x \in \mathcal{A}$, also $f(xI) = 0$ für alle $x \in \mathcal{A}$, d.h. $f = 0$. Surjektivität: Sei $w \in IV$. Die Abbildung $R_w : \mathcal{A}I \to V$, $x \mapsto xw$ ist linear und es gilt $R_w(xy) = (xy)w = x(yw) = xR_w(y)$, also $R_w \in \mathrm{Hom}_{\mathcal{A}}(\mathcal{A}I, V)$. Schließlich haben wir $\Psi(R_w) = R_w(I) = Iw = w$, womit die Surjektivität, insgesamt also das Lemma bewiesen ist. $\square$

Satz 26. *Es sei $\mathcal{A}I_1, \dots, \mathcal{A}I_l$ ein Vertretersystem der minimalen Linksideale der Algebra $\mathcal{A}$. Dann sind $I_1V, \dots, I_lV$ $\mathrm{End}_{\mathcal{A}}(V)$-Untermoduln von V, und die von Null verschiedenen unter Ihnen bilden ein Vertretersystem der Isomorphieklassen irreduzibler $\mathrm{End}_{\mathcal{A}}(V)$-Moduln.*

Beweis. In einer isotypischen Zerlegung $V \cong m_1V_1 \oplus \dots \oplus m_kV_k$ ist jedes V_i nach Satz 18 und Satz 25 isomorph zu genau einem $\mathcal{A}I_j$. Jeder irreduzible $\mathrm{End}_{\mathcal{A}}(V)$-Modul ist nach Satz 21 isomorph zu genau einem $\mathrm{Hom}_{\mathcal{A}}(V_i, V)$, also isomorph zu genau einem $\mathrm{Hom}_{\mathcal{A}}(\mathcal{A}I_j, V)$, nach Lemma 3 also isomorph zu I_jV. Ebenfalls nach Lemma 3 (und dem Lemma von Schur) ist $I_jV = \{0\}$ genau dann, wenn $\mathcal{A}I_j$ nicht in V vorkommt, d.h. zu keinem V_i isomorph ist, und sonst ist I_jV irreduzibel mit $\dim I_jV = \dim \mathrm{Hom}_{\mathcal{A}}(\mathcal{A}I_j, V) = $ Vielfachheit von $\mathcal{A}I_j$ in V. $\square$

Wir haben mehr bewiesen als behauptet, nämlich

Zusatz. *Ist $m_1V_1 \oplus \dots \oplus m_kV_k$ die isotypische Zerlegung des $\mathcal{A}$-Moduls V und die Numerierung der I_j so gewählt, daß $V_j = \mathcal{A}I_j$, $1 \le j \le k$, so gilt*

(a) $\dim I_jV = m_j \; ,$

(b) $V = n_1I_1V \oplus \dots \oplus n_kI_kV$ (als $\mathrm{End}_{\mathcal{A}}V$-Moduln) , $n_j := \dim V_j \; .$

Abschließend beweisen wir einen Satz über endliche Gruppen, der in der Darstellungstheorie von S_n benötigt wird.

Satz 27. *Die Anzahl der Äquivalenzklassen irreduzibler Darstellungen einer endlichen Gruppe G ist gleich der Anzahl der Konjugationsklassen von G und gleich der Dimension von $\mathbb{C}$G.*

Beweis. Es seien $C_1, \dots, C_s$ die Konjugationsklassen von G. Die Elemente $u_i := \sum_{a \in C_i} a$ $(1 \le i \le s)$ von $\mathbb{C}$G sind linear unabhängig und im Zentrum $Z(\mathbb{C}\mathrm{G})$ von $\mathbb{C}$G enthalten. Wir zeigen, daß sie $Z(\mathbb{C}\mathrm{G})$ aufspannen: Für $x = \sum_{a \in \mathrm{G}} \alpha_a a \in \mathbb{C}\mathrm{G}$ gilt $x \in Z(\mathbb{C}\mathrm{G})$ genau dann, wenn für alle $b \in \mathrm{G}$

$$x = b^{-1}xb = \sum_{a \in G} \alpha_a b^{-1}ab = \sum_{c \in G} \alpha_{bcb^{-1}} c \, .$$

Durch Koeffizientenvergleich folgt $x \in Z(\mathbb{C}G) \Leftrightarrow \alpha_a = \alpha_{bab^{-1}}$ für alle $b \in G$. Bezeichnet α_i den gemeinsamen Wert der α_a, $a \in C_i$, so gilt $x = \sum_{i=1}^{s} \alpha_i u_i$. Insgesamt folgt, daß $u_1, \ldots, u_s$ eine Basis von $Z(\mathbb{C}G)$ ist; insbesondere ist also die Anzahl der Konjugationsklassen gleich der Dimension des Zentrums von $\mathbb{C}G$. – Nach Satz 18 ist $\mathbb{C}G$ halbeinfach, nach Satz 21 und Satz 23 ist die Anzahl der Äquivalenzklassen irreduzibler Darstellungen von G gleich t, wenn $\mathbb{C}G = \mathcal{A}_1 \oplus \ldots \oplus \mathcal{A}_t$ mit $\mathcal{A}_i = \mathrm{Mat}(n_i, \mathbb{C})$. Das Zentrum von $\mathbb{C}G$ ist offenbar gleich der direkten Summe der Zentren der $\mathcal{A}_i$, die nach I § 2.7 1-dimensional sind. Insgesamt folgt $s = \dim Z(\mathbb{C}G) = t$, also die Behauptung. $\qquad\square$

Beispiele. 1) Eine kommutative Gruppe der Ordnung g besitzt g Äquivalenzklassen irreduzibler Darstellungen, da jedes Element für sich eine Konjugationskasse bildet; sie sind nach 5. Satz 7 sämtlich eindimensional.

2) Die Anzahl der Äquivalenzklassen irreduzibler Darstellungen der Permutationsgruppe S_k ist gleich der Anzahl der Partitionen $(k_1, \ldots, k_l)$, $k_1 + \ldots + k_l = k$, $k_1 \leq \ldots \leq k_l$ (vgl. I, § 1.4, Corollar zu Satz 13).

9. Gruppen mit invarianter Mittelbildung, Charaktere

Für den Beweis des Satzes, daß die Darstellungen endlicher Gruppen unitär (und damit vollständig reduzibel) sind, haben wir von der „Mittelbildung" $f \mapsto \mu(f) = \frac{1}{|G|} \sum_{a \in G} f(a)$ von Funktionen $f : G \to \mathbb{C}$ über die Gruppe G Gebrauch gemacht. Ein entsprechender Prozeß existiert (u.a.) auf kompakten Gruppen, wodurch stetige Funktionen gemittelt werden. Da es bei den meisten Anwendungen nicht auf die explizite Angabe eines Mittels ankommt, sondern nur auf gewisse charakteristische Eigenschaften (und – selbstverständlich – die Existenz), beginnen wir mit einem Axiomensystem und leisten alles weitere, u.a. einige klassische Sätze über Charaktere nebst Anwendungen, daraus ab. Die Existenzfrage wird (neben einigen einfachen Beispielen) für kompakte Gruppen und stetige Funktionen durch einen Satz beantwortet, den wir ohne Beweis angeben. – Zunächst einige

Bezeichnungen. Für eine (beliebige) Gruppe G sei $F = F(G, \mathbb{R})$ der $\mathbb{R}$-Vektorraum aller Funktionen $f : G \to \mathbb{R}$. Mit e bezeichnen wir die Funktion $a \mapsto 1$ für alle $a \in G$. Hat $f \in F$ die Eigenschaft $f(a) > 0$ für alle $a \in G$, so schreiben wir $f > 0$ und nennen f positiv. Wie üblich bezeichnen L_a, R_a für $a \in G$ die Abbildungen $b \mapsto ab$ bzw. $b \mapsto ba$ $(a \in G)$ von G in sich.

Definition. Es sei H ein Teilraum von $F(G, \mathbb{R})$ mit $e \in H$ und $f \circ L_a \in H$, $f \circ R_a \in H$ für alle $f \in H$ und $a \in G$. Eine Linearform $\mu \in H^*$ heißt *Mittel auf* G *bez.* H, wenn gilt

(a) μ ist *positiv*: $\mu(f) > 0$ für alle $f \in H$ mit $f > 0$;

(b) μ ist *normiert*: $\mu(e) = 1$;

(c) μ ist *invariant*: $\mu(f \circ L_a) = \mu(f \circ R_a) = \mu(f)$ für alle $f \in H$ und $a \in G$.

Für die Zwecke der Darstellungstheorie der klassischen Gruppen ist der folgende Existenzsatz von grundlegender Bedeutung; eine weitergehende Diskussion des Begriffs der invarianten Mittelbildung und zahlreiche Beispiele findet man in [Hewitt, Ross]:

Satz 28. *Ist G eine kompakte Gruppe und $H = C(G, \mathbb{R})$ der Vektorraum der stetigen Funktionen von G in $\mathbb{R}$, so existiert ein eindeutig bestimmtes Mittel auf G bez. H.* $\qquad\square$

Man nennt das im Satz genannte Mittel „Haarsches Integral" nach Alfred Haar, der 1933 einen Existenzbeweis publizierte. Heute findet man Beweise in den meisten Büchern über topologische Gruppen; ein vergleichsweise kurzer und elementarer Beweis stammt von J. von Neumann (bequem nachzulesen in [Freudenthal, deVries]).

Neben dem bereits genannten Mittel auf endlichen Gruppen erwähnen wir, ohne auf Einzelheiten einzugehen, einige Beispiele, von denen im folgenden aber kein Gebrauch gemacht wird:

Beispiele. 1) $G = \mathrm{SO}(2)$. Wir parametrisieren G in der bekannten Weise (vgl. I, §4.2) durch $j : S^1 \to G$, $e^{it} \mapsto \begin{pmatrix} \cos t & -\sin t \\ \sin t & \cos t \end{pmatrix}$ und erhalten als invariantes Mittel auf G

$$\mu(f) = \frac{1}{2\pi} \int_0^{2\pi} f \circ j\left(e^{it}\right) dt \qquad \text{für } f \in C(G, \mathbb{R}).$$

2) $G = \mathrm{SU}(2)$. Mit Hilfe der Parametrisierungen $j : S^3 \to G$, $(a, b, c, d) \mapsto \begin{pmatrix} a + ib & -c - id \\ -c + id & a - ib \end{pmatrix}$ und $\varphi : \mathbb{R}^3 \to S^3$, $(r, s, t) \mapsto (\sin r, \cos r \sin s, \cos r \cos s \sin t)$ ergibt sich das invariante Mittel

$$\mu(f) = \frac{1}{2\pi^2} \int_0^{2\pi} \int_0^{\pi} \int_0^{\pi} f \circ j \circ \varphi(r, s, t) \sin^2 r \sin s \, dr \, ds \, dt$$

für $f \in C(G, \mathbb{R})$.

3) $G = \mathrm{SO}(3)$ parametrisieren wir durch die Eulerschen Winkel (I, §4.2), also $\varphi : \mathbb{R}^3 \to G$, $(r, s, t) \mapsto \begin{pmatrix} R(r) & 0 \\ 0 & 1 \end{pmatrix} \begin{pmatrix} 1 & 0 \\ 0 & R(s) \end{pmatrix} \begin{pmatrix} R(t) & 0 \\ 0 & 1 \end{pmatrix}$.

$$\mu(f) = \frac{1}{8\pi^2} \int_0^{2\pi} \int_0^{2\pi} \int_0^{\pi} f \circ \varphi(r, s, t) \sin s \, ds \, dr \, dt \qquad \text{für } f \in C(G, \mathbb{R})$$

ist ein invariantes Mittel auf G.

4) Als Beispiel für eine Gruppe, die nicht kompakt ist, wählen wir die additive Gruppe der ganzen Zahlen und definieren für eine beschränkte Funktion $f : \mathbb{Z} \to \mathbb{R}$

$$\mu(f) = \lim_{k \to \infty} \frac{1}{2k+1} \sum_{n=-k}^{k} f(n) \, .$$

μ ists ein invariantes Mittel auf $\mathbb{Z}$ in bezug auf den Raum der beschränkten Funktionen auf $\mathbb{Z}$. Man beachte, daß die Komponentenfunktionen der (nicht vollständig reduziblen) Darstellung $n \mapsto \begin{pmatrix} 1 & n \\ 0 & 1 \end{pmatrix}$ von $\mathbb{Z}$ (vgl. 2. Beispiel 3) nicht alle beschränkt sind; man vgl. dies mit Satz 30.

Wir setzen für den Rest dieses Abschnittes voraus, daß G eine kompakte lineare Gruppe ist und bezeichnen das nach Satz 28 eindeutig bestimmte Mittel auf G wie üblich mit $\int_G f(a) da$ oder kurz $\int_G f$; der zugrundeliegende Funktionenraum ist der $\mathbb{R}$-Vektorraum $C(G, \mathbb{R})$ der stetigen Funktionen $f : G \to \mathbb{R}$. (Wir weisen nochmals darauf hin, daß im folgenden nur von den Axiomen des Mittelbegriffs Gebrauch gemacht wird, nicht aber von speziellen Realisierungen wie etwa in den vorstehenden Beispielen.) Wir verallgemeinern diese Situation dadurch, daß wir $C(G, \mathbb{R})$ ersetzen durch den Vektorraum $C(G, W)$ der stetigen Funktionen auf G mit Werten in dem endlichdimensionalen $\mathbb{R}$- oder $\mathbb{C}$-Vektorraum W: Für eine $\mathbb{R}$-Basis $b_1, \ldots, b_n$ von W sind die Komponentenfunktionen $f_1, \ldots, f_n$ von $f \in C(G, W)$ definiert durch $f(a) = f_1(a) b_1 + \ldots + f_n(a) b_n (a \in G)$. Es gilt $f \in C(G, W)$ genau dann, wenn $f_i \in C(G, \mathbb{R})$ für $1 \le i \le n$. Wir definieren

$$\int_G f := \left(\int_G f_1 \right) b_1 + \ldots + \left(\int_G f_n \right) b_n \, .$$

Man verifiziert mühelos, daß diese Definition unabhängig von der Wahl der Basis ist. Im Fall $W = \mathbb{C}$ erhalten wir bez. der kanonischen Basis $1, i$ also

$$\int_G f = \int_G \mathrm{Re}(f) + i \int_G \mathrm{Im}(f) \quad \text{für} \quad f \in C(G, \mathbb{C}) \, ,$$

und für $W = \mathrm{Mat}(n, \mathbb{C})$

$$\int_G f = \left(\int_G f_{ij} \right) \in \mathrm{Mat}(n, \mathbb{C}) \, , \quad \text{wenn} \quad f(a) = (f_{ij}(a)) \in \mathrm{Mat}(n, \mathbb{C}) \, .$$

Im folgenden seien alle Vektorräume komplex (und endlich-dimensional).

Satz 29. (a) $f \mapsto \int_G f$ *ist eine lineare Abbildung von* $C(G, W)$ *in* W;
(b) $f(a) = w$ *für alle* $a \in G \Rightarrow \int_G f = w$;
(c) $\int_G f(ba) da = \int_G f(ab) da = \int_G f(a) da$ *für alle* $b \in G$;
(d) $\int_G \varphi(f(a)) da = \varphi \left(\int_G f(a) da \right)$ *für jede lineare Abbildung* $\varphi : W \to W'$;
(e) $\int_G \overline{f} = \overline{\int_G f}$ *für* $f \in C(G, \mathbb{C})$;

(f) *Ist* $f : G \to \mathrm{End}_{\mathbb{C}} V$ *stetig, so gilt*

$$\left(\int_G f \right)(x) = \int_G f(x) \; ; \quad g \circ \int_G f(a)da = \int_G g \circ f(a)da \qquad (g \in \mathrm{End}_{\mathbb{C}} V) \; .$$

(g) *Für jede Sesquilinearform* h *auf* W *und alle* $f \in C(G, W)$, $w \in W$ *gilt*
$\int_G h(f(a), w)da = h\left(\int_G f(a)da, w \right)$.

Die einfachen Beweise folgen unmittelbar aus dem vorangehenden und werden als Übungsaufgabe überlassen.   □

Satz 30. *Jede stetige Darstellung einer kompakten Gruppe ist unitär, also vollständig reduzibel.*

Bemerkung. Wählt man auf einer endlichen Gruppe G die diskrete Topologie, so ist G kompakt, und jede Darstellung von G ist stetig; Satz 3 in Abschnitt 3 ist also ein Spezialfall des vorstehenden Satzes. Der folgende Beweis unterscheidet sich von dem für endliche Gruppen nur darin, daß das Mittel $f \mapsto \frac{1}{|G|} \sum_{a \in G} f(a)$ durch $f \mapsto \int_G f(a)da$ ersetzt wird.

Beweis von Satz 30. Wir gehen aus von einer beliebigen positiv-definiten Hermiteschen Form $(-,-)$ auf dem gegebenen G-Modul V und zeigen, daß

$$h(x,y) := \int_G (ax, ay)da$$

eine invariante (!) positiv-definite Hermitesche Form ist. Die G-Invarianz folgt aus der Invarianz des Integrals (Satz 29 (c)). Setzen wir $\varphi_{x,y}(a) := (ax, ay)$, so gilt $(a(bx), a(by)) = ((ab)x, (ab)y) = \varphi_{x,y}(R_b(a))$, also

$$h(bx, by) = \int_G \varphi_{x,y}(R_b(a)) \, da = \int_G \varphi_{x,y}(a)da = h(x,y)$$

für alle $b \in G$, $x, y \in V$. – Weiter gilt $(ax, ax) > 0$ für alle $a \in G$, $x \in V \setminus \{0\}$, also $h(x, x) = \int_G (ax, ax)da > 0$, weil $\int_G$ positiv ist. – Daß h Hermitesch ist, folgt unmittelbar aus Satz 29 (e).   □

Wir leiten nun die Orthogonalitätsrelationen für Matrix-Darstellungen und Charaktere her und behandeln einige Konsequenzen daraus. Wir werden davon in den folgenden Paragraphen jedoch keinen Gebrauch machen.

Lemma 1. *Es seien* $\rho_i : G \to GL(V_i)$ *stetige irreduzible Darstellungen der kompakten Gruppe G; es sei weiter* $\varphi : V_1 \to V_2$ *eine lineare Abbildung und*

$$\Phi := \int_G \left(\rho_2(a) \circ \varphi \circ \rho_1(a)^{-1} \right) da \; .$$

(a) *Sind* ρ_1 *und* ρ_2 *nicht äquivalent, so gilt* $\Phi = 0$;

(b) *gilt $\rho_1 = \rho_2$, so $\Phi = \frac{1}{n}\mathrm{Spur}(\varphi) \cdot Id$, $n := \dim V_i$.*

Beweis. Aus Satz 29 (a) folgt die Linearität von Φ, ferner

$$\rho_2(b) \circ \Phi \circ \rho_1(b)^{-1} = \int \left(\rho_2(b) \circ \rho_2(a) \circ \varphi \circ \rho_1(a)^{-1} \circ \rho_1(b)^{-1} \right) da$$

$$= \int \left(\rho_2(ba) \circ \varphi \circ \rho_1(ba)^{-1} \right) da = \int \left(\rho_2(a) \circ \varphi \circ \rho_1(a)^{-1} \right) da = \Phi \, ,$$

d.h. $\Phi \in \mathrm{Hom}_G(V_1, V_2)$. – Nun folgt aus dem Lemma von Schur sofort (a), und im Fall $\rho_1 = \rho_2$ die Existenz eines $\xi \in \mathbb{C}$ mit $\Phi = \xi Id$. Wir berechnen ξ: Einerseits gilt $\mathrm{Spur}(\Phi) = n\xi$, andererseits, weil Spur linear ist, $\mathrm{Spur}(\Phi) = \int \mathrm{Spur}\left(\rho_1(a) \circ \varphi \circ \rho_1(a)^{-1} \right) da = \int \mathrm{Spur}(\varphi) da = \mathrm{Spur}(\varphi) \int da = \mathrm{Spur}(\varphi)$. Es folgt $n\xi = \mathrm{Spur}(\varphi)$. $\qquad\qquad\square$

Satz 31 (Orthogonalitätsrelationen für Matrix-Darstellungen). *Ist G eine kompakte Gruppe und sind*

$$\rho : G \to \mathrm{GL}(n, \mathbb{C}) \, , \quad a \mapsto (\alpha_{ij}(a)) \quad und \quad \rho' : G \to \mathrm{GL}(n', \mathbb{C}) \, , \quad a \mapsto \left(\alpha'_{ij}(a) \right)$$

stetige irreduzible Matrix-Darstellungen von G, so gilt

$$\int_G \left(\alpha_{ik}(a) \cdot \overline{\alpha'_{jl}(a)} \right) da = \begin{cases} 0 & \text{falls } \rho \not\sim \rho' \\ \frac{1}{n}\delta_{ij}\delta_{kl} & \text{falls } \rho \sim \rho' \end{cases} .$$

Beweis. Für eine stetige Abbildung $f : G \to \mathrm{Mat}(n, m; \mathbb{C})$ haben wir definitionsgemäß $\int f = \left(\int \alpha_{ij} \right)_{ij}$. Zum Beweis des Satzes wendet man das Lemma an auf die zu ρ, ρ' gehörigen Darstellungen in $\mathbb{C}^n$ bzw. $\mathbb{C}^{n'}$ und die zur Matrix E_{kl} gehörige lineare Abbildung. $\qquad\qquad\square$

Definition. Unter dem *Charakter* einer Darstellung $\rho : G \to \mathrm{GL}(V)$ versteht man die Abbildung

$$\chi_\rho : G \to \mathbb{C} \, , \quad \chi_\rho(a) := \mathrm{Spur}\rho(a) \, .$$

Beispiel. 5) Es sei G eine endliche Gruppe und χ_r der Charakter der regulären Darstellung $\rho_r : G \to \mathrm{GL}(\mathbb{C}G)$, $\rho_r(a)x = ax$. Da die Elemente von G eine Basis der Gruppenalgebra $\mathbb{C}G$ bilden und $ab \neq b$ für alle $a \neq e$ gilt, erhält man

$$\chi_r(a) = \begin{cases} 0 & \text{falls } a \neq e \\ |G| & \text{falls } a = e \end{cases} .$$

Aus der vorstehenden Definition und den Definitionen von $\rho^*, \overline{\rho}, \rho \oplus \rho'$, $\rho \otimes \rho'$ erhält man unmittelbar die folgenden

Rechenregeln.

(1) $\chi_\rho(ab) = \chi_\rho(ba)$

(5) $\chi_{\overline{\rho}}(a) = \overline{\chi_\rho(a)}$

(2) $\chi_\rho(aba^{-1}) = \chi_\rho(b)$

(6) $\chi_{\rho \oplus \rho'} = \chi_\rho + \chi_{\rho'}$

(3) $\chi_\rho(e) = \dim \rho$

(7) $\chi_{\rho \otimes \rho'} = \chi_\rho \chi_{\rho'}$

(4) $\chi_{\rho^*}(a) = \chi_\rho(a^{-1})$

(8) $\rho \sim \rho' \Rightarrow \chi_\rho = \chi_{\rho'}$

Die Regel (2) besagt, daß Charaktere konstant sind auf den Klassen konjugierter Elemente von G; solche Funktionen heißen *Klassenfunktionen*. Man verifiziert ohne Mühe, daß die Anzahl der Klassenfunktionen, also auch die Anzahl der Charaktere auf einer endlichen Gruppe gleich der Anzahl der Klassen konjugierter Elemente ist.

Es sei jetzt wieder G eine kompakte Gruppe. Setzt man in den Orthogonalitätsrelationen des vorigen Satzes $i = k$ und $j = l$ und summiert über i und j, so erhält man für die Charaktere χ, χ' von ρ bzw. ρ'

$$\int_G \chi(a)\chi'\left(a^{-1}\right) da = \begin{cases} 0 & \text{falls } \rho \not\sim \rho' \\ 1 & \text{falls } \rho \sim \rho' \end{cases} .$$

Für $f, g \in C(G, \mathbb{C})$ setzen wir

$$(f, g) := \int_G f\overline{g} .$$

Eine direkte Rechnung zeigt, daß hierdurch eine positiv-definite Hermitesche Form auf dem $\mathbb{C}$-Vektorraum $C(G, \mathbb{C})$ definiert wird. Da jede Darstellung ρ einer kompakten Gruppe unitär ist, also $\rho^* \sim \overline{\rho}$ (Satz 31), und somit $\chi_\rho\left(a^{-1}\right) = \overline{\chi_\rho(a)}$ nach (4) und (5), folgt

Satz 32 (Orthogonalitätsrelationen für Charaktere). *Für stetige irreduzible Darstellungen ρ, ρ' einer kompakten Gruppe G gilt*

$$(\chi_\rho, \chi_{\rho'}) = \begin{cases} 0 & \text{falls } \rho \not\sim \rho' \\ 1 & \text{falls } \rho \sim \rho' \end{cases} . \qquad \square$$

Dieser Satz hat weitreichende Konsequenzen für die Zerlegung von Darstellungen in irreduzible Teildarstellungen; wir erläutern einige davon:

Es seien ρ, ρ' stetige Darstellungen der kompakten Gruppe G,

$$\rho = \oplus m_i \rho_i , \quad \rho' = \oplus m_i' \rho_i \quad (m_i, m_i' \in \mathbb{N}_0)$$

ihre isotypischen Zerlegungen. Aus dem vorstehenden Satz folgt

$$(\chi_\rho, \chi_{\rho'}) = \sum m_i m_i' ,$$

und hieraus

Satz 33. *Für stetige Darstellungen ρ, ρ' einer kompakten Gruppe G gilt*
    (a) *Ist ρ irreduzibel, so ist $(\chi_\rho, \chi_{\rho'})$ die Vielfachheit von ρ in ρ'.*
    (b) *ρ ist dann und nur dann irreduzibel, wenn $(\chi_\rho, \chi_\rho) = 1$.*

Beispiel. 6) Es sei $\rho_r = \oplus_i n_i \rho_i$ die isotypische Zerlegung der regulären Darstellung einer endlichen Gruppe G der Ordnung g. Für jede irreduzible Darstellung ρ von G und deren Vielfachheit n in ρ_r gilt

$$n = (\chi_r, \chi_\rho) = \frac{1}{g} \sum_a \chi_r(a)\overline{\chi_\rho(a)} = \frac{1}{g}\chi_r(e)\overline{\chi_\rho(a)} = \chi_\rho(e) = \dim \rho \; .$$

Damit ist für endliche Gruppen erneut bewiesen, daß jede irreduzible Darstellung ρ mit der Vielfachheit $\dim \rho$ in der regulären Darstellung vorkommt (vgl. 8, Corollar zu Satz 23).

Satz 34. *Für eine stetige Darstellung $\rho : G \to GL(V)$ der kompakten Gruppe G ist*

$$P := \int_G \rho$$

eine Projektion von V auf den invarianten Teilraum

$$V^\rho := \{v \in V; \rho(a)v = v \text{ für alle } a \in G\}$$

der „ρ-invarianten Elemente von V", d.h. es gilt $P(V) \subset V^\rho$ und $P(v) = v$ für alle $v \in V^\rho$. Insbesondere folgt

$$\dim V^\rho = \operatorname{Spur} \int_G \rho = \int_G \chi_\rho \; .$$

Beweis. Wir zeigen zunächst: $P(V) \subset V^\rho$. Für $b \in G$ und $v \in V$ gilt
$\rho(b)\left(\left(\int \rho\right)(v)\right) = \rho(b) \int \rho(a)(v)da = \int \rho(b) \circ \rho(a)(v)da = \left(\int \rho(L_b(a))\, da\right)(v) = \left(\int \rho(a)da\right)(v) = \left(\int \rho\right)(v)$. Falls $\rho(a)v = v$ für alle $a \in G$, folgt $\left(\int \rho\right)(v) = \int \rho(a)vda = \int vda = v$, also $P(v) = v$ für $v \in V^\rho$. $\square$

Sind V und W (beliebige) G-Moduln, so ist $\operatorname{Hom}_G(V, W)$ ein G-Modul bez. $(af)(v) = af\left(a^{-1}v\right)$. Es gilt $af = f$ genau dann, wenn $f(av) = af(v)$ für alle $v \in V$. Bezeichnen wir den Teilraum der invarianten Elemente eines G-Moduls V in Analogie zu V^ρ mit V^G, so folgt also

$$\operatorname{Hom}_G(V, W) = \operatorname{Hom}_K(V, W)^G \; .$$

Wenden wir die letzte Formel in Satz 34 an, ergibt sich

$$\dim \operatorname{Hom}_G(V, W) = \dim\left(V \otimes W^*\right)^G = \int \chi_{V \otimes W^*} = \int \chi_V \overline{\chi_W} = (\chi_V, \chi_W) \; ,$$

und hieraus

Corollar 1. *Sind V und W stetige G-Moduln (d.h. die zugehörigen Darstellungen sind stetig), G kompakt, so gilt*

$$\dim \operatorname{Hom}_G(V, W) = (\chi_V, \chi_W) \ .$$

$\square$

Corollar 2. *Sind V, W wie in Corollar 1 und überdies irreduzibel, so gilt*

$$V \cong W \Leftrightarrow \chi_V = \chi_W \ .$$

Beweis. „$\Rightarrow$" gilt nach Regenregel (8); aus $\chi_V = \chi_W$ folgt nach Satz 33 $(\chi_V, \chi_W) = 1$, nach Corollar 1 also $\dim \operatorname{Hom}_G(V, W) = 1$ und hieraus mit dem Schurschen Lemma $V \cong W$. $\square$

Als letzte Anwendung der Charaktertheorie und der in 7. behandelten Begriffe und Methoden bestimmen wir die irreduziblen Darstellungen direkter Produkte von Gruppen und wenden das an auf die Torusgruppen $T^k = S^1 \times \ldots \times S^1$ (k-mal).

Satz 35. *Ist V ein irreduzibler G-Modul und W ein irreduzibler H-Modul, so ist $V \otimes W$ ein irreduzibler $G \times H$-Modul bez. $((a, b), v \otimes w) \mapsto av \otimes bw$ ($a \in G, b \in H, v \in V, w \in W$). Jeder $G \times H$-Modul hat (bis auf Äquivalenz) diese Form.*

Beweis. Der Charakter von $V \otimes W$ (als $G \times H$-Modul) ist gleich dem Produkt $\chi_V \chi_W$ der Charaktere von V und W. Es gilt

$$(\chi_V \chi_W, \chi_V \chi_W) = \int_{G \times H} \chi_V \chi_W \overline{\chi_V \chi_W} = \int_G \chi_V \overline{\chi_V} \cdot \int_H \chi_W \overline{\chi_W} = 1$$

(vgl. Aufgabe 20). Nach Satz 33 (b) ist damit die Irreduzibilität von $V \otimes W$ bewiesen. – Zum Beweis der Umkehrung sei U ein irreduzibler $G \times H$-Modul. Durch Restriktion auf $G \times \{e\}$ bzw. $\{e\} \times H$ wird U zu einem G- bzw. H-Modul. In diesem Sinn sei $U = \oplus_i U_i$ eine Zerlegung von U in irreduzible H-Moduln. Nach 7. Satz 15 ist

$$\Phi : \bigoplus_i \operatorname{Hom}_H (U_i, U) \otimes U_i \to U \ , \qquad \bigoplus_i (f_i \otimes u_i) \mapsto f_i(u_i)$$

ein H-Modul-Isomorphismus. Eine direkte Rechnung zeigt, daß $\operatorname{Hom}_H(U_i, U)$ ein G-Modul ist bez. $(a, f) \mapsto af : u_i \mapsto a(f(u_i))$, und damit $\operatorname{Hom}_H(U_i, U) \otimes U_i$ ein $G \times H$-Modul. Man überzeugt sich davon, daß Φ ein $G \times H$-Modul-Isomorphismus ist. Es sei nun $\operatorname{Hom}_H(U_i, U) = \oplus_j m_{ij} W_j$ die isotypische Zerlegung von $\operatorname{Hom}_H(U_i, U)$ als G-Modul. Zusammengesetzt ergibt sich ein $G \times H$-Modul-Isomorphismus $U = \oplus_i \oplus_j m_{ij} W_j \otimes U_i$; mit irreduziblen G-Moduln W_j und irreduziblen H-Moduln U_i. Da U nach Voraussetzung als $G \times H$-Modul irreduzibel ist, gibt es genau ein Paar (i, j), so daß $m_{ij} \neq 0$, womit der Satz bewiesen ist. $\square$

Nach § 1.5 Corollar zu Satz 7 haben die stetigen irreduziblen Darstellungen der Kreisgruppe S^1 die Gestalt $\rho_m : S^1 \to \mathbb{C}^\times$, $\rho_m\left(e^{it}\right) = e^{itm}$, $m \in \mathbb{Z}$. Da die Abbildung $\mathbb{C} \otimes \ldots \otimes \mathbb{C} \to \mathbb{C}$, $z_1 \otimes \ldots \otimes z_k \mapsto z_1 \ldots z_k$ ein Vektorraum-Isomorphismus ist, erhalten wir aus dem vorstehenden Satz

Satz 36. *Die irreduziblen stetigen Darstellungen der (kompakten) Torusgruppe* $T^k = S^1 \times \ldots \times S^1$ *(k-mal) sind (bis auf Äquivalenz)*

$$\rho_{(m)} : T^k \to \mathbb{C}^\times, \qquad (\exp(it_1), \ldots, \exp(it_k)) \mapsto \exp\left(i(t_1 m_1 + \ldots + t_k m_k)\right)$$

mit $(m) = (m_1, \ldots, m_k) \in \mathbb{Z}^k$.   □

10. Invariante Bilinear- und Sesquilinearformen

Für G-Moduln V, W über $\mathbb{C}$ ist der Vektorraum $\mathrm{Hom}(V, W; K)$ der Bilinearformen auf $V \times W$ bez. der Operation

$$(ah)(v, w) = h(a^{-1}v, a^{-1}w) \qquad a \in G, \ v \in V, \ w \in W)$$

ein G-Modul (vgl. hierzu sowie zu den folgenden Operationen und Isomorphismen die Abschnitte 6 und 4). Der G-Untermodul $\mathrm{Hom}_{\mathbb{C}}(V, W; K)^G$ der G-invarianten Elemente (also $ah = h$ für alle $a \in G$) besteht genau aus den Bilinearformen

$$h : V \times W \to K \qquad \text{mit} \quad h(av, aw) = h(v, w)$$

für alle $a \in G$ und $v \in V$, $w \in W$. Wir haben kanonische G-Modul-Isomorphismen

$$\mathrm{Hom}_{\mathbb{C}}(V, W; K) \cong \mathrm{Hom}_{\mathbb{C}}(V \otimes W, K) = (V \otimes W)^* \cong V^* \otimes W^* \cong \mathrm{Hom}_{\mathbb{C}}(V, W^*) \, ;$$

mit $\mathrm{Hom}_{\mathbb{C}}(V, W^*)^G \cong \mathrm{Hom}_G(V, W^*)$ folgt

$$(*) \qquad\qquad \mathrm{Hom}_{\mathbb{C}}(V, W; K)^G \cong \mathrm{Hom}_G(V, W^*) \, .$$

(Man kann diesen Isomorphismus direkt angeben als $h \mapsto h'$ mit $h'(v)(w) = h(v, w)$.) Eine unmittelbare Konsequenz aus $(*)$ und dem Schurschen Lemma ist das

Lemma. *Für irreduzible G-Moduln V, W (über $\mathbb{C}$) gilt*

$$\dim \mathrm{Hom}_{\mathbb{C}}(V, W; \mathbb{C}) = \begin{cases} 1, & \text{falls } V \cong W^* \\ 0, & \text{falls } V \not\cong W^* \end{cases} .$$
    □

Wenden wir dieses Lemma an mit $V = W$, so erhalten wir

Satz 36. *Ein irreduzibler G-Modul V besitzt genau dann eine invariante Bilinearform $\neq 0$, wenn $V \cong V^*$. Jede solche Form ist nicht-ausgeartet und entweder* *symmetrisch oder schiefsymmetrisch; sie ist bis auf einen skalaren Faktor eindeutig bestimmt.*

Beweis. Die Existenz- und die Eindeutigkeitsaussage folgt sofort aus dem Lemma. Jede invariante Bilinearform h läßt sich zerlegen in eine symmetrische und eine schiefsymmetrische Bilinearform h_s bzw. h_a:

$$h_s(v, w) := \frac{1}{2}(h(v, w) + h(w, v)), \quad h_a(v, w) := \frac{1}{2}(h(v, w) - h(w, v)).$$

Mit h sind auch h_s und h_a in $\mathrm{Hom}(V, W; \mathbb{C})^G$, also ist h proportional zu h_s oder zu h_a, aber nicht zu beiden (falls $h \neq 0$). Daß eine invariante Bilinearform $h \neq 0$ nicht-ausgeartet ist, folgt daraus, daß der zugehörige Morphismus $h' : V \to W^*$, also $h'(v)(w) = h(v, w)$ ein Isomorphismus ist. $\qquad\Box$

Als nächstes wenden wir das Lemma an mit $W = \overline{V}$. Nach der Definition in 4. unterscheidet sich $\overline{V}$ als G-Modul von V nur in der Skalarmultiplikation: $\mathbb{C} \times \overline{V} \to \overline{V}$, $(\alpha, v) \mapsto \overline{\alpha}v$. Es ist also $\mathrm{Hom}_K(V, \overline{V}; \mathbb{C})$ der Vektorraum der Sesquilinearformen auf V, und wir erhalten

Satz 37. *Ein irreduzibler G-Modul V besitzt genau dann eine invariante Sesquilinearform $\neq 0$, wenn $\overline{V} \cong V^*$. Jede solche Form ist nicht-ausgeartet und bis auf einen Skalarfaktor $\neq 0$ eindeutig bestimmt; sie ist entweder Hermitesch oder anti-Hermitesch.*

Der Beweis ist der gleiche wie der von Satz 36; die entsprechende Zerlegung in Hermiteschen Teil h_s und anti-Hermiteschen Teil h_a ist $\frac{1}{2}\left(h(v, w) \pm \overline{h(w, v)}\right)$.
$$\Box$$

Im Gegensatz zum Fall der Bilinearformen, wo es auf einem irreduziblen Modul nicht sowohl eine symmetrische als auch eine schiefsymmetrische invariante Form $\neq 0$ geben kann, hat jeder irreduzible Modul mit einer invarianten Hermiteschen Form h auch eine invariante anti-Hermitesche Form, nämlich ih, und vice versa; die Unterscheidung zwischen Hermiteschen und anti-Hermiteschen Formen ist also unwesentlich.

Nach 9. Satz 30 ist jede stetige Darstellung einer kompakten Gruppe (also insbesondere jede Darstellung einer endlichen Gruppe) unitär, d.h. sie besitzt eine invariante (Hermitesche) Sesquilinearform. Die Sätze 36 und 37 implizieren also das

Corollar. *Ein stetiger irreduzibler Modul V einer kompakten Gruppe besitzt genau dann eine invariante Bilinearform $\neq 0$, wenn $V \cong \overline{V}$.*

Nach dem vorangehenden tritt für einen irreduziblen unitären G-Modul V (also $V^* \cong \overline{V}$) genau einer der folgenden drei Fälle ein:

(A) $V \not\cong \overline{V}$, d.h. V besitzt keine invariante Bilinearform $\neq 0$;
(B) $V \cong \overline{V}$ und V besitzt eine symmetrische invariante Bilinearform $\neq 0$;

(C) $V \not\cong \overline{V}$ und V besitzt eine schiefsymmetrische invariante Bilinearform $\neq 0$.

Im Fall (B) heißt V *orthogonaler*, im Fall (C) *symplektischer G-Modul*. Man sagt auch, V sei von rellem bzw. quaternionalem Typ (im Fall (A) von komplexem Typ); dies hat seinen Grund in dem folgenden Satz:

Satz 38. *Es sei $\rho : \mathrm{G} \to \mathrm{GL}(V)$ eine irreduzible unitäre Darstellung der Dimension n.*

(a) *Gibt es auf V eine ρ-invariante symmetrische Bilinearform $\neq 0$, so besitzt V eine Basis $\mathcal{B}$, so daß $\rho_\mathcal{B}(\mathrm{G}) \subset \mathrm{O}(n)$; insbesondere sind alle Matrizen $\rho_\mathcal{B}(a)$, $a \in \mathrm{G}$, reell.*

(b) *Gibt es auf V eine ρ-invariante schiefsymmetrische Bilinearform $\neq 0$, so besitzt V eine Basis $\mathcal{B}$, so daß $\rho_\mathcal{B}(\mathrm{G}) \subset \mathrm{Sp}(n) = \mathrm{Sp}(n, \mathbb{C}) \cap \mathrm{U}(n)$; wegen $\mathrm{Sp}(n) = l_{n/2}\left(\mathrm{U}(n/2, \mathbb{H})\right)$ (vgl. I, § 2.10 und I, § 5.6) sind insbesondere alle Matrizen $\rho_\mathcal{B}(a)$, $a \in \mathrm{G}$, von „quaternionalem Typ".*

Beweis. Wir wählen zunächst eine Basis $\mathcal{B}$, so daß $\rho(a)^* \rho(a) = E$ für alle $a \in \mathrm{G}$. (Zur Abkürzung bezeichnen wir die Matrix von $\rho(a)$ bez. $\mathcal{B}$ ebenfalls mit $\rho(a)$.) Sei weiter H die Matrix einer invarianten symmetrischen bzw. schiefsymmetrischen Bilinearform $\neq 0$ auf V bez. $\mathcal{B}$, also

$$(1) \qquad \rho(a)^t H \rho(a) = H \; (a \in \mathrm{G}) \quad \text{und} \quad H^t = H \;\; \text{bzw.} \;\; H^t = -H \;.$$

Wir zeigen, daß es eine Matrix T gibt, so daß

$$(2) \qquad T^* T = E \quad \text{und} \quad T^t H T = \begin{cases} E, & \text{falls } H^t = H \\ J, & \text{falls } H^t = -H \end{cases}$$

mit $J = \begin{pmatrix} 0 & -E \\ E & 0 \end{pmatrix}$. Dann gilt

$$\left(T^{-1}\rho(a)T\right)^* \left(T^{-1}\rho(a)T\right) = T^* \rho(a)^* T T^{-1} \rho(a) T = E$$

und

$$\left(T^{-1}\rho(a)T\right)^t \left(T^t H T\right) \left(T^{-1}\rho(a)T\right) = T^t \rho(a)^t \left(T^t\right)^{-1} T^t H T T^{-1} \rho(a) T = T^t H T \;,$$

für alle $a \in \mathrm{G}$, d.h. ρ ist äquivalent zu einer Darstellung mit den verlangten Eigenschaften.

Zum Beweis von (2) bemerken wir zunächst

$$(3) \qquad H^* H = \alpha E \;, \qquad \alpha \in \mathbb{R}_+^\times \;,$$

was man folgendermaßen sieht:

$$\left(H\rho(a)H^{-1}\right)^* \left(H\rho(a)H^{-1}\right) = \left(H^*\right)^{-1} \rho(a)^* H^* H \rho(a) H^{-1}$$
$$= \left(H^*\right)^{-1} \rho(a)^* H^* \left(\rho(a)^*\right)^t = \left(H^*\right)^{-1} H^* = E \;,$$

folglich ist H^*H mit $\rho(a)$ für alle $a \in G$ vertauschbar. Da ρ irreduzibel ist, ist nach dem Schurschen Lemma $H^*H = \alpha E$ mit $\alpha \in \mathbb{C}^\times$, da H^*H positiv-definit ist, folgt $\alpha \in \mathbb{R}_+^\times$. – Wir können also o.E. annehmen, daß H unitär ist. Wir zerlegen nun $H = F + iG$ mit $F, G \in \mathrm{Mat}(n, \mathbb{R})$ und erhalten aus (3)

$$FG = GF \quad \text{und} \quad F^t = \epsilon F, \quad G^t = \epsilon G$$

mit $\epsilon = \pm$, je nachdem, ob H symmetrisch oder schiefsymmetrisch ist. Es folgt, daß F und G simultan durch eine orthogonale Matrix „diagonalisiert" werden können, genauer: Es gibt ein $S \in O(n)$, so daß

$$(4) \qquad S^t F S = [\lambda_1, \ldots, \lambda_n] \quad \text{bzw.} \quad S^t F S = [\lambda_1 J', \ldots, \lambda_{n/2} J']$$

mit $\lambda_i \in \mathbb{R}$ und $J' := \begin{pmatrix} 0 & -1 \\ 1 & 0 \end{pmatrix}$; entsprechend für G (mit der gleichen Matrix S). Gehen wir wieder zurück zu H, so erhalten wir (4) mit H statt F und geeigneten $\lambda_i \in \mathbb{C}$, $|\lambda_i| = 1$. Man findet nun leicht eine Diagonalmatrix $D \in \mathrm{Mat}(n, \mathbb{C})$ derart, daß $T := SD$ die Eigenschaften (2) hat. $\qquad\square$

Aufgaben

1. Man zeige, daß jede Darstellung einer Abelschen Gruppe einen 1-dimensionalen invarianten Teilraum besitzt.

2. Jede stetig differenzierbare 1-dimensionale Darstellung der additiven Gruppe $\mathbb{R}$ ist äquivalent zu $t \mapsto e^{tz}$ mit $z \in \mathbb{C}$.

3. Man zeige, daß die Matrix-Darstellung $\mathbb{R} \to \mathrm{GL}(2, \mathbb{C})$, $t \mapsto \begin{pmatrix} 1 & t \\ 0 & 1 \end{pmatrix}$ nicht unitär ist.

4. Man bestimme die kontragrediente einer 1-dimensionalen Darstellung.

5. Für Darstellungen ρ_1, ρ_2 einer Gruppe gilt $\rho \sim \rho_1 \oplus \rho_2 \Rightarrow \rho^* \sim \rho_1^* \oplus \rho_2^*$.

6. Für eine Untergruppe G von $\mathrm{GL}(n, \mathbb{C})$ sei ρ die Darstellung $G \to \mathrm{GL}(n, \mathbb{C})$, $A \mapsto A$. Für die folgenden Gruppen untersuche man, ob ρ äquivalent zu ρ^* ist oder nicht: $G = \mathrm{GL}(n, \mathbb{R})$, $\mathrm{SL}(n, \mathbb{R})$, $\mathrm{U}(n)$, $\mathrm{SU}(n)$, $\mathrm{O}(n)$, $\mathrm{SO}(n)$.

7. Es sei G eine Untergruppe von S_n, V ein $\mathbb{C}$-Vektorraum, $\{b_1, \ldots, b_n\}$ eine Basis. Man zeige, daß durch $\rho(\pi)b_i = b_{\pi(i)}$ $(1 \le i \le n)$ eine Darstellung von G definiert wird und bestimme einen 1-dimensionalen invarianten Unterraum. Man beschreibe die Matrix von $\rho(\pi)$ bez. der gegebenen Basis.

8. Es sei G eine zyklische Gruppe der Ordnung n mit Erzeugendem a. Man zeige, daß durch $\rho_m : a \mapsto \exp\frac{2\pi im}{n}$, $m = 0, \ldots, n-1$ ein Vertretersystem der Äquivalenzklassen irreduzibler Darstellungen von G definiert wird.

9. Man beschreibe die reguläre Darstellung einer zyklischen Gruppe $G = \{e, a, \ldots, a^{n-1}\}$ als Matrix-Darstellung bez. der Basis G und gebe die isotypische Zerlegung an.

10. Man benutze das Schursche Lemma zur Bestimmung des Zentrums von $GL(n, \mathbb{C})$.

11. Ein G-Modul V ist genau dann irreduzibel, wenn $\dim \operatorname{Hom}_G(V, V) = 1$.

12. Man formuliere und beweise „das" Schursche Lemma für assoziative Algebren (anstelle von Gruppen).

13. Es sei K ein Körper und $I_1, \ldots, I_k$ seien nicht-leere Mengen; ferner sei

$$\varphi : K^{[I_1]} \times \ldots \times K^{[I_k]} \to K^{[I_1 \times \cdots \times I_k]}$$

definiert durch

$$\varphi(f_1, \ldots, f_k)(i_1, \ldots, i_k) := f_1(i_1) \ldots f_k(i_k)$$

$\left(f_\nu \in K^{[I_\nu]}, i_\nu \in I_\nu\right)$. Man zeige, daß das Paar $\left(K^{[I_1 \times \cdots \times I_k]}, \varphi\right)$ ein Tensorprodukt von $K^{[I_1]}, \ldots, K^{[I_k]}$ ist.

14. Man beweise die Aussagen (1)–(5) in Abschnitt 6.

15. Für einen K-Vektorraum V, $\dim V = n$ und die folgende Abbildungen

$$\operatorname{Hom}_K(V, V) \overset{s}{\longrightarrow} K \qquad \Phi(\lambda \otimes x): \quad y \mapsto \lambda(y)x \ ,$$
$$\Phi \nwarrow \qquad \nearrow \omega \qquad \omega(\lambda \otimes x) := \lambda(x) \ ,$$
$$V^* \otimes V \qquad s := \omega \circ \Phi^{-1}$$

zeige man
   a) Ist $b_1, \ldots, b_n$ eine Basis von V und $\lambda_1, \ldots \lambda_n$ die duale Basis (von V^*), so gilt $\Phi^{-1}(f) = \sum_{i=1}^n \lambda_i \otimes f(b_i)$.
   b) $A = \operatorname{Mat}(f, \{b_i\}) \Rightarrow \operatorname{Spur}(f) := s(f) = \operatorname{Spur} A$ (basisunabhängige Definition der Spur einer linearen Abbildung).

16. Man zeige: KG ist (als Algebra) isomorph zu $K^{[G]} = \{f : G \to K\}$ mit der üblichen Addition und Skalarmultiplikation und dem „Faltungsprodukt"

$$(f * g)(a) = \sum_{b \in G} f(ab^{-1})g(b) \qquad (a \in G) \ .$$

17. Man beweise 9. Satz 29.

18. Man zeige, daß 9. Beispiel 1) ein invariantes Mittel ist.

19. Man zeige, daß $\mu(f) := \lim_{k \to \infty} \frac{1}{2k+1} \sum_{n=-k}^k f(n)$ ein invariantes Mittel auf $\mathbb{Z}$ bez. des Vektorraumes der beschränkten Funktionen $f : \mathbb{Z} \to \mathbb{R}$ ist.

20. Es seien G und H kompakte Gruppen. Man gebe ein invariantes Mittel μ auf $G \times H$ an, so daß $\mu(fg) = \left(\int_G f\right)\left(\int_H g\right)$ für stetige Funktionen $f : G \to \mathbb{R}$, $g : H \to \mathbb{R}$, wobei $fg : G \times H \to \mathbb{R}$, $fg(a,b) = f(a)g(b)$.

21. Es sei H der $\mathbb{C}$-Vektorraum der homogenen Polynome aus $\mathbb{C}[x, y]$ vom Grad k (vgl. § 2.4). Man zeige:
   a) H_k ist ein U(2)-Modul bez. der Operation $(Ap)(x, y) = p((x, y)A)$, $A \in U(2)$, $p \in H_k$.

b) Der Charakter χ_k der so definierten Darstellung ist gegeben durch

$$\begin{pmatrix} e^{it} & 0 \\ 0 & e^{-it} \end{pmatrix} \mapsto \frac{e^{i(k+1)t} - e^{-i(k+1)t}}{e^{it} - e^{-it}} \qquad (t \in \mathbb{R}) \; .$$

22. Es sei ρ_k die Restriktion der in Aufgabe 21 definierten Darstellung von U(2) auf SU(2). Ferner sei σ_m für $m \in \mathbb{Z}$ die Darstellung $S^1 \to \mathbb{C}^\times$, $z \mapsto z^m$ von S^1. Man zeige, daß $\sigma_m \otimes \rho_k : S^1 \times SU(2) \to GL(H_k)$, $(\sigma_m \otimes \rho_k)(z, A)(p) = z^m \rho_k(A)(p)$ eine Darstellung von U(2) induziert, falls $m+k$ gerade. Zu welcher der in Aufgabe 21 definierten Darstellungen von U(2) ist $\sigma_m \otimes \rho_k$ äquivalent?

§2 Darstellungstheorie der klassischen Gruppen (globale Methode)

1. Darstellungen der symmetrischen Gruppen S_k

Es sei $(k_1, \ldots, k_m)$ eine *Partition* von k, d.h.

$$k_1, \ldots, k_m \in \mathbb{N}, \; k_1 \geq \ldots \geq k_m, \; k_1 + \ldots + k_m = k \; .$$

Wir veranschaulichen dies durch einen *Rahmen*

R :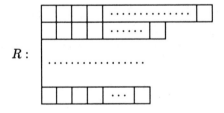

mit m „Zeilen" und k_i „Feldern" in der i-ten Zeile. Zum Beispiel gibt es für $k = 3$ genau die drei Rahmen

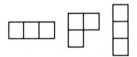

entsprechend den drei Partitionen (3), (2,1), (1,1,1). Trägt man in jedes Feld des Rahmens R genau eine der Zahlen $1, \ldots, k$ ein, so nennen wir das Resultat ein zu R gehöriges *Young-Tableau* und bezeichnen es mit $T(R)$ oder kurz T. Der einem Tableau T zugrundeliegende Rahmen sei $R(T)$. Eine Permutation der Zahlen $1, \ldots, k$, die die Zahlen jeder Zeile bzw. Spalte von T unter sich permutiert, heißt *Horizontal-* bzw. *Vertikal-Permutation*. Offensichtlich bilden die Horizontal-Permutationen und die Vertikal-Permutationen jeweils eine Untergruppe von S_k; sie wird mit $H(T)$ bzw. $V(T)$ bezeichnet. Schließlich bezeichnen wir für $\pi \in S_k$ mit πT dasjenige Tableau, das zum gleichen Rahmen wie

T gehört, und wo $\pi(i)$ in demjenigen Feld steht, in dem bei T die Zahl i steht $(1 \leq i \leq k)$. Man bestätigt leicht:

$$(1) \qquad \mathrm{H}(\pi T) = \pi \mathrm{H}(T) \pi^{-1} , \quad V(\pi T) = \pi V(T) \pi^{-1}$$

für alle $\pi \in S_k$.

Sind R, R' Rahmen mit den Zeilenlängen $k_1, \ldots, k_m$ bzw. $k'_1, \ldots, k'_{m'}$, so setzen wir

$$R < R' :\Leftrightarrow k_1 = k'_1, \ldots, k_i = k'_i , \quad k_{i+1} < k'_{i+1}$$

für ein geeignetes $i \geq 0$ (die weiteren Zeilenlängen spielen keine Rolle). Ist $R < R'$ oder $R = R'$, so schreiben wir wie üblich $R \leq R'$.

Lemma 1. *Sind T, T' Tableaux mit $R(T') \leq R(T)$ und enthält $\mathrm{H}(T) \cap V(T')$ keine Transposition, so gibt es ein $\pi \in V(T)\mathrm{H}(T)$, so daß $\pi T' = T$ (insbesondere ist dann $R(T) = R(T')$).*

Beweis. Die Voraussetzung, daß $\mathrm{H}(T) \cap V(T')$ keine Transposition enthält, kann man so formulieren: Die Ziffern in einer beliebigen Zeile von T stehen bei T' in lauter verschiedenen Spalten. Wir beginnen mit der ersten Zeile von T. Da deren Ziffern in lauter verschiedenen Spalten von T' stehen, ist die Länge k'_1 der ersten Zeile von T' mindestens gleich der Länge k_1 der ersten Zeile von T; nach Voraussetzung gilt $k'_1 \leq k_1$, also $k_1 = k'_1$. Ferner gibt es eine Vertikalpermutation $\sigma_1 \in V(T')$, die die genannten Ziffern in die erste Zeile von T' bringt. Abgesehen von der Reihenfolge stimmen also die ersten Ziffern von $\sigma_1 T'$ und T überein. Mit dem gleichen Argument findet man $k_2 = k'_2$ und ein $\sigma_2 \in V(\sigma_1 T') = \sigma_1 V(T') \sigma_1^{-1} = V(T')$ (vgl. (1)), das die erste Zeile von $\sigma_1 T'$ unverändert läßt und die Ziffern der zweiten Zeile von T (die bei $\sigma_1 T'$ in lauter verschiedenen Spalten stehen) in die zweite Zeile von $\sigma_1 T'$ bringt. In dieser Weise fortfahrend erhalten wir schließlich $R(T') = R(T)$ und $\sigma := \sigma_1 \circ \ldots \circ \sigma_m \in V(T')$, so daß jede Zeile von $\sigma T'$ mit denselben Ziffern besetzt ist wie die entsprechende Zeile von T. Es gibt also eine Horizontalpermutation $\eta \in H(T)$, so daß $\sigma T' = \eta T$, also $\sigma^{-1} \eta T = T'$ und $T = \eta^{-1} \sigma T'$. Mit (1) folgt

$$V(T) = V(\eta^{-1} \sigma T') = \eta^{-1} \sigma V(T') \sigma^{-1} \eta = \eta^{-1} V(T') \eta ,$$

die letzte Gleichung wegen $\sigma \in V(T')$; es folgt $\eta^{-1} \sigma \eta \in V(T)$. Mit $\pi := \left(\eta^{-1} \sigma \eta\right) \eta^{-1} \in V(T)H(T)$ ist $\pi T' = \eta^{-1} \sigma T' = T$, w.z.b.w. $\square$

Folgerungen. (a) $\sigma \notin V(T)H(T) \Rightarrow H(\sigma T) \cap V(T)$ enthält eine Transposition. Andernfalls gäbe es nach dem vorstehenden Lemma (mit $T' \to T \to \sigma T$) ein $\pi \in V(\sigma T)H(\sigma T) = \sigma V(T)H(T)\sigma^{-1}$ mit $\pi T = \sigma T$, also $\pi = \sigma$ und folglich $\sigma \in V(T)H(T)$.

(b) $R(T') < R(T) \Rightarrow H(T) \cap V(T')$ enthält eine Transposition.

Nach diesen Vorbereitungen kommen wir zur Bestimmung der irreduziblen S_k-Moduln. Wir geben sie an als minimale Linksideale in der Gruppenalgebra $\mathbb{C}S_k$ und diese durch erzeugende Idempotente (vgl. § 1.8).

Zu jedem Tableau T (mit k Feldern) definieren wir Elemente in $\mathbb{C}S_k$ durch

$$A(T) := \sum_{\pi \in V(T)} \epsilon(\pi)\pi , \quad S(T) := \sum_{\pi \in H(T)} \pi \quad \text{und} \quad \widehat{I}(T) := A(T)S(T) .$$

Es gilt $\widehat{I}(T) \neq 0$, weil der Koeffizient von id in $\widehat{I}(T)$ gleich 1 ist: aus $\epsilon(\sigma)\sigma\eta = id$ für $\sigma \in V(T)$ und $\eta \in H(T)$ folgt $\sigma, \eta \in V(T) \cap H(T) = \{id\}$. Weiter gilt

$$\sigma\widehat{I}(T)\eta = \epsilon(\sigma)\widehat{I}(T) \quad \text{für alle} \ \sigma \in V(T) , \ \eta \in H(T) ,$$

was man unmittelbar an der Definition erkennt. Wir zeigen:

Lemma 2. *Gilt für ein Tableau T und $A \in \mathbb{C}S_k$*

$$\sigma A\eta = \epsilon(\sigma)A \quad \text{für alle} \ \sigma \in V(T) \ \text{und} \ \eta \in H(T) ,$$

so ist A ein skalares Vielfaches von $\widehat{I}(T)$.

Beweis. Sei $A = \sum \alpha_\pi \pi$. Dann ist $\sigma A\eta = \sum \alpha_\pi \sigma\pi\eta = \sum \alpha_\chi \pi$ mit $\chi = \sigma^{-1}\pi\eta^{-1}$. Mit $\sigma A\eta = \epsilon(\sigma)A$ folgt

$$(*) \qquad\qquad\qquad \alpha_{\sigma^{-1}\pi\eta^{-1}} = \epsilon(\sigma)\alpha_\pi$$

für alle $\sigma \in V(T)$, $\eta \in H(T)$. Für $\pi = \sigma\eta$ folgt

$$(**) \qquad\qquad\qquad \alpha_{id} = \epsilon(\sigma)\alpha_{\sigma\eta} .$$

Für $\pi \notin V(T)H(T)$ gibt es (Folgerung (a)) eine Transposition $\tau \in H(\pi T) \cap V(T)$. Es gilt $\tau \in V(T)$ und $\pi^{-1}\tau\pi \in \pi^{-1}H(\pi T)\pi = H(\pi^{-1}\pi T) = H(T)$. Wir können in $(*)$ also $\sigma = \tau$ und $\eta = \pi^{-1}\tau\pi$ wählen. Dann erhalten wir $\alpha_\pi = -\alpha_\pi$, also

$$(***) \qquad\qquad \alpha_\pi = 0 \quad \text{für alle} \ \pi \notin V(T)H(T) .$$

Aus $(***)$ und $(**)$ folgt nun sofort die Behauptung: $A = \sum \alpha_{\sigma\eta}\sigma\eta = \alpha_{id}\sum \epsilon(\sigma)\sigma\eta = \alpha_{id}\widehat{I}(T)$, wobei über alle $\eta \in H(T)$ und alle $\sigma \in V(T)$ summiert wird. $\qquad\qquad\qquad\qquad\qquad\qquad\qquad\qquad\qquad\qquad\qquad\qquad\qquad\square$

Satz 1. *Es seien $R_1, \ldots, R_l$ sämtliche (paarweise verschiedenen) Rahmen mit k Feldern und T_i ein (beliebiges) Tableau zum Rahmen R_i. Dann ist jeder irreduzible S_k-Modul isomorph zu genau einem der (minimalen) Linksideale $\mathbb{C}S_k\widehat{I}(T_i)$, $1 \leq i \leq l$.*

Beweis. Die Anzahl der im Satz genannten Linksideale ist gleich der Anzahl der Partitionen von k, und diese nach I, § 1.4, 3 gleich der Anzahl der Klassen konjugierter Elemente von S_k, also gleich der Anzahl der irreduziblen Darstellungen von S_k nach § 1.8 Satz 27. Aufgrund von § 1.7 Satz 13 und § 1.8 Satz 25 ist der Satz bewiesen, wenn wir folgendes gezeigt haben:

1) Zu jedem Tableau T gibt es ein $t \in \mathbb{N}$, so daß $I(T) := t\widehat{I}(T)$ ein primitives Idempotent ist. (Dann ist $\mathbb{C}S_k\widehat{I}(T) = \mathbb{C}S_kI(T)$ ein minimales Linksideal.)

2) Sind T, T' Tableaux zu verschiedenen Rahmen, so gilt $I(T)\mathbb{C}S_kI(T') = \{0\}$. (Die zugehörigen Linksideale sind dann nicht isomorph.)

Zu 1): Nach Definition von $A(T)$ und $S(T)$ gilt $\sigma A(T) = \epsilon(\sigma)A(T)$ und $S(T)\eta = S(T)$ für alle $\sigma \in V(T)$ und alle $\eta \in H(T)$. Mit Lemma 2 folgt hieraus, daß es ein $t \in \mathbb{C}$ gibt, so daß $\widehat{I}(T)^2 = t\widehat{I}(T)$. Wir zeigen $t = k!/d$ mit $d := \dim \mathbb{C}S_k\widehat{I}(T)$. Dazu stellen wir die lineare Abbildung $f : \mathbb{C}S_k \to \mathbb{C}S_k$, $A \to A\widehat{I}$ (wir schreiben kurz I statt $I(T)$) in zwei verschiedenen Basen durch Matrizen dar und vergleichen ihre Spuren. Zuerst wählen wir die natürliche Basis von $\mathbb{C}S_k$, d.h. die Elemente $\pi_1 := \mathrm{id}, \pi_2, \ldots, \pi_{k!}$ von S_k (in einer bis auf π_1 beliebigen Reihenfolge). Wegen $\widehat{I} = \mathrm{id} + \sum_{i=2}^{k!} \alpha_i\pi_i$ (nach Definition von $\widehat{I}$) mit geeigneten $\alpha_i \in \mathbb{Z}$ folgt $f(\pi_j) = \pi_j + \sum_{i=2}^{k!} \alpha_i\pi_j\pi_i$. Für die Matrix $M := (\alpha_{ij})$ von f bez. dieser Basis gilt also $\alpha_{ii} = 1$ $(1 \leq i \leq k!)$, insbesondere $\mathrm{Spur}\, M = k!$.

Andererseits wählen wir eine Basis $b_1, \ldots, b_{k!}$ von $\mathbb{C}S_k$ in der Weise, daß $b_1, \ldots, b_d$ eine Basis von $\mathbb{C}S_k\widehat{I}$ ist (also $d = \dim \mathbb{C}S_k\widehat{I}$). Es gibt dann $b_i' \in \mathbb{C}S_k$, so daß $b_i = b_i'\widehat{I}$; es folgt $f(b_j) = b_j'\widehat{I}^2 = tb_j$ $(1 \leq j \leq d)$. Ferner ist $f(b_j) \in \mathbb{C}S_k\widehat{I}$ für alle j, d.h. die Matrix M' von f bez. (b_i) hat die Gestalt $\begin{pmatrix} tE_d & 0 \\ * & 0 \end{pmatrix}$, also $\mathrm{Spur}\, M' = td$. Da die Spuren von M und M' bekanntlich übereinstimmen, folgt $td = k!$ und

$$I(T) := \frac{d}{k!}\widehat{I}(T) \quad \text{ist ein Idempotent in } \mathbb{C}S_k .$$

$I(T)$ ist primitiv, denn wie oben folgt aus Lemma 2, daß $I\mathbb{C}S_kI \subset \mathbb{C}$, mit $I(T)\mathrm{id}I(T) = I(T)$ folgt $\dim I\mathbb{C}S_kI = 1$.

Zu 2): Sei $I = I(T)$, $I' = I(T')$. Da die Elemente von S_k eine Basis von $\mathbb{C}S_k$ bilden, genügt es, $I\pi I' = 0$ zu zeigen für alle $\pi \in S_k$.

Fall 1. $R(T) < R(T')$. Nach Folgerung (b) aus Lemma 1 gibt es eine Transposition $\tau \in V(T) \cap H(\pi T')$. Es folgt $\tau A(T) = -A(T)$ und $S(\pi T')\tau = S(\pi T')$, also $A(T)S(\pi T') = A(T)\tau^2 S(\pi T') = -A(T)S(\pi T')$. Mit $S(\pi T') = \pi S(T')\pi^{-1}$ (was man mühelos aus (1) schließt) folgt $A(T)\pi S(T') = 0$ für alle $\pi \in S_k$, also $A(T)BS(T') = 0$ für alle $B \in \mathbb{C}S_k$; mit $B := S(T)CA(T')$ folgt $ICI' = 0$ für alle $C \in \mathbb{C}S_k$.

Fall 2. $R(T) > R(T')$. Wie im Fall 1 wählt man ein $\tau \in H(T) \cap V(\pi T')$ und erhält wie oben $0 = S(T)A(\pi T') = S(T)\pi A(T')\pi^{-1}$ und hieraus $I(T)\pi I(T') = 0$ für alle $\tau \in S_k$. Damit ist 2) und somit der Satz bewiesen. $\square$

Bemerkung. Berechnet man $\widehat{I}(T)$ und $\widehat{I}(T)^2$, so erhält man als Koeffizienten von id in $\widehat{I}(T)^2$ die Zahl $t = k!/d$ und hieraus die Dimension d des minimalen Linksideals $\mathbb{C}S_k\widehat{I}(T)$. Wir geben noch die folgende Dimensionsformel an (für einen Beweis vgl. man [Boerner], IV, § 7) und diskutieren einige Beispiele.

Es sei T ein Tableau mit (k Feldern und) den Zeilenlängen $k_1, \ldots, k_m$; sei ferner $l_i := m + k_i - i$ ($1 \leq i \leq m$). Dann gilt

$$\dim \mathbb{C} S_k I(T) = k! \frac{\prod_{i<j}(l_i - l_j)}{l_1! \ldots l_m!}$$

(= 1 falls $m = 1$). Man kann beweisen (loc. cit.), daß diese Zahl gleich der Anzahl der *Standard-Tableaux* zum Rahmen $R(T)$ ist, d.h. gleich der Anzahl derjenigen Tableaux mit zugrundeliegendem $R(T)$, in deren Zeilen und Spalten die Ziffern von links nach rechts und von oben nach unten wachsen.

Beispiele. 1) R: ⬚⬚ $\cdots$ ⬚ . Hier ist $m = 1$, also $d = 1$; das einzige Standard-Tableau ist T: $\boxed{1}\boxed{2}$ $\cdots$ ⬚ , es gilt $I(T) = 1/k! \sum_{\pi \in S_k} \pi$.

2) R: ⬚⬚⬚ Hier ist $m = k$, $k_1 = \ldots = k_m = 1$, ferner $l_i = k + 1 - i$ ($1 \leq i \leq k$), $l_i - l_j = j - i$; es folgt

$$\prod_{i<j}(l_i - l_j) = \prod_{j=2}^{k}(l_1 - l_j) \ldots (l_{k-1} - l_k) = (k-1)! \ldots 2!.$$

Mit $l_1! l_2! \ldots l_k! = k!(k-1)! \ldots 2!$ ergibt sich $d = k! \frac{1}{k!} = 1$. Die Anzahl der Standard-Tableaux ist offensichtlich ebenfalls 1; das zugehörige Idempotent ist $1/k! \sum_{\pi \in S_k} \epsilon(\pi) \pi$.

3) $k = 3$. Zunächst haben wir gemäß 1) und 2) die beiden zu den Rahmen

gehörigen eindimensionalen S_3-Moduln mit den Idempotenten

$$I_1 = \frac{1}{6}(\mathrm{id} + (1,2) + (1,3) + (2,3) - (1,2,3) + (1,3,2)),$$

$$I_2 = \frac{1}{6}(\mathrm{id} - (1,2) - (1,3) - (2,3) + (1,2,3) + (1,3,2)).$$

Die einzigen weiteren Standard-Tableaux sind

$$\boxed{\begin{array}{cc}1 & 2 \\ 3 \end{array}}, \quad \boxed{\begin{array}{cc}1 & 3 \\ 2 \end{array}}.$$

Die Auswertung der Dimensionsformel gibt ebenfalls 2: Es ist $m = 2$, $k_1 = 2$, $k_2 = 1$; $l_1 = 3$, $l_2 = 1$, also $d = 3! \frac{2}{3!} = 2$.

Für die zu diesen beiden Tableaux gehörigen Idempotenten findet man

$$I_3 = \frac{1}{3}(\mathrm{id} + (1,2) - (1,3) - (1,2,3)),$$

$$I_4 = \frac{1}{3}(\mathrm{id} + (1,3) - (1,2) - (1,3,2)).$$

Es gilt $I_3 + I_4 = \frac{2}{3}(\mathrm{id} - (1,2,3) - (1,3,2))$. Die Zerlegung von $\mathbb{C}S_3$ in Ideale (= isotypische Komponenten der regulären Darstellung) ist

$$\mathbb{C}S_3 = \mathbb{C}I_1 \oplus \mathbb{C}I_2 \oplus \mathbb{C}S_3(I_3 + I_4) \cong \mathbb{C} \oplus \mathbb{C} \oplus \mathrm{Mat}(2,\mathbb{C}) \ .$$

2. Der S_k-Modul $V^{\otimes k}$ und die Darstellungen von $\mathrm{End}_{S_k} V^{\otimes k}$

Es sei V ein endlich-dimensionaler Vektorraum über K und $k \in \mathbb{N}$. Das k-fache Tensorprodukt $V \otimes \ldots \otimes V$ wird auch k-te Tensorpotenz von V genannt und mit $V^{\otimes k}$ bezeichnet. Wir erinnern daran, daß die Tensoren

$$b_{i_1} \otimes \ldots \otimes b_{i_k} \ , \quad 1 \le i_j \le n$$

eine Basis von $V^{\otimes k}$ bilden, wenn $b_1, \ldots, b_n$ eine Basis von V ist (§ 1.6 Satz 9). Jedes Element x von $V^{\otimes k}$ hat also die Gestalt

$$x = \sum \xi_{i_1 \ldots i_k} b_{i_1} \otimes \ldots \otimes b_{i_k}$$

mit (durch x) eindeutig bestimmten Koeffizienten $\xi_{i_1 \ldots i_k} \in K$.

Wir definieren eine Operation von S_k auf $V^{\otimes k}$ durch „Permutation der Faktoren":

(1) $\qquad S_k \times V^{\otimes k} \to V^{\otimes k} \ , \quad (\pi, v_1 \otimes \ldots \otimes v_k) \mapsto v_{\pi^{-1}(1)} \otimes \ldots \otimes v_{\pi^{-1}(k)}$

und lineare Fortsetzung. Das ist eine sinnvolle Definition, da die Abbildung $(v_1, \ldots, v_k) \mapsto v_{\pi(1)} \otimes \ldots \otimes v_{\pi(k)}$ für jedes $\pi \in S_k$ multilinear ist (vgl. § 1.6 Bemerkung 3). Wie üblich schreiben wir für die rechte Seite von (1) kurz $\pi(v_1 \otimes \ldots \otimes v_k)$.

Man beachte, daß durch Anwendung von π die „Plätze", und nicht die Indizes vertauscht werden; z.B. ist für $\pi = (1,2) \in S_3$ und $v_i \in V$ $\pi(v_3 \otimes v_2 \otimes v_1) = v_2 \otimes v_3 \otimes v_1 \ne v_3 \otimes v_1 \otimes v_2$.

Satz 2. $V^{\otimes k}$ *ist mit der Operation* (1) *ein S_k-Modul.*

Beweis. Die Linearität gilt nach Definition. Offensichtlich ist $\mathrm{id} x = x$ für alle $x \in V^{\otimes k}$ erfüllt. Für $\pi, \sigma \in V^{\otimes k}$ und $v_i \in V$ gilt $\pi(\sigma(v_1 \otimes \ldots \otimes v_k)) = \pi(w_1 \otimes \ldots \otimes w_k)$ mit $w_i = v_{\sigma^{-1}(i)}$, also $w_{\pi^{-1}(i)} = v_{(\pi\sigma)^{-1}(i)}$; hieraus folgt die Behauptung. $\qquad\square$

Wir wenden jetzt Satz 26 aus § 1.8 auf die Gruppenalgebra $\mathcal{A} = \mathbb{C}S_k$ an und erhalten mit 1. Satz 1, daß die von Null verschiedenen der Teilräume $I_1 V^{\otimes k}, \ldots, I_l V^{\otimes k}$ ein Vertretersystem der Isomorphieklassen irreduzibler $\mathrm{End}_{S_k} V^{\otimes k}$-Moduln bilden, wobei $I_1, \ldots, I_l$ die zu den verschiedenen Rahmen gehörigen Idempotente von $\mathbb{C}S_k$ sind.

Lemma 3. *Für ein Tableau mit m Zeilen und k Feldern gilt*

$$I(T)V^{\otimes k} \ne \{0\} \iff m \le \dim V \ .$$

Beweis. Es sei $m \leq n := \dim V$. Wir geben einen sogenannten *maximalen* oder *primitiven Vektor* $v_0 \in I(T)V^{\otimes k}$ an mit $v_0 \neq 0$. Da es für den Modul $I(T)V^{\otimes k}$ (bis auf Isomorphie) nur auf den Rahmen R, nicht aber auf seine „Belegung" mit den Ziffern $1, \dots, k$ ankommt, wählen wir für T das nebenstehende Tabelau; wir nennen es das *Normaltabelau zum Rahmen R*. Es seien l_i die Spaltenlängen von T, also $n \geq l_1 \geq \dots \geq l_m \geq 1$. Wir setzen

$$x_0 := (b_1 \otimes \dots \otimes b_{l_1}) \otimes \dots \otimes (b_1 \otimes \dots \otimes b_{l_m}) .$$

1	$l_1 + 1$	$\cdots$
2	$l_1 + 2$	$\cdots$
$\vdots$	$\vdots$	
l_2	$l_1 + l_2$	
$\vdots$		
l_1		

Man erkennt an der Definition von T, daß $\pi x_0 = x_0$ für alle $\pi \in H(T)$, also $S(T)x_0 = |H(T)|x_0$. Wir setzen $v_0 := |H(T)|^{-1} I(T)x_0$ und erhalten

$$v_0 = (b_1 \wedge \dots \wedge b_{l_1}) \otimes (b_1 \wedge \dots \wedge b_{l_2}) \otimes \dots \otimes (b_1 \wedge \dots \wedge b_{l_m}) \neq 0 ,$$

$$n \geq l_1 \geq \dots \geq l_m \geq 1 , \quad n = \dim V .$$

Es ist also $0 \neq v_0 \in I(T)V^{\otimes k}$. – Zum Beweis der Umkehrung sei R ein Rahmen mit m Zeilen, $m > n$. Wir können wieder T in der obigen Form annehmen (also $l_1 > n$). Bei jedem Basiselement $b_{i_1} \otimes \dots \otimes b_{i_k} =: x$ von $V^{\otimes k}$ kommen unter den ersten l_1 Faktoren mindestens zwei gleiche Indizes vor; folglich gilt $A(T)x = 0$, also auch $I(T)x = \sum_{\pi \in H(T)} A(T)(\pi x) = 0$ und somit $I(T)V^{\otimes k} = \{0\}$.

Aus den obengenannten Sätzen folgt nun

Satz 3. *Es seien $R_1, \dots, R_t$ sämtliche Rahmen mit k Feldern und höchstens n Zeilen ($n = \dim V$); sei ferner T_j ein (beliebiges) Tableau mit Rahmen R_j, und es sei $I_j = I(T_j)$. Dann ist $I_1 V^{\otimes k}, \dots, I_t V^{\otimes k}$, $k \geq 1$, ein Vertretersystem der Isomorphieklassen irreduzibler $\mathrm{End}_{S_k} V^{\otimes k}$-Moduln. Die isotypische Zerlegung von $V^{\otimes k}$ ist*

$$V^{\otimes k} \cong d_1 I_1 V^{\otimes k} \otimes \dots \otimes d_t I_t V^{\otimes k} , \quad d_j := \dim \mathbb{C} S_k I_j . \qquad \Box$$

Zur Illustration der Moduln $IV^{\otimes k}$ betrachten wir zwei besonders wichtige

Beispiele. 1) Es sei T das nebenstehende Tableau. Das zugehörige Idempotent in $\mathbb{C} S_k$ ist

$$I = \frac{1}{k!} \sum_{\pi \in S_k} \epsilon(\pi)\pi .$$

$$T : \begin{array}{|c|} \hline 1 \\ \hline 2 \\ \hline \vdots \\ \hline k \\ \hline \end{array}$$

Da mit π auch π^{-1} die ganze Gruppe S_k durchläuft und $\epsilon(\pi) = \epsilon(\pi^{-1})$ gilt, folgt

$$I(v_1 \otimes \dots \otimes v_k) = \frac{1}{k!} \sum_{\pi \in S_k} \epsilon(\pi)v_{\pi(1)} \otimes \dots \otimes v_{\pi(k)} .$$

Man führt hierfür eine besondere Bezeichnung ein, und zwar

$$v_1 \wedge \ldots \wedge v_k := I(v_1 \otimes \ldots \otimes v_k)$$

und nennt dieses Element von $V^{\otimes k}$ das *äußere Produkt* von $v_1, \ldots, v_k$. Man setzt

$$\bigwedge\nolimits^k V := IV^{\otimes k} \ .$$

Anhand der obigen Beschreibung der Elemente von $IV^{\otimes k}$ verifiziert man

$$\bigwedge\nolimits^k V = \left\{ x \in V^{\otimes k}; \ \pi x = \epsilon(\pi)x \text{ für alle } \pi \in S_k \right\} \ .$$

Ferner überzeugt man sich davon, daß für jede Basis $b_1, \ldots, b_n$ von V die Elemente $b_{i_1} \wedge \ldots \wedge b_{i_k}$ mit $1 \le i_1 < \ldots < i_k \le n$ eine Basis von $\bigwedge^k V$ bilden, also

$$\dim \bigwedge\nolimits^k V = \binom{n}{k} \ , \quad \text{insbesondere}$$

$$\dim \bigwedge\nolimits^n V = 1 \ , \quad \dim \bigwedge\nolimits^m V = 0 \quad \text{für } m > n \ .$$

2) Das zu dem Tableau $T : \boxed{1\,|\,2\,|\,\cdots\,|\,k}$ gehörige Idempotent in $\mathbb{C}S_k$ ist

$$I = \frac{1}{k!} \sum_{\pi \in S_k} \pi \ .$$

Es gilt

$$I(v_1 \otimes \ldots \otimes v_k) = \frac{1}{k!} \sum_{\pi \in S_k} v_{\pi(1)} \otimes \ldots \otimes v_{\pi(k)} \ .$$

Man setzt

$$v_1 \vee \ldots \vee v_k := I(v_1 \otimes \ldots \otimes v_k)$$

und nennt dieses Element von $V^{\otimes k}$ das (total) *symmetrische Produkt* von $v_1, \ldots, v_k$.

Mit der Bezeichnung

$$\bigvee\nolimits^k V := IV^{\otimes k}$$

gilt

$$\bigvee\nolimits^k V = \left\{ x \in V^{\otimes k}; \ \pi x = x \text{ für alle } \pi \in S_k \right\} \ ;$$

die Elemente dieses Teilraumes heißen (total) *symmetrische Tensoren*. Ist $b_1, \ldots, b_n$ eine Basis von V, so bilden die Elemente $b_{i_1} \vee \ldots \vee b_{i_k}$ mit $1 \le i_1 \le \ldots \le i_k \le n$ eine Basis von $\bigvee^k V$; hieraus folgt

$$\dim \bigvee\nolimits^k V = \binom{n-1+k}{k}$$

(denn die Bedingung $1 \leq i_1 \leq \ldots \leq i_k \leq n$ ist gleichbedeutend mit $1 \leq i_1 < i_2 + 1 < \ldots < i_k + (k-1) \leq n + k - 1$).

3. Der GL(V)-Modul $V^{\otimes k}$, Darstellungen von GL($n, \mathbb{C}$) und SL($n, \mathbb{C}$)

Mit dem k-fachen Tensorprodukt der gewöhnlichen Operation von GL(V) auf V ist $V^{\otimes k}$ ein GL(V)-Modul:

$$\mathrm{GL}(V) \to \mathrm{GL}(V^{\otimes k}), \quad f \mapsto f^{\otimes k} \quad \text{mit} \quad f^{\otimes k}(v_1 \otimes \ldots \otimes v_k) = f(v_1) \otimes \ldots \otimes f(v_k).$$

Wir beweisen unten

Lemma 4. *Für alle $f \in \mathrm{GL}(V)$ gilt $f^{\otimes k} \in \mathrm{End}_{S_k} V^{\otimes k}$.*

Hieraus folgt unmittelbar, daß die (irreduziblen) $\mathrm{End}_{S_k} V^{\otimes k}$-Moduln $I_j V^{\otimes k}$ (vgl. Satz 3) invariant unter GL(V) sind. Ziel dieses Abschnitts ist, den folgenden Satz zu beweisen:

Satz 4. *Es sei $I_1, \ldots, I_t$ wie in Satz 3. Dann ist $I_1 V^{\otimes k}, \ldots, I_t V^{\otimes k}$ ein Vertretersystem der Isomorphieklassen irreduzibler GL(V)-Untermoduln von $V^{\otimes k}$. Die Vielfachheit von $I_j V^{\otimes k}$ in $V^{\otimes k}$ ist $d_j = \dim \mathbb{C} S_k I_j$.*

Beweis von Lemma 4. Wie bisher bezeichnet $b_1, \ldots, b_n$ eine Basis von V. Für $v_j \in V$ und $f \in \mathrm{GL}(V)$ sei $f(v_j) = \sum_i \alpha_{ij} b_i$. Für $\pi \in S_k$ gilt $\pi^{-1} f^{\otimes k}(v_1 \otimes \ldots \otimes v_k) = \sum_{i_\nu = 1}^{n} \alpha_{i_1 1} \ldots \alpha_{i_k k} b_{i_{\pi(1)}} \otimes \ldots \otimes b_{i_{\pi(k)}}$; ferner $\sum_{i_\nu = 1}^{n} \alpha_{i_1 \pi(1)} \ldots \alpha_{i_k \pi(k)} b_{i_1} \otimes \ldots \otimes b_{i_k} = \sum_{i_\nu = 1}^{n} \alpha_{i_{\pi(1)} \pi(1)} \ldots \alpha_{i_{\pi(k)} \pi(k)} b_{i_{\pi(1)}} \otimes \ldots \otimes b_{i_{\pi(k)}}$. Wegen $\alpha_{i_1 1} \ldots \alpha_{i_k k} = \alpha_{i_{\pi(1)} \pi(1)} \ldots \alpha_{i_{\pi(k)} \pi(k)}$ für alle $\pi \in S_k$ folgt die Behauptung des Lemmas. $\square$

Beispiele. 1) Für $k = n = \dim V$ und $I = \frac{1}{k!} \sum_{\pi \in S_n} \epsilon(\pi) \pi$ gilt (vgl. Beispiel 1 in 2) $IV = \bigwedge^n V = \mathbb{C} b_1 \wedge \ldots \wedge b_n$, wenn $b_1, \ldots, b_n$ eine Basis von V ist. Für $f \in \mathrm{GL}(V)$ gilt bekanntlich

$$f(b_1) \wedge \ldots \wedge f(b_n) = (\det f) b_1 \wedge \ldots \wedge b_n.$$

Folglich ist die zu dem GL(V)-Modul IV gehörige Darstellung von GL(V) äquivalent zu der 1-dimensionalen Darstellung $f \mapsto \det f$ von GL(V).

Zum *Beweis von Satz* 4 ziehen wir Satz 3 heran. Dazu haben wir einen Zusammenhang zwischen den Darstellungen von GL(V) und denen von $\mathrm{End}_{S_k} V^{\otimes k}$ herzustellen; dies geschieht mit der sogenannten *Brauer-Weyl-Algebra*:
Für eine Untergruppe G von GL(V) sei

$$\mathrm{BW}_G(V^{\otimes k}) := \langle f^{\otimes k}; f \in G \rangle$$

wobei $\langle \rangle$ die lineare Hülle in $\mathrm{End}_{\mathbb{C}} V^{\otimes k}$ bezeichnet. Wegen $f^{\otimes k} \circ g^{\otimes k} = (f \circ g)^{\otimes k}$ gilt

$BW_G(V^{\otimes k})$ *ist für jede Untergruppe* G *von* $GL(V)$ *eine Teilalgebra von* $End_{\mathbb{C}} V^{\otimes k}$; *sie heißt* Brauer-Weyl-*Algebra von* G (*genauer: des* G-*Moduls* $V^{\otimes k}$).

Die Bedeutung dieser Algebra für unsere Zwecke liegt in dem folgenden Sachverhalt begründet: Jede Darstellung

$$\rho : BW_G(V^{\otimes k}) \to End_{\mathbb{C}} U$$

$$\begin{array}{ccc} & \overset{f \mapsto f^{\otimes k}}{\longrightarrow} & BW_G(V^{\otimes k}) \\ \text{G} & & \\ {}_{\widehat{\rho}}\searrow & & \swarrow{}_{\rho} \\ & End_{\mathbb{C}} U & \end{array}$$

liefert eine Darstellung von G, nämlich

$$\widehat{\rho} : G \to End_{\mathbb{C}} U , \quad \widehat{\rho}(f) := \rho(f^{\otimes k}) .$$

Da die Elemente $f^{\otimes k}$ ein lineares Erzeugendensystem von $BW_G(V^{\otimes k})$ bilden, gilt

Lemma 5. (a) ρ *ist genau dann irreduzibel, wenn* $\widehat{\rho}$ *irreduzibel ist;* (b) ρ_1, ρ_2 *sind genau dann äquivalent, wenn* $\widehat{\rho}_1, \widehat{\rho}_2$ *äquivalent sind.*   □

Lemma 6.

$$BW_{GL(V)}(V^{\otimes k}) = End_{S_k} V^{\otimes k} .$$

Der Beweis dieser Aussage ist eine unmittelbare Konsequenz aus den beiden folgenden Lemmata. (Zu der Bezeichnung $\bigvee^k End_K V$ vgl. Beispiel 2) im vorigen Abschnitt.)

Lemma 7. *Für jeden* K-*Vektorraum* V *und alle* $k \in \mathbb{N}$ *gilt*

$$End_{S_k} V^{\otimes k} = \bigvee^k End_K V .$$

Lemma 8. *Ist* W *ein* K-*Vektorraum der Dimension* n *und* p *ein von Null verschiedenes Polynom in* n *Unbestimmten mit Koeffizienten in* K, *so wird* $\bigvee^k W$ *aufgespannt von den Tensoren* $w \otimes \ldots \otimes w$ (k-mal) *mit* $w \in W$ *und* $p(w) \neq 0$.

Mit $p(w)$ ist dabei $p(\xi_1, \ldots, \xi_n)$ gemeint, wenn ξ_i die Koordinaten von w sind bez. einer Basis von W.

Beweis von Lemma 7. Die Abbildung

$$\Phi(End_K V)^{\otimes k} \to End_K V^{\otimes k}$$

$$\Phi(f_1 \otimes \ldots \otimes f_m)(v_1 \otimes \ldots \otimes v_k) = f_1(v_1) \otimes \ldots \otimes f_k(v_k)$$

ist nach § 1.6, Satz 11 linear und bijektiv. S_k operiert auf $(End_K V)^{\otimes k}$ in der üblichen Weise (durch „Permutation der Faktoren") und auf $End_K V^{\otimes k}$ durch $(\pi f)(x) = \pi(f(\pi^{-1}x))$, $f \in End_K V^{\otimes k}$, $x \in V^{\otimes k}$. Es gilt $\pi \in End_{S_k} V^{\otimes k}$ genau dann, wenn $\pi f = f$ für alle $\pi \in S_k$. Es folgt

$$\pi F = F \iff \pi \Phi(F) = \Phi(F)$$

für alle $F \in (\mathrm{End}_K V)^{\otimes k}$ und $\pi \in S_k$: Eine direkte Rechnung zeigt, daß Φ ein S_k-Modul-Morphismus ist, also $\pi\Phi(F) = \Phi(\pi F)$ für π, F wie in $(*)$. $\qquad\square$

Beweis von Lemma 8. Vorbemerkung: Für $(i) = (i_1, \ldots, i_k)$ sei $M_{(i)}$ der „Multinomialkoeffizient"

$$M_{(i)} = \frac{k!}{\nu_1! \ldots \nu_n!} \,,$$

wobei $\nu_l = \nu_l(i)$ die Anzahl derjenigen Komponenten von (i) ist, die gleich l sind. Es sei $b_1, \ldots, b_n$ eine Basis von W und $w = \sum \xi_i b_i \in W$. Für $w^{\otimes k} := w \otimes \ldots \otimes w$ (k-mal) gilt $w^{\otimes k} = w \vee \ldots \vee w$, und hieraus erhält man (analog zum Beweis des Multinomialsatzes)

$$w^{\otimes k} = \sum M_{(i)} \xi_1^{\nu_1} \ldots \xi_n^{\nu_n} b_{i_1} \vee \ldots \vee b_{i_k}$$

wobei über alle (i) mit $1 \le i_1 \le \ldots \le i_k \le n$ zu summieren ist. Wir beweisen nun das Lemma, indem wir zeigen: Für jede Linearform λ auf $\bigvee^k W$ mit der Eigenschaft $\lambda(w^{\otimes k}) = 0$ für alle $w \in W$ mit $p(w) \ne 0$ gilt $\lambda = 0$. Wir setzen $\alpha_{(i)} := \lambda(b_{i_1} \vee \ldots \vee b_{i_k})$ und definieren das Polynom q in den Unbestimmten $t_1, \ldots, t_n$ durch

$$q(t_1, \ldots, t_n) := \sum M_{(i)} \alpha_{(i)} t_1^{\nu_1} \ldots t_n^{\nu_n}$$

mit $\nu_1, \ldots, \nu_n$ und $M_{(i)}$ wie oben. Für $w = \sum \xi_i b_i$ gilt dann nach der Vorbemerkung $q(w) = q(\xi_1, \ldots, \xi_n) = \lambda(w^{\otimes k})$ und es folgt

$$q(w)p(w) = 0 \qquad \text{für alle } w \in W$$

(denn für $p(w) \ne 0$ gilt nach Voraussetzung $\lambda(w^{\otimes k}) = 0$, also $q(w) = 0$). Folglich ist $q(w)p(w)$ das Nullpolynom; da p nach Voraussetzung von Null verschieden ist, ist q das Nullpolynom, woraus $M_{(i)}\alpha_{(i)} = 0$, also $\alpha_{(i)} = 0$ folgt für alle (i). Folglich verschwindet λ auf den Basiselementen $b_{i_1} \vee \ldots \vee b_{i_k}$ von $\bigvee^k W$ und ist deshalb gleich Null, womit das Lemma bewiesen ist. $\qquad\square$

Lemma 6 folgt nun, indem man in Lemma 8 $\mathrm{End}_{\mathbb{C}} V$ für W wählt und für p das Polynom $p(t_{11}, \ldots, t_{nn}) = \det(t_{ij}) = \sum_{\pi \in S_n} \mathrm{sign}(\pi) t_{1\pi(1)} \ldots t_{n\pi(n)}$, und dann Lemma 7 anwendet. $\qquad\square$

Satz 4 ist eine unmittelbare Konsequenz aus 2. Satz 3 und Lemma 6. $\qquad\square$

Bemerkungen. 1) Für den oben definierten (maximalen) Vektor $v_0 \in I(T)V^{\otimes k} \setminus \{0\}$ gilt

$$I(T)V^{\otimes k} = \mathrm{GL}(V)v_0 = \langle fv_0; f \in \mathrm{GL}(V)\rangle \,;$$

denn die rechte Seite ist ein von $\{0\}$ verschiedener Untermodul des irreduziblen $\mathrm{GL}(V)$-Moduls $I(T)V^{\otimes k}$ (hierbei ist T ein Tableau mit höchstens $n = \dim V$ Zeilen).

2) Wir haben gesehen, daß die irreduziblen $\mathrm{GL}(V)$-Untermoduln von $V^{\otimes k}$ bis auf Isomorphie eindeutig durch die zugehörigen Rahmen bestimmt sind. Da nach Definition ein Rahmen mit k Feldern nichts anderes als eine Partition von k ist (vgl. Anfang von 1.), sind also die Isomorphieklassen der genannten $\mathrm{GL}(V)$-Moduln umkehrbar eindeutig „parametrisiert" durch die Partitionen natürlicher Zahlen.

3) Es stellt sich die Frage, welche Darstellungen man durch Bildung direkter Summen der oben angegebenen irreduziblen $\mathrm{GL}(V)$-Moduln erhält. Man kann ohne große Schwierigkeiten beweisen (vgl. [Boerner], [Weyl]), daß es sich hierbei genau um die *ganzrationalen Darstellungen* von $\mathrm{GL}(V)$ handelt. Dabei heißt eine (Matrix-)Darstellung ρ einer Gruppe $G < \mathrm{GL}(n, \mathbb{K})$ ganzrational, wenn alle Komponenten der Matrizen $\rho(a)$ Polynome in den Komponenten von a sind. Insbesondere sind solche Darstellungen stets vollständig reduzibel, was nicht für alle Darstellungen von $\mathrm{GL}(V)$ zutrifft: Für $\mathrm{GL}(1, \mathbb{R}) = \mathbb{R}^\times$ ist z.B.

$t \mapsto \begin{pmatrix} 1 & \log|t| \\ 0 & 1 \end{pmatrix}$ reduzibel, aber nicht vollständig reduzibel, was man genau wie in § 1.2, Beispiel 3 beweist.

Wir kommen zur Gruppe $\mathrm{SL}(n, \mathbb{C})$. Schränkt man eine Darstellung einer Gruppe auf eine Untergruppe ein, so ist diese Einschränkung i.a. nicht mehr irreduzibel; außerdem können die Einschränkungen inäquivalenter Darstellungen äquivalent sein (vgl. Abschnitt 5 und Aufgabe 7). Wir beweisen

Satz 5. *Ist ρ eine irreduzible Darstellung von $\mathrm{GL}(n, \mathbb{C})$, so ist die Einschränkung von ρ auf $\mathrm{SL}(n, \mathbb{C})$ ebenfalls irreduzibel.*

Beweis. Sei ρ' die Einschränkung von ρ auf $\mathrm{SL}(n, \mathbb{C})$. Zu jedem $A \in \mathrm{GL}(n, \mathbb{C})$ gibt es $a \in \mathbb{C}^\times$ und $A' \in \mathrm{SL}(n, \mathbb{C})$, so daß $A = (\alpha E)A'$, also $\rho(A) = \rho(\alpha E)\rho(A')$. Da $\rho(\alpha E)$ mit allen $\rho(B)$, $B \in \mathrm{GL}(n, \mathbb{C})$, vertauschbar und ρ irreduzibel ist, gibt es nach dem Schurschen Lemma einen Homomorphismus $\lambda : \mathbb{C}^\times \to \mathbb{C}^\times$, so daß $\rho(\alpha E) = \lambda(\alpha)E$. Folglich ist jeder ρ'-invariante Teilraum auch invariant unter ρ. $\qquad\square$

In ähnlicher Weise kann man zeigen (Aufgabe 6), daß jede irreduzible Darstellung von $\mathrm{SL}(n, \mathbb{C})$ Einschränkung einer irreduziblen Darstellung von $\mathrm{GL}(n, \mathbb{C})$ ist.

Ohne auf Einzelheiten einzugehen (vgl. Aufgabe 7), weisen wir noch darauf hin, daß man durch Weglassen evtl. vorhandener Spalten der Länge n zu äquivalenten Darstellungen von $\mathrm{SL}(n, \mathbb{C})$ kommt; *man kann sich also im Fall der Gruppe* $\mathrm{SL}(n, \mathbb{C})$ – anders als bei $\mathrm{GL}(n, \mathbb{C})$ – *auf Rahmen mit höchstens* $n - 1$ *Zeilen beschränken*; m.a.W.: die oben konstruierten Äquivalenzklassen irreduzibler Darstellungen von $\mathrm{SL}(n, \mathbb{C})$ sind umkehrbar eindeutig parametrisiert durch die l-Tupel

$$(k_1, \ldots, k_l) \quad \text{mit } k_i \in \mathbb{N} , \quad k_1 \geq k_2 \geq \ldots \geq k_l \text{ und } l \leq n - 1 .$$

Beispiele. 2) Wir betrachten die zum Tableau T : $\boxed{1\,|\,2\,|\cdots|\,k}$ gehörige Darstellung von $GL(2,\mathbb{C})$. Es gilt (vgl. 2. Beispiel 2))

$$V_k := I(T)(\mathbb{C}^2)^{\otimes k} = \bigvee{}^k \mathbb{C}^2 \;, \quad \dim V_k = k+1 \;.$$

In V_k haben wir die folgende Basis (e_1, e_2 bezeichnet die kanonische Basis von $\mathbb{C}^2$):

$$b_0 = e_1 \vee \ldots \vee e_1 \;, \quad b_1 = e_2 \vee e_1 \vee \ldots \vee e_1 \;, \quad \ldots, \quad b_k = e_2 \vee \ldots \vee e_2 \;.$$

Wir berechnen bez. dieser Basis für einige Elemente von $SL(2,\mathbb{C})$ die zugehörigen Matrizen der durch T definierten irreduziblen Darstellung von $SL(2,\mathbb{C})$:

$$\begin{pmatrix} t & 0 \\ 0 & t^{-1} \end{pmatrix} \mapsto \left[t^k, t^{k-2}, \ldots, t^{-k} \right] \;,$$

$$\begin{pmatrix} 1 & t \\ 0 & 1 \end{pmatrix} \mapsto (\alpha_{ij}) \quad \text{mit} \quad \alpha_{ij} = \binom{j}{i} t^{j-i} \;\; (0 \le i \le j \le k) \;, \quad \alpha_{ij} = 0 \;\; (i > j) \;,$$

$$\begin{pmatrix} 1 & 0 \\ t & 1 \end{pmatrix} \mapsto (\alpha_{ij}) \quad \text{mit} \quad \alpha_{ij} = \binom{k-j}{i-j} t^{i-j} \;\; (0 \le j \le i \le k) \;, \quad \alpha_{ij} = 0 \;\; (i < j) \;.$$

Die vorstehende Darstellung kann auf die folgende Weise beschrieben werden: Bezeichnet H_k den $\mathbb{C}$-Vektorraum der homogenen Polynome vom Grad k in den Unbestimmten x, y mit Koeffizienten in $\mathbb{C}$, so definiert

$$b_i \mapsto x^{k-i} y^i \quad (0 \le i \le k)$$

eine bijektive lineare Abbildung von V_k auf H_k. $GL(2,\mathbb{C})$ (und jede Untergruppe) operiert auf dem vollen Polynomring $\mathbb{C}[x, y]$ durch

$$(Ap)(x,y) := p((x,y)A)$$

(dabei berechnet man das „Matrizenprodukt" $(x,y)A$ und setzt dessen Komponenten für x bzw. y ein). Die Teilräume H_k ($k \ge 0$) sind unter dieser Operation invariant, und die obige Abbildung ist ein Modul-Isomorphismus von V_k auf H_k ($k \ge 0$, $V_0 := \mathbb{C}$); insbesondere sind mit V_k auch die H_k irreduzibel.

3) Es sei $\rho : SL(2,\mathbb{C}) \to SO^+(3,1)$ der in I, § 4.14 definierte Homomorphismus von $SL(2,\mathbb{C})$ auf die (eigentliche positive) Lorentzgruppe. Da ρ surjektiv und Kern $(\rho) = \{\pm E\}$ ist, definiert jede irreduzible Darstellung von $SL(2,\mathbb{C})$, die $-E$ auf die Identität abbildet, eine irreduzible Darstellung von $SO^+(3,1)$. Bezeichnet ρ_k die zu V_k gehörige Darstellung von $SL(2,\mathbb{C})$, so gilt nach obigem (mit $t = -1$) $\rho_k(-E) = (-1)^k E$. Wir erhalten also mittels ρ die unendliche Serie V_{2k} ($k \in \mathbb{N}_0$) von irreduziblen $SO^+(3,1)$-Moduln.

Im folgenden geben wir eine Formel für die Dimension d von $I(T)V^{\otimes k}$ an, wenn T ein Tableau mit k Feldern und den Zeilenlängen $k_1 \ge \ldots \ge k_m$ ist mit $m < n = \dim V$. (Für einen Beweis vgl. [Boerner].) Mit $k_{m+1} := \ldots := k_n := 0$ und $l_i := n + k_i - i$ ($1 \le i \le n$) gilt

$$d = \frac{\prod\limits_{1 \le i < j \le n} (l_i - l_j)}{2! \ldots (n-1)!} = \prod\limits_{1 \le i < j \le n} \left(\frac{k_i - k_j}{j - i} + 1 \right).$$

Beispiele. 4) $R:$ ⊞⊞⋯⊞ , d.h. $k_1 = k$, $k_2 = \ldots = k_n = 0$. Es folgt

$$d = \left(\frac{k}{1} + 1 \right) \ldots \left(\frac{k}{n-1} + 1 \right) = \frac{(k+1)\ldots(k+n-1)}{(n-1)!}$$

$$= \frac{(k+n-1)!}{k!(n-1)!} = \frac{1}{k!} n(n+1) \ldots (n+k-1) = \binom{n+k-1}{k}.$$

5) $R:$ ⊟ , also $m = k$, $k_1 = \ldots = k_m = 1$. Offensichtlich gilt $k_i - k_j = 0$

für $1 \le i < j \le m$ und $m+1 \le i < j \le n$; $k_i - k_j = 1$ für $1 \le i \le m$, $m+1 \le j \le n$. Es folgt

$$d = \left(\frac{1}{m} + 1 \right) \left(\frac{1}{m+1} + 1 \right) \ldots \left(\frac{1}{n-1} + 1 \right)$$

$$\cdot \left(\frac{1}{m-1} + 1 \right) \ldots \left(\frac{1}{n-2} + 1 \right) \ldots \ldots \left(\frac{1}{1} + 1 \right) \ldots \left(\frac{1}{n-m} + 1 \right)$$

$$= \frac{n!}{k!(n-k)!} = \frac{1}{k!}(n-k+1) \ldots n = \binom{n}{k}.$$

6) $R:$ ⊞ , also $k = 3$, $k_1 = 2$, $k_2 = 1$, $k_3 = \ldots = k_n = 0$, $n \ge 3$.

$$d = \left(\frac{1}{1} + 1 \right) \left(\frac{2}{2} + 1 \right) \left(\frac{2}{3} + 1 \right) \ldots \left(\frac{2}{n-1} + 1 \right)$$

$$\cdot \left(\frac{1}{1} + 1 \right) \left(\frac{1}{2} + 1 \right) \left(\frac{1}{3} + 1 \right) \ldots \left(\frac{1}{n-2} + 1 \right)$$

$$= \frac{2 \cdot 4 \cdot 5 \cdot \ldots (n+1)}{(n-1)!} \cdot \frac{2 \cdot 3 \ldots (n-1)}{(n-2)!} = \frac{1}{3} n(n+1)(n-1) = \frac{1}{3} n(n^2 - 1).$$

Der zu R gehörige Untermodul von $V^{\otimes 3}$ hat nach dem letzten Beispiel in 1. die Vielfachheit 2, und wir haben als einzige weitere irreduzible Untermoduln von

$V^{\otimes 3}$ die zu den Rahmen ⊞⊞⊞, ⊟ gehörigen der Dimension $\frac{1}{6} n(n+1)(n+2)$ bzw. $\frac{1}{6}(n-2)(n-1)n$, jeweils mit der Vielfachheit 1.

4. Darstellungen von $O(n, \mathbb{C})$ und $Sp(n, \mathbb{C})$

Es sei V eine Vektorraum über $\mathbb{C}$, h eine nicht-ausgeartete symmetrische oder schiefsymmetrische Bilinearform auf V und G eine Untergruppe von $\operatorname{Aut}(V, h)$. G und S_k operieren auf $V^{\otimes k}$ für $k \in \mathbb{N}$ wie in 3. bzw. 2. beschrieben.

Mit einem Paar dualer Basen $b_1, \ldots, b_n$ und $b'_1 \ldots, b'_n$ von V (also $h(b_i, b'_j) = \delta_{ij}$) setzen wir

$$J := \sum_{i=1}^{n} b_i \otimes b'_i$$

und definieren

$$g_1 : V^{\otimes k} \to V^{\otimes k} , \quad g_1(v_1 \otimes \ldots \otimes v_k) := h(v_1, v_2) J \otimes v_3 \otimes \ldots \otimes v_k .$$

Man kann h „fortsetzen" zu einer nicht-ausgearteten G-invarianten Bilinearform $h^{\otimes l}$ auf $V^{\otimes l}$ für $l \in \mathbb{N}$ durch

$$h^{\otimes l}(v_1 \otimes \ldots \otimes v_l, w_1 \otimes \ldots \otimes w_l) = h(v_1, w_1) \ldots h(v_l, w_l) .$$

Durch Einsetzen verifiziert man

$$(1) \qquad h^{\otimes 2}(J, v \otimes w) = h(v, w) \quad \text{für alle } v, w \in V .$$

Ferner gilt

$$(2) \qquad \begin{aligned} & h^{\otimes k}(g_1(v_1 \otimes \ldots \otimes v_k), w_1 \otimes w_k) \\ & = h(v_1, v_2) h(w_1, w_2) h(v_3, w_3) \ldots h(v_k, w_k) \end{aligned}$$

für alle $v_i, w_i \in V$. Durch diese Beziehungen sind J und g_1 eindeutig bestimmt. Aus (1) folgt, daß J ein G-invariantes Element ist (also $(fJ = J$ für alle $f \in$ G). Hieraus (und auch aus (2)) erhalten wir

$$(3) \qquad g_1 \in \operatorname{End}_G V^{\otimes k} .$$

Wir kommen nun zur Definition derjenigen G-Moduln, die wir im folgenden studieren wollen. Es sei zunächst

$$V_0^k := \left\{ x \in V^{\otimes k}; g_1(\pi x) = 0 \text{ für alle } \pi \in S_k \right\} .$$

V_0^k ist der von H. Weyl so genannte Raum der „spurlosen Tensoren". Diese Bezeichnung wird verständlich durch das folgende

Beispiel. Es sei $V = \mathbb{C}^n$, h symmetrisch und $e_1, \ldots, e_n$ eine Orthonormalbasis von (V, h). Die Abbildung $\Phi : V^{\otimes 2} \to \operatorname{Mat}(n, \mathbb{K})$, $e_i \otimes e_j \mapsto e_i e_j^t = E_{ij}$ ist ein Vektorraum-Isomorphismus (vgl. §1.6). Es gilt $\Phi(J) = E$, $\Phi \circ g_1 \circ \Phi^{-1}(E_{ij}) = h(e_i, e_j)E$, also $\Phi \circ g_1 \circ \Phi^{-1}(X) = (\operatorname{Spur}X)E$ für alle $X \in \operatorname{Mat}(n, \mathbb{K})$. Wir erhalten also für den Raum V_0^2 der spurlosen Tensoren in $V^{\otimes 2}$

$$\Phi(V_0^2) = \{X \in \operatorname{Mat}(n, \mathbb{K}); \operatorname{Spur}X = 0\} .$$

Aus der Definition von V_0^k folgt unmittelbar, daß es sich um einen S_k-Modul handelt. Weil nach 3. Lemma 4 die Operationen von G und S_k auf $V^{\otimes k}$ vertauschbar sind, gilt $g_1(\pi(fx)) = g_1(f(\pi x)) = f g_1(\pi x)$ für alle $f \in G$ und $\pi \in S_k$. Wir erhalten

(4) V_0^k ist invariant unter G und S_k .

Eine unmittelbare Konsequenz aus (4) ist, daß $A V_0^k$ für jedes $A \in \mathbb{C} S_k$ ein G-Untermodul von V_0^k ist; insbesondere also

(5)   Für jedes Tableau T mit k Feldern ist $I(T) V_0^k$ ein G-Modul .

Wir können nun den folgenden Satz formulieren, dessen Beweis (mit einer Anleihe in der Invariantentheorie) Ziel dieses Abschnittes ist:

Satz 6. Es sei G $= O(n, \mathbb{C})$ oder $Sp(n, \mathbb{C})$; ferner sei T ein Tableau mit k Feldern, dessen erste Spalte eine Länge $\leq [n/2]$ hat. Dann ist der G-Modul $I(T) V_0^k$ irreduzibel.

Wir zerlegen den Beweis in mehrere Schritte, die wir jeweils als Lemma formulieren.

Lemma 9. Es sei T ein Tableau mit k Feldern, für die Länge l_1 der ersten Spalte gelte $l_1 \leq [n/2]$ ($n = \dim V$). Dann gilt $I(T) V_0^k \neq \{0\}$.

Beweis. Wie im Beweis von 2. Lemma 3 bilden wir zunächst mit einer beliebigen Basis $b_1, \ldots, b_n$ von V

$$v_0 = (b_1 \wedge \ldots \wedge b_{l_1}) \otimes (b_1 \wedge \ldots \wedge b_{l_2}) \otimes \ldots \otimes (b_1 \wedge \ldots \wedge b_{l_t}) ,$$

wobei l_i die Spaltenlängen von T sind, also $[n/2] \geq l_1 \geq \ldots \geq l_t \geq 1$. Wir können wie in 3. annehmen, daß T das Normaltableau zum Rahmen $R(T)$ ist und erhalten wie dort $0 \neq v_0 = I(T) v_0$. Es bleibt zu zeigen, daß für eine geeignete Basis v_0 in V_0^k enthalten ist. Dazu wählen wir die Basis $\mathcal{B} = \{b_1, \ldots, b_n\}$ so, daß die Matrix M von h bez. $\mathcal{B}$ die folgende Form hat:

(6) $M = \begin{pmatrix} 0 & E \\ E & 0 \end{pmatrix}, \quad \begin{pmatrix} 0 & E & 0 \\ E & 0 & 0 \\ 0 & 0 & 1 \end{pmatrix}, \quad \begin{pmatrix} 0 & E \\ -E & 0 \end{pmatrix}, \quad E = E_{mm} ,$

je nachdem ob h symmetrisch und $n = 2m$ oder $n = 2m + 1$, oder ob h schiefsymmetrisch ist (mit $n = 2m$). Für diese Basis gilt $h(b_i, b_j) = 0$ für alle $i, j \leq l_s \leq m$, $s = 1, \ldots, t$, also $g_1(\pi x) = 0$ für alle $\pi \in S_k$ und $x \in V^{\otimes k}$, und folglich $v_0 \in V_0^k$, womit Lemma 9 bewiesen hat. $\square$

Wir setzen

$$\mathcal{S} := \{ \varphi \in \operatorname{End}_{S_k} V^{\otimes k}; \; \varphi \circ g_1 = g_1 \circ \varphi \} .$$

Dies ist offenbar eine Teilalgebra von $\operatorname{End}_{S_k} V^{\otimes k}$ mit $\varphi\left(V_0^k\right) \subset V_0^k$ für alle $\varphi \in S$. Wir können also definieren

(7) $$\Phi : S \to \operatorname{End}_{S_k} V_0^k , \qquad \varphi \mapsto \varphi_0 := \varphi|_{V_0^k} .$$

Lemma 10. *Φ ist ein surjektiver Algebren-Homomorphismus.*

Beweis. Es sei $\mathcal{B} = \{b_1, \ldots, b_n\}$ wie im Beweis von Lemma 9. Mit $\langle -,- \rangle$ bezeichnen wir die positiv-definite Hermitesche Form, die bez. $\mathcal{B}$ gegeben ist durch $\langle v, w \rangle = \overline{v}^t w$, und mit $\langle -,- \rangle^{\otimes k}$ die Fortsetzung auf $V^{\otimes k}$ (analog zu $h^{\otimes k}$, s.o.); diese ist ebenfalls positiv-definit. Wir zeigen:

(8) $$\langle g_1(x), y \rangle^{\otimes k} = \langle x, g_1(y) \rangle^{\otimes k} \qquad \text{für alle } x, y \in V^{\otimes k} .$$

Es genügt, dies für zerlegbare Tensoren zu tun, also $x = v_1 \otimes \ldots \otimes v_k$, $y = w_1 \otimes \ldots \otimes w_k$. Die Behauptung erhält dann die Form

$$\overline{h(v_1, v_2)} \langle J, w_1 \otimes w_2 \rangle^{\otimes 2} \langle v_3, w_3 \rangle \ldots \langle v_k, w_k \rangle$$
$$= \overline{\langle J, v_1 \otimes v_2 \rangle^{\otimes 2}} h(w_1, w_2) \langle v_3, w_3 \rangle \ldots \langle v_k, w_k \rangle .$$

Mit b_i, M wie oben und $v, w \in V$ gilt $\langle J, v \otimes w \rangle^{\otimes 2} = \sum \langle b_i, v \rangle \langle M^{-1} b_i, w \rangle = \langle M^{-1} \sum \overline{\langle b_i, v \rangle} b_i, w \rangle = \langle M^{-1} \overline{v}, w \rangle = v^t (M^t)^{-1} w = h(v, w)$, womit (8) bewiesen ist.

Es sei nun

$$W := \left\{ x \in V^{\otimes k}; \ \langle x, y \rangle = 0 \quad \text{für alle } y \in V_0^k \right\} .$$

Da $\langle -,- \rangle^{\otimes k}$ positiv definit ist und wegen (8) gilt

(9) $$V^{\otimes k} = V_0^k \oplus W , \quad \operatorname{Bild}(g_1) \subset W , \quad W \text{ ist } S_k\text{-invariant} ;$$

letzteres nach Definition von $\langle -,- \rangle^{\otimes k}$. – Aus (9) folgt nun leicht die Surjektivität von Φ: Zu $\varphi \in \operatorname{End}_{S_k} V_0^k$ definieren wir $\overline{\varphi} : V^{\otimes k} \to V^{\otimes k}$ durch $\overline{\varphi}(u + w) := \varphi(u)$ für $u \in V_0^k$ und $w \in W$. Offenbar gilt $\Phi(\overline{\varphi}) = \varphi$. Wir zeigen $\overline{\varphi} \in S$: Nach (5) bzw. (9) gilt $\pi V_0^k \subset V_0^k$ und $\pi W \subset W$; es folgt $\overline{\varphi}\pi(u + w) = \overline{\varphi}(\pi u + \pi w) = \varphi(\pi u) = \pi\varphi(u) = \pi\overline{\varphi}(u + w)$. Nach Definition von V_0^k gilt $V_0^k \subset \operatorname{Kern}(g_1)$, nach (9) überdies $\operatorname{Bild}(g_1) \subset W$; es folgt $\overline{\varphi} \circ g_1(u + w) = \varphi(g_1(w)) = 0 = g_1(\varphi(u)) = g_1 \circ \overline{\varphi}(u + w)$. $\square$

Lemma 11. *$\operatorname{End}_G V^{\otimes k}$ wird als Algebra erzeugt von g_1 und den Abbildungen $\overline{\pi} : x \mapsto \pi x \ (x \in V^{\otimes k})$, $\pi \in S_k$.*

Beweis. Wir führen diese Aussage auf einen Satz der Invariantentheorie zurück. Wir erinnern zunächst daran, daß G für jedes $l \in \mathbb{N}$ auf $(V^{\otimes l})^*$ operiert vermöge $(f^{-1}a, \lambda) \mapsto \lambda \circ f^{\otimes l}$. Ein $\lambda \in (V^{\otimes l})^*$ ist (bez. dieser Operation) genau dann eine „G-Invariante", d.h. $\lambda \in (V^{\otimes l})^{*G}$, wenn $\lambda(f(v_1) \otimes \ldots \otimes f(v_l)) =$

$\lambda(v_1 \otimes \ldots \otimes v_l)$ für alle $f \in G$ und $v_i \in V$. – Eine direkte Rechnung zeigt, daß die folgende Abbildung ein G-Modul-Isomorphismus ist:

$$\Psi : \operatorname{End}_{\mathbb{C}} V^{\otimes k} \longrightarrow (V^{\otimes 2k})^*$$

$$\Psi(\varphi)(x \otimes y) := h^{\otimes k}(\varphi(x), y) ,$$

$\varphi \in \operatorname{End}_{\mathbb{C}} V^{\otimes k}$, $x, y \in V^{\otimes k}$. Durch Restriktion erhalten wir

(10)
$$\operatorname{End}_G V^{\otimes k} \cong (V^{\otimes 2k})^{*G} .$$

Der 1. *Fundamentalsatz der klassischen Invariantentheorie* besagt, daß $(V^{\otimes 2k})^{*G}$ aufgespannt wird von den „Elementarinvarianten"

$$\lambda_\pi : v_1 \otimes \ldots \otimes v_{2k} \mapsto h(v_{\pi(1)}, v_{\pi(2)}) \ldots h(v_{\pi(2k-1)}, v_{\pi(2k)}) ,$$

$\pi \in S_{2k}$, $v_i \in V$. (Klassische Beweise findet man in [Brauer], [Weyl], einen „modernen" Beweis in [Attiah].) Für unsere Zwecke müssen wir die vorstehende Aussage formulieren mit S_k anstelle von S_{2k}; man erhält dann das folgende (lineare) Erzeugendensystem von $(V^{\otimes 2k})^{*G}$ (vgl. [Brauer]):

$$\lambda_r : v_1 \otimes \ldots \otimes v_k \otimes w_1 \otimes \ldots \otimes w_k \mapsto h(v_1, v_2) \ldots h(v_{2r-1}, v_{2r})$$
$$\cdot h(w_1, w_2) \ldots h(w_{2r-1}, w_{2r}) h(v_{2r+1}, w_{2r+1}) \ldots h(v_k, w_k) ,$$

$$\lambda_r^{\pi, \sigma} : v_1 \otimes \ldots \otimes w_k \mapsto \lambda_r(v_{\pi(1)} \otimes \ldots \otimes v_{\pi(k)} \otimes w_{\sigma(1)} \otimes \ldots \otimes w_{\sigma(k)}) ,$$

$r = 1, \ldots, \left[\frac{k}{2}\right]$, $\pi, \sigma \in S_k$. – Wir bestimmen die Bilder der $\lambda_r^{\pi,\sigma}$ unter Ψ^{-1}. Dazu setzen wir zunächst $g_0 := \operatorname{id}_V^{\otimes k}$ und für $i = 1, 2, \ldots, \left[\frac{k}{2}\right]$

$$g_i := h(v_{2i-1}, v_{2i}) v_i \otimes \ldots \otimes v_{2i-2} \otimes J \otimes v_{2i+1} \otimes \ldots \otimes v_k$$

(für $i = 1$ stimmt das mit der früheren Definition von g_1 überein). Eine direkte Rechnung ergibt

(11)
$$g_i = \bar{\tau} \circ g_1 \circ \bar{\tau} \in \operatorname{End}_G V^{\otimes k} , \qquad \tau = \langle 1, 2i-1 \rangle \circ \langle 2, 2i \rangle ,$$

und man überzeugt sich davon, daß

(12)
$$\Psi(\bar{\pi} \circ g_1 \circ \ldots \circ g_r \circ \bar{\sigma}^{-1}) = \lambda_r^{\pi,\sigma} , \qquad r = 1, \ldots, \left[\frac{k}{2}\right] , \quad \pi, \sigma \in S_k .$$

Insgesamt haben wir damit mehr gezeigt, als im Lemma behauptet, nämlich daß $\operatorname{End}_G V^{\otimes k}$ aufgespannt wird von der Menge

$$\left\{ \bar{\pi} \circ g_1 \circ \ldots \circ g_r \circ \bar{\sigma}; \ r = 1, \ldots, \left[\frac{k}{2}\right] , \ \pi, \sigma \in S_k \right\} . \qquad \square$$

Lemma 12.

$$\operatorname{BW}_G(V^{\otimes k}) = \mathcal{S} = \left\{ \varphi \in \operatorname{End}_{S_k} V^{\otimes k}; \ \varphi \circ g_1 = g_1 \circ \varphi \right\} .$$

Beweis. Mit Hilfe von (11) und 3. Lemma 4 bestätigt man, daß der Zentralisator $C(\mathrm{End}_G V^{\otimes k})$ von $\mathrm{End}_G V^{\otimes k}$ in $\mathrm{End}_{\mathbb{C}} V^{\otimes k}$ mit $\mathcal{S}$ übereinstimmt. Wir zeigen, daß $\mathrm{BW}_G(V^{\otimes k})$ eine halbeinfache Algebra ist (vgl. § 1.8). Dafür benutzen wir im Vorgriff auf IV, § 1.4, daß die Darstellungen der Gruppe $G(= O(n, \mathbb{C}))$ oder $\mathrm{Sp}(n, \mathbb{C}))$ vollständig reduzibel sind. Ist nun ρ eine Darstellung von $\mathrm{BW}_G(V^{\otimes k})$, so ist $f \mapsto \rho(f^{\otimes k})$ eine Darstellung von G, also vollständig reduzibel; nach 3. Lemma 5 ist damit auch ρ vollständig reduzibel. Folglich ist $\mathrm{BW}_G(V^{\otimes k})$ halbeinfach. Nach dem Schurschen Kommutatorlemma (§ 1.8 Satz 24) gilt also $C(C(\mathrm{BW}_G(V^{\otimes k}))) = \mathrm{BW}_G(V^{\otimes k})$. Man verifiziert mühelos, daß $C(\mathrm{BW}_G(V^{\otimes k})) = \mathrm{End}_G V^{\otimes k}$, also $\mathrm{BW}_G(V^{\otimes k}) = C(\mathrm{End}_G V^{\otimes k}) = \mathcal{S}$. $\qquad\square$

Wir vervollständigen jetzt den Beweis von Satz 6 wie folgt: Da $I(T)V_0^k$ mit T wie im Satz nach Lemma 9 von $\{0\}$ verschieden ist, handelt es sich nach § 1.8 Satz 26 (mit $A = \mathbb{C}S_k$ und $V = V_0^k$) in Verbindung mit 1. Satz 1 um einen irreduziblen End_{S_k}-Modul, nach Lemma 10 und Lemma 12 also um einen irreduziblen $\mathrm{BW}_G(V^{\otimes k})$-Modul. Mit 3. Lemma 5 folgt hieraus, daß $I(T)V_0^k$ als G-Modul irreduzibel ist. $\qquad\square$

Bemerkung. Mit v_0 und T wie im Beweis von Lemma 9 gilt

$$I(T)V_0^k = Gv_0 = \langle fv_0;\ f \in G \rangle$$

für $G = O(n, \mathbb{C})$ und $G = \mathrm{Sp}(n, \mathbb{C})$; denn Gv_0 ist ein nicht-trivialer invarianter Teilraum des irreduziblen G-Moduls $I(T)V_0^k$.

Beispiel. Für $G = O(n, \mathbb{C})$ haben wir nur die Tableaux $T: \boxed{1}\ \boxed{2}\ \boxed{\cdots}\ \boxed{k}$ zu berücksichtigen. Wir erhalten also die „Serie"

$$W_k := \bigvee\nolimits^k V_0^k\ , \qquad k = 1, 2, \dots\ .$$

Es gilt, wenn $b_1^t b_1 = 0$, $b_1 \in \mathbb{C}^2$, $b_1 \neq 0$,

$$v_0 = b_1 \otimes \dots \otimes b_1 = b_1 \vee \dots \vee b_1 \quad (k\text{-mal})\ .$$

Gehen wir zur kanonischen Basis über, erhalten wir

$$v_0 = (e_1 + ie_2) \vee \dots \vee (e_1 + ie_2)\ .$$

Unter $\mathrm{SO}(2, \mathbb{C})$ wird $\mathbb{C}v_0$ in sich abgebildet, ebenso $\mathbb{C}v_0^-$, wobei

$$v_0^- = b_2 \vee \dots \vee b_2 = (e_1 - ie_2) \vee \dots \vee (e_1 - ie_2)\ .$$

Dagegen wird $\mathbb{C}v_0$ unter der Operation von $O(2, \mathbb{C})$ in $\mathbb{C}v_0^-$ abgebildet und umgekehrt. Wegen der Irreduzibilität von W_k als $O(2, \mathbb{C})$-Modul folgt hieraus $\dim W_k = 2$. (Vgl. hierzu 5. Satz 9.)

5. Darstellungen von SO(n, ℂ)

Wir beantworten in diesem Abschnitt die Frage, welche der in Satz 6 angegebenen irreduziblen $O(n, \mathbb{C})$-Moduln als $SO(n, \mathbb{C})$-Moduln noch irreduzibel sind; im Fall der Reduzibilität geben wir eine Zerlegung in irreduzible Untermoduln an.

Am einfachsten ist der Fall $G = SO(2m + 1, \mathbb{C})$ zu erledigen; es gilt

Satz 7. *Jeder irreduzible $O(2m+1, \mathbb{C})$-Untermodul von $V^{\otimes k}$ ist irreduzibel unter $SO(2m + 1, \mathbb{C})$.*

Beweis. Für $f \in O(2m + 1, \mathbb{C})$ gilt entweder $f \in SO(2m + 1, \mathbb{C})$ oder $-f \in SO(2m + 1, \mathbb{C})$. Aus $(-f)(x) = (-1)^k f(x)$ für alle $x \in V^{\otimes k}$ folgt offenbar, daß jeder $SO(2m + 1, \mathbb{C})$-invariante Teilraum von $V^{\otimes k}$ auch unter $O(2m + 1, \mathbb{C})$ invariant ist, also die Behauptung.   □

Es sei jetzt $G = SO(2m, \mathbb{C})$. Mit den Bezeichnungen von Satz 6 gilt

Satz 8. *Ist die Länge der ersten Spalte von T kleiner als m, so ist $I(T)V_0^k$ irreduzibel unter $SO(2m, \mathbb{C})$.*

Beweis. Nach (12) gilt $I(T)V_0^k = \langle fv_0 ; f \in O(2m, \mathbb{C})\rangle = W$. Wir definieren $g \in O(2m, \mathbb{C}) \setminus SO(2m, \mathbb{C})$ durch

$$g(b_i) = b_i \quad \text{für } 1 \le i \le 2m - 1 , \quad g(b_{2m}) = -b_{2m} .$$

Es gilt dann $O(2m, \mathbb{C}) = SO(2m, \mathbb{C}) \cup g \cdot SO(2m, \mathbb{C})$ und $g(v_0) = v_0$ (hier geht $l_1 < m$ ein!), also $I(T)V_0^k = \langle fv_0 ; f \in SO(2m, \mathbb{C})\rangle \cup \langle fgv_0 ; f \in SO(2m, \mathbb{C})\rangle$, mithin

$$(13) \qquad I(T)V_0^k = \langle fv_0 ; f \in SO(2m, \mathbb{C})\rangle \qquad \text{für } l_1 < m ;$$

hieraus folgt die Behauptung.   □

Es bleibt der Fall $G = SO(2m, \mathbb{C})$, $l_1 = m$ zu behandeln. Wir bezeichnen jetzt den primitiven Vektor v_0 mit v_0^+, also

$$v_0^+ = (b_1 \wedge \ldots \wedge b_m) \otimes (b_1 \wedge \ldots \wedge b_{l_2}) \otimes \ldots \otimes (b_1 \wedge \ldots \wedge b_{l_t})$$

und definieren v_0^- dadurch, daß wir in v_0 sämtliche Indizes l_s, die gleich m sind, durch $2m$ ersetzen. Es gilt $v_0^- \in I(T)V_0^k \setminus \{0\}$.

Satz 9. *Es sei T ein Tableau, dessen erste Spalte die Länge m hat. Dann zerfällt der $SO(2m, \mathbb{C})$-Modul $W = I(T)V_0^k$ in zwei irreduzible $SO(2m, \mathbb{C})$-Untermoduln: $W = W^+ \oplus W^-$; es gilt $\dim W^+ = \dim W^-$.*

Beweis. Wir konstruieren einen involutorischen Vektorraum-Isomorphismus von W auf sich wie folgt: Die (symmetrische) Bilinearform $h : (v, w) \mapsto v^t w$ auf $V = \mathbb{C}^n$ induziert eine nicht-ausgeartete Bilinearform $h^{\wedge m}$ auf $\bigwedge^m$, nämlich

$$h^{\wedge m}(v_1 \wedge \ldots \wedge v_m, \, w_1 \wedge \ldots \wedge w_m) := \det(h(v_i, w_j)) \, .$$

Wir definieren

$$\alpha : \bigwedge^m V \times \bigwedge^m V \to \mathbb{C} \quad \text{durch} \quad \alpha(x,y)e = x \wedge y \, ,$$

wobei $e := e_1 \wedge \ldots \wedge e_n$, und $e_1, \ldots, e_n$ die kanonische Basis von V ist (beachte: $n = 2m = \dim V$, also $\bigwedge^n V = \mathbb{C}e$). Es sei

$$(14) \qquad \tau : \bigwedge^m V \to \bigwedge^m V \quad \text{definiert durch} \quad h^{\wedge m}(\tau(x), y) = \alpha(x, y)$$

für $x, y \in \bigwedge^m V$. Aus der Definition von α folgt $\alpha(Ax, Ay) = (\det A) \cdot \alpha(x, y)$ für $A \in G := \mathrm{SO}(2m, \mathbb{C})$, $x, y \in \bigwedge^m V$ und hieraus

$$(15) \qquad \tau(Ax) = (\det A) \cdot A\tau(x) \qquad (A \in \mathrm{Mat}(n, \mathbb{C}), \, x, y \in \bigwedge^m V)$$

Durch Einsetzen in (14) erhält man

$$(16) \qquad \tau(e_{\pi(1)} \wedge \ldots \wedge e_{\pi(m)}) = \epsilon_\pi e_{\pi(m+1)} \wedge \ldots \wedge e_{\pi(2m)} \qquad \text{für} \quad \pi \in S_{2m} \, ,$$

und hieraus

$$\tau^2 = (-1)^{m^2} \mathrm{id} = (-1)^m \mathrm{id} \, .$$

Ist m gerade, so ist τ involutorisch, d.h. $\tau^2 = \mathrm{id}$; allgemein gilt für

$$\overline{\tau} := (-i)^m \tau : \bigwedge^m V \to \bigwedge^m V$$

$$(17) \qquad\qquad\qquad\qquad \overline{\tau}^2 = \mathrm{id} \, .$$

Wir setzen nun $\overline{\tau}$ fort auf $X := \bigwedge^m V \otimes \bigwedge^{l_2} V \otimes \ldots \otimes \bigwedge^{l_t} V$ durch

$$\varphi : X \to X \, , \qquad x_1 \otimes \ldots \otimes x_t \mapsto \overline{\tau}(x_1) \otimes x_2 \otimes \ldots \otimes x_t \, .$$

Für $W = I(T)V_0^k$ gilt $W \subset A(T)(S(T)V^{\otimes k}) \subset A(T)(V^{\otimes k}) \subset X$; wir zeigen

$$\varphi(W) = W \, .$$

Sei dazu $W' := \{x \in W; \; \varphi(x) \in W\}$. Aus (15) folgt $\varphi(Ax) = (\det A)A\varphi(x)$ für alle $A \in O(2m, \mathbb{C})$ und somit ist W' ein $O(2m, \mathbb{C})$-invarianter Teilraum von W, also $W' = \{0\}$ oder $W' = W$. Im letzten Fall ist unsere Behauptung bewiesen. Es gilt in der Tat $W' \neq \{0\}$, wie die folgende Aussage zeigt, die wir weiter unten noch benötigen:

$$(18) \qquad\qquad\qquad \varphi(v_0^+) = v_0^+ \, , \qquad \varphi(v_0^-) = -v_0^- \, .$$

Zum Beweis sei $T \in \mathrm{Mat}(n, \mathbb{C})$ definiert durch $Te_i = b_i$ $(1 \le i \le n)$, b_i wie in 4. (6), also $T = (b_1, \ldots, b_n)$. Es gilt $\det T = (2i)^m$ und

$$b := b_1 \wedge \ldots \wedge b_n = (\det T)e \, .$$

Mit dieser Beziehung und der Definition der b_i folgt (18) durch Einsetzen von b in die Definition von α.

Es seien nun W^+, W^- die Eigenräume von $\varphi|_W$ zum Eigenwert 1 bzw. -1. Es folgt $W = W^+ \oplus W^-$, $v_0^+ \in W^+$, $v_+^- \in W^-$. Aus (15) folgt weiter, daß W^ϵ invariant unter $SO(2m, \mathbb{C})$ ist und $FW^\epsilon \subset W^{-\epsilon}$ für alle $F \in O(2m, \mathbb{C}) \setminus SO(2m, \mathbb{C})$, $\epsilon = \pm$.

W^ϵ ist irreduzibel: Ist $\{0\} \neq Y \subset W^\epsilon$ ein $SO(2m, \mathbb{C})$-Untermodul, so ist $\tilde{Y} := Y + FY$ ein $O(2m, \mathbb{C})$-invarianter Untermodul $\neq \{0\}$ von W, also $\tilde{Y} = W$ und folglich $Y = W^\epsilon$.

Aus der Irreduzibilität folgt mit (18) die Behauptung $W^\epsilon = \langle fv_0^\epsilon; f \in SO(2m, \mathbb{C})\rangle$. Man erkennt außerdem, daß $x \mapsto Fx (x \in W)$ für jedes $F \in O(2m, \mathbb{C}) \setminus SO(2m, \mathbb{C})$ ein Vektorraum-Isomorphismus ist.   □

Bemerkung. W^+ und W^- sind (als $SO(2m, \mathbb{C})$-Moduln) nicht isomorph; wir werden das ohne weiteres im nächsten Kapitel einsehen (IV, § 3.2 Satz 7(c)).

6. Darstellungen der reellen klassischen Gruppen

Wir betrachten in diesem Abschnitt die „Restriktionen" der in 3 bis 5 konstruierten Darstellungen der zusammenhängenden komplexen klassischen Gruppen, also $GL(n, \mathbb{C})$, $SL(n, \mathbb{C})$, $SO(n, \mathbb{C})$ und $Sp(n, \mathbb{C})$, auf ihre „reellen Formen". Den Begriff der reellen Form werden wir erst in IV, § 1.3 im Zusammenhang mit der Komplexifizierung reeller Lie-Algebren behandeln und uns hier auf eine bloße Aufzählung beschränken; ebenso werden wir den folgenden Satz hier nicht beweisen, da man ihn am einfachsten mit Hilfe von Lie-Algebren erhält.

Es folgt die Liste der reellen Formen der zusammenhängenden komplexen klassischen Gruppen.

G	Reelle Formen von G
$GL(n, \mathbb{C})$	$GL^+(n, \mathbb{R})$ $GL\left(\frac{n}{2}, \mathbb{H}\right)$ falls n gerade $U(p, q)$, $p + q = n$
$SL(n, \mathbb{C})$	$SL(n, \mathbb{R})$ $SL\left(\frac{n}{2}, \mathbb{H}\right)$ falls n gerade $SU(p, q)$, $p + q = n$
$SO(n, \mathbb{C})$	$SO^+(p, q)$, $p + q = n$ $SU_\alpha\left(\frac{n}{2}, \mathbb{H}\right)$ falls n gerade
$Sp(2n, \mathbb{C})$	$Sp(2n, \mathbb{R})$ $U(p, q; \mathbb{H})$, $p + q = n$ $(\cong Sp(2n)$ für $q = 0)$

Die aufgeführten Gruppen von quaternionalen Matrizen betrachten wir als Untergruppen der entsprechenden komplexen Gruppen, eingebettet mittels $l_{n/2}$ (vgl. I, § 2.10, § 4.16 und § 5.8). Es sei

$$O(p,q) \to O(n,\mathbb{C}) , \quad A \mapsto F_{p,q}AF_{p,q}^{-1} \quad \text{mit } F_{p,q} = \left[\underbrace{1,\dots,1}_{p}, \underbrace{i,\dots,i}_{q} \right] .$$

Man verifiziert mühelos, daß diese Abbildung ein injektiver Gruppenhomomorphismus ist, der überdies $SO(p,q)$ in $SO(n,\mathbb{C})$ abbildet; z.B. geht $\begin{pmatrix} a & b \\ b & a \end{pmatrix} \in SO(1,1)$, also $a^2 - b^2 = 1$, über in $\begin{pmatrix} a & ib \\ -ib & a \end{pmatrix} \in SO(2,\mathbb{C})$. Identifizieren wir $SO^+(p,q)$ mit ihrem Bild in $SO(n,\mathbb{C})$, so erhalten wir insgesamt alle reellen Formen als Untergruppen der entsprechenden komplexen Gruppen. Damit können wir insbesondere jede Darstellung der genannten komplexen Gruppen auf ihre reellen Formen einschränken.

Satz 10. *Es sei G eine komplexe Gruppe der vorstehenden Liste und ρ eine irreduzible Darstellung von G. Dann ist die Restriktion von ρ auf die reellen Formen von G ebenfalls irreduzibel.*

Beweis. Siehe IV, § 1.3 Satz 6 und die darauf folgende Bemerkung.   □

Bemerkungen. 1) Da nach dem Satz die Restriktion einer irreduziblen Darstellung von $GL(n,\mathbb{C})$ auf $GL^+(n,\mathbb{R})$ irreduzibel ist, ist die Restriktion auf $GL(n,\mathbb{R})$ natürlich ebenfalls irreduzibel. Ebenso ist die Restriktion einer irreduziblen Darstellung von $SO(n,\mathbb{C})$ auf $SO(p,q)$ irreduzibel.

2) Bei der obigen Aufzählung haben wir den Begriff der reellen Form enger gefaßt als üblich (im Hinblick auf den Beweis von Satz 10 mit Hilfe von Lie-Algebren); für eine allgemeinere Definition vgl. man [Bröcker, tom Dieck], III.8 und [Tits 1], IV, § 6.1.2. Insbesondere sind danach $O(p,q)$, $p + q = n$, und $U_\alpha \left(\frac{n}{2}, \mathbb{H}\right)$ für gerades n reelle Formen von $O(n,\mathbb{C})$. Satz 10 gilt auch für diese Gruppen.

Aufgaben

1. Man bestimme Matrix-Darstellungen der zu $\mathbb{C}S_3I(T)$ gehörigen (irreduziblen) S_3-Moduln für $T = \boxed{\begin{array}{ccc} 1 & 2 & 3 \end{array}}$, $\begin{array}{c} \boxed{1} \\ \boxed{2} \\ \boxed{3} \end{array}$, $\begin{array}{cc} \boxed{1} & \boxed{2} \\ \boxed{3} & \end{array}$, $\begin{array}{cc} \boxed{1} & \boxed{3} \\ \boxed{2} & \end{array}$.

2. Für ein Young-Tableau T mit k Feldern und zwei Spalten berechne man $\dim \mathbb{C}S_k I(T)$ auf zwei Arten, ferner $\dim I(T)V^{\otimes k}$. Welches ist die Vielfachheit des $GL(V)$-Moduls $I(T)V^{\otimes k}$ in $V^{\otimes k}$?

3. Man zeige: $\dim \bigwedge^k V = \binom{n}{k}$, $n := \dim V$ (vgl. 2. Beispiel 1).

4. Es sei $G = GL(n, \mathbb{C})$ oder $SL(n, \mathbb{C})$, V ein irreduzibler G-Modul und $\overline{V}$ der konjugiert-komplexe Modul von V. Man zeige, daß $\overline{V}$ zu keinem der in Abschnitt 3 konstruierten G-Moduln isomorph ist.

5. Es sei ρ eine ganzrationale irreduzible Darstellung von $GL(n, \mathbb{C})$ (vgl. Abschnitt 3). Man zeige, daß die Einschränkung von ρ auf $GL(n, \mathbb{R})$ ebenfalls irreduzibel ist unter Benutzung der Tatsache, daß ein Polynom mit komplexen Koeffizienten, das für alle reellen Zahlen verschwindet, das Nullpolynom ist.

6. Man beweise, daß jede irreduzible Darstellung von $SL(n, \mathbb{C})$ Einschränkung einer irreduziblen Darstellung von $GL(n, \mathbb{C})$ ist (vgl. den Beweis von 3. Satz 5).

7. Es sei T ein Tableau mit k Feldern, dessen erste l Spalten die Länge n haben, T' ein Tableau, dessen Rahmen aus dem Rahmen von T durch Weglassen der ersten l Spalten entsteht. Man zeige, daß die zu $I(T)V^{\otimes k}$ (dim $V = n$) gehörige Darstellung ρ von $GL(V)$ äquivalent ist zur Darstellung $A \mapsto (\det A)^l \rho'(A)$ von $GL(V)$, wobei ρ' die zu $I(T')V^{\otimes(k-nl)}$ gehörige Darstellung von $GL(V)$ ist.

8. Man zeige, daß $\mathrm{Mat}(n, \mathbb{C})$ ein $GL(n, \mathbb{C})$-Modul ist bez. $(A, X) \mapsto AXA^t$ ($A \in GL(n, \mathbb{C})$, $X \in \mathrm{Mat}(n, \mathbb{C})$), und daß die Teilräume $S(n, \mathbb{C})$ und $A(n, \mathbb{C})$ der symmetrischen bzw. schiefsymmetrischen Matrizen invariant sind. Man zerlege beide Räume in irreduzible Teilräume bez. $O(n, \mathbb{C})$, $SO(n, \mathbb{C})$, $O(n)$, $SO(n)$ und für $n = 2m$ bez. $Sp(m, \mathbb{C})$, $Sp(m, \mathbb{R})$ und $Sp(m)$.

9. Für jeden der irreduziblen Moduln in Aufgabe 8 gebe man an, um welchen der in 3. bis 5. konstruierten Moduln es sich handelt.

10. Man zeige, daß alle nichttrivialen irreduziblen Darstellungen der Gruppe $O(2)$ die Dimension 2 haben.

11. Es sei ρ_k die in 3. Beispiel 2 definierte Darstellung von $SU(2)$ (vgl. auch 5.). Man berechne die Bilder der Matrizen $\begin{pmatrix} i & 0 \\ 0 & -i \end{pmatrix}$, $\begin{pmatrix} 0 & 1 \\ -1 & 0 \end{pmatrix}$ und $\begin{pmatrix} 0 & i \\ i & 0 \end{pmatrix}$ bez. der dort angegebenen Basis.

12. Analog zu Aufgabe 10 berechne man die Bildmatrizen „typischer" Elemente der in 3. Beispiel 3 definierten Darstellungen der Lorentzgruppe $SO^+(3, 1)$ und der Gruppe $SO(3)$ mit Hilfe des Homomorphismus $\rho : SL(2, \mathbb{C}) \to SO^+(3, 1)$, I, § 4.14.

13. Für jeden der mittels ρ (s. Aufgabe 12 und Abschnitt 4) definierten $SO(3)$-Moduln gebe man an, um welchen der in Abschnitt 5 konstruierten $SO(3)$-Moduln es sich handelt.

Kapitel IV. Halbeinfache komplexe Lie-Algebren

Die Klassifizierung der Darstellungen der in der Überschrift gennannten Lie-Algebren ist ein besonders eindrucksvolles Beispiel der Nützlichkeit und Effektivität der „infinitesimalen" Methode in der Gruppentheorie. Wir beginnen dieses Kapitel mit einer ausführlichen Erläuterung des „Abstiegs" von der Darstellungstheorie linearer Gruppen zu der ihrer Lie-Algebren und deren Komplexifizierungen; m.a.W. der Injektivität der Abbildung $D(G, V) \to D((\mathcal{L}G)_{\mathbb{C}}, V)$, $\rho \mapsto \mathcal{L}\rho$ von der Menge der Darstellungen der Gruppe G auf V in die Menge der Darstellungen der komplexen Lie-Algebra $(\mathcal{L}G)_{\mathbb{C}}$ auf V. Die Bijektivität dieser Abbildung im Fall, daß G einfach zusammenhängend ist, ist eine der Grundlagen für den Weylschen Unitär-Trick, mit dem die vollständige Reduzibilität der halbeinfachen Lie-Algebren und ihrer Gruppen bewiesen wird (§ 1.4).

Für die Zerlegung eines $\mathcal{L}$-Moduls in Gewichtsräume, die wir in § 3 behandeln, wird zunächst die Wurzelraumzerlegung von $\mathcal{L}$ durchgeführt, und zwar für beliebige halbeinfache komplexe Lie-Algebren (§ 2.2), sodann in tabellarischer Form für die klassischen komplexen Lie-Algebren. Halbeinfachheit wird durch die Forderung definiert, daß die Killing-Form nicht-ausgeartet ist; hierdurch ersparen wir uns allgemeine Struktursätze über auflösbare Lie-Algebren. Auch werden keine nilpotenten Lie-Algebren behandelt; die Existenz von Cartanschen Teilalgebren wird für die klassischen Lie-Algebren durch Angabe je eines Standardmodells gezeigt (§ 2.3). Durch die Klassifizierung der irreduziblen Darstellungen durch ihre höchsten Gewichte (§ 3.1) und den Beweis der Aussage, daß – im Gegensatz zu den orthogonalen Lie-Algebren – die Ableitungen von Darstellungen der klassischen Gruppen keine halbzahligen Gewichte besitzen (§ 3.2), erhalten wir den Satz, daß die in III, § 2 angegebenen irreduziblen Darstellungen der klassischen Gruppen (genauer: derjenigen, deren Ableitung $\mathbb{C}$-linear ist) vollständige Vertretersysteme bilden, und daß die dort konstruierten Modelle gleichzeitig Modelle für die Darstellungen der klassischen Lie-Algebren sind. Auf die zu halbzahligen Gewichten gehörigen Darstellungen von $so(n, \mathbb{C})$, den sogenannten Spin-Darstellungen, gehen wir nicht ein.

§ 1 Von der Darstellungstheorie linearer Gruppen zur Darstellungstheorie von Lie-Algebren

1. Die Ableitung $\mathcal{L}\rho$ der Darstellung einer linearen Gruppe

Wie bisher betrachten wir nur Darstellungen in endlich-dimensionalen komplexen Vektorräumen. An die Stelle von abstrakten Gruppen treten jetzt, wie in Kapitel II, lineare Gruppen (vornehmlich die klassischen Gruppen), also solche, die isomorph zu einer abgeschlossenen Untergruppe von $GL(n, \mathbb{K})$ sind, $\mathbb{K} = \mathbb{R}, \mathbb{C}$ oder $\mathbb{H}$.

Definition. Eine *Darstellung einer linearen Gruppe G* ist ein Homomorphismus

$$\rho : G \to GL(V)$$

linearer Gruppen.

Danach ist ρ eine Darstellung von G im Sinne von III, § 1.1, also

$$\rho(ab) = \rho(a) \circ \rho(b) \quad (a, b \in G) \,,$$

und es wird außerdem angenommen, daß für jedes $X \in \mathcal{L}G$ die Abbildung

$$\mathbb{R} \to GL(V) \,, \quad t \mapsto \rho \circ \exp_G(tX)$$

stetig differenzierbar ist. ρ ist dann selbst stetig (II, § 3.1, Folgerung zu Satz 1).

Zu einer Darstellung $\rho : G \to GL(V)$ der linearen Gruppe G erhalten wir einen Lie-Algebren-Homomorphismus

$$\mathcal{L}\rho : \mathcal{L}G \to gl(V) \,,$$

also eine $\mathbb{R}$-lineare Abbildung mit der Eigenschaft

$$\mathcal{L}\rho([X, Y]) = [\mathcal{L}\rho(X), \mathcal{L}\rho(Y)] \quad (X, Y \in \mathcal{L}G) \,.$$

Definition. Eine *Darstellung der Lie-Algebra $\mathcal{L}$* über $\mathbb{R}$ ist ein Homomorphismus

$$\rho : \mathcal{L} \to gl(V)$$

der reellen Lie-Algebren.

Begriffe wie Äquivalenz, invarianter Teilraum, Irreduzibilität, vollständige Reduzibilität etc. übertragen sich in offensichtlicher Weise von Gruppen auf Lie-Algebren; das Lemma von Schur (III, § 1.5) gilt unverändert für Lie-Algebren anstelle von Gruppen. Häufig machen wir wie bei Gruppen (und assoziativen Algebren) von der Modul-Sprechweise Gebrauch.

Wir übertragen einige der elementaren Konstruktionen von Darstellungen, die wir in III, § 1 für Gruppen eingeführt haben, auf Lie-Algebren. Wir setzen:

$$\rho^* : \mathcal{L} \to gl(V^*) \,, \quad \rho^*(X)(\lambda) := -\lambda \circ \rho(X) \,;$$

$$\rho \oplus \rho' : \mathcal{L} \to gl(V \oplus V') , \quad (\rho \oplus \rho')(X)(v \oplus v') := \rho(X)v \oplus \rho'(X)v' ;$$

$$\rho \otimes \rho' : \mathcal{L} \to gl(V \otimes V') , \quad (\rho \otimes \rho')(X)(v \otimes v') := (\rho(X)v) \otimes v' + v \otimes (\rho'(X)v') .$$

Direkte Summen und Tensorprodukte können in offensichtlicher Weise auf beliebig (aber endlich) viele Darstellungen verallgemeinert werden. Man verifiziert mühelos, daß es sich jeweils um Darstellungen handelt. Die Definitionen sind motiviert durch die folgenden

Rechenregeln. Für Darstellungen $\rho : G \to GL(V)$ und $\rho' : G \to GL(V')$ gilt

$$\text{(a)} \quad \mathcal{L}\rho^* = (\mathcal{L}\rho)^* , \qquad \text{(b)} \quad \mathcal{L}(\rho \oplus \rho') = \mathcal{L}\rho \oplus \mathcal{L}\rho' ,$$

$$\text{(c)} \quad \mathcal{L}(\rho \otimes \rho') = \mathcal{L}\rho \otimes \mathcal{L}\rho' .$$

Wir beweisen (a) und (c): Für alle $s \in \mathbb{R}$ gibt $\rho^* \circ \exp(sX)(\lambda) = \lambda \circ \rho \circ \exp(-sX) = \lambda \circ \exp(s(-\mathcal{L}\rho(X))) = \exp(s(-\lambda \circ \mathcal{L}\rho(X)))$, $\rho^* \circ \exp(sX)(\lambda) = \exp \circ \mathcal{L}\rho(sX)(\lambda) = \exp(s\mathcal{L}\rho(X)(\lambda))$. Wählt man s genügend klein, so folgt die Behauptung (a). Zu (c) $\mathcal{L}(\rho \otimes \rho')$ ist eindeutig bestimmt durch $(\rho \otimes \rho') \circ \exp(sX) = \exp(s\mathcal{L}(\rho \otimes \rho')(X))$. Da das Tensorprodukt bilinear ist, erhalten wir als Ableitung von $s \mapsto (\rho \otimes \rho') \circ \exp(sX) = \rho \circ \exp(sX) \otimes \rho' \circ \exp(sX)$ an der Stelle 0 den Wert $\frac{d}{ds}\rho \circ \exp(sX)|_{s=0} \otimes \rho'(e) + \rho(e) \otimes \frac{d}{ds}\rho' \circ \exp(sX)|_{s=0} = \mathcal{L}\rho \otimes \mathrm{id} + \mathrm{id} \otimes \mathcal{L}\rho'$; hieraus folgt die Behauptung. $\qquad \square$

Beispiel. Die in III, § 2 konstruierten Darstellungen der klassischen Gruppen sind sämtlich Darstellungen linearer Gruppen in oben definiertem Sinn, weil sie ganz-rational sind (vgl. III, § 2.3, Bemerkung 3). Wir bestimmen $\mathcal{L}\rho_k$ für die in III, § 2.3 Beispiel 2 definierten Darstellungen ρ_k von $SL(2, \mathbb{C})$:

Für $H := \begin{pmatrix} 1 & 0 \\ 0 & -1 \end{pmatrix}$ gilt $\exp tH = \begin{pmatrix} e^t & 0 \\ 0 & e^{-t} \end{pmatrix}$, also

$$(\mathcal{L}\rho_k)(H) = \frac{d}{dt}\rho_k \circ \exp tH|_{t=0} = [k, k-2, \ldots, -k] .$$

Für $X := \begin{pmatrix} 0 & 1 \\ 0 & 0 \end{pmatrix}$ ist $\exp tX = \begin{pmatrix} 1 & t \\ 0 & 1 \end{pmatrix}$, und man erhält

$$(\mathcal{L}\rho_k)(X) = \begin{pmatrix} 0 & 1 & & & \\ & 0 & 2 & 0 & \\ & & \ddots & \ddots & \\ & 0 & & 0 & k \\ & & & & 0 \end{pmatrix} .$$

Für $Y := \begin{pmatrix} 0 & 0 \\ 1 & 0 \end{pmatrix}$ ergibt sich

$$(\mathcal{L}\rho_k)(Y) = \begin{pmatrix} 0 & & & & \\ k & 0 & & & 0 \\ & k-1 & 0 & & \\ & & \ddots & \ddots & \\ 0 & & & 1 & 0 \end{pmatrix}.$$

Wir haben damit für jedes $k \in \mathbb{N}$ eine irreduzible Darstellung der Lie-Algebra $sl(2,\mathbb{C})$ der Dimension $k+1$ gefunden (die Irreduzibilität ergibt sich aus dem nächsten Satz). Wir werden in den folgenden Paragraphen häufig von diesen Darstellungen, die wir ebenfalls mit ρ_k bezeichnen, Gebrauch machen.

Das folgende Lemma und der anschließende Satz geben einen ersten Einblick in das Zusammenspiel der Darstellungen von Gruppen und der ihrer Lie-Algebren.

Lemma 1. *Es seien* $\rho : G \to GL(V)$ *und* $\rho' : G \to GL(V')$ *Darstellungen der linearen Gruppe* G.

(a) *Jeder ρ-invariante Teilraum von V ist $\mathcal{L}\rho$-invariant.*

(b) *Ist ρ äquivalent zu ρ', so ist $\mathcal{L}\rho$ äquivalent zu $\mathcal{L}\rho'$.*

(c) *Ist G zusammenhängend, so gelten bei (a) und (b) die Umkehrungen.*

Beweis. (a) Ist U ein Teilraum von V mit $\rho(A)u \in U$ für alle $A \in G$ und $u \in U$, so gilt $\lim \frac{1}{t}(\rho \circ \exp(tX)(u) - u) \in U$ für alle $X \in \mathcal{L}G$, d.h. $\mathcal{L}\rho(X)U \subset U$ für alle $X \in \mathcal{L}G$.

(b) Aus $\rho'(A) = \varphi \circ \rho(A) \circ \varphi^{-1}$ für alle $A \in G$ folgt trivialerweise $\mathcal{L}\rho'(X) = \varphi \circ \mathcal{L}\rho(X) \circ \varphi^{-1}$ für alle $X \in \mathcal{L}G$.

(c) Aus $\mathcal{L}\rho(X)U \subset U$ folgt $(\mathcal{L}\rho(X))^k U \subset U$ für alle $X \in \mathcal{L}G$, $k \in \mathbb{N}$, und somit $\rho(\exp X)(u) = \exp(\mathcal{L}\rho(X)(u)) = u + \mathcal{L}\rho(X)u + \frac{1}{2}(\mathcal{L}\rho(X))^2 u + \ldots \in U$, also $\rho(\exp X_1 \ldots \exp X_m)U = \rho(\exp X_1) \circ \ldots \circ \rho(\exp X_m)U \subset U$.

Aus $\mathcal{L}\rho'(X) = \varphi \circ \mathcal{L}\rho(X) \circ \varphi^{-1}$ folgt $\rho'(\exp(X)) = \exp \mathcal{L}\rho'(X) = \exp(\varphi \circ \mathcal{L}\rho(X) \circ \varphi^{-1})(X) = \varphi \circ \exp \mathcal{L}\rho(X) \circ \varphi^{-1} = \varphi \circ \rho(\exp(X)) \circ \varphi^{-1}$. Mit der Homomorphie-Eigenschaft von ρ folgt wie zuvor aus dem Zusammenhang von G die Gleichung $\rho'(A) = \varphi \circ \rho(A) \circ \varphi^{-1}$ für alle $A \in G$. $\square$

Aus Lemma 1 folgt

Satz 1. *Es sei G eine zusammenhängende lineare Gruppe. Dann gilt:*

(a) *Eine Darstellung ρ von G ist genau dann irreduzibel bzw. vollständig reduzibel, wenn $\mathcal{L}\rho$ irreduzibel bzw. vollständig reduzibel ist.*

(b) *Zwei Darstellungen ρ, ρ' von G sind genau dann äquivalent, wenn $\mathcal{L}\rho$ und $\mathcal{L}\rho'$ äquivalent sind.* $\square$

Corollar. *Es sei ρ eine Darstellung der linearen Gruppe G und H eine (lineare) Untergruppe von G. Ist die Restriktion von $\mathcal{L}\rho$ auf $\mathcal{L}H$ irreduzibel bzw. vollständig reduzibel, so ist die Restriktion von ρ auf H ebenfalls reduzibel bzw. vollständig reduzibel.*

Beweis. Die Inklusionsabbildung $j : \mathrm{H} \hookrightarrow \mathrm{G}$ ist ein Homomorphismus linearer Gruppen und $\mathcal{L}j$ ist die Inklusionsabbildung von $\mathcal{L}\mathrm{H}$ in $\mathcal{L}\mathrm{G}$. Nach II, § 3.2 Satz 2 gilt $L(\rho \circ j) = L(\rho) \circ L(j)$, folglich

$$(*) \qquad\qquad \mathcal{L}(\rho|_{\mathrm{H}}) = (\mathcal{L}\rho)|_{\mathcal{L}\mathrm{H}} \ .$$

Mit Satz 1 folgt die Behauptung.   □

Bemerkung. Wir bezeichnen mit $D(\mathrm{G}, V)$ die Menge der Darstellungen der linearen Gruppe G auf dem (komplexen) Vektorraum V und mit $D(\mathcal{L}, V)$ die Menge der Darstellungen der reellen Lie-Algebra $\mathcal{L}$ auf V. Die Gleichung $(*)$ bedeutet, daß das folgende Diagramm kommutiert; dabei bezeichnet r jeweils die Restriktion, und die Abbildung $\mathcal{L}$ hat die offensichtliche Bedeutung:

$$\begin{array}{ccc} D(\mathrm{G}, V) & \xrightarrow{\ r\ } & D(\mathrm{H}, V) \\ \downarrow\mathcal{L} & & \downarrow\mathcal{L} \\ D(\mathcal{L}\mathrm{G}, V) & \xrightarrow{\ r\ } & D(\mathcal{L}\mathrm{H}, V) \end{array}$$

Wir kommen hierauf im übernächsten Abschnitt zurück. Aus Satz 1, II, § 3.2 Satz 2 und II, § 3.5 Satz 9 folgt

Satz 2. *Ist* G *eine zusammenhängende lineare Gruppe so ist*

$$D(\mathrm{G}, V) \to D(\mathcal{L}\mathrm{G}, V) \ , \quad \rho \mapsto \mathcal{L}\rho$$

eine injektive Abbildung; sie ist bijektiv, falls G *einfach zusammenhängend ist.*

2. Beispiel: Die adjungierte Darstellung.

Es sei G eine lineare Gruppe. Für $A \in \mathrm{G}$ bezeichnen wir mit κ_A die Konjugation in G mit A, also

$$\kappa_A : \mathrm{G} \to \mathrm{G} \ , \quad B \mapsto ABA^{-1} \ (B \in \mathrm{G}) \ .$$

Die Abbildung $t \mapsto \kappa_A \circ \exp(tX)$ ist für jedes $X \in \mathcal{L}\mathrm{G}$ stetig differenzierbar, und es gilt

$$\begin{aligned} \mathcal{L}\kappa_A(X) &= \frac{d}{dt}\kappa_A \circ \exp(tX)\Big|_{t=0} = \frac{d}{dt}(A\exp(tX)A^{-1})\Big|_{t=0} \\ &= \frac{d}{dt}\exp(tAXA^{-1})\Big|_{t=0} = AXA^{-1} \ . \end{aligned}$$

Insbesondere folgt $\mathcal{L}\kappa_A \in \mathrm{GL}(g)$, $g := \mathcal{L}\mathrm{G}$, und aus der Kettenregel ergibt sich $\mathcal{L}\kappa_{AB} = \mathcal{L}(\kappa_A \circ \kappa_B) = \mathcal{L}\kappa_A \circ \mathcal{L}\kappa_B$ für alle $A, B \in \mathrm{G}$. Wir haben damit eine neue und wichtige Darstellung für jede lineare Gruppe gefunden, und zwar

$$\mathrm{Ad} : \mathrm{G} \to \mathrm{GL}(g) \ , \quad A \mapsto \mathcal{L}\kappa_A \ (A \in \mathrm{G}) \ ;$$

sie heißt *adjungierte Darstellung von* G.

Man setzt $\mathrm{ad} := \mathcal{L}(\mathrm{Ad})$ und erhält wie oben durch Differenzieren

$$(*) \qquad \mathrm{ad} : g \to gl(g) , \quad (\mathrm{ad}X)(Y) = [X,Y] \quad (X,Y \in g) .$$

ad heißt adjungierte Darstellung von g. Man verifiziert

$$\mathrm{Ad} \circ \exp = \exp \circ \mathrm{ad} \quad \text{und}$$

$$(**) \qquad A \exp(X) A^{-1} = \exp(\mathrm{Ad}(A)(X)) ,$$

letzteres für alle $A \in$ G und $X \in \mathcal{L}$G.

Daß ad eine Darstellung von g im Sinne von Abschnitt 1 ist, folgt aus der Definition als Ableitung einer Darstellung von G. Man erhält aber auch unmittelbar aus der Jacobi-Identität, daß die durch $(*)$ definierte Abbildung ad, genauer: ad_g, für *jede* Lie-Algebra g ein Homomorphismus von g in $gl(g)$ ist.

Die ad_g-invarianten Teilräume einer Lie-Algebra g sind offenbar genau die Ideale von g, also diejenigen Teilräume a, für die $[g,a] \subset a$ gilt. Als Anwendung der vorstehenden Überlegungen beweisen wir den folgenden interessanten und wichtigen Satz über das Zusammenspiel von linearen Gruppen und ihren Lie-Algebren:

Satz 3. *Es sei* G *eine zusammenhängende lineare Gruppe.*

a) *Ist* N *ein Normalteiler von* G, *so ist* $\mathcal{L}$N *ein Ideal von* $\mathcal{L}$G.

b) *Ist* a *ein Ideal in* $\mathcal{L}$G, *so ist die von* $\{\exp(X); X \in a\}$ *erzeugte (zusammenhängende) Untergruppe* N *von* G *ein Normalteiler.*

Beweis. Wir gehen aus von der Gleichung $(**)$. Ist N ein Normalteiler von G und $X \in \mathcal{L}$N, so ist die linke, also auch die rechte Seite von $(**)$ in N enthalten, folglich $\mathrm{Ad}(\mathrm{G})(\mathcal{L}\mathrm{N}) \subset \mathcal{L}\mathrm{N}$, nach 1. Lemma 1 also auch $(\mathrm{ad}\mathcal{L}\mathrm{G})(\mathcal{L}\mathrm{N}) \subset \mathcal{L}\mathrm{N}$, d.h. $\mathcal{L}$N ist ein Ideal in $\mathcal{L}$G. – Ist umgekehrt $a \subset g = \mathcal{L}$G ein Ideal, so ist $(\mathrm{ad}g)(a) \subset a$, also auch $\mathrm{Ad}(\mathrm{G})(a) \subset a$; wieder nach $(**)$ folgt $A \exp(a) A^{-1} \subset \exp(a)$ für alle $A \in$ G. Folglich ist die von $\exp(a)$ erzeugte Untergruppe von G Normalteiler in G. $\square$

Nennt man eine nicht-Abelsche zusammenhängende lineare Gruppe G *einfach*, wenn sie außer $\{e\}$ und G keinen *zusammenhängenden* Normalteiler besitzt; nennt man entsprechend eine nicht-Abelsche Lie-Algebra $\mathcal{L}$ einfach, wenn $\{0\}$ und $\mathcal{L}$ die einzigen Ideale von $\mathcal{L}$ sind, so erhalten wir aus dem vorstehenden Satz das

Corollar. *Eine zusammenhängende lineare Gruppe ist genau dann einfach, wenn ihre Lie-Algebra einfach ist.*

3. Komplexifizierung von Lie-Algebren und Darstellungen

Aus einem komplexen Vektorraum V erhält man durch Einschränkung der Skalarmultiplikation $\mathbb{C} \times V \to V$ auf $\mathbb{R} \times V$ einen reellen Vektorraum; dieser wird mit $V_{\mathbb{R}}$ bezeichnet und die *Reellifizierung* von V genannt. Ist $b_1, \ldots, b_n$ eine Basis von V, so ist $b_1, \ldots, b_n, ib_1, \ldots, ib_n$ eine Basis von $V_{\mathbb{R}}$; insbesondere gilt

$$\dim V_{\mathbb{R}} = 2 \cdot \dim V \ .$$

Wir beschreiben im folgenden, wie man umgekehrt die Skalarmultiplikation eines reellen Vektorraumes erweitern kann zu einer Skalarmultiplikation mit komplexen Zahlen. Wir formulieren dies sogleich für Lie-Algebren; läßt man die Aussagen über die Multiplikation (den Kommutator) beiseite, so erhält man Aussagen über Vektorräume. Wir schicken noch voraus, daß $\mathbb{C}$ stets als Vektorraum über $\mathbb{R}$ aufgefaßt wird.

Das Tensorprodukt

$$\mathcal{L}_{\mathbb{C}} := \mathbb{C} \otimes \mathcal{L}$$

der reellen Vektorräume $\mathbb{C}$ und $\mathcal{L}$ ist definitionsgemäß ein reeller Vektorraum der Dimension $2 \cdot \dim \mathcal{L}$. Es gibt nun eine eindeutig bestimmte Skalarmultiplikation $\mathbb{C} \times \mathcal{L}_{\mathbb{C}} \to \mathcal{L}_{\mathbb{C}}$ mit komplexen Zahlen und eine eindeutig bestimmte Multiplikation $\mathcal{L}_{\mathbb{C}} \times \mathcal{L}_{\mathbb{C}} \to \mathcal{L}_{\mathbb{C}}$ derart, daß

(1) $\qquad z(u \otimes X) = zu \otimes X \ ,$

$\qquad\qquad\qquad\qquad\qquad\qquad\qquad (z, u \in \mathbb{C}; \ X, Y \in \mathcal{L}) \ .$

(2) $\qquad [z \otimes X, \, u \otimes Y] = zu \otimes [X, Y]$

Satz 4. (a) *$\mathcal{L}_{\mathbb{C}}$ ist mit den durch (1) und (2) bestimmten Verknüpfungen eine komplexe Lie-Algebra.*

(b) *Ist $b_1, \ldots, b_n$ eine ($\mathbb{R}$)-Basis von $\mathcal{L}$, so ist $1 \otimes b_1, \ldots, 1 \otimes b_n$ eine ($\mathbb{C}$-)Basis von $\mathcal{L}_{\mathbb{C}}$; insbesondere gilt*

$$\dim \mathcal{L}_{\mathbb{C}} = \dim \mathcal{L} \ .$$

(c) *$\mathcal{L}' := \{1 \otimes X; \ X \in \mathcal{L}\}$ ist eine Teilalgebra der Reellifizierung $(\mathcal{L}_{\mathbb{C}})_{\mathbb{R}}$ von $\mathcal{L}_{\mathbb{C}}$ und die Abbildung*

$$\mathcal{L} \to \mathcal{L}' \ , \quad X \mapsto 1 \otimes X$$

ist ein Isomorphismus der reellen Lie-Algebren.

Der Beweis dieses Satzes ist ein leichte Übungsaufgabe.   □

Definition. *$\mathcal{L}_{\mathbb{C}}$ heißt Komplexifizierung* von $\mathcal{L}$.

Die Darstellbarkeit der Elemente von $\mathcal{L}_{\mathbb{C}}$ in der Form $1 \otimes X + i \otimes Y$ mit eindeutig bestimmten $X, Y \in \mathcal{L}$ legt eine andere Beschreibung der Komplexifizierung nahe, die häufig bevorzugt wird: Man bildet „formale Ausdrücke" der Gestalt $X \oplus iY$ mit $X, Y \in \mathcal{L}$, erklärt $X \oplus iY = X' \oplus iY' :\Longleftrightarrow X = X'$

und $Y = Y'$ und macht die Menge dieser Ausdrücke zu einer komplexen Lie-Algebra, die mit $\mathcal{L} \oplus i\mathcal{L}$ bezeichnet wird, durch die Verknüpfungen

$$(X \oplus iY) + (X' \oplus iY') = (X + X') \oplus i(Y + Y') \,,$$

$$(a + ib)(X \oplus iY) = (aX - bY) \oplus i(bX + aY) \,,$$

$$[X \oplus iY, X' \oplus iY'] = ([X, X'] - [Y, Y']) \oplus i([X, Y'] + [Y, Y'])$$

für $X, X', Y, Y' \in \mathcal{L}$ und $a, b \in \mathbb{R}$. Eine direkte Rechnung zeigt, daß die Abbildung $1 \otimes X + i \otimes Y \mapsto X \oplus iY$ ein Algebren-Isomorphismus ist; folglich ist $\mathcal{L} \oplus i\mathcal{L}$ eine zu $\mathcal{L}_{\mathbb{C}}$ isomorphe Lie-Algebra über $\mathbb{C}$.

Wir geben eine Liste der Komplexifizierungen der klassischen reellen Lie-Algebren (vgl. mit den Tabellen in II, § 2.2 und III, § 2.6); für jedes $\mathcal{L}$ in der linken Spalte verifiziert man, daß die Abbildung $z \otimes X \mapsto zX$ für $z \in \mathbb{C}$, $X \in \mathcal{L}$, ein Isomorphismus von $\mathcal{L}_{\mathbb{C}}$ auf die entsprechende komplexe Lie-Algebra in der rechten Spalte ist.

$\mathcal{L}$	$\mathcal{L}_{\mathbb{C}}$
$gl(n, \mathbb{R})$ $u(p, q)\,,\quad p + q = n$ $gl\left(\frac{n}{2}, \mathbb{H}\right)\,,\quad n = 2m$	$gl(n, \mathbb{C})$
$sl(n, \mathbb{R})$ $su(p, q; \mathbb{C})\,,\quad p + q = n$ $sl\left(\frac{n}{2}, \mathbb{H}\right)\,,\quad n = 2m$	$sl(n, \mathbb{C})$
$so(p, q)\,,\quad p + q = n$ $su_\alpha\left(\frac{n}{2}, \mathbb{H}\right)\,,\quad n = 2m$	$so(n, \mathbb{C})$
$sp(2n, \mathbb{R})$ $su(p, q; \mathbb{H})\,,\quad p + q = 2n$	$sp(2n, \mathbb{C})$

Definition. Eine reelle Lie-Algebra $\mathcal{L}$ heißt *reelle Form* der komplexen Lie-Algebra $\mathcal{L}'$, falls $\mathcal{L}_{\mathbb{C}} \cong \mathcal{L}'$. Sind G und G' zusammenhängende lineare Gruppen und ist $\mathcal{L}$G eine reelle Form von $\mathcal{L}$G', so heißt G reelle Form von G'.

Die in III, § 2.6 als reelle Formen bezeichneten klassischen Gruppen sind also reelle Formen der entsprechenden komplexen Gruppen im Sinne dieser Definition.

Wir kommen jetzt zurück zur Darstellungstheorie. In Abschnitt 1 haben wir ausdrücklich nur ($\mathbb{R}$-lineare) Darstellungen reeller Lie-Algebren betrachtet; dies ist deshalb wichtig, weil die Ableitung $\mathcal{L}\rho$ der Darstellung ρ einer linearen Gruppe G nicht $\mathbb{C}$-linear zu sein braucht, wenn $\mathcal{L}$G eine komplexe Lie-Algebra ist (z.B. G $= \mathrm{GL}(n, \mathbb{C}) \to \mathrm{GL}(n, \mathbb{C})$, $A \mapsto \overline{A}$). Durch Übergang zur Komplexifizierung wird die Theorie aber wesentlich vereinfacht; wir „erweitern" deshalb zunächst den Darstellungsbegriff auf komplexe Lie-Algebren in naheliegender Weise:

Definition. Ist $\mathcal{L}$ eine $\mathbb{C}$-Lie-Algebra (und V wie üblich ein $\mathbb{C}$-Vektorraum endlicher Dimension), so heißt ein Homomorphismus $\mathcal{L} \to gl(V)$ der $\mathbb{C}$-Lie-Algebren *Darstellung von $\mathcal{L}$.*

Ist ρ in diesem Sinne eine Darstellung der komplexen Lie-Algebra $\mathcal{L}$, so ist natürlich ρ auch eine Darstellung von $\mathcal{L}$ im Sinne von Abschnitt 1 (genauer von $\mathcal{L}_{\mathbb{R}}$). Um Mißverständnissen vorzubeugen, reden wir gelegentlich von $\mathbb{R}$- bzw. $\mathbb{C}$-linearen Darstellungen; entsprechend bezeichnen wir die Menge der $\mathbb{R}$-linearen Darstellungen einer reellen oder komplexen Lie-Algebra auf V mit $D_{\mathbb{R}}(\mathcal{L}, V)$, die Menge der $\mathbb{C}$-linearen Darstellungen der komplexen Lie-Algebra $\mathcal{L}$ auf V mit $D_{\mathbb{C}}(\mathcal{L}, V)$.

Es sei $\rho : \mathcal{L} \to gl(V)$ eine Darstellung der reellen Lie-Algebra $\mathcal{L}$. Wir definieren

$$\rho_{\mathbb{C}} : \mathcal{L}_{\mathbb{C}} \to gl(V) \quad \text{durch} \quad z \otimes X \mapsto z\rho(X)$$

für $z \in \mathbb{C}$, $X \in \mathcal{L}$. Es ist klar, daß $\rho_{\mathbb{C}}$ eine ($\mathbb{C}$-lineare) Darstellung von $\mathcal{L}_{\mathbb{C}}$ ist und daß die Restriktion von $\rho_{\mathbb{C}}$ auf $\mathcal{L}$ mit ρ übereinstimmt. Ist umgekehrt ρ eine $\mathbb{C}$-lineare (!) Darstellung von $\mathcal{L}_{\mathbb{C}}$ und ρ' ihre Restriktion auf $\mathcal{L}$, so gilt $(\rho')_{\mathbb{C}} = \rho$. Mit 1. Satz 1 folgt hieraus

Satz 5. (a) *Für eine reelle Lie-Algebra $\mathcal{L}$ ist die Abbildung*

$$D_{\mathbb{R}}(\mathcal{L}, V) \to D_{\mathbb{C}}(\mathcal{L}_{\mathbb{C}}, V) , \quad \rho \mapsto \rho_{\mathbb{C}}$$

bijektiv; ihre Umkehrabbildung ist durch Restriktion gegeben.

(b) *Ist G eine zusammenhängende lineare Gruppe, so ist die Abbildung*

$$D(G, V) \to D_{\mathbb{C}}((\mathcal{L}G)_{\mathbb{C}}, V) , \quad \rho \mapsto (\mathcal{L}\rho)_{\mathbb{C}}$$

injektiv; sie ist bijektiv, falls G einfach zusammenhängend ist.

(c) $\rho \in D_{\mathbb{R}}(\mathcal{L}, V)$ *und $\rho_{\mathbb{C}}$ haben die gleichen invarianten Teilräume; insbesondere ist ρ genau dann irreduzibel bzw. vollständig reduzibel, wenn $\rho_{\mathbb{C}}$ die entsprechende Eigenschaft hat. Mit $\rho' \in D_{\mathbb{R}}(\mathcal{L}, V)$ gilt $\rho \sim \rho' \iff \rho_{\mathbb{C}} \sim (\rho')_{\mathbb{C}}$. Die entsprechenden Aussagen gelten für die Abbildung in* (b). $\qquad\square$

Es sei G eine *komplexe* lineare Gruppe (d.h. $\mathcal{L}G$ ist eine komplexe Lie-Algebra). Wie wir oben bemerkt haben, gilt für $\rho \in D(G, V)$ nicht notwendig $\mathcal{L}\rho \in D_{\mathbb{C}}(\mathcal{L}G, V)$. Wir setzen

$$D_{\mathbb{C}}(G, V) := \{\rho \in D(G, V); \mathcal{L}\rho \in D_{\mathbb{C}}(\mathcal{L}G, V)\}$$

und schreiben $D_{\mathbb{R}}(G, V)$ statt $D(G, V)$. Nach Satz 5 (b) ist dann

$$D_{\mathbb{C}}(G, V) \to D_{\mathbb{C}}(\mathcal{L}G, V) , \quad \rho \mapsto \mathcal{L}\rho$$

eine injektive Abbildung. Wir beweisen

Satz 6. *Es seien* G *und* H *lineare Gruppen,* H *eine Untergruppe von* G *und es gelte* $\mathcal{L}G = (\mathcal{L}H)_{\mathbb{C}}$ (H *ist also eine reelle Form von* G*). Dann gilt:*

(a) $\rho \in D_{\mathbb{C}}(G, V)$ *ist genau dann irreduzibel bzw. vollständig reduzibel, wenn die Restriktion* $\rho|_H$ *die entsprechende Eigenschaft hat.*

(b) *Für* $\rho, \rho' \in D_{\mathbb{C}}(G, V)$ *gilt* $\rho \sim \rho' \iff \rho|_H \sim \rho'|_H$.

Beweis. Das folgende Diagramm, in dem r die jeweilige Restriktion bezeichnet und die Abbildung $\mathcal{L}$ die offensichtliche Bedeutung hat, ist kommutativ (vgl. Beweis von Satz 1 und die daran anschließende Bemerkung).

$$
\begin{array}{ccc}
D_{\mathbb{C}}(G, V) & \xrightarrow{\;r\;} & D_{\mathbb{R}}(H, V) \\
\downarrow \mathcal{L} & & \downarrow \mathcal{L} \\
D_{\mathbb{C}}(\mathcal{L}G, V) & \xrightarrow{\;r\;} & D_{\mathbb{R}}(\mathcal{L}H, V)
\end{array}
$$

Hieraus folgen mit Satz 5 die Behauptungen. $\square$

Mit Satz 6 ist insbesondere der noch nachzuholende Beweis von Satz 10 in III, § 2.6 erbracht mit der Einschränkung, daß hier nicht beliebige Darstellungen von G betrachtet werden, sondern nur solche, deren Ableitungen $\mathbb{C}$-linear sind (vgl. hierzu Aufgabe 6).

Bis hierher haben wir die Darstellungstheorie linearer Gruppen (mit der vorgenannten Einschränkung) vollständig auf die Darstellungstheorie komplexer Lie-Algebren zurückgeführt, der wir uns nunmehr zuwenden. Ein erstes zentrales Ergebnis erhalten wir im folgenden Abschnitt, mit dem wir diesen Paragraphen beschließen.

4. Vollständige Reduzibilität der klassischen Gruppen und Algebren

Wir führen zunächst einige abkürzende Redeweisen ein: Im Vorgriff auf § 2.1 Corollar 1 zu Satz 1 zitieren wir die Gruppen $\mathrm{SL}(n, \mathbb{C})$, $n \geq 2$; $\mathrm{SO}(n, \mathbb{C})$, $n \geq 3$, $n \neq 4$; $\mathrm{Sp}(2n, \mathbb{C})$, $n \geq 1$, und ihre reellen Formen als die *einfachen klassischen Gruppen*. Für eine Darstellung ρ einer komplexen linearen Gruppe G oder einer komplexen Lie-Algebra $\mathcal{L}$ auf einem (endlich-dimensionalen komplexen) Vektorraum V sei stets $\rho \in D_{\mathbb{C}}(G, V)$ bzw. $\rho \in D_{\mathbb{C}}(\mathcal{L}, V)$. Wir nennen eine lineare Gruppe oder Lie-Algebra *vollständig reduzibel*, wenn ihre sämtlichen Darstellungen (mit der soeben getroffenen Einschränkung) vollständig reduzibel sind.

Bei dem nachstehenden zentralen Satz der Darstellungstheorie handelt es sich um eine unmittelbare Konsequenz aus 3. Satz 5 und Satz 6 auf solche komplexe lineare Gruppen G, die die folgende Eigenschaft haben:

(UT) *Zu* G *gibt es eine einfach zusammenhängende vollständig reduzible lineare Gruppe* G_0*, so daß* $\mathcal{L}G = (\mathcal{L}G_0)_{\mathbb{C}}$.

Für G $= \mathrm{SL}(2n, \mathbb{C})$ und $\mathrm{Sp}(n, \mathbb{C})$ ist (*UT*) erfüllt mit $G_0 = \mathrm{SU}(n)$ bzw. $\mathrm{Sp}(2n)$: Die letztgenannten Gruppen sind nach II, § 3.5 einfach zusammenhängend, nach II, § 3.3 kompakt, nach III, § 1.9 also vollständig reduzibel.

Für $G = SO(n, \mathbb{C})$ ist (UT) erfüllt, wenn man für G_0 die Spin-Gruppe $\mathrm{Spin}(n)$ wählt, die in diesem Buch nicht behandelt wird; für einige Hinweise vgl. man die Schlußbemerkung in II, § 3.5. – Mit diesen Kenntnissen erhalten wir mühelos

Satz 7. *Die einfachen klassischen Gruppen und ihre Lie-Algebren sind vollständig reduzibel.*

Beweis. Nach Satz 5 bzw. Satz 6 können wir uns auf den Fall einer komplexen Gruppe G beschränken. Wegen des einfachen Zusammenhangs von G_0 gibt es zu jeder Darstellung ρ von G eine Darstellung ρ_0 von G_0, so daß

$$\mathcal{L}\rho = (\mathcal{L}\rho_0)_{\mathbb{C}} \ .$$

Da ρ_0 nach Voraussetzung vollständig reduzibel ist, hat ρ ebenfalls diese Eigenschaft. Damit ist der Satz bewiesen. □

Die vorstehende Beweismethode stammt von H. Weyl und wurde von ihm selbst als „Unitär-Trick" („unitarian trick", vgl. [Weyl], VIII, B. 11) bezeichnet (was wohl auf den Fall $G = SL(n, \mathbb{C})$, $G_0 = SU(n)$ zurückzuführen sein dürfte); dieser Name ist seitdem in den allgemeinen Sprachgebrauch eingegangen.

Aufgaben

1. Man bestimme die zu $\rho : \mathbb{R}^{\times} \to GL(2, \mathbb{R})$, $t \mapsto \begin{pmatrix} 1 & \log|t| \\ 0 & 1 \end{pmatrix}$ gehörige Darstellung der Lie-Algebra von $\mathbb{R}^{\times}$.

2. Man finde eine lineare Gruppe G und eine Darstellung der abstrakten Gruppe G, die keine Darstellung der linearen Gruppe G ist.

3. Man bestimme $\mathcal{L}\rho$ und $(\mathcal{L}\rho)_{\mathbb{C}}$ für die irreduziblen Darstellungen von SO(2) (vgl. III, § 1.5) und zeige, daß die Abbildung $[\rho] \mapsto [(\mathcal{L}\rho)_{\mathbb{C}}]$ von der Menge der Äquivalenzklassen der irreduziblen Darstellungen von SO(2) auf die Menge der Äquivalenzklassen der irreduziblen Darstellungen von $SO(2, \mathbb{C})$ nicht bijektiv ist.

4. Man zeige, daß $so(2, 2)$ und $so(3, \mathbb{C})_{\mathbb{R}}$ (als reelle Lie-Algebren) isomorph sind.

5. Ist $\mathcal{L}$ eine einfache komplexe Lie-Algebra, so ist die Reellifizierung $\mathcal{L}_{\mathbb{R}}$ ebenfalls einfach.

6. Es sei $\rho : \mathcal{L} \to gl(V)$ eine Darstellung der reellen Lie-Algebra $\mathcal{L}$ und $\rho' : \mathcal{L}_{\mathbb{C}} \to gl(V)$, $z \otimes X \mapsto \bar{z}\rho(X)$ für $z \in \mathbb{C}$, $X \in \mathcal{L}$. Man zeige:
   a) $\rho' \in D_{\mathbb{R}}(\mathcal{L}_{\mathbb{C}}, V)$, $\rho' \notin D_{\mathbb{C}}(\mathcal{L}_{\mathbb{C}}, V)$;   b) irreduzibel $\iff \rho$ irreduzibel.

7. In $\mathcal{L} = sl(n, \mathbb{C})$, $so(n, \mathbb{C})$, $sp(2n\mathbb{C})$ finde man je einen *involutorischen Semiautomorphismus* Φ (d.h. $\Phi^2 = \mathrm{id}$, $\Phi(zX) = \bar{z}\Phi(X)$, $\Phi(X + Y) = \Phi(X) + \Phi(Y)$ für $z \in \mathbb{C}$, $X, Y \in \mathcal{L}$), so daß die *Fixpunktmenge* $\{X \in \mathcal{L}; \Phi(X) = X\}$ die *kompakte reelle Form* $su(n)$, $so(n)$ bzw. $sp(2n)$ ist.

8. Es sei $\mathcal{L}$ eine komplexe Lie-Algebra, $\Phi : (\mathcal{L}_{\mathbb{R}})_{\mathbb{C}} = \mathcal{L}_{\mathbb{R}} \oplus i\mathcal{L}_{\mathbb{R}} \to \mathcal{L} \oplus \overline{\mathcal{L}}$ ($\overline{\mathcal{L}}$ als $\mathbb{C}$-Vektorraum konjugiert-komplex zu $\mathcal{L}$, gleiche Multiplikation wie $\mathcal{L}$) definiert durch $X \oplus iY \mapsto (X + iY) \oplus (X - iY)$, wo bei den direkten Summanden auf der rechten Seite Addition (Subtraktion) und Skalarmultiplikation in $\mathcal{L}$ gemeint sind. Man zeige, daß Φ ein Isomorphismus der komplexen Lie-Algebren ist (also $(\mathcal{L}_{\mathbb{R}})_{\mathbb{C}} \cong \mathcal{L} \oplus \overline{\mathcal{L}}$).

§2 Halbeinfache Lie-Algebren

1. Die Killing-Form

Es sei K ein Körper der Charakteristik 0, $\mathcal{L}$ eine Lie-Algebra über K. Wie in §1.2 bezeichnet ad die adjungierte Darstellung von $\mathcal{L}$, also ad : $\mathcal{L} \to gl(\mathcal{L})$, $\mathrm{ad}(X)Y = [X,Y]$. Wir setzen

$$k(X,Y) := \mathrm{Spur}(\mathrm{ad}(X) \circ \mathrm{ad}(Y)) \quad \text{für } X,Y \in \mathcal{L} \; .$$

Dies ist offenbar eine symmetrische Bilinearform auf $\mathcal{L}$; sie heißt *Killing-Form* von $\mathcal{L}$.

Die Killing-Form nimmt in der Strukturtheorie der halbeinfachen Lie-Algebren eine zentrale Stellung ein; dies liegt im wesentlichen daran, daß sie *invariant bez. der adjungierten Darstellung* ist, d.h.

$$k([X,Y], Z) + k(Y, [X,Z]) = 0$$

für alle $X, Y, Z \in \mathcal{L}$. Dieser („infinitesimale") Invarianzbegriff hängt mit dem in III, §1.10 behandelten Invarianzbegriff in bezug auf Darstellungen von Gruppen wie folgt zusammen: Eine direkte Rechnung ergibt im Fall $\mathcal{L} = \mathcal{L}\mathrm{G}$ mit einer linearen Gruppe G, daß k invariant ist bez. der adjungierten Darstellung Ad : G $\to$ GL$(\mathcal{L})$ im Sinne von III, §1.10, also

$$k(\mathrm{Ad}(A)X, \mathrm{Ad}(A)Y) = k(X,Y)$$

für $A \in$ G und $X, Y \in \mathcal{L}$. Umgekehrt folgt hieraus durch differenzieren die infinitesimale Invarianz wie oben.

Definition. Eine Lie-Algebra über K, char$K = 0$, heißt *halbeinfach*, wenn ihre Killing-Form nicht-ausgeartet ist.

Beispiel. $\mathcal{L} = sl(2, K)$. Als Basis von $\mathcal{L}$ wählen wir hier und im folgenden

$$H = \begin{pmatrix} 1 & 0 \\ 0 & -1 \end{pmatrix} \, , \quad X = \begin{pmatrix} 0 & 1 \\ 0 & 0 \end{pmatrix} \, , \quad Y = \begin{pmatrix} 0 & 0 \\ 1 & 0 \end{pmatrix} \, ,$$

also

$$[H,X] = 2X \, , \quad [H,Y] = -2Y \, , \quad [X,Y] = H \; .$$

Man berechnet hieraus $\text{Spur}(\text{ad}(H))^2 = 8 = 4\,\text{Spur}H^2$, $\text{Spur}(\text{ad}(X))^2 = \text{Spur}(\text{ad}(Y))^2 = 0$, $\text{Spur}(\text{ad}(H)\circ\text{ad}(X)) = \text{Spur}(\text{ad}(H)\circ(Y)) = 0$, $\text{Spur}(\text{ad}(Y)\circ \text{ad}(X)) = 4 = 4\,\text{Spur}(YX)$. Insgesamt folgt hieraus $k(Z,Z) = 4\,\text{Spur}(Z^2)$. Durch Linearisieren (ersetzen von Z durch $Z + Z'$) erhält man

$$k(Z,Z') = 4\,\text{Spur}(ZZ') \ , \quad Z,Z' \in sl(2,K) \ .$$

Man erkennt hieran, daß k nicht-ausgeartet, $sl(2,K)$ also halbeinfach ist.

Im Prinzip kann man nach dem vorstehenden Muster die Killing-Form für jede der klassischen Lie-Algebren ausrechnen; eine elegantere Methode findet man in [Fogarty], IV.4. Es gilt für

$$sl(n,K): k(X,Y) = 2n\text{Spur}(XY) \qquad (n \geq 2) \ ,$$
$$so(n,K): k(X,Y) = (n-2)\text{Spur}(XY) \qquad (n \geq 3) \ ,$$
$$sp(2n,K): k(X,Y) = 2(n+1)\text{Spur}(XY) \qquad (n \geq 1) \ .$$

Von diesen Formeln wird im folgenden kein Gebrauch gemacht; wir schließen hier, daß k nicht-ausgeartet ist, aus dem folgenden, für die Struktur- und Darstellungstheorie der klassischen Gruppen und Algebren grundlegenden

Satz 1. *Die Lie-Algebren* $sl(n,\mathbb{C})$, $n \geq 2$; $so(n,\mathbb{C})$, $n \geq 3$, $n \neq 4$; $sp(2n,\mathbb{C})$, $n \geq 1$ *und ihre reellen Formen sind einfach.*

Beweis. 1. $\mathcal{L} = sl(2,\mathbb{C})$. Wir wählen die Basis Y, H, X wie oben. Es sei $a \neq \{0\}$ ein Ideal in $\mathcal{L}$, $0 \neq Z = \alpha Y + \beta H + \gamma X \in a$. Falls $\alpha = \beta = 0$, haben wir $X \in a$; im Fall $\alpha = 0$, $\beta \neq 0$ folgt $X \in a$ aus $a \ni [X,Z] = -2\beta X$, und im Fall $\alpha \neq 0$, $\beta = 0$ folgt $X \in a$ aus $a \ni [X,[X,Z]] = -2\alpha X$. Jedes Ideal $\neq \{0\}$ enthält also X, mithin auch $H = -[Y,X]$ und $Y = \frac{1}{2}[Y,H]$, also eine Basis von $\mathcal{L}$, womit $\mathcal{L} = a$ bewiesen ist.

2. $\mathcal{L} = sl(n,\mathbb{C})$, $n \geq 3$. Es sei $0 \neq Z = \sum \zeta_{ij}E_{ij} \in a$. Wir betrachten zunächst den Fall, daß es ein j gibt mit $\zeta_{jj} \neq 0$. Dann gilt $E_{ij} = \zeta_{jj}^{-1}[E_{ij},Z] \in a$ für alle $i \neq j$, mit $[E_{ij},E_{jk}] \in a$ für $k \neq i,j$ ($n \geq 3(!)$) also $E_{ik} \in a$ für alle k und alle $i \neq j$, und wegen $[E_{ji},E_{ik}] = E_{jk} \in a$ folgt schließlich $E_{pq} \in a$ für alle p,q. Mit $[E_{kl},E_{lk}] = E_{kk} - E_{ll} \in a$ erhalten wir, daß a eine Basis von $\mathcal{L}$ enthält und folglich mit $\mathcal{L}$ übereinstimmt. – Es bleibt der Fall $\zeta_{jj} = 0$ für alle j zu behandeln. Es gibt dann ein Paar i,j mit $i \neq j$, so daß $\zeta_{ij} \neq 0$. Man wählt nun $k \neq i,j$ und erhält durch eine kurze Rechnung $[E_{jk},[E_{ki},[E_{ji},Z]]] = -\zeta_{ij}E_{ji} \in a$, also $E_{ji} \in a$. Mit den gleichen Rechnungen wie im Fall zuvor folgt wieder $\mathcal{L} = a$.

3. $\mathcal{L} = so(n,\mathbb{C})$. Da $so(3,\mathbb{C})$ isomorph zu $sl(2,\mathbb{C})$ ist (Aufgabe 7), können wir $n \geq 5$ annehmen. Die Matrizen $F_{ij} := E_{ij} - E_{ji}$ $1 \leq i < j \leq n$) bilden eine Basis von $so(n,\mathbb{C})$. Es sei $0 \neq Z = \sum \zeta_{ij}F_{ij}$ ein Element des Ideals a von $\mathcal{L}$ und $\zeta_{ij} \neq 0$. Man wählt k,l,m so, daß i,j,k,l,m paarweise verschieden sind und findet $[F_{ik},[F_{km},[F_{ki},[F_{lj},Z]]]] = \zeta_{ij}F_{mk} \in a$, also $F_{mk} \in a$. Hieraus erhält man in offensichtlicher Weise $F_{pq} \in a$ für alle $p < q$ und es folgt $a = \mathcal{L}$.

4. $\mathcal{L} = sp(2n, \mathbb{C})$. Wegen $sp(2, \mathbb{C}) \cong sl(2, \mathbb{C})$ und $sp(4\mathbb{C}) \cong so(5, \mathbb{C})$ (Aufgabe 7) kann $n \geq 3$ angenommen werden. Jedes Element von $\mathcal{L}$ hat die Gestalt

$$Z = \begin{pmatrix} A & B \\ C & -A^t \end{pmatrix} \text{ mit } A, B, C \in \text{Mat}(n, \mathbb{C}) \text{ und } B, C \text{ symmetrisch. Wir zeigen}$$

nur, daß jedes Ideal mit Z auch $\begin{pmatrix} A & 0 \\ 0 & -A^t \end{pmatrix}$, $\begin{pmatrix} 0 & B \\ 0 & 0 \end{pmatrix}$ und $\begin{pmatrix} 0 & 0 \\ C & 0 \end{pmatrix}$ enthält;

hieraus erhält man dann ähnlich wie bei $sl(n, \mathbb{C})$, daß das Ideal eine Basis von $\mathcal{L}$

enthält und folglich mit $\mathcal{L}$ übereinstimmt. Aus $Z \in a$ folgt 1. $\left[\begin{pmatrix} E & 0 \\ 0 & 0 \end{pmatrix}, Z \right] =$

$\begin{pmatrix} 0 & B \\ -C & 0 \end{pmatrix} \in a$; 2. $\left[\begin{pmatrix} E & 0 \\ 0 & 0 \end{pmatrix}, \left[\begin{pmatrix} E & 0 \\ 0 & 0 \end{pmatrix}, Z \right] \right] = \begin{pmatrix} 0 & B \\ C & 0 \end{pmatrix} \in a$; folglich ist

$Z - \begin{pmatrix} 0 & B \\ C & 0 \end{pmatrix} = \begin{pmatrix} A & 0 \\ 0 & -A^t \end{pmatrix} \in a$. Durch Addition bzw. Subtraktion von 1.

und 2. folgt schließlich $\begin{pmatrix} 0 & B \\ 0 & 0 \end{pmatrix} \in a$ und $\begin{pmatrix} 0 & 0 \\ C & 0 \end{pmatrix} \in a$. – Damit ist gezeigt,

daß die fraglichen komplexen Lie-Algebren keine nicht-trivialen Ideale besitzen. Daß sie nicht-Abelsch sind, ist offenkundig. – Es bleibt zu zeigen, daß die reellen Formen einfach sind. Ist a ein Ideal in der reellen Form $\mathcal{L}$, so ist $a \oplus ia$ ein Ideal in $\mathcal{L}_{\mathbb{C}} = \mathcal{L} \oplus i\mathcal{L}$. Da $\mathcal{L}_{\mathbb{C}}$ einfach ist, folgt $a \oplus ia = \{0\}$ oder $= \mathcal{L}_{\mathbb{C}}$. Wäre $\mathcal{L}$ Abelsch, so auch $\mathcal{L}_{\mathbb{C}}$, was nicht der Fall ist. Damit ist der Satz bewiesen. $\square$

Corollar 1. SL$(n, \mathbb{C})$, $n \geq 2$; SO$(n, \mathbb{C})$, $n \geq 3$, $n \neq 4$; Sp$(2n\mathbb{C})$, $n \geq 1$ *und ihre reellen Formen sind „als lineare Gruppen" einfach, d.h. die einzigen zusammenhängenden Normalteiler sind $\{E\}$ und die ganze Gruppe.*

Beweis. Da die genannten komplexen Gruppen zusammenhängend sind (I, §2.9, §4.9 bzw. §5.5) und die reellen Formen definitionsgemäß ebenfalls zusammenhängend sind (§1.3), folgt die Behauptung mit dem Corollar zu Satz 3 in §1.2 aus dem vorstehenden Satz. $\square$

Bemerkung. Daß die Gruppe SO(4) nicht einfach ist im Sinne des Corollars, haben wir bereits in I, §4.15 Corollar 2 zu Satz 27 bemerkt: sie besitzt Normalteiler, die zu SO(3) isomorph, also zusammenhängend sind. Aus demselben Corollar folgt auch, daß $so(4)$ isomorph zu $su(2) \oplus su(2)$ ist und folglich $so(4, \mathbb{C})$ isomorph zu $sl(2, \mathbb{C}) \oplus sl(2, \mathbb{C})$.

Corollar 2. *Die adjungierte Darstellung der einfachen klassischen Lie-Algebren (also der in Satz 1 genannten) sind irreduzibel.*

Beweis. Die invarianten Teilräume der adjungierten Darstellung einer Lie-Algebra $\mathcal{L}$ sind die Ideale von $\mathcal{L}$. $\square$

Corollar 3. *Die einfachen komplexen klassischen Lie-Algebren sind halbeinfach.*

Beweis. $\mathcal{L}^{\perp} = \{X \in \mathcal{L}; k(X, Y) = 0 \text{ für alle } Y \in \mathcal{L}\}$ ist ein Ideal in $\mathcal{L}$: Für $X \in \mathcal{L}^{\perp}$ und $Y \in \mathcal{L}$ gilt $k([X, Y], Z) = k(X, [Y, Z]) = 0$ für alle $Z \in \mathcal{L}$, also $[X, Y] \in \mathcal{L}^{\perp}$. Es bleibt zu zeigen, daß $\mathcal{L}^{\perp} \neq \mathcal{L}$, d.h. daß k nicht identisch 0 ist. Dazu zieht man am besten die Tabellen in Abschnitt 3 heran und findet, daß $k(H_i, H_i)$ eine Summe von Quadraten ganzer Zahlen ist, die nicht alle null sind. $\square$

Die Aussage von Corollar 3 gilt für eine wesentlich größere Klasse von Lie-Algebren als der genannten; wir benötigen das im folgenden jedoch nicht. Ohne Beweis stellen wir zur Orientierung einige der wichtigsten Eigenschaften halbeinfacher Lie-Algebren zusammen:

Satz 2. *Für eine Lie-Algebra $\mathcal{L}$ über einem Körper der Charakteristik 0 sind die folgenden Aussagen äquivalent:*

(a) $\mathcal{L}$ *ist halbeinfach;*

(b) $\mathcal{L}$ *ist direkte Summe einfacher Ideale;*

(c) $\mathcal{L}$ *besitzt kein Abelsches Ideal $\neq \{0\}$;*

(d) (H. Weyl) *jede (endlich-dimensionale) Darstellung von $\mathcal{L}$ ist vollständig reduzibel.*

Corollar. *Jede Darstellung einer halbeinfachen linearen Gruppe G (d.h. G ist zusammenhängend und $\mathcal{L}G$ ist halbeinfach) ist vollständig reduzibel.*

Das Corollar folgt nach § 1.1 aus Satz 2 (d); man kann es direkt wie in § 1.4 mit dem Weylschen Unitär-Trick beweisen, wenn man voraussetzt, daß jede halbeinfache lineare Gruppe die Eigenschaft (UT), § 1.4 besitzt.

2. Wurzelraumzerlegung

Im folgenden sei $\mathcal{L}$ eine halbeinfache komplexe Lie-Algebra.

Definition. Eine Teilalgebra h von $\mathcal{L}$ heißt *Cartansche Teilalgebra*, wenn gilt

a) h ist Abelsch: $[h, h] = \{0\}$,

b) $h = \{X \in \mathcal{L}; [H, X] = 0 \text{ für alle } H \in h\}$,

c) $\mathrm{ad}H$ ist für jedes $H \in h$ diagonalisierbar.

Jede halbeinfache komplexe Lie-Algebra besitzt Cartansche Teilalgebren. Wir beweisen diesen Sachverhalt nur für die klassischen Lie-Algebren jeweils durch Angabe einer „Cartanschen Standard Teilalgebra" im nächsten Abschnitt. (Für Zusammenhänge mit maximalen Tori vgl. Aufgabe 13.)

Für $\alpha \in h^* = \mathrm{Hom}_{\mathbb{C}}(h, \mathbb{C})$ sei

$$\mathcal{L}^{\alpha} := \{X \in \mathcal{L}; [H, X] = \alpha(H)X \text{ für alle } H \in h\} \; .$$

Definition. Eine Linearform $\alpha \in h^*$ heißt *Wurzel* von $\mathcal{L}$ (bez. h), wenn

$$\mathcal{L}^\alpha \neq \{0\} \quad \text{und} \quad \alpha \neq 0 \ .$$

Die Menge der Wurzeln wird mit R bezeichnet oder wenn erforderlich mit $R(\mathcal{L}, h)$.

Satz 3. (a) $\mathcal{L} = h \oplus \bigoplus_{\alpha \in R} \mathcal{L}^\alpha$;

   (b) $[\mathcal{L}^\alpha, \mathcal{L}^\beta] \subset \mathcal{L}^{\alpha+\beta}$ *für* $\alpha, \beta \in h^*$;

   (c) $k(\mathcal{L}^\alpha, \mathcal{L}^\beta) = \{0\}$ *für alle* $\alpha, \beta \in R$ *mit* $\alpha + \beta \neq 0$;

   (d) *Die Restriktion von k auf $\mathcal{L}^\alpha \times \mathcal{L}^{-\alpha}$ ist für jedes $\alpha \in R$ nicht-ausgeartet, ebenso die Restriktion auf h.*

Beweis. (a) Nach Voraussetzung sind alle linearen Abbildungen $\mathrm{ad}H : \mathcal{L} \to \mathcal{L}$ diagonalisierbar, wegen $[\mathrm{ad}H, \mathrm{ad}H'] = \mathrm{ad}[H, H'] = 0$ für alle $H, H' \in h$ also simultan diagonalisierbar. Hieraus folgt $\mathcal{L} = \mathcal{L}^0 \oplus \bigoplus_{\alpha \in R} \mathcal{L}^\alpha$. Da außerdem nach Voraussetzung $\mathcal{L}^0 = h$ gilt, ist (a) bewiesen.

   (b) folgt unmittelbar aus der Jacobi-Identität.

   (c) Für $X \in \mathcal{L}^\alpha$, $Y \in \mathcal{L}^\beta$ gilt $\mathrm{ad}X \circ \mathrm{ad}Y(\mathcal{L}^\gamma) \subset \mathcal{L}^{\gamma+\alpha+\beta}$; mit $\alpha + \beta \neq 0$ folgt $\mathrm{Spur}(\mathrm{ad}X \circ \mathrm{ad}Y) = 0$.

   (d) Weil k nach Voraussetzung nicht-ausgeartet ist, folgt die Behauptung (mit $\mathcal{L}^0 = h$) aus (c).   □

Lemma 1. (a) *Für alle* $H, H' \in h$ *gilt*

$$k(H, H') = \sum_{\alpha \in R} (\dim \mathcal{L}^\alpha) \alpha(H) \alpha(H') \ .$$

   (b) *Für alle* $\alpha, \beta \in R$ *und alle* $H \in [\mathcal{L}^\alpha, \mathcal{L}^{-\alpha}]$ *gibt es ein* $q \in \mathbb{Q}$, *so daß*

$$\alpha(H) = q\beta(H) \ .$$

Beweis. (a) Wählt man in $\mathcal{L}^0$ und jedem $\mathcal{L}^\alpha$, $\alpha \in R$, eine Basis, so erhält man als Matrix von $\mathrm{ad}H$ eine Diagonalmatrix mit den Eigenwerten 0 und $\alpha(H)$ und den Vielfachheiten $\dim h$ bzw. $\dim \mathcal{L}^\alpha$. Ebenso bildet man die Matrix von $\mathrm{ad}H'$ und erhält für $\mathrm{Spur}(\mathrm{ad}H \circ \mathrm{ad}H')$ die angegebene Summe.

   (b) Es sei $V = \sum_{t \in \mathbb{Z}} \mathcal{L}^{\alpha+t\beta}$ (dies ist eine endliche Summe). Wie oben erhält man zu jedem $H \in h$

$$\mathrm{Spur}(\mathrm{ad}H)|_V = \sum_{t \in \mathbb{Z}} (\dim \mathcal{L}^{\alpha+t\beta})(\alpha + t\beta)(H) = r\alpha(H) + s\beta(H)$$

mit $r, s \in \mathbb{Z}$, $r > 0$.

   Ist nun $H \in [\mathcal{L}^\alpha, \mathcal{L}^{-\alpha}]$, so gibt es X, Y mit $[X, Y] = H$. Es folgt $(\mathrm{ad}H)|_V = [(\mathrm{ad}X)|_V, (\mathrm{ad}Y)|_V]$, also $\mathrm{Spur}(\mathrm{ad}H)|_V = 0$ und hieraus die Behauptung.   □

Satz 4. (a) *Zu jedem* $\alpha \in R$ *und jedem* $X_\alpha \in \mathcal{L}^\alpha$ *gibt es* $X_{-\alpha} \in \mathcal{L}^{-\alpha}$ *und* $H_\alpha \in [\mathcal{L}^\alpha, \mathcal{L}^{-\alpha}]$, *so daß*

$$[H_\alpha, X_\alpha] = 2X_\alpha \ , \quad [H_\alpha, X_{-\alpha}] = -2X_{-\alpha} \ , \quad [X_\alpha, X_{-\alpha}] = H_\alpha \ .$$

(b) $\dim \mathcal{L}^\alpha = \dim[\mathcal{L}^\alpha, \mathcal{L}^{-\alpha}] = 1$ *für alle* $\alpha \in R$.

Corollar. *Für jedes* $\alpha \in R$ *ist*

$$\mathcal{L}^{-\alpha} + [\mathcal{L}^{-\alpha}, \mathcal{L}^\alpha] + \mathcal{L}^\alpha$$

eine zu $sl(2, \mathbb{C})$ *isomorphe Teilalgebra von* $\mathcal{L}$.

Das Corollar folgt unmittelbar aus dem Satz. Die genannte Teilalgebra wird im folgenden mit s_α bezeichnet.

Beweis des Satzes. Da k nicht-ausgeartet ist, gibt es zu jedem $\alpha \in R$ ein eindeutig bestimmtes $h_\alpha \in h \setminus \{0\}$, so daß

(1) $$k(h_\alpha, H) = \alpha(H) \quad \text{für alle } H \in h \ .$$

Für $X \in \mathcal{L}^\alpha$, $Y \in \mathcal{L}^{-\alpha}$ gilt $k([X,Y], H) = -k(X, [H,Y]) = \alpha(H)k(X,Y)$ $= k(h_\alpha, H)k(X,Y) = k(k(X,Y)h_\alpha, H)$ für alle $H \in h$, also

(2) $$[X,Y] = k(X,Y)h_\alpha \ .$$

Mit Satz 3 (d) folgt $[\mathcal{L}^\alpha, \mathcal{L}^{-\alpha}] = \mathbb{C}h_\alpha$, also $\dim[\mathcal{L}^\alpha, \mathcal{L}^{-\alpha}] = 1$. Wir zeigen: $\alpha(h_\alpha) \neq 0$ für alle $\alpha \in R$. Falls $\alpha(h_\alpha) = 0$, folgt aus Teil (b) des Lemmas $\beta(h_\alpha) = 0$ für alle $\beta \in R$, und aus Teil (a) des Lemmas folgt (mit $H = h_\alpha$) $k(h_\alpha, H') = 0$ für alle $H' \in h$ im Widerspruch zu $h_\alpha \neq 0$.

Es sei jetzt $X_\alpha \in \mathcal{L}^\alpha$. Da k auf $\mathcal{L}^\alpha \times \mathcal{L}^{-\alpha}$ nicht-ausgeartet ist, gibt es ein $X_{-\alpha} \in \mathcal{L}^{-\alpha}$ mit $k(X_\alpha, X_{-\alpha}) = 2\alpha(h_\alpha)^{-1}$. Es folgt (s.o.) $[X_\alpha, X_{-\alpha}] = k(X_\alpha, X_{-\alpha})h_\alpha = 2h_\alpha\alpha(h_\alpha)^{-1}$. Wir setzen also

(3) $$H_\alpha := 2\alpha(h_\alpha)^{-1}h_\alpha$$

und erhalten

(4) $$\alpha(H_\alpha) = 2 \quad \text{und} \quad [X_\alpha, X_{-\alpha}] = H_\alpha \quad (\alpha \in R)$$

Wegen $[H_\alpha, X_\alpha] = \alpha(H_\alpha)X_\alpha$, $[H_\alpha, X_{-\alpha}] = -\alpha(H_\alpha)X_{-\alpha}$ ist damit (a) bewiesen. Es bleibt $\dim \mathcal{L}^\alpha = 1$ zu zeigen. Angenommen, es gilt $\dim \mathcal{L}^\alpha \geq 2$. Dann gibt es ein $X \in \mathcal{L}^{-\alpha}$ mit $k(X, X_\alpha) = 0$. Aus (2) folgt $[X, X_\alpha] = 0$. Folglich ist $V := \{(\mathrm{ad}X_{-\alpha})^n(X); n \in \mathbb{N}_0\}$ ein irreduzibler s_α-Modul (bez. $(Z, v) \mapsto [Z, v] = (\mathrm{ad}Z)(v)$ für $Z \in s_\alpha$, $v \in V$). Die Eigenwerte von $\mathrm{ad}H$ auf V sind $-2n$, $n \in \mathbb{N}$, folglich ist V zu keinem der in § 1.1 Beispiel beschriebenen $sl(2, \mathbb{C})$-Moduln isomorph, was ein Widerspruch zu § 3.2 Satz 5 ist (vgl. auch § 3.1 Bemerkung 1). Damit ist der Satz bewiesen. $\qquad \square$

Wir beweisen einige weitere Eigenschaften von Wurzelsystemen komplexer halbeinfacher Lie-Algebren, die diese Systeme (als Teilmengen Euklidischer Vektorräume) vollständig charakterisieren (vgl. die folgende Bemerkung 1)).

Satz 5. *Ist $\mathcal{L}$ eine komplexe halbeinfache Lie-Algebra, h eine Cartansche Teilalgebra von $\mathcal{L}$, R das zugehörige Wurzelsystem und H_α, $\alpha \in R$ wie in Satz 4, so gilt*

(a) *h wird aufgespannt von $\{H_\alpha; \alpha \in R\}$;*

(b) *$\beta(H_\alpha) \in \mathbb{Z}$ für alle $\alpha, \beta \in R$;*

(c) *$\beta - \beta(H_\alpha)\alpha \in R$ für alle $\alpha, \beta \in R$;*

(d) *für alle $\alpha \in R$ und $t \in \mathbb{Z}$ gilt $t\alpha \in R \Leftrightarrow t = \pm 1$.*

Beweis. (a) Andernfalls gäbe es ein $H \in h$, $H \neq 0$, so daß $k(H, H_\alpha) = 0$, also $\alpha(H) = 0$ für alle $\alpha \in R$. Aus Teil (a) des obigen Lemmas folgt dann $k(H, H') = 0$ für alle $H' \in h$, also $H = 0$, im Widerspruch zu $H \neq 0$. Die Beweise der verbleibenden Aussagen sind weitere Anwendungen der Darstellungstheorie von $sl(2, \mathbb{C})$. Dabei benutzen wir wie im Beweis von Satz 4, daß jeder irreduzible $sl(2, \mathbb{C})$-Modul isomorph zu einem der in § 1.1 beschriebenen ist; die Eigenwerte von $\mathrm{ad}H_\alpha$ sind danach die ganzen Zahlen $k, k - 2, \ldots, -k$, wobei $k + 1$ die Dimension des Moduls ist.

(b) Für $\alpha, \beta \in R$ betrachten wir den s_α-Modul $V = \sum_{t \in \mathbb{Z}} \mathcal{L}^{\beta + t\alpha}$. Wegen $\mathcal{L}^\beta \subset V$ ist $\beta(H_\alpha)$ ein Eigenwert von $\mathrm{ad}H_\alpha$, also eine ganze Zahl.

(c) Wie wir soeben bemerkt haben, ist $\beta(H_\alpha)$, und somit auch $-\beta(H_\alpha)$ ein Eigenwert von $\mathrm{ad}H_\alpha$. Wegen $[H_\alpha, X_{\beta - \beta(H_\alpha)}] = (\beta - \beta(H_\alpha)\alpha)(H_\alpha) = -\beta(H_\alpha)$ ist $\mathcal{L}^{\beta - \beta(H_\alpha)\alpha}$ der Eigenraum von $\mathrm{ad}H_\alpha$ auf V zu $-\beta(H_\alpha)$, also von $\{0\}$ verschieden; folglich ist $\beta - \beta(H_\alpha)\alpha \in R$.

(d) Hier betrachten wir den s_α-Modul $W = \mathbb{C}X_{-\alpha} \oplus \mathbb{C}H_\alpha \oplus \sum_{t \in \mathbb{Z}} \mathcal{L}^{t\alpha}$. Sei $p := \max\{t \in \mathbb{Z}; \mathcal{L}^{t\alpha} \neq \{0\}\}$. Dann ist $\mathcal{L}^{p\alpha}$ Eigenraum von $\mathrm{ad}H_\alpha$ auf W zum Eigenwert $2p$, mithin ist auch $-2p$ ein Eigenwert; andererseits sind alle Eigenwerte von $\mathrm{ad}H_\alpha$ auf W größer oder gleich $-\alpha(H_\alpha) = -2$, also gilt $p = 1$, und folglich $\mathcal{L}^{t\alpha} = \{0\}$ für $t \geq 2$, d.h. $\pm 2\alpha, \pm 3\alpha, \ldots$ sind keine Wurzeln. Damit ist „$\Rightarrow$" bewiesen. „$\Leftarrow$" folgt unmittelbar aus (c). □

Es sei h_0 der von den H_α, $\alpha \in R$ aufgespannte $\mathbb{R}$-Vektorraum, also

$$h_0 = \left\{ \sum_{\alpha \in R} a_\alpha H_\alpha; a_\alpha \in \mathbb{R} \right\}.$$

(h_0 ist eine reelle Form von h, vgl. § 1.3.) Nach Satz 5 (b) gilt $R \subset (h_0)^* = \mathrm{Hom}_{\mathbb{R}}(h_0, \mathbb{R})$, und mit dem obigen Lemma folgt $k(H, H') \in \mathbb{R}$ und $k(H, H) = \sum_{\alpha \in R} \alpha(H)^2$ für alle $H, H' \in h_0$, also

(5)   *Die Restriktion der Killing-Form auf h_0 ist positiv-definit .*

Mit Hilfe des $\mathbb{R}$-Vektorraum-Isomorphismus $H \mapsto H^*$, $H^*(H') := k(H, H')$ von h_0 auf $(h_0)^*$ erhalten wir eine positiv-definite symmetrische Bilinearform auf $(h_0)^*$, definiert durch

(6) $\qquad\qquad (H^*, H'^*) = k(H, H')$ für $H, H' \in h_0$.

Damit wird das Wurzelsystem $R = R(\mathcal{L}, h)$ zu einer Teilmenge eines Euklidischen Vektorraumes.

Bemerkung 1. Wir gehen nun von einem (endlich-dimensionalen) Euklidischen Vektorraum $(V, (-, -))$ aus und nennen eine Teilmenge R von V ein *abstraktes Wurzelsystem*, wenn mit $\langle \alpha, \beta \rangle := 2\frac{(\alpha, \beta)}{(\beta, \beta)}$

(a) $|R| < \infty$, $\langle R \rangle = V$, $0 \notin R$;

(b) für $\alpha \in R$ und $t \in \mathbb{Z}$ gilt $t\alpha \in R \Leftrightarrow t = \pm 1$;

(c) $\alpha - \langle \alpha, \beta \rangle \beta \in R$ für alle $\alpha, \beta \in R$;

(d) $\langle \alpha, \beta \rangle \in \mathbb{Z}$ für alle $\alpha, \beta \in R$.

Wir haben bewiesen, daß Wurzelsysteme halbeinfacher komplexer Lie-Algebra in diesem Sinne abstrakte Wurzelsysteme sind. Man kann umgekehrt zeigen, daß es zu jedem abstrakten Wurzelsystem R eine halbeinfache komplexe Lie-Algebra $\mathcal{L}$ und eine Cartansche Teilalgebra h von $\mathcal{L}$ gibt, so daß $R = R(\mathcal{L}, h)$. Für einen Beweis vgl. man [Serre], Chapitre VI, Appendice.

Eine weitere wichtige Eigenschaft von Wurzelsystemen halbeinfacher komplexer Lie-Algebren, die wir beim Beweis der Existenz von Basen benötigen, ist

(7) *Für alle* $\alpha, \beta \in R, \alpha$ *nicht proportional zu* β, *gibt es* $p, q \in \mathbb{N}_0$, *so daß*

(a) $p - q = -\beta(H_\alpha)$,

(b) $\beta + t\alpha \in R$ *für* $t \in \mathbb{Z}$ *genau dann, wenn* $-q \leq t \leq p$.

Zum Beweis betrachten wir wieder den s_α-Untermodul $V = \sum_{t \in \mathbb{Z}} \mathcal{L}^{\beta + t\alpha}$ von $\mathcal{L}$, aufgefaßt als $sl(2, \mathbb{C})$-Modul bez. der durch ad definierten Darstellung. Wir setzen $p := \max\{t \in \mathbb{Z}; \beta + t\alpha \in R\}$. Wegen $\beta \in R$ nach Voraussetzung und $\beta - \beta(H_\alpha)\alpha \in R$ nach Satz 5 (c) gilt $p \geq 0$ und $p \geq -\beta(H_\alpha)$. Die Eigenwerte von $\mathrm{ad}H_\alpha$ auf V sind $\beta(H_\alpha) + 2t$, $t \in \mathbb{Z}$, und $\beta(H_\alpha) + 2p$ ist der größte Eigenwert. Aus der Darstellungstheorie von $sl(2, \mathbb{C})$ wissen wir, daß dann $-\beta(H_\alpha) - 2p = \beta(H) - 2q$ mit $q := \beta(H_\alpha) + p$ der kleinste Eigenwert ist und alle $\beta(H_\alpha) + 2t$ mit $-q \leq t \leq p$ ebenfalls Eigenwerte sind. Damit ist (b) bewiesen. Nach Definition von q gilt überdies $p - q = -\beta(H_\alpha)$, und wegen $p \geq -\beta(H_\alpha)$ noch $q \geq 0$.   □

Definition. Es sei $\mathcal{L}$, h, R wie in Satz 5. Eine Teilmenge B von R heißt *Basis* von R (oder *Fundamentalsystem einfacher Wurzeln*), wenn

(B1) B ist linear unabhängig über $\mathbb{R}$, und

(B2)   jede Wurzel $\alpha \in R$ hat eine Darstellung

$$\alpha = \pm \sum_{\alpha \in B} m_\alpha \alpha , \quad m_\alpha \in \mathbb{N}_0 .$$

Gilt für α das Pluszeichen (Minuszeichen), so heißt α *positive (negative)* Wurzel (bez. B). Die Menge der positiven (negativen) Wurzeln wird mit R (R^-) bezeichnet. (Es gilt $R^- = -R^+$.)

Satz 6. *Jedes Wurzelsystem besitzt eine Basis. Ist B eine Basis, so gilt (außer $\alpha(H_\alpha) = 2$ für $\alpha \in B$, vgl. (2))*
  (a) $-\alpha(H_\beta) \in \mathbb{N}_0$ *für* $\alpha, \beta \in B$, $\alpha \neq \beta$;
  (b) $\alpha(H_\beta) = 0 \Rightarrow \beta(H_\alpha) = 0$ *für* $\alpha, \beta \in B$.

Beweis. Sei $G_1, \ldots, G_r$ eine Basis des $\mathbb{R}$-Vektorraumes h_0. Wir führen in $(h_0)^*$ eine vollständige Ordnung ein durch

$$\lambda > \mu :\Longleftrightarrow \exists k : \lambda(G_i) = \lambda(G_i) , \quad 1 \leq i \leq k , \quad \lambda(G_{k+1}) > \mu(G_{k+1}) .$$

Wir nennen (vorläufig) eine Wurzel α positiv (negativ), wenn $\alpha > 0$ ($\alpha < 0$, d.h. $0 > \alpha$) gilt; es wird sich zeigen, daß dies genau die positiven (negativen) Wurzeln im Sinne obiger Definition sind. Eine positive Wurzel α heißt einfach, wenn es keine Zerlegung $\alpha = \beta + \gamma$ mit positiven Wurzeln β, γ gibt. Sei $\{\alpha_1, \ldots, \alpha_k\}$ die Menge *aller* einfachen Wurzeln. Wir zeigen zuerst: $\langle \alpha_i, \alpha_j \rangle := \alpha_i(H_{\alpha_j}) \in -\mathbb{N}_0$ für $i \neq j$, und zu diesem Zweck, daß die in (7) (mit $\alpha \to \alpha_i$, $\beta \to \alpha_j$) definierte Zahl q in dem vorliegenden Fall gleich Null ist, d.h. $\alpha_i - \alpha_j \notin R$ für $i \neq j$. *Annahme:* $\alpha_i - \alpha_j$ ist eine positve Wurzel; dann ist $\alpha_i = (\alpha_i - \alpha_j) + \alpha_j$ eine Zerlegung in positive Wurzeln, also α_i nicht einfach, Widerspruch. *Annahme:* $\alpha_i - \alpha_j$ ist eine negative Wurzel; dann ist $\alpha_j - \alpha_i$ eine positive Wurzel und $\alpha_j = (\alpha_j - \alpha_i) + \alpha_i$ ein Widerspruch zur Einfachheit von α_j. Also ist $\alpha_i - \alpha_j$ keine Wurzel, und damit (mit $p \geq 0$ wie in (7)) $p = -\alpha_j(H_{\alpha_i}) \geq 0$.

Als nächstes zeigen wir, daß $\alpha_1, \ldots, \alpha_k$ linear unabhängig (über $\mathbb{R}$) sind. Sei $\sum_{i=1}^k a_i \alpha_i = 0$, $M := \{i; a_i < 0\}$, $N := \{i; a_i \geq 0\}$. Es folgt $\lambda := \sum_{i \in M}(-a_i)\alpha_i = \sum_{i \in N} a_i \alpha_i$, ferner $(\lambda, \lambda) = \sum_{i \in M, j \in N}(-a_i)a_j(\alpha_i, \alpha_j)$. Einerseits ist $(\lambda, \lambda) \geq 0$ (vgl. (6)); andererseits ist die Summe ≤ 0, denn $(-a_i) > 0$ ($i \in M$), $a_j \geq 0$ ($j \in N$), $(\alpha_i, \alpha_j) < 0$ (beachte $M \cap N = \emptyset$, $(\alpha_i, \alpha_j) = \frac{1}{2}\langle \alpha_i, \alpha_j \rangle (\alpha_j, \alpha_j)$); es folgt, daß die Summe und damit jeder Summand $= 0$ ist, also $a_j = 0$ ($j \in N$) und $M = \emptyset$. Folglich sind $\alpha_1, \ldots, \alpha_k$ linear unabhängig.

Es sei schließlich α eine positive Wurzel. Ist α einfach, so ist α gleich einem der α_i, mithin hat α eine Darstellung wie in (B2). Sei α nicht einfach. Dann gibt es positve Wurzeln β_1, β_2 mit $\alpha = \beta_1 + \beta_2$. Entweder sind β_1, β_2 einfach, oder man kann sie weiter zerlegen als Summe positiver Wurzeln. Das macht man so lange, bis man α als Summe einfacher Wurzeln dargestellt hat. Faßt man gleiche Summanden zusammen, hat man die gewünschte Darstellung. Ist $\alpha \in R$ nicht positiv, so ist $-\alpha$ positiv; damit ist bewiesen, daß $\{\alpha_1, \ldots, \alpha_k\}$ eine Basis von R ist. – Für eine beliebige Basis B von R und $\alpha, \beta \in B$, $\alpha \neq \beta$, ist $\alpha - \beta$ nach (B2) keine Wurzel; mit (7) folgt (a). Aus der Symmetrie von $(-,-)$ und $(\alpha, \beta) = 1/2\langle \alpha, \beta \rangle (\beta, \beta)$ mit $\langle \alpha, \beta \rangle = \alpha(H_\beta)$ (s.o.) folgt (b). $\square$

Bemerkung 2. Man verifiziert mühelos, daß $(h_0)^*$ von R aufgespannt wird, nach (B2) also auch von jeder Basis von R. Benutzt man noch, daß h_0 eine reelle Form von h ist, so folgt:

Ist B eine Basis von $R(\mathcal{L}, h)$, so ist B eine $\mathbb{R}$-Basis von $(h_0)^*$ und eine $\mathbb{C}$-Basis von h^*. Die H_α, $\alpha \in B$, bilden eine $\mathbb{R}$-Basis von h_0 und eine $\mathbb{C}$-Basis von h.

Definition. Die Matrix

$$C := (c_{ij})_{1 \le i, j \le n} , \quad c_{ij} := \alpha_i(H_j)$$

heißt *Cartan-Matrix* von $\mathcal{L}$ bez. der Basis $\alpha_1, \ldots, \alpha_n$ von $R(\mathcal{L}, h)$. Es gilt also

$$c_{ii} = 2 \quad \text{für } 1 \le i \le n ,$$

$$c_{ij} \in -\mathbb{N}_0 ,$$

$$c_{ij} = 0 \implies c_{ji} = 0 \quad \text{für } 1 \le i \ne j \le n .$$

Man kann beweisen, daß eine halbeinfache komplexe Lie-Algebra durch ihre Cartan-Matrix (bis auf Isomorphie) eindeutig bestimmt ist; oder anders ausgedrückt, daß nicht isomorphe Lie-Algebren der genannten Art verschiedene Cartan-Matrizen haben.

Eine einprägsamere Methode, den Isomorphietyp einer halbeinfachen komplexen Lie-Algebra zu beschreiben, besteht darin, dem Wurzelsystem ein Diagramm zuzuordnen, was folgendermaßen geschieht: Den Elementen $\alpha_1, \ldots, \alpha_r$ einer Basis des Wurzelsystems ordnet man bijektiv r Punkte der Ebene zu, die ebenfalls mit $\alpha_1, \ldots, \alpha_r$ bezeichnet werden. Man verbindet sodann α_i mit α_j $(i \ne j)$ durch $c_{ij}c_{ji}$-Linien (die durch kein α_k gehen für $k \ne i, j$; c_{ij} w.o.). Falls $c_{ij} \ne c_{ji}$, werden die Verbindungslinien von α_i, α_j mit einer Pfeilspitze versehen, und zwar in Richtung auf α_j, wenn $c_{ij} < c_{ji}$. (Für Beispiele vgl. 3.)

Der so entstehende Graph heißt *Dynkin-Diagramm* der Lie-Algebra. Wie für Cartan-Matrizen gilt auch für Dynkin-Diagramme, daß diese die Lie-Algebra bis auf Isomorphie eindeutig bestimmen (insbesondere hängen beide nicht von der gewählten Cartan-Algebra und nicht von der gewählten Basis des Wurzelsystems ab).

3. Wurzelraum-Zerlegung von $sl(n, \mathbb{C})$, $so(n, \mathbb{C})$ und $sp(n, \mathbb{C})$

Für einen Teilraum $V \subset \text{Mat}(n, \mathbb{C})$, der nur aus Diagonalmatrizen besteht, sind die Linearformen $\epsilon_1, \ldots, \epsilon_n \in V^*$ definiert durch $\epsilon_i(D) := d_i$ $(1 \le i \le n)$, wenn $D = [d_1, \ldots, d_n]$. Zur Abkürzung schreiben wir E_i für die Matrix E_{ii}.

(A) $g = sl(n+1, \mathbb{C})$, $n \geq 1$

   $= \{X \in \mathrm{Mat}(n+1, \mathbb{C}); \mathrm{Spur} X = 0\}$.

   1) *Cartansche Teilalgebra*

   $h = \{[d_1, \ldots, d_{n+1}]; d_i \in \mathbb{C}, d_1 + \ldots + d_{n+1} = 0\}$

   2) *Wurzelsystem und Wurzelräume*

   $\alpha_{ij} := \epsilon_i - \epsilon_j$; $g^{\alpha_{ij}} = \mathbb{C} E_{ij}$ $(i \leq i \neq j \leq n+1)$

   3) *Basis*

   $\alpha_i := \epsilon_i - \epsilon_{i+1}$, $H_i = E_i - E_{i+1}$ $(1 \leq i \leq n)$

   4) *Positive Wurzeln*

   $\epsilon_i - \epsilon_j = \alpha_i + \alpha_{i+1} + \ldots + a_{j-1}$ $(1 \leq i < j \leq n+1)$

   5) *Cartan-Matrix*   6) *Dynkin-Diagramm*

$$\begin{pmatrix} 2 & -1 & & & \\ -1 & 2 & & 0 & \\ & & \ddots & & \\ & 0 & & 2 & -1 \\ & & & -1 & 2 \end{pmatrix}$$

$\overset{\bullet}{\alpha_1} \rule{2cm}{0.4pt} \overset{\bullet}{\alpha_2} \cdots \overset{\bullet}{\alpha_{n-1}} \rule{2cm}{0.4pt} \overset{\bullet}{\alpha_n}$

(B) $g = so(2n+1, \mathbb{C})$

   $= \{X \in \mathrm{Mat}(2n+1, \mathbb{C}); X^t F + F X = 0\}^1$ $F := \begin{pmatrix} 0 & E & 0 \\ E & 0 & 0 \\ 0 & 0 & 1 \end{pmatrix}$

   $= \left\{ \begin{pmatrix} A & B & x \\ C & -A^t & y \\ -y^t & -x^t & 0 \end{pmatrix} ; x, y \in \mathbb{C}^n,\ A, B, C \in \mathrm{Mat}(n, \mathbb{C}), \right.$
   $\left. B^t = -B,\ C^t = -C \right\},\ n \geq 2$

   1) *Cartansche Teilalgebra*

   $h = \{[D, -D, 0]; D = [d_1, \ldots, d_n], d_i \in \mathbb{C}\}$

---

[1] Wir wählen hier für F nicht die Einheitsmatrix, um h als Menge von Diagonalmatrizen zu erhalten. Diese Lie-Algebra ist natürlich isomorph zur Lie-Algebra der schiefsymmetrischen Matrizen.

2) *Wurzelsystem und Wurzelräume*

$$\begin{matrix} \epsilon_i \\ -\epsilon_i \end{matrix} \quad (1 \le i \le n) \quad g^{\epsilon_i} = \mathbb{C} \begin{pmatrix} 0 & 0 & e_i \\ 0 & 0 & 0 \\ 0 & -e_i^t & 0 \end{pmatrix}, \quad g^{-\epsilon_i} = \mathbb{C} \begin{pmatrix} 0 & 0 & 0 \\ 0 & 0 & e_i \\ -e_i^t & 0 & 0 \end{pmatrix}$$

$$\epsilon_i - \epsilon_j \quad (i \ne j) \quad g^{\epsilon_i - \epsilon_j} = \mathbb{C} \begin{pmatrix} E_{ij} & 0 & 0 \\ 0 & -E_{ji} & 0 \\ 0 & 0 & 0 \end{pmatrix}$$

$$\epsilon_i + \epsilon_j \quad (i < j) \quad g^{\epsilon_i + \epsilon_j} = \mathbb{C} \begin{pmatrix} 0 & E_{ij} - E_{ji} & 0 \\ 0 & 0 & 0 \\ 0 & 0 & 0 \end{pmatrix}$$

$$-\epsilon_i - \epsilon_j \quad (i < j) \quad g^{-\epsilon_i - \epsilon_j} = \mathbb{C} \begin{pmatrix} 0 & 0 & 0 \\ E_{ij} - E_{ji} & 0 & 0 \\ 0 & 0 & 0 \end{pmatrix}$$

3) *Basis*

$$\alpha_i := \epsilon_i - \epsilon_{i+1} \quad (1 \le i \le n-1), \quad \alpha_n := \epsilon_n$$
$$H_i = [E_i - E_{i+1}, -E_i + E_{i+1}, 0] \quad (1 \le i \le n-1),$$
$$H_n = [2E_n, -2E_n, 0]$$

4) *Positive Wurzeln*

$$\begin{aligned} \epsilon_i &= \alpha_i + \ldots + \alpha_{n-1} + \alpha_n & (1 \le i \le n) \\ \epsilon_i - \epsilon_j &= \alpha_i + \ldots + \alpha_{j-1} & (1 \le i < j \le n) \\ \epsilon_i + \epsilon_j &= \alpha_i + \ldots + \alpha_{j-1} + 2\alpha_j + \ldots + 2\alpha_n & (1 \le i < j \le n) \end{aligned}$$

5) *Cartan-Matrix*   6) *Dynkin-Diagramm*

$$\begin{pmatrix} 2 & -1 & & & & \\ -1 & 2 & & & 0 & \\ & & \ddots & & & \\ & & & 2 & -1 & 0 \\ & 0 & & -1 & 2 & -2 \\ & & & 0 & -1 & 2 \end{pmatrix}$$

(C) $\quad g = sp(2n, \mathbb{C})$

$$= \{ \begin{pmatrix} A & B \\ C & -A^t \end{pmatrix}; A, B, C \in \mathrm{Mat}(n, \mathbb{C}), B^t = B, C^t = C \}, \quad n \ge 3$$

1) *Cartansche Teilalgebra*

$$h = \{ [D, -D]; D = [d_1, \ldots, d_n], d_i \in \mathbb{C} \}$$

2) Wurzelsystem und Wurzelräume

$$\epsilon_i - \epsilon_j \quad (1 \le i \ne j \le n) \qquad g^{\epsilon_i - \epsilon_j} = \mathbb{C}\begin{pmatrix} E_{ij} & 0 \\ 0 & -E_{ji} \end{pmatrix}$$

$$\epsilon_i + \epsilon_j \quad (1 \le i \le j \le n) \qquad g^{\epsilon_i + \epsilon_j} = \mathbb{C}\begin{pmatrix} 0 & E_{ij} + E_{ji} \\ 0 & 0 \end{pmatrix}$$

$$-\epsilon_i - \epsilon_j \quad (1 \le i \le j \le n) \qquad g^{-\epsilon_i - \epsilon_j} = \mathbb{C}\begin{pmatrix} 0 & 0 \\ E_{ij} + E_{ji} & 0 \end{pmatrix}$$

3) Basis

$$\alpha_i := \epsilon_i - \epsilon_{i+1} \quad (1 \le i \le n-1), \quad \alpha_n := 2\epsilon_n$$
$$H_i = [E_i - E_{i+1}, -E_i - E_{i+1}] \quad (1 \le i \le n-1), \quad H_n = [E_n, -E_n]$$

4) Positive Wurzeln

$$\epsilon_i - \epsilon_j = \alpha_i + \ldots + \alpha_{j-1} \qquad\qquad\qquad\qquad (1 \le i < j \le n)$$
$$\epsilon_i + \epsilon_j = \alpha_i + \ldots + \alpha_{j-1} + 2\alpha_j + \ldots + 2\alpha_{n-1} + \alpha_n \quad (1 \le i < j \le n)$$
$$2\epsilon_i = 2\alpha_i + \ldots + 2\alpha_{n-1} + \alpha_n \qquad\qquad\qquad (1 \le i \le n)$$

5) Cartan-Matrix   6) Dynkin-Diagramm

$$\begin{pmatrix} 2 & -1 & & & & \\ -1 & 2 & & & 0 & \\ & & \ddots & & & \\ & & & 2 & -1 & 0 \\ & 0 & & -1 & 2 & -1 \\ & & & 0 & -2 & 2 \end{pmatrix}$$

$$\alpha_1 \qquad \alpha_2 \qquad \alpha_{n-2} \quad \alpha_{n-1} \quad \alpha_n$$

(D) $g = so(2n, \mathbb{C})$

$$= \{x \in \text{Mat}(2n, \mathbb{C}); \; X^t F + F X = 0\}, \quad F := \begin{pmatrix} 0 & E \\ E & 0 \end{pmatrix}$$

$$= \{\begin{pmatrix} A & B \\ C & -A^t \end{pmatrix}; \; A, B, C \in \text{Mat}(n, \mathbb{C}), \; B^t = -B, \; C^t = -C\}, \quad n \ge 4$$

1) Cartansche Teilalgebra

$$h = \{[D, -D]; \; D = [d_1, \ldots, d_n], \; d_i \in \mathbb{C}\}$$

2) Wurzelsystem und Wurzelräume

$$\epsilon_i - \epsilon_j \quad (1 \le i \ne j \le n) \qquad g^{\epsilon_i - \epsilon_j} = \mathbb{C}\begin{pmatrix} E_{ij} & 0 \\ 0 & -E_{ji} \end{pmatrix}$$

$$\epsilon_i + \epsilon_j \quad (1 \le i < j \le n) \qquad g^{\epsilon_i + \epsilon_j} = \mathbb{C} \begin{pmatrix} 0 & E_{ij} - E_{ji} \\ 0 & 0 \end{pmatrix}$$

$$-\epsilon_i - \epsilon_j \quad (1 \le i < j \le n) \qquad g^{-\epsilon_i - \epsilon_j} = \mathbb{C} \begin{pmatrix} 0 & 0 \\ E_{ij} - E_{ji} & 0 \end{pmatrix}$$

3) *Basis*

$$\alpha_i := \epsilon_i - \epsilon_{i+1} \quad (1 \le i \le n-1), \quad \alpha_n := \epsilon_{n-1} + \epsilon_n$$

$H_1, \dots, H_n$ wie in (C).

4) *Positive Wurzeln*

$$\epsilon_i - \epsilon_j = \alpha_i + \dots + \alpha_{j-1} \qquad\qquad (1 \le i < j \le n)$$
$$\epsilon_i + \epsilon_j = \alpha_i + \dots + \alpha_{j-1} + 2\alpha_j + \dots + 2\alpha_{n-2} + \alpha_{n-1} + \alpha_n \quad (1 < i < j < n)$$
$$\epsilon_i + \epsilon_n = \alpha_i + \dots + \alpha_{n-2} + \alpha_n \qquad\qquad (1 < i < n)$$

5) *Cartan-Matrix*   6) *Dynkin-Diagramm*

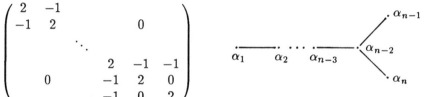

Bemerkungen. 1) In den Tabellen (A)–(D) bezeichnet man den *Isomorphietyp* der dort aufgelisteten Lie-Algebren mit A_n, B_n, C_n bzw. D_n, wobei n den *Rang* der entsprechenden Lie-Algebra bezeichnet, d.h. die Dimension einer (und damit jeder) Cartanschen Teilalgebra. Man kann zeigen, daß Lie-Algebren „vom Typ" X_n, Y_m dann und nur dann isomorph sind, wenn $X = Y$ und $n = m$ ($X, Y \in \{A, B, C, D\}$). Hierbei sind allerdings die in den Tabellen gemachten Einschränkungen für n zu berücksichtigen; man hat nämlich die folgenden Isomorphien (und keine weiteren):

$$A_1 = B_1 = C_1, \quad \text{d.h. } sl(2, \mathbb{C}) \cong so(3, \mathbb{C}) \cong sp(2, \mathbb{C}) ;$$
$$B_2 = C_2, \qquad \text{d.h. } so(5, \mathbb{C}) \cong sp(4\mathbb{C}) ;$$
$$D_2 = A_1 = D_1, \quad \text{d.h. } so(4, \mathbb{C}) \cong sl(2, \mathbb{C}) \oplus sl(2, \mathbb{C}) ;$$
$$A_3 = D_3, \qquad \text{d.h. } sl(4, \mathbb{C}) \cong so(6, \mathbb{C}) .$$

Auf dem Niveau der Gruppen bedeutet dies *lokale* Isomorphie, wofür wir in den Kapiteln I und II einige Interpretationen gefunden haben (vgl. auch die Aufgaben zu diesem Paragraphen).

2) Die Klassifikation, d.h. die Bestimmung der Isomorphietypen der einfachen komplexen Lie-Algebren (endlicher Dimension) führt man gewöhnlich in

der Weise durch, daß man die Dynkin-Diagramme abstrakter Wurzelsysteme bestimmt und zu jedem so erhaltenen Diagramm eine einfache komplexe Lie-Algebra angibt, deren Dynkin-Diagramm mit dem gegebenen übereinstimmt (vgl. etwa [Serre], Chap. V und App. zu Chap. VI). Führt man dies aus, so findet man außer den o.g. Typen klassischen Typen fünf weitere *exzeptionelle* oder *Ausnahme-Typen* von Dynkin-Diagrammen, und zwar (bei geeigneter „Numerierung")

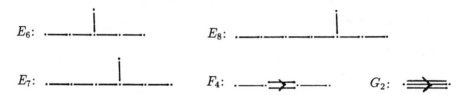

Aufgaben

1. Man zeige, daß $(X, Y) := \mathrm{Spur}(XY)$ eine nicht-ausgeartete symmetrische ad-invariante Bilinearform auf der (nicht einfachen!) Lie-Algebra $gl(n, \mathbb{C})$ ist. Ferner zeige man, daß $gl(n, \mathbb{C})$ orthogonale Summe der Ideale $\mathbb{C}E$ und $sl(n, \mathbb{C})$ ist.

2. Man zeige, daß die Restriktion der in 1. definierten Bilinearform auf $sl(n, \mathbb{C})$, $so(n, \mathbb{C})$ und $sp(2n, \mathbb{C})$ nicht-ausgeartet ist.

3. Sind k_1 und k_2 nicht-ausgeartete symmetrische ad-invariante Bilinearformen auf der einfachen komplexen Lie-Algebra $\mathcal{L}$, $k_2 \neq 0$, so gibt es ein $\alpha \in \mathbb{C}$, so daß $k_1 = \alpha k_2$. Man bestimme diesen Faktor für die Lie-Algebren in 2., wenn $k_1 = k$ die Killing-Form und k_2 die Bilinearform aus 1. ist.

4. Ist a ein Ideal der Lie-Algebra $\mathcal{L}$, so ist die Restriktion der Killing-Form von $\mathcal{L}$ auf $a \times a$ gleich der Killing-Form der Lie-Algebra a.

5. Für jedes Ideal a einer Lie-Algebra $\mathcal{L}$ ist das orthogonale Komplement $a^\perp$ von a bez. der Killing-Form ebenfalls ein Ideal von $\mathcal{L}$ und $a \cap a^\perp$ ist ein Abelsches Ideal von $\mathcal{L}$. Ist die Killing-Form von $\mathcal{L}$ nicht-ausgeartet, so gilt $\mathcal{L} = a \oplus a^\perp$.

6. Man führe die fehlenden Details beim Beweis von Corollar 3 zu Satz 1 aus durch Berechnung von $k(H, H)$ für die Lie-Algebren der Tabellen (A)–(D), wobei k die Killing-Form und $H \in h$ ist.

7. Man beweise: $sl(2, \mathbb{C}) \cong so(3, \mathbb{C}) \cong sp(2, \mathbb{C})$ und $so(5, \mathbb{C}) \cong sp(4, \mathbb{C})$; im letzten Fall orientiere man sich an den Tabellen (B) und (C) und vergleiche die Dynkin-Diagramme.

8. In $so(4, \mathbb{C})$ sei $F_{ij} := E_{ij} - E_{ji}$ und $I_1 := \frac{1}{2}(F_{12} - F_{34})$, $I_2 := \frac{1}{2}(F_{13} - F_{24})$, $I_3 := \frac{1}{2}(-F_{23} + F_{14})$. Man zeige, daß I_1, I_2, I_3 Basis eines zu $so(3, \mathbb{C})$ isomorphen Ideals von $so(4, \mathbb{C})$ ist; man berechne $[I_j, I_k]$. Analog zu I_k finde man J_k ($k = 1, 2, 3$) mit $[I_j, J_k] = 0$, die ebenfalls ein zu $so(3, \mathbb{C})$ isomorphes Ideal von $so(4, \mathbb{C})$ bilden. Zeige, daß $so(4, \mathbb{C})$ direkte Summe der so gebildeten Ideale ist.

9. In den in (A)–(D) genannten Cartanschen Teilalgebren gibt es ein H_0 mit der Eigenschaft $h = \{X \in g; [H_0, X] = 0\}$.

10. Man beweise, daß Cartan-Matrix und Dynkin-Diagramm von $sl(n+1, \mathbb{C})$ die in Tabelle (A) genannte Form haben.

11. Man beweise von Satz 2 die Implikationen (d) $\Rightarrow$ (c), (d) $\Rightarrow$ (b); ferner: (c) und (d) $\Rightarrow$ (a).

12. Man führe die Einzelheiten im Beweis der Einfachheit von $sp(2n, \mathbb{C})$ (Satz 1) aus.

13. Man bestimme die Lie-Algebren der in I, § 4.3 bzw. I, § 5.7 definierten Standard-Tori von G = U(n), SU(n), SO(n) und Sp($2n$) und zeige, daß ihre Komplexifizierungen Cartansche Teilalgebren in $(\mathcal{L}G)_\mathbb{C}$ sind.

14. Man beweise die Irreduzibilität des beim Beweis von (7), Abschnitt 2 benutzten s_α-Moduls $V = \sum_{t \in \mathbb{Z}} \mathcal{L}^{\beta + t\alpha}$. (Man beachte den kanonischen Isomorphismus von s_α auf $sl(2, \mathbb{C})$!)

§ 3 Darstellungen halbeinfacher Lie-Algebren

1. Zerlegung in Gewichtsräume

Für diesen Abschnitt fixieren wir folgende Voraussetzungen und Bezeichnungen: g sei eine (endlich-dimensionale) komplexe halbeinfache Lie-Algebra, h eine Cartansche Teilalgebra von g, R die Menge der Wurzeln von g bez. h, $\alpha_1, \ldots, \alpha_n$ ein System einfacher Wurzeln und $R^\pm = \{\pm \sum_{i=1}^n m_i \alpha_i; \ m_i \in \mathbb{N}_0\} \cap R$ die Menge der positiven bzw. negativen Wurzeln (bez. $\alpha_1, \ldots, \alpha_n$).

Für jedes $\alpha \in R$ wählen wir $X_\alpha \in g^\alpha$ und $H_\alpha \in h$, so daß

$$[X_\alpha, X_{-\alpha}] = H_\alpha , \quad \alpha(H_\alpha) = 2 \quad (\alpha \in R)$$

Statt $H_{\alpha_i}, X_{\alpha_i}$ schreiben wir zur Abkürzung H_i bez. X_i, ferner Y_i für $X_{-\alpha_i}$, so daß also $[X_i, Y_i] = H_i$, $\alpha_i(H_i) = 2$.

Wir beschränken uns in diesem Abschnitt von vornherein auf irreduzible ($\mathbb{C}$-lineare!) Darstellungen; die Begriffe und ein Teil der Aussagen lassen sich in naheliegender Weise auf den allgemeinen Fall übertragen.

Definition. Sei $\rho : g \to gl(V)$ eine Darstellung. $\lambda \in h^*$ heißt *Gewicht* von ρ (bez. h), wenn

$$V^\lambda := \{v \in V; \ \rho(H)(v) = \lambda(H)v \text{ für alle } H \in h\}$$

nicht nur aus dem Nullvektor besteht. In diesem Fall heißen die von Null verschiedenen Vektoren aus V *Gewichtsvektoren zum Gewicht* λ und V heißt *Gewichtsraum zum Gewicht* λ.

Bemerkungen. 1) Im Fall dim $h = 1$ ist $h \cong h^* \cong \mathbb{C}$, also ein Gewicht nichts anderes als eine komplexe Zahl. Die Gewichte des irreduziblen $sl(2, \mathbb{C})$-Moduls der Dimension $k + 1$ sind $k, k - 2, \ldots, -k$ (§ 1.1 Beispiel).

2) Man beachte, daß 0 (als Linearform) ein Gewicht sein kann, z.B. im Fall eines irreduziblen $sl(2, \mathbb{C})$-Moduls von ungerader Dimension.

3) Die Gewichte der adjungierten Darstellung sind außer 0 genau die Wurzeln von g (bez. h).

Die Menge der Gewichte einer Darstellung ρ bezeichnen wir mit $\Gamma(\rho)$ oder kurz mit Γ.

Da die $\rho(H)$, $H \in h$ paarweise vertauschbar sind und V ein endlich-dimensionaler komplexer Vektorraum ist, gilt

(1) $\Gamma \neq \emptyset$, $|\Gamma| < \infty$.

Definition. $\lambda \in \Gamma$ heißt (ein) *höchstes Gewicht*, wenn

$$\lambda + \alpha \notin \Gamma \quad \text{für alle } \alpha \in R^+ .$$

In diesem Fall heißt jedes $v \in V^\lambda \setminus \{0\}$ ein *maximaler* (oder *primitiver*) *Vektor*.

Lemma. *Für eine Darstellung* $\rho : g \to gl(V)$ *gilt*

(a) $V = \bigoplus_{\lambda \in \Gamma} V^\lambda$.

(b) $\rho(X_\alpha)(V^\lambda) \subset V^{\lambda+\alpha}$ *für alle* $\alpha \in R$, $\lambda \in h^*$.

(c) *Es existiert ein höchstes Gewicht.*

Beweis. (b) $\rho(H)(\rho(X_\alpha)(v)) = \rho([H, X_\alpha])(v) + \rho(X_\alpha)(\rho(H)(v)) = \alpha(H)\rho(X_\alpha)(v) + \lambda(H)\rho(X_\alpha)(v) = (\alpha + \lambda)(H)\rho(X_\alpha)(v)$ für alle $v \in V^\lambda$.

(a) Wegen (b) ist $V' := \sum_{\lambda \in \Gamma} V^\lambda$ ein invarianter Teilraum von V, der wegen $\Gamma \neq \emptyset$ von Null verschieden ist ($V \neq \{0\}$ steckt in der Voraussetzung der Irreduzibilität von ρ), also $V' = V$. Die Summe ist direkt, weil Eigenvektoren zu verschiedenen Eigenwerten linear unabhängig sind.

(c) In der auf $(h_0)^*$ bez. $\alpha_1, \ldots, \alpha_n$ gegebenen lexikographischen Ordnung sei λ ein maximales Element von Γ (Γ ist endlich). Wegen $\alpha > 0$ für alle $\alpha \in R^+$ folgt $\lambda + \alpha > \lambda$, also $\lambda + \alpha \notin \Gamma$.   □

Satz 1. *Ist* v_0 *ein maximaler Vektor der (irreduziblen) Darstellung* $\rho : g \to gl(V)$ *vom Gewicht* λ_0, *so gilt*

(a) *V wird aufgespannt von den Vektoren*

$$\rho(Y_{i_1}) \ldots \rho(Y_{i_k})(v_0) , \quad 1 \leq i_\nu \leq n , \quad k \in \mathbb{N}_0 .$$

(b) *Jedes Gewicht von* ρ *hat die Form*

$$\lambda_0 - \sum_{i=1}^n k_i \alpha_i , \quad k_i \in \mathbb{N}_0 .$$

(c) $\dim V^{\lambda_0} = 1$.

(d) λ_0 *ist das einzige höchste Gewicht.*

Beweis. (a) Sei V' der von den genannten Vektoren aufgespannte Teilraum von V. Wegen $v_0 \in V'$ (wähle in dem obigen Ausdruck $k = 0$) gilt $V' \neq \{0\}$. Da ρ irreduzibel ist, sind wir fertig, wenn gezeigt ist, daß V' invariant unter ρ ist. Offensichtlich gilt $\rho(H)v \in V'$ für alle $H \in h$ und $v \in V'$, ferner $\rho(Y_i)v \in V'$ nach Definition von V'; mit $\rho(X_i)\rho(Y_{i_1})\ldots\rho(Y_{i_k})(v_0) = \rho([X_i, Y_{i_1}])\rho(Y_{i_2})\ldots\rho(Y_{i_k})(v_0) - \rho(Y_{i_1})\rho(X_i)\rho(Y_{i_2})\ldots\rho(Y_{i_k})(v_0)$ folgt durch Induktion $\rho(X_i)(V') \subset V'$. Da die H_i, Y_i, X_i ein Erzeugendensystem der Algebra g bilden, ist damit die Invarianz, also (a) bewiesen.

(b) Offenbar ist jeder der in (a) genannten Vektoren Gewichtsvektor vom Gewicht $\lambda_0 - \sum_{\nu=1}^{k} \alpha_{i_\nu}$. Durch Zusammenfassen von Summanden mit gleichem Index und Ordnen erhält man den gewünschten Ausdruck.

(c) Nach (a) wird V^{λ_0} selbst aufgespannt von Vektoren der in (a) genannten Form. Nach (b) hat jeder solche Vektor das Gewicht $\lambda_0 - \alpha_{i_1} - \ldots - \alpha_{i_k}$ mit geeigneter i_ν, k. Als Element von V^{λ_0} hat er andererseits das Gewicht λ_0, also folgt $k = 0$, und folglich wird V von v_0 aufgespannt.

(d) Ist λ_0' ein weiteres höchstes Gewicht, so gilt nach (b) $\lambda_0' = \lambda_0 - \sum k_i \alpha_i$ mit gewissen $k_i \in \mathbb{N}_0$. Ersetzt man in (a) und (b) λ_0 durch λ_0' (und v_0 durch ein $v' \in V^{\lambda_0'}$), so erhält man ebenso $\lambda_0 = \lambda_0' - \sum k_i' \alpha_i$, $k_i' \in \mathbb{N}_0$; wegen der linearen Unabhängigkeit der α_i folgt $0 \le k_i = -k_i' \le 0$, also $k_i = k_i' = 0$. $\square$

Satz 2. (a) *Zwei irreduzible Darstellungen mit höchsten Gewichten λ_0, λ_0' sind genau dann äquivalent, wenn $\lambda_0 = \lambda_0'$.*

(b) *$\lambda \in h^*$ ist genau dann höchstes Gewicht einer irreduziblen Darstellung von g, wenn*

$$\lambda(H_i) \in \mathbb{N}_0 \quad (1 \le i \le n).$$

Definition. $\lambda \in h^*$ heißt *dominant*, wenn $\lambda(H_i) \in \mathbb{N}_0$ für $1 \le i \le n$.

Beweis. (a) „$\Rightarrow$" ist $\Phi : V \to V'$ eine Äquivalenz der Darstellungen $\rho : g \to gl(V)$, $\rho' : g \to gl(V')$, also eine bijektive lineare Abbildung mit $\Phi \circ \rho(X) = \rho'(X) \circ \Phi$, so ist für jeden Gewichtsvektor $v \in V$ von ρ stets $\Phi(v)$ ein Gewichtsvektor von ρ' zum selben Gewicht. Mit Satz 1 (d) folgt $\lambda_0 = \lambda_0'$, denn für einen maximalen Vektor v_0 von V ist ja $\Phi(v_0)$ ein maximaler Vektor von V' zum Gewicht λ_0; andererseits hat jeder maximale Vektor von V' das Gewicht λ_0'.

„$\Leftarrow$" Es seien nun $\rho : g \to gl(V)$, $\rho' : g \to gl(V')$ irreduzible Darstellungen mit höchsten Gewichten λ_0, λ_0' und maximalen Vektoren v_0, v_0'. Sei $W := V \oplus V'$, $\delta : g \to gl(W)$, $\delta := \rho \oplus \rho'$, also $\delta(X)(v \oplus v') = \rho(X)v \oplus \rho'(X)v'$. Man erkennt ohne Mühe, daß $v_0 \oplus v_0' =: w_0$ ein maximaler Vektor von δ ist zum Gewicht $\lambda_0 + \lambda_0' =: \mu_0$. Sei U der von w_0 erzeuge (irreduzible) g-Modul (Durchschnitt aller δ-invarianten Teilräume von W, die w_0 enthalten (dieser wird aufgespannt wie in Satz 1 beschrieben mit w_0 statt v_0)). Sei $\pi' : W \to V'$ definiert durch $\pi'(v \oplus v') := v'$; sei ferner $\pi := \pi'|_U : U \to V'$. Es gilt

$$\pi \circ \delta(X)(v \oplus v') = \pi(\rho(X)v \oplus \rho'(X)v') = \rho'(X)v' \ ,$$

$$\delta(X) \circ \pi(v \oplus v') = \rho(X)v' = \rho'(X)v' \ ,$$

also ist π ein Modul-Morphismus. Ferner ist

$$\pi(w_0) = \pi(v_0 \oplus v_0') = v_0' \ .$$

Zusammen folgt, daß π' surjektiv ist. Wir zeigen, daß π injektiv, also eine Äquivalenz von U auf V' ist: Es gilt $\mathrm{Kern}(\pi) = V \cap U$. Dies ist ein Untermodul von $(U$ und$)$ V. Da V irreduzibel ist, folgt $V \cap U = \{0\}$ oder $V \cap U = V$. Annahme: $V \cap U = V$. Dann gilt $V \subset U$, also V ein Untermodul von U. Da U irreduzibel ist und $V \neq \{0\}$, folgt $V = U$. Der maximale Vektor v_0 von V ist also auch maximaler Vektor von U, also nach Satz 1 (c) v_0 proportional zu w_0, was nach Definition von w_0 aber unmöglich ist. Es folgt $V \cap U = \{0\}$, also $\mathrm{Kern}(\pi) = \{0\}$. U und V' sind demnach äquivalente Moduln. – Ebenso zeigt man, daß U und V äquivalente Moduln sind, folglich sind V, V' äquivalent, womit (a) bewiesen ist.

(b) „$\Rightarrow$" Sei $\lambda \in h^*$ höchstes Gewicht der irreduziblen Darstellung $\rho : g \to gl(V)$. Durch Restriktion erhalten wir Darstellungen $\rho_i : s_i := \mathbb{C}Y_i \oplus \mathbb{C}H_i \oplus \mathbb{C}X_i \to gl(V)$. Da s_i isomorph zu $sl(2, \mathbb{C})$ ist, und ein maximaler Vektor v von ρ auch maximaler Vektor von ρ_i ist (es gilt ja $\rho(X_\beta)v = 0 \,\forall \beta \in \Gamma^+$, insbesondere für $\beta = \alpha_i$), ist nach der Darstellungstheorie von $sl(2, \mathbb{C})$ jedes höchste Gewicht von ρ_i gleich einer nicht-negativen ganzen Zahl, andererseits gleich $\lambda(H_i)$, denn $\rho_i(H_i)v = \rho(H_i)v = \lambda(H_i)v$. Es folgt

$$\lambda(H_i) \in \mathbb{N}_0 \qquad \text{für} \quad i = 1, \dots, n \ .$$

„$\Leftarrow$" Es bleibt zu zeigen, daß zu jedem $\lambda \in h^*$, welches die vorstehende Eigenschaft hat, eine irreduzible Darstellung von g existiert, deren höchstes Gewicht gleich λ ist. Statt eines allgemeinen Beweises geben wir im nächsten Abschnitt „konkrete" Modelle für $sl(n, \mathbb{C})$, $so(n, \mathbb{C})$, $sp(n, \mathbb{C})$ mit Hilfe der in Kapitel III durchgeführten Zerlegung von Tensorpotenzen.   □

Zunächst geben wir noch eine zweckmäßige Charakterisierung der dominanten Gewichte, also derjenigen Linearformen auf h, die als höchste Gewichte irreduzibler Darstellungen halbeinfacher komplexer Lie-Algebren auftreten. Es sei $\omega_1, \dots, \omega_n$ die duale Basis zu $H_1, \dots, H_n$, also

$$\omega_i(H_j) = \delta_{ij} \quad (1 \leq i \leq n) \ .$$

Offensichtlich sind $\omega_1, \dots, \omega_n$ dominant, also Gewichte irreduzibler Darstellungen von g.

Definition. $\omega_1, \dots, \omega_n$ heißen *Fundamentalgewichte* (zur Basis $\alpha_1, \dots, \alpha_n$ von R). Diejenige irreduzible Darstellung von g, deren höchstes Gewicht ω_i ist, heißt i-te *Fundamentaldarstellung*.

Satz 3. $\lambda \in h^*$ *ist genau dann dominant, wenn es sich darstellen läßt in der Form*

$$\lambda = m_1\omega_1 + \ldots + m_n\omega_n \quad mit \ m_i \in \mathbb{N}_0 \, .$$

Beweis. Sei λ dominant, also $\lambda(H_j) \in \mathbb{N}_0 (1 \leq j \leq n)$. Da $\omega_1, \ldots, \omega_n$ eine Basis von h^* ist, gibt es $a_i \in \mathbb{C}$, so daß $\lambda = \sum_{i=1}^n a_i\omega_i$. Es folgt $\lambda(H_j) = \sum_{i=1}^n a_i\omega_i(H_j) = \sum_{i=1}^n a_i\delta_{ij} = a_j$, mit $m_i := \lambda(H_i)$ also $\lambda = \sum_{i=1}^n m_i\omega_i$, $m_i \in \mathbb{N}_0$. Umgekehrt folgt aus $\lambda = \sum_{i=1}^n m_i\omega_i$ mit $m_i \in \mathbb{N}_0$ sofort $\lambda(H_j) = m_j \in \mathbb{N}_0$, also λ dominant. $\qquad\qquad\qquad\qquad\qquad\qquad\qquad\qquad\qquad$ □

Der folgende Satz zeigt, wie man – ausgehend von den Fundamentalmoduln – zu jedem dominanten Gewicht λ einen irreduziblen Modul mit höchstem Gewicht λ erhalten kann; eine „konkrete" Beschreibung liefert dieser Satz jedoch nicht. Im folgenden Abschnitt geben wir Modelle solcher Moduln an als „Ableitungen" der in III, § 2 konstruierten Moduln der entsprechenden Gruppen.

Satz 4. *Es seien ω_i $(1 \leq i \leq n)$ die Fundamentalgewichte von g, V_i die Fundamentalmoduln, $v_i \in V_i$ maximale Vektoren und $\lambda = m_1\omega_1 + \ldots + m_n\omega_n$ ein dominantes Gewicht. Dann ist*

$$v = v_1^{\otimes m_1} \otimes \ldots \otimes v_n^{\otimes m_n}$$

ein maximaler Vektor des g-Moduls

$$\tilde{V}(\lambda) := V_1^{\otimes m_1} \otimes \ldots \otimes V_n^{\otimes m_n}$$

vom Gewicht λ. Der von v erzeugte Untermodul $V(\lambda) := gv$ ist ein irreduzibler g-Modul mit höchstem Gewicht λ und maximalem Vektor v.

Dies ist klar nach Definition des Tensorproduktes von g-Moduln. Man beachte, daß $\tilde{V}(\lambda)$ im allgemeinen nicht irreduzibel, also $V(\lambda)$ ein echter Untermodul von $\tilde{V}(\lambda)$ ist. $\qquad\qquad\qquad\qquad\qquad\qquad\qquad\qquad$ □

2. Die irreduziblen Darstellungen von $sl(n, \mathbb{C})$, $so(n, \mathbb{C})$ und $sp(n, \mathbb{C})$

Mit Hilfe der Angaben in § 2.3, (A)–(D) erhält man durch eine leichte Rechnung die folgende Liste der durch $\omega_i(H_j) = \delta_{ij}$ definierten Fundamentalgewichte der in der Überschrift genannten Lie-Algebren:

g	Fundamentalgewichte von g	
$sl(n+1, \mathbb{C}) \quad n \geq 1$	$\omega_i = \epsilon_1 + \ldots + \epsilon_i$	$1 \leq i \leq n$
$so(2n+1) \quad n \geq 2$	$\omega_i = \epsilon_1 + \ldots + \epsilon_i$ $\omega_n = \frac{1}{2}(\epsilon_1 + \ldots + \epsilon_n)$	$1 \leq i \leq n-1$
$sp(2n, \mathbb{C}) \quad n \geq 3$	$\omega_i = \epsilon_1 + \ldots + \epsilon_i$	$1 \leq i \leq n$
$so(2n, \mathbb{C}) \quad n \geq 4$	$\omega_i = \epsilon_1 + \ldots + \epsilon_i$ $\omega_{n-1} = \frac{1}{2}(\epsilon_1 + \ldots + \epsilon_{n-1} - \epsilon_n)$ $\omega_n = \frac{1}{2}(\epsilon_1 + \ldots + \epsilon_{n-1} + \epsilon_n)$	$1 \leq i \leq n-2$

Nach 1. Satz 3 sind die dominanten Gewichte genau die Linearkombinationen $\lambda = m_1\omega_1 + \ldots + m_n\omega_n$ mit $m_i \in \mathbb{N}_0$. Setzt man hier die ω_i aus der vorstehenden Liste ein, so erhält man λ als Linearkombination in den ϵ_i, und der nächste Satz gibt notwendige und hinreichende Bedingungen für deren Koeffizienten, daß λ dominant ist; damit kommen wir wieder zurück an den Ausgangspunkt der Darstellungstheorie der klassischen Gruppen, nämlich den Partitionen natürlicher Zahlen (oder, was dasselbe ist, den Young-Rahmen).

Zur Abkürzung nennen wir ein Gewicht λ *ganz*, wenn in der Darstellung $\lambda = k_1\epsilon_1 + \ldots + k_n\epsilon_n$ sämtliche k_i in $\mathbb{Z}$ sind, und *halbganz*, wenn jedes k_i die Hälfte einer ungeraden ganzen Zahl ist.

Satz 5. *Die Linearform* $\lambda = k_1\epsilon_1 + \ldots + k_n\epsilon_n \in h^*$ *ist genau dann ein dominantes Gewicht von* g, *wenn für*

  a) $g = sl(n+1, \mathbb{C})$, $n \geq 1$ oder $g = sp(2n, \mathbb{C})$, $n \geq 3$:

$$\lambda \text{ ganz und } k_1 \geq \ldots \geq k_n \geq 0 \; ;$$

  b) $g = so(2n+1, \mathbb{C})$, $n \geq 2$:

$$\lambda \text{ ganz oder halbganz und } k_1 \geq \ldots \geq k_n \geq 0 \; ;$$

  c) $g = so(2n, \mathbb{C})$, $n \geq 4$:

$$\lambda \text{ ganz oder halbganz und } k_1 \geq \ldots \geq k_{n-1} \geq |k_n| \; .$$

Beweis. Man setzt die ω_i aus der vorstehenden Liste in $\lambda = k_1\omega_1 + \ldots + k_n\omega_n$ ein und ordnet nach ϵ_i.   □

Die ganzen dominanten Gewichte der obigen Lie-Algebren sind also

$$\lambda = k_1\epsilon_1 + \ldots + k_n\epsilon_n \quad \text{mit} \quad k_i \in \mathbb{N}_0 \, , \quad k_1 \geq \ldots \geq k_n$$

und – im Fall $so(2n, \mathbb{C})$ – außerdem

$$\lambda = k_1\epsilon_1 + \ldots + k_{n-1}\epsilon_{n-1} - k_n\epsilon_n \, , \quad k_i \text{ wie zuvor} \, .$$

Wir haben dies nochmals hervorgehoben, weil es genau diejenigen Gewichte sind, die als „dominante Gewichte der klassischen Gruppen" auftreten; dabei heißt λ Gewicht einer Darstellung $\rho : G \to GL(V)$ der halbeinfachen komplexen Gruppe G ($\mathcal{L}G$ ist also halbeinfach und komplex), wenn λ ein Gewicht von $\mathcal{L}\rho$ ist.

Satz 6. *Die Gewichte der Darstellungen von* $SL(n, \mathbb{C})$, $n \geq 2$; $SO(n, \mathbb{C})$, $n \geq 3$, $n \neq 4$ *und* $Sp(2n, \mathbb{C})$, $n \geq 1$ *sind ganz.*

Beweis. Sei $\rho : G \to GL(V)$ eine Darstellung von G und $\delta := \mathcal{L}\rho$. Für die im folgenden benutzte Darstellungstheorie vgl. man III, § 1.5 Satz 7. Durch

$$\begin{pmatrix} \cos t & -\sin t \\ \sin t & \cos t \end{pmatrix} \mapsto \rho \circ \exp_G(itH) \quad (t \in \mathbb{R})$$

wird für jedes $H \in h$ eine Darstellung von $SO(2)$ definiert. Folglich gibt es $m_i \in \mathbb{Z}$, so daß

$$\rho \circ \exp_G(itH) = [e^{itm_1}, \ldots, e^{itm_l}]$$

(bez. einer geeigneten Basis von V). Aus $\rho \circ \exp_G(itH) = \exp_{gl(V)}(it\delta(H))$ folgt durch Ableiten an der Stelle $t = 0$, daß die Eigenwerte von $\rho(H)$ ganze Zahlen sind, woraus die Behauptung folgt. □

Wir fassen die Ergebnisse aus III, § 2.3–5 zusammen zur „Realisierung" der irreduziblen g-Moduln mit den o.g. ganzen höchsten Gewichten. Dazu sei T das Normaltableau mit den Spaltenlängen l_i, $l_1 \geq l_2 \geq \ldots \geq l_n \geq 0$ und den Zeilenlängen k_i, $k_1 \geq k_2 \geq \ldots \geq k_n \geq 0$. (T hat also höchstens n Zeilen.) Wie in den o.g. Abschnitten setzen wir

$$v_0 = (e_1 \wedge \ldots \wedge e_{l_1}) \otimes \ldots \otimes (e_1 \wedge \ldots \wedge e_{l_n})$$

mit der kanonischen Basis $e_1, \ldots, e_m$ von $V = \mathbb{C}^m$; hierbei sei

$$m = \begin{cases} n + 1 & \text{im Fall } g = sl(n + 1, \mathbb{C}) \\ 2n + 1 & \text{im Fall } g = so(2n + 1, \mathbb{C}) \\ 2n & \text{im Fall } g = so(2n, \mathbb{C}) \text{ und } g = sp(2n, \mathbb{C}) \end{cases}$$

Offensichtlich ist v_0 ein Gewichtsvektor des g-Moduls $V^{\otimes k}$ zum Gewicht

$$\lambda_0 = k_1 \epsilon_1 + \ldots + k_n \epsilon_n .$$

Satz 7. (a) *Für* $g = sl(n + 1, \mathbb{C})$ *ist* $I(T)V^{\otimes k}$ *ein irreduzibler g-Modul mit höchstem Gewicht λ_0 und maximalem Vektor v_0.*

(b) *Für* $g = so(2n + 1, \mathbb{C})$, $g = sp(2n, \mathbb{C})$ *und, falls* $k_n = 0$, *für* $g = so(2n, \mathbb{C})$ *ist* $I(T)V_0^k$ *ein irreduzibler g-Modul mit höchstem Gewicht λ_0 und maximalem Vektor v_0.*

(c) *Für $g = so(2n, \mathbb{C})$, $k_n \neq 0$ zerfällt $I(T)V_0^k$ wie in III, § 2.5 angegeben in zwei (nicht isomorphe) irreduzible g-Moduln gleicher Dimension, von denen einer λ_0 als höchstes Gewicht und v_0 als maximalen Vektor hat, während der andere $\lambda_0^- := k_1\epsilon_1 + \ldots + k_{n-1}\epsilon_{n-1} - k_n\epsilon_n$ als höchstes Gewicht hat mit maximalem Vektor v_0^-, den man aus v_0 erhält, indem man alle Indizes, die gleich n sind, durch $2n$ ersetzt.* □

Corollar. *Der Fundamentalmodul von g zu ω_k ist*

$$\bigwedge^k \mathbb{C}^{n+1} \quad \text{für} \quad g = sl(n+1, \mathbb{C}), \quad 1 \leq k \leq n,$$

$$\bigwedge^k \mathbb{C}^{2n+1} \quad \text{für} \quad g = so(2n+1, \mathbb{C}), \quad 1 \leq k \leq n-1,$$

$$\bigwedge^k \mathbb{C}^{2n} \quad \text{für} \quad g = so(2n, \mathbb{C}), \quad 1 \leq k \leq n-2,$$

Beweis. Die ganzen Fundamentalgewichte sind nach der vorstehenden Liste genau $\omega_k = \epsilon_1 + \ldots + \epsilon_k$ mit den o.g. Bedingungen für k. Die irreduziblen g-Moduln mit ω_k als höchstem Gewicht sind nach dem vorstehenden Satz also, wenn T das nebenstehende Tableau bezeichnet, $I(T)(\mathbb{C}^{n+1})^{\otimes k}$ im Fall $g = sl(n+1, \mathbb{C})$, und in allen anderen Fällen $I(T)(\mathbb{C}^m)_0^k$ mit $m = 2n + 1$ bzw. $m = 2n$ (s.o.). Damit ist die Behauptung für $g = sl(n+1, \mathbb{C})$ (nach Definition von $\bigwedge^k$) schon bewiesen. Für die übrigen Fälle hat man $I(T)(\mathbb{C}^m)_0^k = I(T)(\mathbb{C}^m)^{\otimes k}$ zu verifizieren (Aufgabe 8). □

1
2
⋮
k

Bemerkungen. 1) Für $g = so(2n+1, \mathbb{C})$ ist $\bigwedge^n \mathbb{C}^{2n+1}$ ein irreduzibler Modul mit höchstem Gewicht $\epsilon_1 + \ldots + \epsilon_n = 2\omega_n$.

2) Für $g = so(2n, \mathbb{C})$ ist $\bigwedge^{n-1}\mathbb{C}^{2n}$ ein irreduzibler Modul mit höchstem Gewicht $\epsilon_1 + \ldots + \epsilon_{n-1} = \omega_{n-1} + \omega_n$, während $\bigwedge^n \mathbb{C}^{2n}$ in zwei irreduzible Untermoduln mit höchsten Gewichten $\epsilon_1 + \ldots + \epsilon_n = 2\omega_n$ bzw. $\epsilon_1 + \ldots + \epsilon_{n-1} - \epsilon_n = 2\omega_{n-1}$ zerfällt.

3) Die Fundamentalmoduln von $sp(2n, \mathbb{C})$ sind $I(T)(\mathbb{C}^{2n})_0^{\otimes k}$, $k = 1, \ldots, n$, dies sind aber *echte* Untermoduln von $\bigwedge^k \mathbb{C}^{2n}$.

4) Die Fundamentaldarstellung von $so(2n+1, \mathbb{C})$ zu ω_n heißt Spin-Darstellung, die Fundamentaldarstellungen von $so(2n, \mathbb{C})$ zu ω_{n-1} und ω_n heißen Halbspin-Darstellungen. Sie kommen nach Satz 6 nicht als Ableitungen von Darstellungen der Gruppe $SO(2n+1, \mathbb{C})$ bzw. $SO(2n, \mathbb{C})$ vor, aber als Ableitungen ihrer universellen Überlagerungsgruppe $\mathrm{Spin}(2n+1)$ bzw. $\mathrm{Spin}(2n)$; man spricht gelegentlich von „zweideutigen Darstellungen" von $SO(2n+1, \mathbb{C})$ bzw. $SO(2n, \mathbb{C})$.

Aufgaben

1.   Es sei $g = sl(2, \mathbb{C})$ und V ein irreduzibler g-Modul mit maximalem Vektor v_0 vom Gewicht k (also $Xv_0 = 0$, $Hv_0 = kv_0$; Y, H, X bezeichnet die kanonische Basis von g wie in § 1.1, Beispiel). Man zeige, daß $k, k-2, \ldots, -k$

die Menge der Gewichte von V ist (bez. der Cartanschen Teilalgebra $\mathbb{C}H$ von g), und daß $V^{k-2i} = \mathbb{C}v_i$ der Gewichtsraum zum Gewicht $k - 2i$ ist, wenn $v_i = Y^i v_0 \ (:= Y(Y \ldots (Y v_0) \ldots), \ i\text{-mal}), \ i = 1, \ldots, k$. Man schließe hieraus, daß jeder irreduzible g-Modul isomorph ist zu genau einem der in § 1.1 angegeben.

2. Es sei V ein (nicht notwendig irreduzibler) $sl(2, \mathbb{C})$-Modul, V^0, V^1 die Gewichtsräume zu den Gewichten 0 bzw. 1. Man zeige, daß in jeder Zerlegung von V als direkter Summe irreduzibler Moduln die Anzahl der direkten Summanden gleich $\dim V_0 + \dim V_1$ ist.

3. Sei $g = sl(2, \mathbb{C})$, $\mathcal{L} = sl(3, \mathbb{C})$, $F : g \to \mathcal{L}$ definiert durch $Z \mapsto \begin{pmatrix} Z & 0 \\ 0 & 0 \end{pmatrix}$ für $Z \in g$. Man zeige, daß $\mathcal{L}$ ein g-Modul ist bez. $(Z, U) \mapsto [F(Z), U]$, $Z \in g$, $U \in \mathcal{L}$, und daß $\mathcal{L} \cong V_0 \oplus V_1 \oplus V_1 \oplus V_2$ (als g-Moduln; V_k irreduzibler g-Modul mit höchstem Gewicht k).

4. Für die Lie-Algebren (A)–(D) in § 2.3 bestimme man maximale Vektoren der adjungierten Darstellung und die zugehörigen (höchsten) Gewichte; man bestimme sämtliche Gewichte dieser Darstellungen.

5. Für jede (endlich-dimensionale) Darstellung ρ einer Lie-Algebra $\mathcal{L}$ ist $(X, Y) :=$ Spur$(\rho(X) \circ \rho(Y))$, $X, Y \in \mathcal{L}$, eine ad-invariante symmetrische Bilinearform auf $\mathcal{L}$.

6. Man gebe die adjungierte Darstellung von $sl(n+1, \mathbb{C})$ in der Form $I(T)V^{\otimes k}$ an.

7. Es sei $g = so(m, \mathbb{C})$ oder $g = sp(m\mathbb{C})$, $V = \mathbb{C}^m$ der gewöhnliche g-Modul. Man identifiziere $V \otimes V$ mit Mat$(m, \mathbb{C})$ und schreibe die Operation von g auf $V \otimes V$ in Matrixform. Es sei $S(m, \mathbb{C})$ der g-Modul der symmetrischen, $A(m, \mathbb{C})$ der g-Modul der schiefsymmetrischen Matrizen. Man zeige
    a) $S(m, \mathbb{C})$ besitzt einen 1-dimensionalen $so(m, \mathbb{C})$-Untermodul, $A(m, \mathbb{C})$ ist irreduzibel als $so(m, \mathbb{C})$-Modul.
    b) $A(m, \mathbb{C})$ besitzt einen 1-dimensionalen $sp(m, \mathbb{C})$-Untermodul, $S(m, \mathbb{C})$ ist irreduzibel unter $sp(m, \mathbb{C})$.
    c) Man zerlege $S(m, \mathbb{C})$ bzw. $A(m, \mathbb{C})$ in irreduzible $so(m, \mathbb{C})$- bzw. $sp(m, \mathbb{C})$-Moduln.

8. Bezüglich einer nicht-ausgearteten symmetrischen Bilinearform auf $V = \mathbb{C}^m$ sei V_0^k der Raum der spurlosen Tensoren in $V^{\otimes k}$ (III, § 2.4). Man beweise $I(T)V_0^k = \bigwedge^k V$, wenn T das Normaltableau zum Rahmen mit einer Spalte und k Feldern bezeichnet.

Literatur

Artin, E.: Geometric algebra. Interscience Publ., New York 1957

Atiyah, M.; Bott, R.; Patodi, V.K.: On the heat equation and the index theorem. Invent. math. *19*, 279–330, 1973

Boerner, H.: Darstellungen von Gruppen, 2. Aufl. Springer, Berlin Heidelberg New York 1967

Brauer, R.: On algebras which are connected with the semisimple continuous groups. Ann. Math. *38*(4) 857–872, 1937

Bröcker, Th.; tom Dieck, T.: Representations of compact Lie groups. Springer, New York Berlin Heidelberg Tokyo 1985

Cartan, E.: The theory of spinors. Hermann, Paris 1966

Chevalley, C.: Theory of Lie groups I. Princeton Univ. Press 1946

Dieudonné, J.: La géométrie des groupes classiques. Springer, Berlin Heidelberg New York 1971

Ebbinghaus, H.-H., et al.: Zahlen. Springer, Berlin Heidelberg New York Tokyo 1983

Fogarty, J.: Invariant theory. Benjamin Inc., New York Amsterdam 1969

Freudenthal, H.; de Vries, H.: Linear Lie groups. Academic Press, New York London 1969

Hewitt, E.; Ross, K.A.: Abstract harmonic analysis I, II. Springer, Berlin Heidelberg New York, Bd. I 1963, Bd. II 1970

Lie, S.: Vorlesungen über continuierliche Gruppen. Chelsea Publ. Comp. New York, reprint 1971

Lie, S.; Engel, F.: Theorie der Transformationsgruppen I–III, 2. Aufl. Chelsea Publ. Comp., New York 1970

Rees, E.G.: Notes on geometry. Springer, Berlin Heidelberg New York 1983

Scharlau, W.: Quadratic and hermitian forms. Springer, Berlin Heidelberg New York 1985

Schubert, H.: Topologie. Teubner, Stuttgart 1964

Suzuki, M.: Group theory. Springer, Berlin Heidelberg New York 1987

Tits, J.: 1. Liesche Gruppen und Algebren. Springer, Berlin Heidelberg New York Tokyo 1983
2. Tabellen zu den einfachen Lie-Gruppen und ihren Darstellungen. Springer, Berlin Heidelberg New York 1967

Weyl, H.: The classical groups. Princeton Univ. Press, New Jersey, Eight printing 1973

Symbolverzeichnis

$\mathbb{Z}$ Ring der ganzen Zahlen 5

$\mathbb{N}$ Menge (Halbgruppe) der natürlichen Zahlen (ganze Zahlen ≥ 1) 5

$\mathbb{N}_0 = \mathbb{N} \cup \{0\}$

$\mathbb{Q}, \mathbb{R}, \mathbb{C}$ Körper der rationalen, reellen bzw. komplexen Zahlen 5

$\mathbb{H}$ Schiefkörper (genauer: Divisionsalgebra) der Quaternionen 31

$\mathbb{K}$ „Sammelbezeichnung" für $\mathbb{R}$, $\mathbb{C}$ und $\mathbb{H}$

$N \triangleleft G$ Normalteiler 3

$[G, G]$ Kommutatorgruppe 6

$\exp, \exp_G$ Exponentialabbildung 7, 99, 110, 115

$S(M), S_n$ Permutationsgruppe 7, 13

$\langle i_1, \ldots i_k \rangle$ Zykel in S_n 12

$\epsilon(\pi)$ signum von $\pi \in S_n$ 7

$Z(G)$ Zentrum von G 12, 25, 64, 90

$N_G(H)$ Normalisator von H in G 12, 63

$H \times U$ direktes Produkt von Gruppen 8

$H \rtimes N, H \underset{\rho}{\rtimes} N$ semidirektes Produkt 13, 128

$A^\times$ Einheitengruppe 5, 18

$[\alpha_1, \ldots, \alpha_n]$ Diagonalmatrix 19

$[X_1, \ldots, X_n]$ Diagonal-Blockmatrix 20

$F_i(\alpha), F_{ij}(\alpha)$ Elementarmatrix 22

G° Zusammenhangskomponente des Einselementes der Gruppe G (Einskomponente) 31, 126

$\det_\mathbb{C}$ $\mathbb{C}$-Determinante 34

$(\mathbb{K}, ^*)$ $\mathbb{K}$ mit Standardinvolutin * 37

$[H]$ zur Matrix H gehörige Bilinear-
bzw. Hermitesche Form 39

$D_{p,q}$ 43

$\operatorname{Aut}(V, h)$ Isometriegruppe von (V, h) 48, 108

$B(\mathbb{R}^n), B(n)$ Bewegungsgruppe des $\mathbb{R}^n$ 70, 121

$T(G)$ Standardtorus der kompakten klassischen Gruppe G 59, 89

$W(G), W(G, T)$ Weyl-Gruppe von G 60, 64, 89

$\mathcal{L}(G)$ Lie-Algebra der (linearen) Gruppe G 106, 113

$\mathcal{L}f$ Ableitung des Homomorphismus f von linearen Gruppen 124

A^- assoziative Algebra A mit dem Kommutator $xy - yx$ (als Lie-Algebra) 108

$T_E G$ Tangentialraum im Einselement E an die lineare Gruppe G 119, 123

ρ^* kontragrediente (duale) Darstellung zu ρ 146

$\bar{\rho}$ konjugiert-komplexe Darstellung von ρ 147

$\bar{V}$ konjugiert-komplexer Vektorraum oder G-Modul von V 147

$C_A(M), C(M)$ Zentralisator von $M \subset A$ in A 168

$\int_G$ invariantes Integral (Mittel) auf G 173

χ_ρ Charakter der Darstellung ρ 175

V^ρ, V^G Teilraum der ρ- bzw. G-invarianten Elemente in V 177

$\operatorname{Hom}_G(V, W) = \operatorname{Hom}(V, W)^G$ Vektorraum der G-Morphismen von V in W 149, 177

Namenverzeichnis

Sachverzeichnis

M. Koecher

Lineare Algebra und analytische Geometrie

2. Aufl. 1985. XI, 286 S. 35 Abb. (Grundwissen Mathematik, Bd. 2). Brosch. DM 48,–
ISBN 3-540-13952-4

Inhaltsübersicht: Lineare Algebra I: Vektorräume. Matrizen. Determinanten. – Analytische Geometrie: Elementar-Geometrie in der Ebene. Euklidische Vektorräume. Der IR^n als Euklidischer Vektorraum. Geometrie im dreidimensionalen Raum. – Lineare Algebra II: Polynome und Matrizen. Homomorphismen von Vektorräumen. – Literatur. – Namensverzeichnis. – Sachverzeichnis.

Aus den Besprechungen: „...ein erfreulicher Lichtblick. Ohne die klare theoretische Linie zu verwirren, versteht es der Autor, Gewichte und Querverbindungen zur Geometrie, Algebra, Zahlentheorie und (Funktional-)Analysis immer wieder aufzuhellen. Die zahlreichen kleinen Zwischenkommentare helfen dabei ebenso wie die eingehenden historischen Notizen und Einschübe, insbesondere über Graßmann, Hamilton und Cayley sowie die Geschichte der Determinanten. Besondere Kapitel über die Elementargeometrie der Ebene und des Raumes kommen endlich auch einmal auf nichttriviale Sätze zu sprechen: Feuerbachkreis und Euler-Gerade, Spiegelungsprodukte und Sphärik... Studenten und Dozenten kann das Buch wärmstens empfohlen werden.“

Zentralblatt für Mathematik

Springer-Verlag Berlin
Heidelberg New York London
Paris Tokyo Hong Kong

J. Tits

Liesche Gruppen und Algebren

Unter Mitarbeit von M. Krämer, H. Scheerer

Hochschultext

1983. XIV, 242 S. Brosch. DM 52,–
ISBN 3-540-12547-7

Entstanden aus einer Vorlesung, die Tits im Winter 1963/64 in Bonn hielt, gibt das Buch einen Überblick über die Gesamtheit der Liegruppen und den Reichtum ihrer Struktur. Ausgehend von der Theorie der analytischen Gruppen, wird eine gründliche Darstellung der klassischen Lie-Theorie, der Überlagerungstheorie, Differentialtheorie und Strukturtheorie, gegeben.

Inhaltsübersicht: Grundbegriffe: Topologische Mannigfaltigkeiten. Differenzierbare und analytische Mannigfaltigkeiten. Topologische und analytische Gruppen. Untergruppen. – Überlagerungstheorie: Überlagerungen. Einfacher Zusammenhang. Universelle Überlagerung und Fundamentalgruppe. Lokal isomorphe Gruppen. – Differentialtheorie und Liesche Algebren: Allgemeines. Differentialelemente einer Lieschen Gruppe. Der Kommutator. Liesche Algebren, Sätze von Lie. Das Zusammenspiel von Liealgebra und Liegruppe. – Einige Struktursätze: Auflösbare Gruppen. Nilpotente Gruppen und Algebren. Halbeinfache Algebren und Gruppen. Erwähnung einiger weiterer Sätze über Liesche Algebren. Klassifikation der komplexen einfachen Liealgebren und Liegruppen. Reelle einfache Liealgebren und Liegruppen. – Literatur. – Index. – Zeichentabelle.

Springer-Verlag Berlin
Heidelberg New York London
Paris Tokyo Hong Kong

Springer